Die Entwickelung

des

Niederrheinisch-Westfälischen Steinkohlen-Bergbaues

in der zweiten Hälfte des 19. Jahrhunderts.

Herausgegeben vom

Verein für die bergbaulichen Interessen im Oberbergamtsbezirk Dortmund
in Gemeinschaft mit der Westfälischen Berggewerkschaftskasse
und dem Rheinisch-Westfälischen Kohlensyndikat.

I.

Geologie, Markscheidewesen.

Mit 33 Textfiguren und 18 Tafeln

1903.

Springer-Verlag Berlin Heidelberg GmbH

ISBN 978-3-642-90159-1   ISBN 978-3-642-92016-5 (eBook)
DOI 10.1007/978-3-642-92016-5

Inhaltsverzeichnis.

Verzeichnis der Tafeln*).

---

*) Die Tafeln I—IV, VI, VIII—X, XV und XVI sind dem Bande am Schlusse lose beigefügt.

Benutzte Litteratur.

Abschnitt: Geologie*).

Abschnitt: Markscheidewesen.

Jordan u. Steppes: Das Deutsche Vermessungswesen.

Werncke: Die Entwickelung des Grubenrisswesens im Westfälischen Oberbergamtsbezirke.

Akten des Königl. Oberbergamts Dortmund.

---

*) Die Litteratur zum Abschnitt „Geologie" ist in einem besonderen Kapitel S. 269 ff. zusammengestellt.

Geologie.

1. Kapitel: Allgemeine orographische, geographische und hydrographische Uebersicht des Gebietes.

Von Bergassessor Dr. Cremer.

Das Gebiet des flötzführenden Steinkohlengebirges am Niederrhein und in Westfalen, soweit es bisher durch Bergbau und Tiefbohrungen nachgewiesen ist, wird im wesentlichen durch die 80—90 km langen Unterläufe der Ruhr, Emscher und Lippe bis zu ihren Einmündungen in den Rhein und darüber hinaus in einer grössten Breite von etwa 50 km begrenzt bezw. durchströmt. Zieht man nur den rechtsrheinischen Teil des Gebietes in Betracht, so bezeichnen ungefähr die Verbindungslinien der Orte Wesel—Duisburg—Barmen—Hagen—Soest—Hamm—Haltern—Wesel die äussersten Grenzen des Steinkohlenvorkommens, abgesehen von lokalen Ein- und Ausbuchtungen. Auf der linken Rheinseite ist das Steinkohlengebirge in neuerer Zeit durch Bohrungen in immer weiterer Ausdehnung bekannt geworden, sodass hier eine Grenze nicht zu ziehen, vielmehr ein ununterbrochener Zusammenhang mit der Aachener Steinkohlenablagerung anzunehmen ist. Desgleichen mehren sich die Gründe für die Vermutung, dass die, bisher anscheinend isolierten kleineren Steinkohlenvorkommen bei Ibbenbüren und Osnabrück nur Teile einer mit dem Niederrheinisch-Westfälischen Gebiet zusammenhängenden ausserordentlich ausgedehnten Ablagerung darstellen, sodass sich das im folgenden zu betrachtende Gebiet in seiner weiteren Ausdehnung über den ganzen nördlichen Teil der Provinzen Westfalen und Rheinland sowie über einige südliche Teile der Provinz Hannover erstrecken würde.

Die Oberflächengestaltung dieses Gebietes wird durch zwei Hauptgebirgssysteme bestimmt: Durch das Rheinische Schiefergebirge und durch die annähernd parallel verlaufenden Ketten des Teutoburger Waldes und des Wiehengebirges samt dem zwischen den letzteren befindlichen Berg- und Hügelland. Durch die breite Ebene des Rheinthales wird das Rheinische Schiefergebirge in einen westlichen und einen östlichen Teil geschieden: Die Ardennen und das Hohe Venn in der

Aachener Gegend, das sog. Sauerland mit seinen nördlichen Ausläufern, den Ruhrbergen, dem Ardeygebirge und dem Haarstrang auf der östlichen Rheinseite. Zwischen den letzteren Gebirgserhebungen und den quer zu ihnen verlaufenden Höhenzügen des Teutoburger Waldes dehnt sich die nur von vereinzelten Bodenanschwellungen durchsetzte Tiefebene des sog. Münsterlandes aus, die sich nach Westen hin mit dem Rheinthal vereinigt und nach Norden, in der Stromrichtung der Ems, allmählich in die norddeutsche Tiefebene übergeht. Teutoburger Wald und Wiehengebirge bilden eine zungenförmige, nach Nordwesten gerichtete Unterbrechung des im allgemeinen vorhandenen Tiefebenen-Charakters unseres Gebietes.

Ueber die Höhenverhältnisse im einzelnen sei an dieser Stelle nur erwähnt, dass in dem eigentlichen Steinkohlenbergbaugebiet die höchsten Erhebungen nur wenige hundert Meter über Normal-Null erreichen. Der bei weitem grösste Teil des Gebietes liegt zwischen 30 und 100 m über Normal-Null, im Durchschnitt kann man etwa 50 m annehmen. Zahlreiche einzelne Höhenangaben, speziell für das engere Niederrheinisch-Westfälische Gebiet, finden sich z. B. in den Werken von Lottner, v. Dechen, Stockfleth, sind aber in der von der kartographischen Abteilung der Königl. Preuss. Landesaufnahme im Massstab 1 : 100 000 herausgegebenen »Karte des Deutschen Reiches«, in den betreffenden Messtischblättern, sowie in der »Flötzkarte des Ruhrkohlenbeckens«, herausgegeben von Dr. Runge, 1888, in so reichlichem Masse gegeben, dass hier ein Hinweis auf jene Kartenwerke genügen darf.

Hydrographisch gehört der Niederrheinisch-Westfälische Bergbaubezirk zum Stromgebiet des Rheines, in den Ruhr, Emscher und Lippe münden. Der nördliche Teil des Münsterlandes sowie die Osnabrücker Gegend liegen im Gebiet der Ems, während vom südlichen Teil des Teutoburger Waldes die Wasserläufe in nordöstlicher Richtung der Weser zuströmen. Zum Stromgebiet der Maas und ihrer Nebenflüsse gehört der grössere Teil des linksrheinischen Gebietes, etwa von Issum an über Erkelenz nach Aachen.

Die bedeutendsten Ortschaften und gleichzeitig ein ausserordentlich dichtes Eisenbahnnetz finden wir in dem nördlich der Ruhrberge sich ausbreitenden Flachland: Mülheim a. d. Ruhr, Essen, Bochum, Dortmund, liegen etwa am Fusse der letzten bedeutenderen Erhebungen; weiter nördlich folgen Ruhrort, Duisburg, Oberhausen, Gelsenkirchen, Herne und ähnliche in schnellem Aufblühen begriffene Städte, noch weiter die »Zukunftsstädte« Dorsten, Recklinghausen und Hamm. Im Berg- und Hügelland der Ruhr selbst liegen die älteren, mit der Geschichte des Bergbaues eng verknüpften Orte, wie Werden, Steele, Hattingen, Sprockhövel, Witten, Wetter u. s. w.

Im südwestlichen und nordöstlichen Bergbaubezirk bilden die Städte Aachen bezw. Osnabrück die natürlichen Mittelpunkte.

In Beziehung auf die Aufsicht durch die Bergbehörden gehört das ganze Gebiet östlich des Rheins zum Oberbergamtsbezirk Dortmund, das Gebiet westlich des Rheins zum Oberbergamtsbezirk Bonn. Ersterer wird eingeteilt in die 18 Bergreviere Osnabrück,*) Ost-Recklinghausen, West-Recklinghausen, Ost-Dortmund, West-Dortmund, Süd-Dortmund,**) Witten, Hattingen, Süd-Bochum, Nord-Bochum, Herne, Gelsenkirchen, Wattenscheid, Ost-Essen, West-Essen, Süd-Essen, Werden und Oberhausen. Vom Oberbergamtsbezirk Bonn fällt das Bergrevier Düren wenigstens teilweise in unser Gebiet.

---

2. Kapitel: Allgemeine geologische Uebersicht des Gebietes.

Von Bergassessor Dr. Cremer.

Hierzu Tafel I und II.

Ein grosser Teil der deutschen Gebirge, nämlich das Rheinische Devongebirge, das Rheingebirge zwischen Bingen und dem Bodensee, der Harz, das Sächsische Gebirge und die Sudeten, wird nach Eduard Suess***) als »Variscisches Gebirge« bezeichnet. Es sind dies Bruchstücke eines sehr alten, stark gefalteten, im allgemeinen von SW. nach NO. streichenden, von Verwerfungen und Ueberschiebungen durchsetzten Gebirgssystems, das sich aus den alten Formationen vom Cambrium bis zum Carbon zusammensetzt. Die erste grosse und allgemeine Faltung trat am Schluss der Carbonzeit ein; dann wurden sie von mächtigen, jüngeren Sedimenten überdeckt und später sind sie stückweise und zu verschiedenen Zeiten eingebrochen; viele sind dann nachträglich wieder gefaltet.

In den Bereich dieses Variscischen Gebirgssystems gehört ausser zahlreichen anderen grösseren und kleineren an seinem Nordrand auftretenden Kohlenablagerungen, z. B. den Vorkommen in Nordfrankreich, Belgien und Oberschlesien, auch das Steinkohlengebiet in Rheinland-

---

*) Jetzt Hamm.
**) Jetzt Dortmund I, II und III.
***) Das Antlitz der Erde, Bd. II, S. 116 ff.

Westfalen mit seinen Fortsetzungen nach Aachen und Osnabrück hin. Ueberall wiederholt sich die südwest-nordöstliche Hauptstreichrichtung der Falten und Ueberschiebungen, das Auftreten älterer, cambrischer, silurischer, devonischer und carbonischer Schichten in den hochaufgewölbten Kernen der alten Gebirgszüge, denen sich auf beiden Flügeln jüngere Formationen in meist diskordanter Lagerung anschliessen. Die Intensität der Faltung nimmt vom Innern der alten Gebirge nach aussen hin, in unserem Gebiet also in nordwestlicher Richtung, allmählich ab, während gleichzeitig eine ausgedehnte Abrasionsfläche, die Unterlage der jüngeren Formationen, das Carbon nach oben hin begrenzt.

Eine Unterbrechung und lokale Abänderung in dem geschilderten allgemeinen Verhalten des Variscischen Gebirgssystems ist durch eine weit jüngere, zur Tertiärzeit eingetretene Faltung hervorgerufen, die quer zur Hauptstreichrichtung des ersteren verläuft und ihren Ausdruck in den nordwest-südöstlich verlaufenden Gebirgsketten des Teutoburger Waldes und des Wesergebirges findet. Durch diese Faltung, von der auch die jüngeren Formationen einschliesslich des Tertiärs betroffen wurden, ist in der Gegend von Osnabrück sogar das Steinkohlengebirge an mehreren Stellen bis an die Erdoberfläche emporgewölbt worden. Dem Umstande, dass die ältere variscische Faltung nach Nordwesten hin allmählich ausläuft, ist es wohl zuzuschreiben, dass in den nordwestlichen Teilen der jüngeren Faltenzone eine anscheinend vollkommene Konkordanz der an dem Schichtenaufbau beteiligten Formationen herrscht. Ausgedehnte Transgressionen jüngerer Formationen, namentlich der oberen Kreide, dann auch des Zechsteins und Bundsandsteins auf den Abrasionsflächen der älteren Schichten bilden ein weiteres charakteristisches Moment in dem allgemeinen geologischen Aufbau unseres Gebietes.

Analog der Rolle, welche Teutoburger Wald und Wesergebirge einerseits und das Sauerland mit seinen Ausläufern andererseits in rein orographischer Beziehung durch die Bildung der »Tiefebene des Münsterlandes« spielen, ist in geologischer Hinsicht ihre Bedeutung als Umrandung des »Kreidebeckens von Münster«: Tiefebene und Kreidebecken fallen annähernd zusammen. Während auf der Südseite die älteren Formationen des Carbons und Devons die Grenze bilden, treten auf der Nordost- und Ostseite zunächst aufgerichtete Kreidegesteine selbst, weiter nach aussen hin auch ältere Formationen als Umwallung auf.

Die im nordwestlichen Teil des Kreidebeckens von Rheine aus über Ochtrup, Ahaus, Stadtlohn nach Winterswyk in Holland sich hinziehende Zone vereinzelter Vorkommnisse von Schichtengruppen, die älter sind, als die sonst überall auftretende obere Kreide — Gault, Hils, Wealden, Jura u. s. w. — ist noch nicht hinreichend untersucht, um über ihre Verhältnisse im einzelnen und ihre Bedeutung für die Geologie des ganzen

Gebietes ein sicheres Urteil fällen zu können. Anscheinend bezeichnen auch diese aus der Kreide auftauchenden Reste älterer Schichten eine nicht sehr alte Faltung, die aber mehr im Sinne des Rheinischen Schiefergebirges, also quer zur tertiären Faltung des Teutoburger Waldes und des Wesergebirges verläuft. Jedoch weichen die Hauptstreichungslinien des Rheinischen Schiefergebirges und der Zone Rheine—Winterswyk nicht unwesentlich von einander ab. Erstere verläuft von WSW. nach ONO., letztere anscheinend von SSW. nach NNO., bezw. von SW. nach NO.

Suchen wir nunmehr einen kurzen Gesamtüberblick über die einzelnen Formationen, ihre Verbreitung, ihren Aufbau und ihre gegenseitigen Beziehungen zu gewinnen.

Das Devon, als das älteste der hier in Frage kommenden Gebirgsglieder, bildet überall in anscheinend konkordanter Lagerung das Liegende der Steinkohlenformation und gleichzeitig an der Erdoberfläche die südliche Begrenzung derselben. Von Aachen aus nach NO. wird seine weitere Verbreitung der Beobachtung zunächst durch die überlagernden Diluvial- und Tertiärgebilde entzogen; es ist aber anzunehmen, dass sich unterhalb dieser Bedeckung das Devon mit ein- und ausspringenden Faltenwendungen zwischen Düren und Jülich etwa nach Norden wendet, um mit noch unbekannten Schleifen und Kurven östlich an Erkelenz vorbei über München-Gladbach, Kempen, Crefeld und Uerdingen in das rechtsrheinische Gebiet überzutreten, woselbst es in den bekannten Sattel- und Muldenbiegungen über Velbert, Barmen-Elberfeld, Hagen, Iserlohn, Meschede, Brilon weiter nach Osten verläuft, wo es, teils bei Stadtberge unter den diskordant überlagernden Zechstein- und Triasschichten verschwindet, teils in zungenförmigen Sattel- und Muldenwendungen sich nach Süden wendet. Bei diesem Verlauf der nördlichen Devongrenze erscheint besonders bemerkenswert ihr weites Uebergreifen nach Norden in den unteren Flussgebieten des Rheins und der Maas, eine Erscheinung, die man sich in analoger Weise vorstellen und erweitert denken kann wie den treppenförmigen, im wesentlichen durch die Sättel von Arnsberg und Velbert bedingten, stetig weiter nach Norden sich verschiebenden Verlauf auf der rechten Rheinseite. Hier fallen die Sattel- und Muldenlinien auf der Grenze des Devons flach nach Nordosten ein, die Sattelwendungen sind nach SW., die Muldenwendungen nach NO. geöffnet, während auf der linken Rheinseite unter der Voraussetzung des oben geschilderten Verlaufs die entgegengesetzten Verhältnisse anzunehmen sind, wie auch aus dem gleich zu besprechenden Verhalten des Carbons hervorzugehen scheint.

Das Steinkohlengebirge mit seinen Unterabteilungen tritt am Nordrand des Devonzuges bei Aachen, an der Ruhr und noch weiter nördlich in vereinzelten Vorkommnissen bei Ibbenbüren, sowie am Piesberg und dem Hüggel bei Osnabrück, zu Tage und ist in seinen südlichen

Teilen in lange, parallele, von SW. nach NO. streichende Falten zusammengeschoben, die nach Norden hin an Tiefe zunehmen und so immer jüngere Schichten bergen, während gleichzeitig die Intensität der Faltung — gekennzeichnet durch Steilheit der Flügel, geringe Breite der Falten und Häufigkeit von Ueberschiebungen — in demselben Masse abnimmt. Nördlich einer Linie Dortmund, Bochum, Essen, Duisburg, sowie auf der linken Rheinseite und nördlich von Aachen senkt sich das Steinkohlengebirge unter diskordant überlagernde jüngere Schichten, unter denen es durch Bergbau und Bohrungen in immer weiterer Ausdehnung bekannt geworden ist.

Auch in der Gegend von Ibbenbüren und Osnabrück ist das Steinkohlengebirge, und zwar in seinen hangendsten bekannten Schichten durch neuere Tiefbohrungen in erheblicher Ausdehnung unterhalb der Trias- und Zechsteindecke nachgewiesen worden. Hier sind es im wesentlichen zwei parallel zu einander verlaufende, von NW. nach SO. streichende Sattel-erhebungen, die den Gebirgsaufbau bestimmen, eine nördliche mit dem Steinkohlenvorkommen des Piesberges und eine südliche, durch die Ibbenbürener Bergplatte und den Hüggel ziehende Aufwölbung. Trotz der durch das Fehlen des oberen Obercarbons und des Rotliegenden hervorgerufenen Lücke in dem Schichtenaufbau scheint eine Konkordanz zwischen sämtlichen beteiligten Formationen zu herrschen.

Von den das Steinkohlengebirge bedeckenden jüngeren Formationen*) ist zunächst der Zechstein zu ·erwähnen, der bei Osnabrück und an dem Ostrand des Rheinischen Schiefergebirges zu Tage tritt, im nordwestlichen Teil des Rheinisch-Westfälischen Bergbaubezirkes dagegen zwischen den Unterläufen der Emscher und Lippe sowie auf der linken Rheinseite durch Bohrungen in weiter Ausdehnung unterhalb der Kreide und des Tertiärs unmittelbar diskordant auf dem Carbon liegend nachgewiesen ist. Mitsamt dem überlagernden Buntsandstein erreicht der Zechstein ansehnliche Mächtigkeiten — mehrere hundert Meter — und zeichnet sich unter anderem durch das Auftreten nicht unbedeutender Steinsalzlager aus.

Die Trias — Buntsandstein, Muschelkalk und Keuper — ist zwischen Teutoburger Wald und Wesergebirge weit verbreitet, desgleichen Jura und Wealden, von denen die jüngeren Glieder auch in der Faltungszone Rheine, Ochtrup, Ahaus, Stadtlohn auftreten.

Das Vorkommen der älteren Kreide — Hils und Gault — beschränkt sich vorläufig auf den Teutoburger Wald und die Faltungszone Rheine—Stadtlohn, dagegen greift die obere Kreideformation — Cenoman, Turon, Senon — von dort aus weit nach Süden über, um in grosser Ausdehnung und Mächtigkeit diskordant die Schichten des Stein-

---

*) Ueber das erst neuerdings festgestellte Rotliegende vgl. das 10. Kapitel.

kohlengebirges zu bedecken und das Kreidebecken von Münster zu bilden. Aehnlich liegen die Verhältnisse in der Aachener Gegend.

Das Tertiär zeigt seine Hauptentwickelung in der Tiefebene des Niederrheines und der Maas, vereinzelte Vorkommnisse sind auch in der Osnabrücker Gegend bekannt. Es liegt vielfach unmittelbar auf dem Steinkohlengebirge und scheint an diesen Stellen die sonst herrschende Kreidebedeckung vollständig zu verdrängen.

Diluviale und alluviale Ablagerungen und zwar sowohl Anschwemmungen der Flüsse und Bäche wie auch glaziale Bildungen mit nordischen Geschieben finden sich in weiter Verbreitung fast überall in unserem Gebiete als oberste und jüngste Decke unmittelbar an der Erdoberfläche.

Die Skizzen auf Tafel I sollen die geologischen Verhältnisse nur im allgemeinen erläutern und erheben daher im einzelnen keinen Anspruch auf Genauigkeit, sie sind aus diesem Grunde nur schematisch, nicht massstäblich gezeichnet.

---

3. Kapitel: Die Kenntnis der geologischen Verhältnisse in geschichtlicher Entwickelung.

Von Bergassessor Dr. Cremer.

Es ist ein Jahrhundert her, dass der erste nennenswerte Versuch gemacht wurde, das rheinisch-westfälische Steinkohlengebirge nebst den angrenzenden Formationen geologisch darzustellen und in ihren gegenseitigen Beziehungen zu ergründen. Im Jahre 1801 veröffentlichte der damalige Königl. Preuss. Landrat Friedr. von Hövel im »Westfälischen Anzeiger« einen Aufsatz über die geognostische Beschaffenheit des märkischen Gebirges, der 5 Jahre später in erweiterter Form als besondere Schrift*) herausgegeben wurde. In ausserordentlich klarer Weise entwickelt von Hövel hier seine Ansichten über die Zusammensetzung und Lagerungsverhältnisse der verschiedenen Gebirgsschichten, die trotz der beschränkten Beobachtungen und mancherlei Irrtümer vielfach in über-

---

*) Friedr. von Hövel, Geognostische Bemerkungen über die Gebirge in der Grafschaft Mark; nebst einem Durchschnitte der Gebirgslagen, welche das dortige Kohlengebirge mit der Grauwacke verbinden. Hannover 1806.

raschender Weise unseren heutigen Auffassungen entsprechen. Die Konkordanz der beiden von ihm unterschiedenen Hauptgebirgsarten, der »Grauwacke« und des ›Kohlengebirges«, eine genauere Gliederung der zwischen beiden liegenden Schichten, das Verhältnis der ersteren zu den Gebirgsschichten des Harzes, die diskordante Ueberlagerung des Kohlengebirges durch die »Mergelschiefer-Formation« und seine Fortsetzung unterhalb der letzteren sowie zahlreiche einzelne Bemerkungen über das Kohlengebirge selbst, alles das sind Beobachtungen, die heute grossenteils lediglich bestätigt werden können. Von Interesse ist dann besonders eine Bemerkung über die Verhältnisse bei Ibbenbüren, Seite 57: »Da unser Kohlengebirge da, wo es von Gebirgen jüngerer Bildung in abweichender Lagerung überdeckt wird, noch immer Kohlenflötze enthält: so ist es schon analogisch wahrscheinlich, dass dessen unbekanntes natürliches Dach . . . ebenfalls noch Kohlenflötze führen mag. Vielleicht gehören . . . . die tecklenburgischen hierhin, und könnten dann als Sättel angesehen werden, die aus dem jüngeren Flötzgebirge hervorstehen.« (Auszug aus dem Aufsatz im »Westfälischen Anzeiger« No. 46, 1801.) Wenngleich von Hövel später, 1806, die »mindenschen, tecklenburgischen und ravensbergischen Kohlen« zur »bituminösen Mergelschiefer-Formation« (= Zechstein) rechnet, verlieren seine Gedanken doch nicht an Interesse; auf alle Fälle verdienen sie wegen ihrer Klarheit und als erster Versuch einer einheitlichen geologischen Beschreibung unseres Gebietes der unverdienten Vergessenheit entrissen und auf den ihnen gebührenden Platz als klassischen Ausgangspunkt der Geologie Westfalens gestellt zu werden.

Eine fernere Erweiterung seines »trefflichen Werkes«[*]) giebt von Hövel sodann in den »Anmerkungen« und »Beilagen« zu von Dechens Aufsatz: »Bemerkungen über das Liegende des Steinkohlengebirges in der Grafschaft Mark«[*]), die zum Teil schon früher (1817) im »Hermann, Zeitschrift von und für Westfalen« abgedruckt sind. Hier interessieren besonders die Ausführungen über das generell nördliche »Einfallen« des Steinkohlengebirges, d. h. das Tieferwerden der Mulden nach Norden hin.

Abgesehen von einer ausführlichen Aufzählung einzelner Flötze und einigen interessanten Karten bringt das nächste wichtigere Werk von Héron de Villefosse[**]) nichts wesentlich Neues über die Geologie Westfalens. Bald darauf (1822 und 1823) erscheinen jedoch kurz hintereinander zwei wichtige Arbeiten v. Dechens, deren erste[***]), ohne

---

[*]) Vergl. Noeggerath, Das Gebirge in Rheinland-Westfalen nach mineralogischem und chemischem Bezuge. I. Band. Bonn 1822.

[**]) Héron de Villefosse, De la Richesse Minerale. Band II. Paris 1819. S. 424 ff.

[***]) Noeggerath, Das Gebirge in Rheinland und Westfalen. I. Band. Bonn 1822, S. 1 ff.

Nennung des Verfassers gedruckte und nach Noeggerath »von einem wackern jungen Geognosten und Bergmann« herrührend, den Titel führt: »Bemerkungen über das Liegende des Steinkohlengebirges in der Grafschaft Mark«, während die zweite*): »Geognostische Bemerkungen über den nördlichen Abfall des Niederrheinisch-Westfälischen Gebirges« nebst Karte, eine Erweiterung des ersten Aufsatzes darstellt und neben den Arbeiten von Hövels als Grundlage unserer Kenntnis der geologischen Verhältnisse Westfalens zu betrachten ist. Diese letztere, ungemein gründliche, klare und sehr ausführliche Arbeit von Dechens bringt ausser zahlreichen, interessanten, mineralogischen und petrographischen Einzelheiten in allgemein geologischer Hinsicht eine ausführlichere Gliederung der an dem Gebirgsaufbau beteiligten Formationen, die auf der den Ausführungen beigefügten Karte von unten nach oben folgendermassen unterschieden werden:

1. Grauwackenschiefer,
2. Uebergangskalkstein,
3. Thonschiefer, Kieselschiefer, Alaunschiefer, plattenförmiger Kalkstein,
4. flötzleerer Sandstein,
5. Steinkohlengebirge,
6. Mergel (jüngerer Flötzkalkstein).

Ausserdem unterscheidet er noch in den östlichen Gegenden von Stadtberge an der Diemel den »älteren Flötzkalkstein« (= Zechstein) und den »jüngeren Flötzsandstein« (= Buntsandstein). Auch werden verschiedene »Grandlager« (Bildungen des Diluviums und Alluviums) erwähnt. v. Dechen kennt bereits drei, nach Norden tiefer werdende Hauptmulden, von denen die nördlichste auf der Zeche Dannenbaum 76 Flötze enthalten soll. Besonders wichtig erscheint die Trennung des sogenannten »flötzleeren Sandsteins«, als besondere Schichtengruppe von den übrigen Gebirgsgliedern sowie der Hinweis auf pflanzliche und tierische Versteinerungen.

In demselben Jahre führte Buff**) zuerst den Ausdruck »Kreidegebirge« für den das Steinkohlengebirge überlagernden Mergel ein, den er später***) (1824) unter ausführlicher Begründung in den noch heute allgemein gebräuchlichen Namen »Kreidemergel« umändert. Auf Seite 52 der letzteren Arbeit findet sich ein Hinweis auf die Möglichkeit von Salz-

---

*) Ebenda, Band II, 1823, S. 1 ff.

**) Buff, Ueber das Kupferschiefergebirge im Herzogtum Westfalen, in Noeggerath, Das Gebirge in Rheinland und Westfalen, Band II, S. 152.

***) Ders., Geognostische Bemerkungen über das Kreidegebirge in der Grafschaft Mark und im Herzogtum Westfalen und dessen Soolführung. In Noeggerath, Das Gebirge in Rheinland und Westfalen, Band III. 1824. S. 42 ff.

und Gypsvorkommnissen in nordwestlicher Richtung nach dem Niederrhein
hin, der, wenn auch unzutreffend begründet, doch dadurch interessant ist,
dass sich in letzter Zeit die Buffsche Vermutung wirklich bestätigt hat.

Ein wichtiges Kapitel der Carbongeologie wird zum ersten Male im
Jahre 1826 in dem bekannten Aufsatz: »Untersuchungen über die kohligen
Substanzen des Mineralreichs«*) behandelt. Ausser allgemeinen Be-
trachtungen über die chemische Zusammensetzung der Kohle und ihre
Einteilung in Back-, Sinter- und Sandkohle finden sich zahlreiche Analysen
westfälischer Kohlen und bei einer Darstellung der Lagerungsverhältnisse
folgender bemerkenswerte Ausspruch: ». . . ist es auch mehr als wahrscheinlich, dass sich die reichsten Kohlenschätze der Grafschaft Mark
unter dem Mergelgebirge befinden.«

In den nördlichen Teil unseres Gebietes führt uns sodann die ebenfalls 1826 erschienene Arbeit von Fr. Hoffmann: »Ueber die geognostischen
Verhältnisse der Gegend von Ibbenbüren und Osnabrück«.**) Hier werden
ausser dem »alten Steinkohlengebirge« noch das »Rotliegende«, der »Mans-
feldische Kupferschiefer«, »Buntsandstein«, »Muschelkalk«, »Keuper« und
»Gryphitenformation« unterschieden und im nächsten Band die Pflanzenreste von Ibbenbüren, dem Piesberg und dem Hüggel untersucht,
wobei die Vermutung der Gleichalterigkeit der drei Lokalitäten ausgesprochen wird.

Abgesehen von Einzelheiten ruht nun die allgemein geologische Er-
forschung unseres Gebietes annähernd ein Vierteljahrhundert bis zum
Jahre 1850, wo v. Dechens wichtige Arbeit »Ueber die Schichten im
Liegenden des Steinkohlengebirges an der Ruhr« erscheint und zum ersten
Male »Devon« und »Kohlenkalk« als neue Schichtengruppen nach dem Vor-
gange von Murchison und Sedgwick (1840) unterschieden werden.

Vier Jahre später (1854) erscheint die grundlegende Arbeit F. Roemers
»Die Kreidebildungen Westfalens«***), in der die Kreide folgendermassen
eingeteilt wird:

1. Obere Kreide $\begin{cases} \text{a) Senon} \\ \text{b) Turon mit Cenoman (Pläner)} \end{cases}$ nach d'Orbigny.

2. Gault,

3. Neocom oder Hils.

Der »Essener Grünsand« wird der belgischen »Tourtia« gleichgestellt
und wichtige Beobachtungen von Becks und Hosius über das Tertiär
mitgeteilt.

---

*) Karstens Archiv für Bergbau und Hüttenwesen Bd. 12, 1826.
**) Karstens Archiv Bd. 12 und 13.
***) Verhandlungen des naturhistorischen Vereins der preussischen Rhein-
lande, Westfalens und des Regierungsbezirkes Osnabrück. 1854.

Eine weitergehende Gliederung der älteren Formationen finden wir 1855 bei von Dechen, Geognostische Uebersicht des Regierungsbezirks Arnsberg*), wo nunmehr unterschieden werden:

1. Eigentliches Steinkohlengebirge,
2. flötzleerer Sandstein,
3. »Kulm« oder Posidonienschiefer (mit Kieselschiefer und Plattenkalken)

} Kohlenformation.

4. Cypridinenschiefer (mit Flinz und Kramenzel),
5. { a) Stringocephalenkalk. { b) Lenneschiefer,
6. Spiriferen-Sandstein,

} Devon.

Auch dieser Aufsatz v. Dechens bringt wieder zahlreiche wichtige Bemerkungen über das Steinkohlengebirge und seine Zusammensetzung im einzelnen.

Nächst dem wichtigen Werk von Huyssen: »Die Soolquellen des westfälischen Kreidegebirges, ihr Vorkommen und mutmasslicher Ursprung**), sind es dann wieder zwei Aufsätze v. Dechens, die für die Gesamtgeologie unseres Gebietes von Bedeutung sind: »Ueber den Zusammenhang der Steinkohlenreviere von Aachen und an der Ruhr«***) und »Der Teutoburger Wald. Eine geognostische Skizze«.†) Im Jahre 1859 erschien F. H. Lottners Werk: »Geognostische Skizze des westfälischen Steinkohlengebirges«, als erste ausführliche und zusammenhängende Beschreibung des eigentlichen Carbons von grundlegender Bedeutung, 1868 in zweiter Auflage unverändert abgedruckt, sowie v. Strombeck: »Beitrag zur Kenntnis des Pläners über der westfälischen Steinkohlenformation«††), und R. Ludwig, »Die Najaden der rheinisch-westfälischen Steinkohlenformation«, und von demselben Verfasser: »Süsswasserbewohner aus der westfälischen Steinkohlenformation«†††), die erste eingehendere Darstellung der carbonischen Fauna. In den sechziger und siebziger Jahren veröffentlichte C. Schlüter seine zahlreichen wichtigen Arbeiten über die Kreidebildungen Westfalens und ihre Fossilführung, 1869 v. Roehl unter dem Titel »Fossile Flora der Steinkohlenformation Westfalens einschliesslich Piesberg bei Osnabrück«*†), die erste Bearbeitung der carbonischen Pflanzenwelt. Im Jahre 1880 erschien L. Achepohls »Niederrheinisch-

---

*) Verhandlungen des naturhistorischen Vereins der preussischen Rheinlande, Westfalens und des Regierungsbezirkes Osnabrück, 1855.
**) Zeitschrift der deutschen geologischen Gesellschaft, 1855.
***) Zeitschrift für Berg-, Hütten- und Salinenwesen, 1856.
†) Verhandlungen des naturhistorischen Vereins der preussischen Rheinlande, Westfalens und des Regierungsbezirkes Osnabrück, 1856.
††) Zeitschrift der deutschen geologischen Gesellschaft, 1859.
†††) Palaeontographica 1857—62.
*†) Palaentographica Band 8 und 10.

Westfälisches Steinkohlen-Gebirge, Atlas der fossilen Fauna und Flora«
mit mehrfachen wichtigen Beobachtungen, und 1884 v. Dechens zu-
sammenfassende und hochwichtige »Geologische und paläontologische
Uebersicht der Rheinprovinz und der Provinz Westfalen«. Von neueren
bedeutenden Werken seien sodann noch genannt: Lepsius, »Geologie von
Deutschland I. Teil: Das westliche und südliche Deutschland«. Stuttgart,
1887—92; Runge, »Das Ruhr-Steinkohlenbecken«, Berlin 1892; Stockfleth,
»Der südlichste Teil des Oberbergamtsbezirks Dortmund«, Bonn 1896, sowie
endlich Frech, »Die Steinkohlenformation« (Sonderabdruck aus der Lethaea
palaeozoica), Stuttgart 1899.

Die im Vorstehenden aufgeführte Litteratur stellt nur einen Teil des
ungemein grossen Materials dar, hauptsächlich die allgemein wichtigeren
und grundlegenden Werke. Auf zahlreiche andere Arbeiten wird später
verwiesen werden.*)

Ein geschichtlicher Abriss über die Fortschritte geologischer Forschung
im Ruhrkohlenbezirk würde unvollständig sein, wollte man dabei die
Thätigkeit der Kgl. Preussischen geologischen Landesanstalt un-
berücksichtigt lassen. Nachdem schon seit einer Anzahl von Jahren Aufnahmen in den Nachbarbezirken, besonders im Sauerland, stattgefunden
hatten, wurde im Jahre 1901 die Kartierung des Industriebezirks syste-
matisch in Angriff genommen. Als topographische Unterlage der geologischen Aufnahme dient das von der Kgl. Preussischen Landesaufnahme
herausgegebene Messtischblatt im Massstab 1 : 25 000. Die Bearbeitung hat
sich bis jetzt auf die Blätter Hörde, Witten, Dortmund und Camen erstreckt.

4. Kapitel. Das Liegende der flötzführenden Schichten.

Von Bergassessor Hans Mentzel.

Hierzu Tafel II.

Das flötzführende Steinkohlengebirge ist, wie schon oben erläutert,
als Teil des grossen variscischen Gebirgssystems anzusehen, das sich in
der Hauptsache aus dem rheinischen Schiefergebirge, dem Harz, den
sächsischen Gebirgen und den Sudeten zusammensetzt.

*) Vgl. das Verzeichnis in Kapitel XV, in dem auch die neueste, in den
Ausführungen Dr. Cremers noch nicht enthaltene Litteratur berücksichtigt ist.

Im besonderen gliedert sich das produktive Steinkohlengebirge des Ruhrbeckens an den Teil des variscischen Gebirges an, der das rheinische Schiefergebirge heisst und sich in südwest-nordöstlicher Richtung zu beiden Seiten des Rheins in seinem mittleren Lauf erstreckt. Der Rhein von Bingen bis Düsseldorf misst etwa die Breite dieses Gebirges, dem also auch das Hohe Venn, die Eifel und der Hunsrück im weiteren Sinne zuzurechnen sind.

Der rechtsrheinische Teil des Schiefergebirges besteht vorwiegend aus devonischen Schichten, die in derselben Weise wie das Steinkohlengebirge an der Ruhr in zahlreiche Falten zusammengeschoben sind. Auch hier herrscht dasselbe Verhältnis wie bei den einzelnen Falten des Ruhrbeckens, dass nämlich mit dem Fortschreiten nach Süden immer ältere Schichten angetroffen werden. Die jüngeren Schichten, z. B. diejenigen des Carbons, welche nach der Faltung im Süden eine höhere Lage einnahmen als im Norden, wurden demgemäss im Süden durch Erosion zerstört, während sie im Norden erhalten blieben. So kommt es, dass die Berge des Siegerlandes aus Unterdevon bestehen, dass sich nördlich daran anschliessend in der Gegend von Gummersbach, Olpe und Berleburg, Elberfeld, Iserlohn, Meschede und Brilon ein breiter Streifen Mitteldevon hinzieht, der wiederum von einem Streifen Oberdevon nördlich begrenzt wird.

Ueber dem Oberdevon (auf Tafel II als dessen nördliche Begrenzung dargestellt) folgt dann die Steinkohlenformation, zunächst mit ihrer unteren Abteilung, der Stufe des Kohlenkalks und Culms, sodann mit der oberen, dem flötzleeren Sandstein und den produktiven Schichten.

Zwischen allen diesen Schichten herrscht nach unserer heutigen Kenntnis Konkordanz; sie sind demnach in der Reihenfolge, in der wir sie übereinander anstehen sehen, nacheinander ohne wesentliche Störung oder Unterbrechung zur Ablagerung gekommen.

Dieselbe Kraft, welche das Steinkohlengebirge in die bekannten Sättel und Mulden zusammengeschoben hat, hat auch das Gebirge im Liegenden in Falten gelegt, die aller Wahrscheinlichkeit nach die gleichen Eigenschaften haben, wie die des Carbons, mit Ueberschiebungen verbunden und durch Querstörungen verworfen sind. Im einzelnen ist der Verlauf der Faltung im Liegenden freilich nicht so genau bekannt wie im flötzführenden Steinkohlengebirge. Der Grund hierfür liegt hauptsächlich darin, dass die Aufschlüsse im Inneren des Gebirges fehlen, während sie im Steinkohlengebirge durch den Bergbau in denkbar ausgedehntestem Masse vorhanden sind; dazu kommt die petrographische Einförmigkeit grosser Schichtengruppen im Devon, die es erschwert, einzelne Schichten in ihrem Verlauf zu verfolgen, und schliesslich das ausgedehnte Vorkommen von Druckschieferung, welche die Schichtung und damit zugleich den Verlauf der Falten verschleiert.

I. Devon.

Im Rahmen des vorliegenden Aufsatzes kann nur ein ganz kurzer Hinweis auf die Ausbildung des Devons im Süden des Ruhrgebietes liegen. Es muss jedoch vorweg bemerkt werden, dass die Untersuchung dieses Gebietes auf der Grundlage der geologischen Kenntnis des Harzes, des Kellerwaldes und des Sauerlandes erst vor kurzem begonnen hat und noch längst nicht abgeschlossen ist. Die Ergebnisse der älteren Aufnahmen sind in v. Dechens geologischer und paläontologischer Uebersicht der Rheinprovinz und der Provinz Westfalen zusammengestellt und auf den Blättern Düsseldorf, Lüdenscheid, Berleburg, Dortmund und Soest der v. Dechen'schen Karte verzeichnet. Es lässt sich voraussehen, dass die neueren Forschungen vielfach zu abweichenden Auffassungen über die Stratigraphie des Devongebietes führen werden.*)

1. Unterdevon.

Das Unterdevon, die „Siegener Grauwacke", besteht vorwiegend aus Grauwackenschiefern (Sandschiefer), Grauwacken (Sandsteinen) und Thonschiefer. Es bildet in der Umgebung von Siegen ausgedehnte Gebirgszüge und ist die Heimat des Siegerländer Gangbergbaues. Die Nordgrenze dieser Stufe legt v. Dechen etwa in die Linie Siegburg, südlich von Waldbroel, Olpe, südlich von Berleburg. Nach neueren Untersuchungen Kaysers soll sie dagegen weiter nach Norden vorgeschoben werden müssen. Die Siegener Grauwacke vertritt nach der jetzt allgemein angenommenen Ansicht Kaysers den Taunusquarzit und die Hunrückschiefer.

Eine weitere Gliederung der Siegener Schichten, insbesondere die Abtrennung der Hunsrückschiefer, ist versucht, aber bisher noch nicht durchgeführt worden.**)

2. Mitteldevon.

Das Mitteldevon besteht aus dem Lenneschiefer (liegende Stufe) und dem Massenkalk (hangende Stufe).

Der Lenneschiefer erstreckt sich als breites, mehrfach längs gefaltetes Band zwischen der Siegener Grauwacke und dem Massenkalk, d. h.

---

*) Vgl. Denckmann und Lotz, Ueber einige Fortschritte in der Stratigraphie des Sauerlandes. Z. d. d. g. G. 1900. 564 ff.

Denckmann, Ueber das Oberdevon auf Blatt Balve. Jahrb. d. g. L. 1900. I ff.

**) Vgl. Drevermann, Ueber das älteste Devon des Siegerlandes. V. d. n. V. 1902. S. 21 ff.

bis zu einer nördlichen Grenze, die durch die Orte Ratingen, Wülfrath, Mettmann, Erkrath, Elberfeld, Schwelm, Hagen, Hohenlimburg, Iserlohn, Deilinghofen, Balve, Olsberg, Padberg bestimmt wird. Er ist als eine Flachseebildung anzusehen und besteht petrographisch in der Hauptsache aus Grauwackenschiefer, in dem besonders nach der oberen Grenze zu Kalkschichten, eingelagert sind.

Die im Lenneschiefer gefundenen Organismenreste entsprechen den Versteinerungen der Calceola-Stufe und der unteren Stringocephalenschichten im linksrheinischen Mitteldevon.

Der Massenkalk. Der Lenneschiefer wird nördlich umsäumt von einem langgestreckten aber schmalen, nur bis 2 km breiten Streifen massigen, in dicken Bänken abgelagerten Kalkes. Nur undeutlich und nicht eben häufig ist in ihm eine Schichtung zu erkennen. Man hat dem ausserordentlich charakteristischen, grauen oder weissen Gestein, das schroffe Bergformen bildet, den Namen Massenkalk gegeben. Von seinem Vorkommen bei Elberfeld, das der Kalkzug durchzieht, heisst er auch Elberfelder Kalk. Andere nennen ihn Stringocephalenkalk, wobei aber zu beachten ist, dass er nicht dem Stringocephalenkalk der Eifel in seiner ganzen Ausdehnung, sondern nur dessen oberer Stufe entspricht. Schliesslich bevorzugt v. Dechen dafür den Namen Eifelkalkstein, der jedoch auch nur mit der angegebenen Einschränkung Geltung hat.

Petrographisch ist der Massenkalk grösstenteils echter feinkörniger oder grobkrystallinischer Kalkstein, teilweise aber auch und besonders nahe der Erdoberfläche Dolomit. Er stellt eine Rifffacies des Mitteldevons dar. Schieferthonschichten nehmen nur in sehr geringem Umfange am Aufbau der Stufe Anteil. Einzelne Bänke des Massenkalkes erscheinen ganz aus organischen Resten, vorzüglich Korallen, aufgebaut. Stringocephalus Burtini ist häufig darin vertreten.

In zahlreichen und grossartigen Steinbrüchen wird namentlich bei Elberfeld und bei Letmathe der Kalkstein gewonnen, um gebrannt zu werden oder als Hochofenzuschlag zu dienen.

An vielen Stellen ist das Gestein nach allen Richtungen von Spalten durchzogen, die den Tagwassern das Eindringen ermöglichen. Die Folge davon ist einmal die unregelmässige zerrissene und von scharf eingeschnittenen Thälern durchfurchte Oberfläche des Kalkstreifens, ferner die Bildung zahlreicher, geräumiger und z. T. mit schönen Tropfsteinen ausgekleideter Höhlen und schliesslich die Bildung von Erzlagerstätten in schlotten- oder taschenförmigen Hohlräumen des Kalkes.

Die bekanntesten Höhlen sind die Dechenhöhle zwischen Letmathe und Iserlohn und die Balver Höhle. Eine sehr grosse Höhle muss in früheren Zeiten zwischen Sundwig und Deilinghofen vorhanden gewesen sein. Es finden sich hier in einer Längenerstreckung von 600—700 m in dem sogenannten Felsenmeer gewaltige Kalksteinblöcke, die in einer tiefen, steil abgeböschten Schlucht wild durcheinander geworfen liegen und offenbar dem Einsturz einer Höhle ihre jetzige Gestalt und Lage verdanken.

Bemerkenswerterweise sitzen gerade in dem Sundwiger Felsmeer mehrere Roteisenerzgänge auf, die früher zeitweise abgebaut worden sind. Von hier stammt auch das bekannte Vorkommen von gelbem Eisenkiesel, der teils grobkrystallinische Aggregate bildet, teils krystallisiert in Kalkspat eingewachsen ist.

Ausser diesen Gängen von Sundwig sind Erzlagerstätten bei Iserlohn, Schwelm und Wülfrath bekannt. Die Iserlohner und Schwelmer Lagerstätten werden später ausführlich besprochen werden (vergl. Kapitel 11). Sie sind als Lager oder stockartige Lagerstätten zu bezeichnen und führen vorwiegend Zinkerze und Schwefelkies. Bei Wülfrath setzt ein echter Gang auf, der in die Gruppe der südlichen Ausläufer der Ruhrkohlenverwürfe gehört. Er wurde früher von der Gewerkschaft Emanuel ausgebeutet. Das Bergwerk ist auf Blei-, Zink- und Eisenerze verliehen.

Der Massenkalkzug lässt sich am ganzen Südrande des besprochenen Gebietes leicht verfolgen. Der schmale Streifen, dessen Mächtigkeit auf 400 m angegeben wird, zeigt in der Regel nördliches Einfallen, ist aber auch mehrfach in Sättel und Mulden gefaltet. Der westliche bekannte Aufschluss liegt bei Eckamp südöstlich von Ratingen. Der Zug streicht dann — der Bochumer Mulde folgend — südlich von Heiligenhaus vorbei und macht südlich von Velbert eine scharfe Biegung nach Süden, um sich den Muldenwendungen der Wittener Mulde und der südlichen kleinen Mulden anzuschliessen. Von Wülfrath aus umfasst er in weit bis Mettmann ausholendem, mehrfach unterbrochenen Bogen die Herzkämper Mulde, die er dann auf ihrer Südseite über Elberfeld und Barmen bis Gevelsberg und Schwelm begleitet. Zwischen Gevelsberg und Hagen sind — wahrscheinlich infolge einer streichenden Störung — nur unzusammenhängende Reste vorhanden. Vom Volmethal aus östlich ist die gewöhnliche Breite des Streifens von 1,5 bis 2 km wieder hergestellt. Der Kalkzug streicht nunmehr über Hohenlimburg, Letmathe, die Dechenhöhle, Iserlohn, Westig und Sundwig bis in die Gegend von Balve.

Vereinzelte, von der Erosion verschonte Partieen von Massenkalk liegen an vielen Stellen mitten im Lenneschiefer. Der grösste derartige Rest ist in der Attendorner Mulde eingebettet.

3. Oberdevon.

Im Hangenden des Massenkalkes tritt, wo keine Störungen vorliegen, konkordant das Oberdevon auf. Es begleitet infolge dessen den Streifen des Massenkalkes im Süden der Kohlenmulden von Mettmann über Hagen und Iserlohn bis Balve gleichfalls als schmaler Streifen und nimmt nur zwischen Mettmann und Velbert grössere Ausdehnung rechtwinklig zum Streichen gemessen an, weil hier die zahlreichen Falten der sich aushebenden Mulden zur Geltung kommen. Noch über Balve hinaus begleitet es den Nordrand des rheinischen Schiefergebirges bis Stadtberge.

Die Gliederung des Oberdevons stösst auf Schwierigkeiten, die in den Faciesunterschieden, in Transgressionen und in der Versteinerungsarmut gewisser Horizonte begründet sind. Sie ist gegenwärtig erst für einen Teil des Sauerlandes durch die Untersuchungen Denckmanns durchgeführt. Früher unterschied man nur zwei Abteilungen, den liegenden Flinz und den hangenden Kramenzel von Dechens.

Der Flinz besteht aus schwarzen oder grauen Thonschiefern, vielfach mit falscher Schieferung und zwischengeschalteten Kalkbänken. Seine Mächtigkeit beträgt bei Hemer, östlich von Iserlohn, wo sie am grössten ist, 400 bis 600 m, an anderen Stellen nur 23 m, so z. B. bei Elberfeld, oder 12,5 m, so im Hönnethal. Bei Nuttlar im Sauerland werden diese Schiefer in grossen Dachschieferbrüchen gewonnen. Im einzelnen bedarf das Alter dieser Stufe noch der Feststellung. Mindestens die oberen Schichten des Flinz dürften jedoch der Intumescenz-Stufe des rheinischen Devons entsprechen.

Die Kramenzelschichten sind grüne, rote oder hellbraune Schiefer mit zahlreich eingelagerten Kalkknoten, durch deren Verwitterung das Gestein löcherig wird. Diese löcherigen Schichten werden vorzugsweise von den Ameisen (Kramenzeln) aufgesucht, wodurch sich der Name des Gesteins erklärt. Ausserdem nehmen grössere Kalknieren, zusammenhängende Kalkbänke und feste, glimmerreiche Sandsteine am Aufbau der Kramenzelschichten Anteil.

II. Carbon (mit Ausschluss der flötzführenden Schichten).

Gliederung.

Zwischen den hangendsten Schichten des Devons und dem flötzführenden Horizont des Steinkohlengebirges liegen im Süden des Ruhrkohlenbeckens noch drei von einander verschiedene Gebirgsglieder, deren geologische Stellung lange Zeit hindurch umstritten gewesen ist. Die unterste dieser drei Gruppen besteht aus Kalken, die mittlere vorwiegend aus Kiesel-, Thon- und Alaunschiefern sowie dünnbänkigen »Plattenkalken«, die oberste aus Sandsteinen und Schieferthonen.

Nachdem man erkannt hatte, dass die Kalke der untersten Gruppe, an deren mariner Entstehung zahlreiche Versteinerungen keinen Zweifel aufkommen liessen, nicht dem Massenkalk des Devons von Dornap, Letmathe u. s. w. angehören, sondern den auch im Aachener Bezirk als Liegendes des flötzführenden Carbons auftretenden Kalken ebenbürtig sind, war die geologische Stellung dieser untersten Schichten allerdings festgelegt: sie gehören der Kalkfacies des Untercarbons, dem Kohlenkalk an, dessen Verbreitung in England, Nordfrankreich, Belgien und im Aachener Bezirk längst bekannt war.

Ueber dem Kohlenkalk, der nur in dem westlichen Teile des Gebietes auftritt, oder über dem Oberdevon, da wo der Kohlenkalk fehlt, liegt die Schichtenfolge von Kiesel-, Thon- und Alaunschiefern sowie Plattenkalken, die bis zur Mitte des vorigen Jahrhunderts zum Devon gerechnet zu werden pflegte, so noch von F. Roemer im Jahre 1844.*) Dagegen konnte v. Dechen schon sechs Jahre später**) nachweisen, dass die Kieselschiefer dem Kohlenkalkstein und zwar einer oberen Unterabteilung desselben angehören. Lottner spricht die Gruppe 1859 bereits als Culm an. Der Name, der ursprünglich ein englischer Lokalausdruck war, bezeichnet heute allgemein die sandig-schieferige Facies des Untercarbons. Er galt früher als Küsten- oder Flachseebildung, während man sich den Kohlenkalk als Bildung der Tiefsee dachte. Neuerdings hat Holzapfel darauf hingewiesen, dass das Verhältnis wahrscheinlich umgekehrt ist: die Riffkorallen und dickschaligen Gastropoden des Kohlenkalkes haben vermutlich einen seichten Meeresteil bewohnt, während die wenig abwechslungsreiche Fauna des Culm mit ihren Goniatiten und dünnschaligen Posidonien wahrscheinlich der Tiefsee angehört.

Der Culm wird im allgemeinen als gleichalterig mit dem Kohlenkalk angesehen. Für den Ruhrbezirk ist jedoch durch die später zu besprechenden Aufschlüsse klargestellt, dass in seinem westlichen Teile erst der Kohlenkalk abgelagert wurde, und später die als Culm bezeichneten Schichten entstanden.

Schliesslich ist diese Schichtenfolge auch den Schichten mit Goniatites Listeri und Goniatites diadema von Chokier gleichgestellt worden, die im belgischen Carbon den Kohlenkalk überlagern und als tiefstes Glied des Obercarbons angesehen werden. (Vergl. Kayser, Lehrbuch der Geologie, Bd. II, S. 187.)

Die dritte, aus Sandsteinen und Schieferthonen bestehende Schichtenfolge ist der sogenannte flötzleere Sandstein oder schlechtweg der Flötzleere. Er gleicht in seinem Aufbau ausserordentlich den produktiven Schichten, ohne aber Kohlenflötze zu enthalten. Nach der herrschenden Ansicht stellt er eine Küstenbildung vor und wurde deshalb

---

*) F. Roemer, Das Rheinische Uebergangsgebirge. 1844.
**) v. Dechen, Ueber die Schichten im Liegenden des Steinkohlengebirges an der Ruhr. 1850.

früher auch wohl einfach zum Culm gerechnet und als dessen obere Abteilung aufgefasst.*) Seine petrographische Verschiedenheit vom Culm, seine durch den Mangel an Flötzen bedingte Minderwertigkeit gegenüber den produktiven Schichten sowie schliesslich seine erhebliche Mächtigkeit haben indes schon frühzeitig den Anlass gegeben, den Horizont als selbständig aufzufassen und ihm einen besonderen Namen beizulegen. Praktisch ist es von geringer Bedeutung, ob er als »Culmgrauwacke« zum unteren, oder nach v. Dechen u. A. als flötzleerer Sandstein zum oberen Carbon gerechnet, oder schliesslich wie von Lottner als mittlere Abteilung angesehen wird. Alle drei Stufen, Kohlenkalk, Culm und Flötzleerer bilden eine fortlaufende, durch keine Diskordanz unterbrochene Schichtenfolge, die konkordant auf dem obersten Devon auflagert und ebenso von den produktiven Schichten des Steinkohlengebirges überdeckt wird. Wo man innerhalb dieser Schichtenfolge die Grenze zwischen Ober- und Untercarbon zu ziehen hat, ob im Liegenden oder im Hangenden des Flötzleeren, oder schliesslich auch im Liegenden des »Culms«, wenn man diesen den Schichten mit Goniatites Listeri und diadema gleichstellt, dafür fehlen im Ruhrgebiet bisher feste Anhaltspunkte. Nach dem Vorgang v. Dechens mag im Folgenden der flötzleere Sandstein als untere Stufe des Obercarbons angesehen werden.

1. Kohlenkalk.

Die untere Stufe des Untercarbons, der Kohlenkalk, ist im Liegenden des Ruhrsteinkohlenbeckens nur auf eine verhältnismässig kurze Erstreckung hin bekannt, nämlich vom Drufter Kalkofen nördlich von Lintorf bis Leimbeck südlich von Langenberg**). Das Ausgehende des Kohlenkalkes bildet einen mehrfach unterbrochenen Saum um den westlichen Teil der Bochumer und Wittener Mulde. Ueber den Sattel, der die Blankenburger von der Sprockhöveler Mulde scheidet, geht der Ausstrich nicht hinaus. Die Herzkämper Mulde besitzt demnach den Kohlenkalksaum nicht. In der Teufe ist das Gestein nirgends aufgeschlossen. Zur Ermittelung der Verbreitung des Kohlenkalkes unterhalb des produktiven Carbons kann daher nur sein Ausgehendes dienen. Es scheint hiernach, dass sich der Kohlenkalk sowohl nach Osten in der Richtung des Streichens als nach Süden verschmälert und auskeilt, d. h. dass nur der westliche Teil der Wittener Mulde und der nördlicheren Mulde von Kohlenkalk unterlagert wird.

---

*) Vergl. Lepsius, Geologie von Deutschland, S. 122.
**) Vergl. Tafel II. Der Tafel ist die geologische Karte des Deutschen Reiches in 27 Blättern von Lepsius zu Grunde gelegt. Einige Aenderungen, wie die Unterscheidung von Kohlenkalk, Culm und Flötzleerem dienen dazu, die Uebersichtskarte dem Text anzupassen, andere, wie die Zusammenfassung von Cenoman und Turon, Diluvium und Alluvium sollen das Bild vereinfachen.

Der einzige Aufschluss, der im Innern des Münsterschen Beckens das Liegende des produktiven Steinkohlengebirges erreicht hat, das Bohrloch von Kreuzkamp nördlich von Lippstadt, hat keinen Kohlenkalk aufzuweisen.

Nach Westen hin verschwindet der Kalk unter dem Tertiär der Kölner Bucht. Erst rd. 70 km südwestlich von Ratingen taucht er unweit Stolberg am Südwestrande der Bucht wieder auf und bildet von hier ab das Liegende des produktiven Steinkohlengebirges von Aachen, Belgien und Nordfrankreich bis nach Boulogne. Es liegt kein Grund vor, einen Zusammenhang des Ratinger und des Aachener Kohlenkalks unter der Bedeckung durch Tertiär in Abrede zu stellen.

Der beste Aufschluss des Kohlenkalkes ist in den Cromforder Brüchen nördlich von Ratingen gegeben. Schon in der Gestalt der Erdoberfläche prägt sich hier das Auftreten festerer Schichten innerhalb des Tertiärs und Diluviums deutlich in einem kleinen Höhenzug aus.

Diese Insel älterer Gesteine besteht zum kleineren Teile aus oberdevonischen Schichten, zum grösseren aus Kohlenkalk, der konkordant auf den erstgenannten liegt. Das Streichen der Schichten entspricht dem Hauptstreichen des Steinkohlengebirges im Ruhrgebiet. Das Einfallen ist nach Norden gerichtet und beträgt bei den liegendsten (devonischen) Schichten 70—80°, nimmt aber allmählich ab und beträgt im Kohlenkalk 50—60°.

Das Devon ist grösstenteils durch glimmerreiche feste Sandsteine, daneben Thonschiefer und schmale Kalkbänke vertreten. Eine scharfe Scheidung zwischen diesen Schichten und dem Kohlenkalk ist nicht vorhanden. Vielmehr folgt auf eine 10 m mächtige — jetzt abgebaute — Kalkbank im Hangenden wiederum Schiefer in der gleichen Stärke und darüber erst der zusammenhängende Kohlenkalk, der in zwei grossen Steinbrüchen ausgebeutet wird. Ein dritter Bruch westlich der alten Chaussee von Ratingen nach Kettwig ist gegenwärtig ausser Betrieb.

In dem südlichen der beiden noch belegten Brüche werden die liegenden Schichten des Kohlenkalkes gewonnen, echte Kalke von blaugrauer bis aschgrauer Farbe und grosser Festigkeit.

Einzelne Bänke bestehen fast nur aus Organismenresten: Enkrinitenstielgliedern und Korallen; daneben sind grosse Spiriferen und Produkten häufig. Ein Verzeichnis der im Kohlenkalk von Ratingen gefundenen Versteinerungen giebt v. Dechen in der geologischen und paläontologischen Uebersicht der Rheinprovinz und der Provinz Westfalen, S. 216, ein neueres Frech in den Lethaea geognostica I, 2, S. 319. Wenn der Kalk längere Zeit an der Luft liegt und den Einflüssen der Atmosphärilien ausgesetzt ist, werden die Versteinerungen durch die Verwitterung herauspräpariert.

Die liegenden Bänke des Kohlenkalkes sind schmaler als die

hangenden, 0,10—1,5 m mächtig und durch schwarze Schieferthonlagen getrennt. Die Schichtfuge ist teilweise glatt, teilweise runzelig.

Die hangenden Schichten, die in dem nördlichen Bruch gewonnen werden, bestehen aus Dolomit, der offenbar durch einen Umwandlungsprozess aus Kalk gebildet worden ist. Das Gestein ist lichtbraun gefärbt, in seiner ganzen Masse krystallinisch und stellenweise sehr porös. Von Organismen ist auf dem frischen Bruch der Handstücke nur die Andeutung von Umrissen zu erkennen. Die Substanz der Schale scheint fortgeführt und durch lockeren gelbbraunen Eisenocker ersetzt zu sein.

In den Poren, die gelegentlich die Grösse einer Faust erreichen, finden sich Drusen von Dolomit- und Quarzkrystallen.

Die aufgerichteten Kohlenkalkbänke sind stellenweise von tertiärem Septarienthon (»Thon von Ratingen«), zum Teil auch unmittelbar von Sanden überlagert, die an anderen Punkten das Hangende des Septarienthons bilden. Der Thon ist allem Anschein nach früher weiter verbreitet gewesen, aber grösstenteils wieder abgetragen worden. Nur in besonders geschützten Mulden der Kalkoberfläche hat er sich erhalten können.

Die Schichtenköpfe des Kalkes, die nach Wegnahme des Abraums der Beobachtung zugänglich werden, zeigen deutliche Spuren intensiver Verwitterung. Sie müssen lange Zeit hindurch vor Ablagerung des Septarienthons den Einflüssen der Atmosphärilien ausgesetzt gewesen sein. Da der Kalk der Verwitterung in seinen einzelnen Partieen sehr verschiedenen Widerstand entgegensetzte, ist seine Oberfläche vollständig uneben oder runzelig, eine Hügellandschaft im kleinen, mit runden Kuppen, Bergrücken und tief eingeschnittenen Schächten. Manche Bänke sind rundhöckerartig glatt, andere — die Korallenschichten — blatterartig genarbt. Die Schichtfugen sind zu tiefen Einschnitten ausgearbeitet.

Eine besondere Erscheinung ist am westlichen Stosse des nördlichen Bruches zu beobachten: hier zieht sich durch die ganze Wand des Steinbruchs eine Spalte, die unten schmal ist, oben aber trichter- oder keilförmig sich erweitert (vgl. das schematische Profil in Fig. 1, Seite 24).

In ihrem engeren unteren Teile liegen unregelmässig geformte, kantengerundete Blöcke von Dolomit, aussen sandig, innen fester werdend und in den krystallinischen Zustand des die Spalte umgebenden Dolomites übergehend. Das Bindemittel, in dem diese Dolomitblöcke liegen, ist Dolomitsand. Gegen das feste Gestein ist keine scharfe Grenze, ein Salband oder dergl. vorhanden, vielmehr geht die Ausfüllungsmasse der Spalte durch Abnahme des Dolomitsandes in den festen Dolomit über. Im oberen Teil — soweit die trichterförmige Erweiterung reicht — liegt tertiärer Thon in Form einer ganz schmalen (2 m breiten) Mulde in der Spalte. Seine unterste Schicht ist grün, darüber folgt brauner Thon und schliesslich der schwarze Septorienthon.

Es scheint demnach, dass Tagewasser auf einer besonders dazu geeigneten Spalte ungewöhnlich tief in den Kern des Dolomites eingedrungen ist, von hier aus auf dem Netzwerk von Haarspalten sich seitlich in dem Gestein verbreitet hat und überall, wohin es kam, den festen, körnigen Dolomit in einen lockeren Dolomitsand verwandelte, der nun die noch frischen Dolomitknollen umschliesst. Der obere Teil dieser Spalte erweiterte sich bei fortschreitender Verwitterung naturgemäss zu einer tiefen Rinne, in der sich später der Thon absetzte.

Vor kurzem wurde in demselben Bruch ein Bleiglanzgang erschürft, der auf der Fortsetzung einer Lintorfer Gangspalte zu liegen scheint.

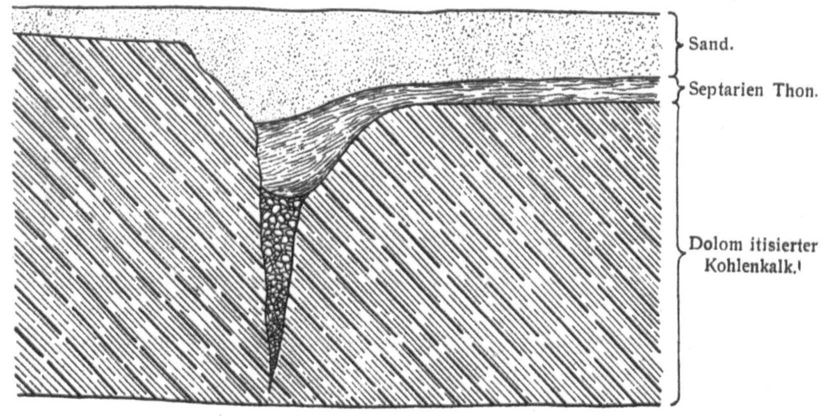

Fig. 1.

Profil des westlichen Stosses im nördlichen Kohlenkalkbruch bei Ratingen.

Nördlich von Ratingen tritt der Kohlenkalk in zwei Sattelaufwölbungen nochmals aus dem Deckgebirge heraus zu tage, einmal 1 km nördlich von Lintorf, andererseits am sog. Drufter Kalkofen, rund 2,5 km nördlich von Lintorf. Beide Vorkommen bilden Sättel mit schwach nach Osten einsinkender Sattellinie, durch mehrere Querstörungen zerrissen. Diese Störungen sind als reiche Erzgänge ausgebildet, auf denen bis zum Jahre 1902 der Bergbau der Gewerkschaft Lintorfer Erzbergwerke umging.*)

Auch in östlicher Richtung von Ratingen aus zeigt der Kohlenkalksaum noch mehrfache Unterbrechungen. Der nächstgelegene Punkt, an dem er auftritt, liegt 2,8 km von den Cromforder Brüchen entfernt, östlich von Eggerscheid, wo er in den sog. Bruchhauser Kalkbrüchen ausgebeutet wird. Oestlich davon folgt wieder eine Unterbrechung bis Ober-

---

*) Näheres vgl. S. 229 ff. sowie A. v. Groddeck, Ueber die Erzgänge von Lintorf. Min. Z. 1881. Bd. XXIX.

hösel. Von da aus streicht der Zug ununterbrochen und vielfach durch Steinbrüche aufgeschlossen in nordöstlicher Richtung über Laupenmühle, Rossdelle, Mühlenweg, Krewinkel, Wasserfall und Hefel, von hier in mehreren Sattel- und Muldenwendungen in vorwiegend südöstlicher Richtung über Rudenhaus, Thünershof bis Leimbeck, südlich von Langenberg. Die Sattel- und Muldenwendungen entsprechen der Gestalt der Wittener Mulde bezw. deren Spezialfalten, die sich sämtlich in westlicher Richtung ausheben.

Die Mächtigkeit des Kohlenkalkes, die zwischen Oberhösel und Wasserfall noch 100 m beträgt, nimmt bis zum vollständigen Auskeilen des Gesteines ab. Jenseits von Leimbeck werden die oberdevonischen Schiefer unmittelbar von transgredierendem Culm überlagert.

Bei Eggerscheid fällt der Kalk mit 45° gegen NW. ein (am Ausgehenden mit nur 15—25°); bei Oberhösel liegt ein Sattel vor, dessen Nordflügel mit 50° einfällt, während der Südflügel nur 30° Einfallen zeigt. Weiter nach Osten wird die Aufrichtung steiler; der Fallwinkel steigt auf 70—85°, gelegentlich sind die Schichten sogar überkippt, sodass sie steil nach Süden einfallen.

2. Culm.

Die Verbreitung des Culm im Liegenden des Ruhrkohlenbeckens ist nicht derartig beschränkt, wie diejenige des Kohlenkalks. Er ist vielmehr am ganzen Südrande des Beckens — von Lintorf an über Oberhösel, Leimbeck, Düssel, Gevelsberg, Hagen, Arnsberg — zu verfolgen. Das Hönnethal durchschneidet ihn 3 km oberhalb von Menden, an einem Punkt, der etwa auf dem Meridian von Hamm liegt. Die östliche Fortsetzung der Culmschichten kommt demnach für eine Untersuchung des Ruhrbeckens nicht mehr in Frage. Es sei nur noch erwähnt, dass der Culm den ganzen Nordrand des devonischen rheinischen Schiefergebirges umsäumt, in östlicher Richtung bis Stadtberge streicht und sich von hier aus nach Süden umbiegt, um den Ostrand des grossen Devongebirgskörpers zu begleiten.

Seine Mächtigkeit nimmt — umgekehrt wie diejenige des Kohlenkalkes — von Westen nach Osten zu. Jenseits der Kölner Bucht im Aachener Steinkohlenbezirk ist der Culm überhaupt nicht vorhanden. Im einzelnen aber scheint die Ausbildung der Schichten sowohl was Mächtigkeit als auch was petrographische Beschaffenheit betrifft, sehr zu schwanken. Im wesentlichen sind es Kieselschiefer, Alaun- und Thonschiefer, sowie dünnbänkige Kalke, sog. Plattenkalke, die sich am Aufbau der Culmschichten beteiligen. Eine Anzahl Beobachtungen hat v. Dechen zusammengestellt. Dieselben sollen mangels neuerer Untersuchungen hier teilweise wiedergegeben werden:

Am Westrande des Steinkohlengebirges ist das Vorkommen des Culms bei Lintorf eng mit dem des Kohlenkalkes verknüpft. Er bildet hier das Hangende des Kohlenkalkes und muldet zwischen den beiden Sätteln von Schacht Diepenbrock (= Sattel vom Drufter Kalkofen) und Schacht Friedrich. Seine Schichten bestehen vom Liegenden zum Hangenden aus Kieselschiefer, Alaunschiefer und Thonschiefer. Die Mächtigkeit wird im ganzen auf 750 m angegeben.

Auf der östlichen Fortsetzung des Diepenbrocker Sattels hat der Selbecker Erzbergbau gleichfalls den Culm angetroffen.

In den Cromforder Brüchen bei Ratingen und den Bruchhauser Brüchen bei Eggenscheid ist der Culm nicht aufgeschlossen. Dagegen tritt er bei Oberhösel wieder zu Tage und begleitet von hier ab den Kohlenkalk in einem schmalen Bande bis Leimbeck, wobei er allen Sattel- und Muldenwendungen der Wittener Mulde folgt. Während sich der Kohlenkalk bei Leimbeck auskeilt, umsäumt der Culm transgredierend auch die westliche Muldenwendung der Herzkämper Mulde in einem Bande, das sich über »zur Mühlen« (östlich von Neviges), Leimberg, Haus Aprath, Düssel bis »im Einern« (nördlich von Barmen) zieht. Südlich von Aprath hat die Bahn von Steele nach Vohwinkel Aufschlüsse auf beiden Flügeln der Herz- kämper Mulde geliefert.*) Auf dem Nordflügel setzt sich die Stufe wie folgt zusammen:

Hangendes nicht aufgeschlossen.

6,3 m schwarzer Kieselschiefer.
4,7 » grauer Plattenkalk.
17,3 » schwarzer Kieselschiefer.
47,1 » schwarzer dünnblätteriger Schiefer, gegen das Hangende mit
  einigen dünnblätterigen Lagen von kieseligem Kalk wechselnd.
Liegendes: grünliche Schiefer des Oberdevon.
Einfallen 80° gegen Süden. Gesamtmächtigkeit 75,4 m.

Anders ist die Ausbildung auf dem Südflügel. Hier beginnt die Schichtenfolge im Hangenden mit dem auch sonst im Culm verbreiteten Alaunschiefer.

16 m schwarzer Alaunschiefer, von dem folgenden durch fein eingesprengten Pyrit (oder Markasit?), durch einen grösseren Gehalt
  an Kohle und durch Nieren unterschieden, die Versteinerungen
  einschliessen, darunter schwarzer, dünnblätteriger Posidonienschiefer, vielfach mit Kalkplatten bis zu 16 cm Stärke wechselnd.
8 » plattenförmiger Kalkstein ohne Nieren.

---

*) v. Dechen, G. u. p. Ue. S. 216.

6 m Kieselschiefer mit schwarzen, thonigen, in Brandschiefer übergehenden Schieferlagen wechselnd, darin flache, kalkig-kieselige
Nieren.

10 » hellgrauer, plattenförmiger Kalkstein in Schichten von 5 bis 8 cm
Stärke, mit glatten Schichtflächen; einzelne Schichten schliessen
gleichfalls kalkig-kieselige Nieren ein, welche mit der umgebenden
Masse fest verwachsen sind.

19 » schwarzer Kieselschiefer in dünnen Schichten von 5 bis 8 cm
Stärke, winkelrecht zerklüftet, bisweilen in grauen Hornstein übergehend, mit dünnblättrigem, festem, schwarzem Schiefer wechselnd.

16 » hellgrauer, dichter Kalkstein in Bänken von 1 bis 1,3 m Stärke.

Liegendes: grüne Schiefer des Oberdevon.

Gesamtmächtigkeit des Culm 75 m.

Auf dem ganzen Zuge des Culm von Oberhösel bis Aprath sind die
Alaunschiefer an vielen Stellen ausgebeutet worden. Halden der gerösteten
und ausgelaugten Schiefer sind noch zahlreich vorhanden.

Nördlich von Barmen erleidet der Culmzug eine — wahrscheinlich
durch Gebirgsstörungen bedingte — Unterbrechung. Dagegen liegen
westlich von Gevelsberg und in diesem Orte selbst wieder Aufschlüsse.
Nach einer grösseren Unterbrechung tritt dann bei Wehringshausen
zwischen Haspe und Hagen das Gestein wieder auf, um bei Hagen das
Vollme-, bei Nieder-Rehe das Lennethal zu überschneiden und nördlich an
Letmathe vorbei sich in der Richtung auf Arnsberg fort zu erstrecken.

Im Hönnethal ist der Culm zwischen Balve und Menden in 348 m
Mächtigkeit angeschnitten. Das Profil besteht hier aus

41 m Kieselschiefer (auf Sandstein und Schiefer des Oberdevon auf-
lagernd),

279 » Plattenkalk mit Schiefer in dünnen Lagen wechselnd,

28 » Kieselschiefer.

Darüber folgen schwarze Schieferthonschichten des flötzleeren Sandsteins.

Die Leitversteinerungen des Culm sind Posidonomya Becheri Bronn.
und Goniatites sphaericus Mart.

3. Flötzleerer Sandstein.

Im Hangenden der als Culm bezeichneten Gruppe liegt eine Schichtenfolge von Sandsteinen und Schieferthonen, die sich nur durch das Fehlen
von Kohlenflötzen*) von den produktiven Schichten unterscheidet, der
sogenannte flötzleere Sandstein.

---

*) Vgl. jedoch S. 29.

Seine hangende Begrenzung ist mehr oder weniger willkürlich angenommen worden, da der Uebergang der flötzleeren in die produktiven Schichten ohne Diskordanz stattfindet und wesentliche petrographische Unterschiede nicht vorhanden sind. Man hat daher bis jetzt vom Standpunkte des Kohlenbergmannes aus die Grenze da gezogen, wo das liegendste Flötz erreicht war. Diese Annahme ist auch noch für die vorliegende Bearbeitung massgebend gewesen (vgl. auch Kapitel 5, Abschnitt III: Cremer, Zusammensetzung und Gliederung des flötzführenden Steinkohlengebirges im einzelnen). Die gezogene Grenze hat jedoch den Nachteil, dass sie sich in einigermassen grossem Massstabe aus Mangel an Aufschlüssen in dem liegendsten Flötz nicht kartieren lässt. Bei der nunmehr durch die Kgl. Preussische geologische Landesanstalt eingeleiteten Kartierung*) soll infolge dessen nicht das liegendste Flötz, sondern die liegendste Werksteinbank das produktive Steinkohlengebirge nach unten hin abgrenzen, eine Schicht, die sich im Gelände leicht verfolgen lässt.

Am Aufbau des Flötzleeren beteiligen sich vorwiegend Sandsteine und Schieferthone. Die ersteren liefern vielfach gute Werksteine und werden daher besonders im Ruhrthal von Westhofen bis Mülheim in zahlreichen Steinbrüchen ausgebeutet. Schwache, mit Schieferthon wechsellagernde Bänke liegen zwischen den Werksteinschichten.

Die Farbe der Sandsteine ist hellgrau, hellgelb bis braun; durch Auftreten grösserer Quarz- oder Thoneisenstein-Gerölle entstehen aus ihnen mehrfach Konglomerate. Sind parallel angeordnete Glimmerblättchen eingestreut, so geht das Gestein in den »Sandschiefer« des westfälischen Bergmanns über, der in der Regel auch feinkörniger und thonreicher als der Sandstein ist, thatsächlich also eine Mittelstufe zwischen ihm und dem Schieferthon bildet.

Der Schieferthon gleicht dem der flötzführenden Schichten. Bisweilen ist nach v. Dechen eine stengelige Absonderung an ihm zu beobachten, die ihm einige Aehnlichkeit mit dem Griffelschiefer verleiht.

Die Grenze gegen den unterlagernden Culm ist wegen der gleichen Beschaffenheit der Schieferthone in beiden Stufen oft sehr verwischt.

Schnüre von Sphärosideritnieren sind an mehreren Stellen den Schichten des Flötzleeren eingelagert.

Die Stufe ist reich an Pflanzenresten, die jedoch, soviel bis jetzt bekannt ist, stets Merkmale zeigen, dass ein längerer Transport des Materials im Wasser stattgefunden hat. Den grösseren Teil machen Stämme und Zweige aus, Material, das die Beförderung im Wasser am besten vertragen konnte, ohne zerstört zu werden. Blätter sind nur als »Häcksel« gefunden worden. Das pflanzliche Material ist verkohlt und gegen-

---

*) Vgl. Referat in der Ztschr. f. p. G. 1901, S. 373.

wärtig nur in Form eines dünnen kohligen Ueberzugs vorhanden, wenn nicht auch dieser bereits durch die Atmosphärilien zerstört worden ist. Die Stämme sind oft mit einer festen gelbgrauen oder grauen Masse — thoniges Brauneisenerz oder Sphärosiderit — ausgefüllt. Ganz vereinzelt wurde bei Halden östlich von Hagen im flötzleeren Sandstein ein Kohlenvorkommen erbohrt, das bei einem mittlerer Fettkohle entsprechenden Gasgehalt einen ungewöhnlich hohen Gehalt an Wasser aufwies und sandigen Koks lieferte.

Ueber die Verbreitung des Flötzleeren an der Erdoberfläche unterrichtet am besten ein Blick auf die geologische Uebersichtskarte auf Tafel II. Sie beginnt im Westen zwischen Duisburg und Mülheim, folgt im grossen und ganzen dem Ruhrthal bis Kettwig, streicht von hier aus östlich bis in die Gegend von Langenberg, um nunmehr in einer scharfen Muldenwendung die Südwestspitze der Herzkämper Mulde zu umfassen. Der weitere Verlauf ist wieder vorwiegend östlich oder nordöstlich gerichtet und erstreckt sich nördlich an Gevelsberg vorbei über Volmarstein, Eckesey nördlich von Hagen, Halden im Lennethale, Menden, Neheim, über den Arnsberger Sattel in die Gegend von Warstein und bis Stadtberge. Hier verschwindet das Ausgehende des Flötzleeren unter der Zechsteinformation. Aus weiter südlich gelegenen Aufschlüssen geht jedoch hervor, dass eine Sattelwendung vorliegt, die dem Zuge des flötzleeren Sandsteins eine vorwiegend nordsüdliche Richtung giebt. Er bildet somit, ebenso wie der Culm, den östlichen Saum des rheinischen Schiefergebirges.

Die angegebenen Punkte können den Verlauf des Flötzleeren an der Erdoberfläche nur ganz im allgemeinen kennzeichnen. Im einzelnen haben seine beiden Grenzlinien im Hangenden und Liegenden durch die zahlreichen Falten, in die das Gebirge zusammengeschoben ist, einen vielfach gekrümmten Verlauf mit langgestreckten, zungenförmigen Einbiegungen in das Hangende bei Sattelwendungen (Wattenscheidter und Stockumer Sattel) und ähnlichen buchtenförmigen Einsprüngen ins Liegende längs der Muldenlinien (Herzkämper Mulde).

Bemerkenswert ist schliesslich das Auftreten von flötzleerem Sandstein in der tief in die Devonschichten eingesenkten Mulde von Attendorn mitten im devonischen Gebiet. Dieses Vorkommen im Verein mit dem weitumfassenden Saum, den das Gestein um den älteren Gebirgskamm bildet, führt zu dem Schluss, dass der Flötzleere sich früher über das ganze rheinische Schiefergebirge erstreckt hat und nur durch Erosion zerstört worden ist. Ob für die produktiven Schichten das Gleiche gilt, muss dahingestellt bleiben.

Von Mülheim bis Strickherdicke (südlich von Unna) liegen unmittelbar über dem Flötzleeren konkordant die produktiven Schichten des Steinkohlengebirges. An der genannten Stelle verschwindet die nordöstlich verlaufende Scheide zwischen flötzleeren und flötzführenden Schichten unter der Kreidemergeldecke, sodass östlich davon der Flötzleere nicht mehr die produktive Stufe, sondern das Cenoman als Hangendes hat. Die Ueberlagerung durch den Mergel ist diskordant. Die folgende schematische Skizze Fig. 2 soll das Verhältnis der drei Gebirgsglieder erläutern.

Die Breite des Bandes, das der Flötzleere an der Tagesoberfläche bildet, nimmt von Westen nach Osten zu, vergl. Tafel II. Während sie bei Kettwig und bei Horath (südwestlich von Herzkamp) nur 1,2 km beträgt, misst sie schon bei Hagen 5 und bei Strickherdicke 10 km. Diese Verschiedenheit beruht vorwiegend auf dem Einfluss der Gebirgsfaltung und der Erosion. Während nämlich an den erstgenannten beiden Orten

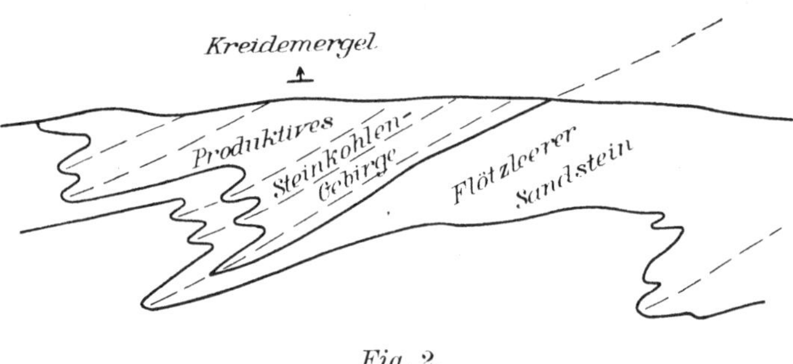

Fig. 2

Ueberlagerung des Carbons durch Kreidemergel.

die ganze Breite des Flötzleeren nur durch einen Muldenflügel gebildet wird, umfasst die bei Hagen und Strickherdicke gemessene Breite zahlreiche kleinere Falten; auch nimmt möglicherweise die Mächtigkeit des Flötzleeren in östlicher Richtung zu, so dass ein Teil der Verbreiterung diesem Umstand zuzuschreiben wäre. An der Westspitze der Herzkämper Mulde ist der flötzleere Sandstein 920 m mächtig.

Westlich von der Kölner Bucht im Aachener, belgischen und nordfranzösischen Kohlenbecken fehlt diese Stufe völlig; das produktive Carbon liegt hier unmittelbar auf dem Kohlenkalk. Erst in England ist in dem Millstone grit wieder ein gleichartiges Gebirgsglied vorhanden.

Wie sich die Lagerung des Flötzleeren im Inneren des Münsterschen Beckens verhält, bedarf noch der näheren Feststellung. Soviel kann jedoch durch die neueren Bohrungen als festgestellt gelten, dass die Scheide zwischen produktiven und flötzleeren Schichten unter der Mergeldecke von Strickherdicke an zunächst ihre nordöstliche Richtung etwa bis Hovestadt, 14 km westlich von Lippstadt, beibehält, um dann — entsprechend einem Ausheben der Mulden in östlicher Richtung — nach Norden abzubiegen. Die Nordsüdrichtung der Grenze dürfte allerdings durch vielfache Krümmungen verschleiert sein.

Da der Flötzleere denselben faltenden und erodierenden Kräften ausgesetzt war, wie die produktiven Schichten, so heben sich auch seine Mulden nach Osten hin aus. Auf diese Weise dürften die durch das Bohrloch von Kreutzkamp, 4 km nördlich von Lippstadt aufgeschlossenen Lagerungsverhältnisse zu erklären sein. Das Bohrloch durchsank folgende Schichten:

> bis 630 m Diluvium und Kreidemergel,
> » 640 » schwarzen Schieferthon ohne organische Reste,
> » 905 » Korallenkalk des Mitteldevon.

Es scheint demnach, dass sich bei Kreutzkamp bereits nicht nur die produktiven Schichten, sondern auch der Flötzleere, der Culm und das Oberdevon bis auf die untersten Schieferthonbänke in 10 m Mächtigkeit ausgehoben haben.

Späteren Untersuchungen bleibt es vorbehalten, festzustellen, ob diesem Herausheben der Mulden weiter östlich wieder ein Einsinken, ein bisher unbekanntes Vorkommen flötzführender und flötzleerer Carbonschichten folgt. Auch das Vorhandensein eines beiderseits von Sprüngen begrenzten Horstes bei Lippstadt ist nicht ausgeschlossen und würde zur Erklärung der eigentümlichen Bohrergebnisse dienen können.

---

5. Kapitel: Das flötzführende Steinkohlengebirge.

Hierzu Tafel III—XV.

I. Ausdehnung, Mächtigkeit, Zusammensetzung und Einteilung im allgemeinen. Schichtengruppen.

Von Bergassessor Dr. Cremer.

Wie von dem Carbon überhaupt, so kennen wir auch von dessen flötzführenden oberen Abteilung, dem sogenannten »produktiven Steinkohlengebirge«, nur einen Teil und zwar wahrscheinlich den bei weitem kleineren. Die Hauptmasse wird — voraussichtlich in erheblicher Tiefe — unter den jüngeren Schichten des Beckens von Münster und seiner Umgebung verborgen liegen. Wie weit sich dieser unbekannte Teil ausdehnt,

wo die Grenzen im Osten, Norden und Westen liegen, ob vielleicht das
flötzführende Carbon noch in dem Raum zwischen dem rheinischen Schiefergebirge und dem Harz vorhanden ist, ob es noch unterhalb der Trias-
gebilde des Weserberglandes auftreten mag, ob es gar unterirdisch mit
den Kohlenablagerungen Grossbritanniens zusammenhängt: das alles sind
Fragen, bei deren Beantwortung wir lediglich auf mehr oder minder be-
gründete Vermutungen angewiesen sind. Eine »Begrenzung« des produktiven Carbons im eigentlichen Sinne kennen wir nur auf einem kleinen
Teil des südlichen Gebietes, dort, wo Untercarbon und Devon des
rheinischen Schiefergebirges einen hohen und breiten Grenzwall auf-
türmen; im übrigen ist die Begrenzung durch mächtige überlagernde
Sedimente unserer Wahrnehmung entzogen.

Die südliche Grenzlinie des flötzführenden Steinkohlengebirges gegen
die älteren Schichten haben wir schon oben bei der Betrachtung des
Untercarbons kennen gelernt. Von hier aus nach Norden, Nordwesten und
Nordosten ist das produktive Carbon auf einem Flächenraum von etwa
3000 qkm in ununterbrochenem Zusammenhange durch Bergbau und Tiefbohrungen aufgeschlossen worden. Fast 2500 qkm, also beinahe $^5/_6$ der
ganzen Verbreitung sind von jüngeren Schichten bedeckt, nur in den
südlichsten 532 qkm geht das Steinkohlengebirge unmittelbar zu Tage aus.
Etwa 500 qkm gross ist die bei Osnabrück nachgewiesene Verbreitung
des flötzführenden Obercarbons. Der noch unbekannte Zwischenraum
zwischen den Osnabrücker Vorkommen am Hüggel und den am
weitesten nach Nordosten vorgeschobenen Bohrlöchern bei Hamm an der
Lippe beträgt nur noch etwa 50 km, ist also im Verhältnis zu der mutmasslichen Ausdehnung des Kohlengebirges gering zu nennen. Noch geringer
ist die Entfernung zwischen den am weitesten nach Westen vorgeschobenen
Kohlenfunden auf der linken Rheinseite und den nordöstlichen bekannten
Aufschlusspunkten der Aachener Gegend (Bohrung »Tamen IV« bei Ober-
krüchten zwischen München-Gladbach und Roermond). Sie beträgt nur
25 bis 30 km.

Es mag an dieser Stelle hervorgehoben werden, dass die südliche
Grenze des flötzführenden Steinkohlengebirges gegen die älteren Schichten
keineswegs immer scharf und glatt hervortritt, wie z. B. auf der Strecke
von Mülheim a. d. Ruhr bis Horath und zum Teil von Horath nach Hasslinghausen—Silschede, wo diesseits der Grenzlinie nur produktives Carbon,
jenseits dagegen nur ältere Schichten auftreten. Weiter östlich, in der
Gegend nördlich von Volmarstein, Herdecke, Schwerte und Frömmern,
findet vielmehr ein allmählicher Uebergang von flötzleerem Sandstein in
das produktive Steinkohlengebirge statt, indem wiederholte Faltenbildungen
bald ersteren, bald letzteres an die Tagesoberfläche bezw. bis unter den
Kreidemergel bringen. Es entsteht auf diese Weise eine Uebergangszone,

die mehr oder weniger breit sein kann und innerhalb deren flötzführende und flötzleere Schichten miteinander wechseln (siehe die Skizzen in Fig. 3). Diese Verhältnisse erscheinen besonders wichtig bei der Frage nach dem nordöstlichen Verlauf der südlichen Grenzlinie unterhalb des Kreidemergels in der Gegend von Werl, Soest, Lippstadt und darüber hinaus. Die bisherigen Bohrergebnisse lassen auch hier eine scharfe Grenzlinie nicht

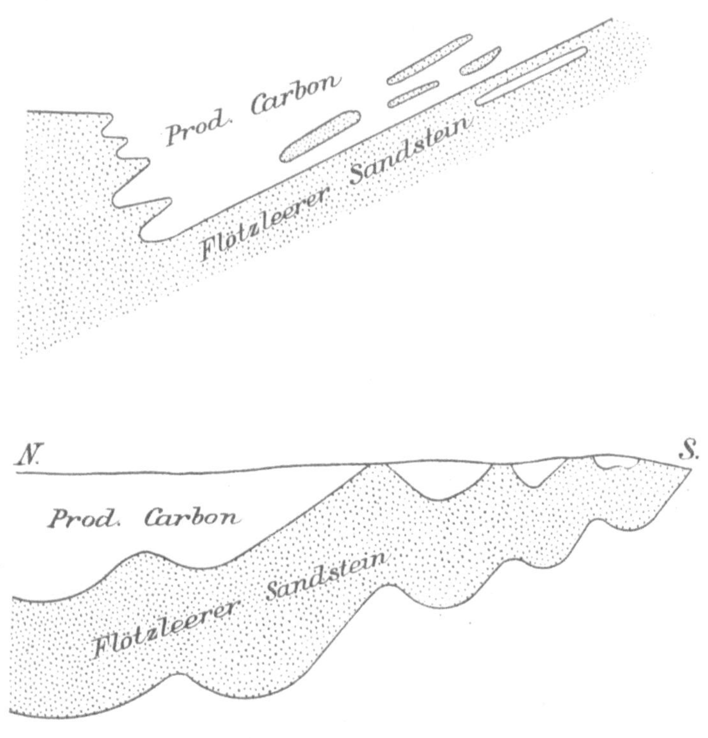

Fig. 3.

Schematische Darstellung des Vorkommens von flötzleerem Sandstein im Gebiete des produktiven Carbons.

erkennen; es scheint vielmehr, dass auch dort mehrfach Falten vorliegen, deren Sättel aus flötzleerem Sandstein bestehen, während die Mulden flötzführende Schichten umschliessen, eine Lagerung, durch die der Verlauf der Grenze verschleiert wird.

Ueber die sonstigen äussersten Aufschlusspunkte des flötzführenden Steinkohlengebirges seien hier nur folgende Angaben gemacht: Im Westen, jenseits des Rheins sind Flötze erbohrt bei Crefeld, Geldern und Menzelen, im Norden bei Wesel, Schermbeck, Wulfen, Lippramsdorf, Sinsen, Datteln, Bork, Werne, Bockum bei Hamm, Heesen, Dolberg, Ahlen, Welver und

Borgeln. An diesen Punkten liegt das Steinkohlengebirge meist schon 600—800 m tief.

An der Zusammensetzung der Schichten des produktiven Steinkohlengebirges sind hauptsächlich Sandsteine und Thonschiefer mit ihren Uebergängen und Varietäten (Konglomeraten, Sandschiefern, Eisensteinen u. s. w.) beteiligt; die Kohlenflötze selbst treten trotz ihrer wirtschaftlichen Wichtigkeit dagegen an Mächtigkeit sehr zurück und sind durchschnittlich mit nur 2 bis 2,5 % der Gesamtmächtigkeit an dem Schichtenaufbau beteiligt. In der bis jetzt mit Sicherheit bekannten, rund 3 000 m mächtigen Schichtenfolge treten insgesamt nur 69 m Kohle in durchschnittlich ebensoviel bauwürdigen Flötzen auf.*)

In der Gruppierung der Flötze und ihrer Verteilung innerhalb des ganzen Schichtensystems, in dem Charakter der Kohle sowie in der Zusammensetzung und Ausbildung des Nebengesteins treten von unten nach oben in vertikaler Richtung mannigfache Veränderungen auf, wohingegen in horizontaler Richtung die Ausbildung der einzelnen Schichtengruppen im allgemeinen sich in bemerkenswerter Weise gleich oder doch sehr ähnlich bleibt. Auf diesen Umstand gründen sich die verschiedenen Methoden, eine allgemein gültige Gliederung des Steinkohlengebirges in verschiedene einzelne, unter sich verschieden charakterisierte Schichtengruppen herbeizuführen. Die meist übliche Methode der Gliederung beruht auf dem wechselnden Verhalten der Kohle bei der trockenen Destillation, also auf ihrem verschiedenen chemischen Charakter. Wesentlich nach der Beschaffenheit des Koksrückstandes und dem Gehalt an flüchtigen Bestandteilen unterscheidet man Sand-, Sinter- und Backkohlen, und unter diesen wiederum solche mit niedrigem und solche mit hohem Gasgehalt. Abgesehen von einzelnen Ausnahmen zeigt sich in dem rheinisch-westfälischen Steinkohlengebirge die bemerkenswerte Thatsache, dass der Gasgehalt der Kohle von unten nach oben stetig zunimmt. In den untersten Flötzen beträgt er 8—10 %, in den obersten 40—45 %. Der Koksrückstand bildet bei den Kohlen der untersten Flötze ein lockeres Pulver (Sandkohle), in den nächstfolgenden höheren Schichten ist er schon fest zusammengefrittet (Sinterkohle), in der Mitte der ganzen Schichtenfolge dagegen geschmolzen und gleichzeitig aufgebläht (Backkohle). Von hier aus weiter nach oben nimmt die Backfähigkeit wieder allmählich ab und zwar so, dass die umgekehrte Reihenfolge: Back-, Sinter- und Sandkohle eintritt. Auf diese Weise erhalten wir von oben nach unten folgendes Schema:

---

*) Schulz-Briesen, Die Flötzlagerung in der Emscher Mulde des Ruhr-Steinkohlenbeckens. Min. Z. Bd. XLIV.

Gasreiche Sandkohle,
     » Sinterkohle,
     » Backkohle.
Gasarme Backkohle,
     » Sinterkohle,
     » Sandkohle.

Diese auch für die Praxis ungemein wichtige Regel hat zu folgender Gliederung des flötzführenden Steinkohlengebirges geführt (von oben nach unten gerechnet):

	Mächtigkeit	Gehalt der Kohle an flüchtigen Bestandteilen
1. Gasflammkohlengruppe .	1000 m	37—45 %
2. Gaskohlengruppe . . .	300 »	33—37 %
3. Fettkohlengruppe . . .	600 »	20—33 %
4. Magerkohlengruppe . .	1050 »	5—20 %

Von diesen vier Hauptflötzgruppen enthält die Gasflamm- und Gaskohlenpartie gasreiche, langflammige und stark russende Sand- und Sinterkohlen, die Fettkohlengruppe eigentliche Backkohlen, die sich vorzüglich zur Koksdarstellung eignen, die Magerkohlenpartie endlich kurzflammige, gasarme Sinter- und Sandkohlen.

In petrographischer Beziehung zeichnen sich die mittleren Partieen durch ihren Flötzreichtum und das Ueberwiegen von Thonschieferschichten aus, während die liegenden und hangenden Gebirgsschichten verhältnismässig flötzarm und dabei reich an Sandsteinen und Konglomeraten sind.*)

Auch in paläontologischer Beziehung treten nicht unwichtige Unterschiede in den einzelnen Schichtengruppen auf. Während die untere Hälfte reich an marinen Tierresten ist, zeigt die obere ein Ueberwiegen von Süsswasser-, bezw. Brackwasser-Bewohnern.**) Aehnlich ist der Wechsel in Bezug auf die fossile Flora.***)

Die Zusammenfassung der erwähnten Momente hat die Bestimmung einer Anzahl von Flötzen möglich gemacht, welche vermöge ihrer eigenen charakteristischen Eigenschaften und des Verhaltens ihrer Umgebung leicht wiederzuerkennen sind und deshalb als »Leitflötze« bezeichnet werden. Es sind dies vornehmlich die Flötze »Mausegatt« in der Magerkohlengruppe,

---

*) Schulz-Briesen, Emscher-Mulde. Min. Z. 1896.
**) Cremer, Die Süsswassermuscheln u. s. w. Glückauf 1896, No. 8.
***) Cremer, Ueber die fossilen Farne des westfälischen Carbons und ihre Bedeutung für eine Gliederung des letzteren. Inaug. Diss. 1893.

»Sonnenschein« und »Catharina« in der Fettkohlengruppe und »Bismarck« in der Gasflammkohlengruppe.

Unter den Mulden, den wegen ihres grösseren Flötzreichtums für den Bergbau wichtigsten Teilen der Falten, unterscheidet man einige, die sich besonders tief einsenken und eine grosse streichende Ausdehnung besitzen, als Hauptmulden. Es sind dies, von Süden nach Norden gezählt, die Wittener, Bochumer, Essener, Recklinghauser (Emscher-) und Dorstener Hauptmulde, letztere bis jetzt nur durch Bohrungen nachgewiesen. Eine weitere, neuerdings namentlich durch die Aufschlüsse der Zechen Preussen und Monopol sowie durch Bohrungen bekannt gewordene Mulde, die sich an die Ausläufer der Bochumer Mulde anschliesst, könnte die Hammer Hauptmulde genannt werden (nach der Stadt Hamm i. W.). Im Fortschreiten von Süden nach Norden werden diese Hauptmulden stetig tiefer. Die Wittener Hauptmulde umfasst zum erstenmal Teile der Fettkohlengruppe, die Bochumer solche der Gaskohlenpartie und in der Essener Mulde sind zum erstenmal Reste der unteren Gasflammkohlenpartie erhalten geblieben. Die Recklinghauser (Emscher-) Mulde birgt die Gasflammkohlengruppen schon in einer Mächtigkeit von über 1000 m und in der Dorstener Mulde endlich scheinen noch hangendere Flötzgruppen aufzutreten.

Vier Hauptsattelerhebungen oder, noch richtiger, Sattelsysteme, trennen die Hauptmulden, und zwar der Sattel Hattingen—Dortmund (Stockumer Sattel) die beiden südlichen Mulden, der Wattenscheider Sattel die Bochumer von der Essener Mulde, der Gelsenkirchener (Speldorfer) Sattel die letztere von der Recklinghauser Mulde und endlich der Gladbecker Sattel diese von der vermuteten Dorstener Mulde. Die zuweilen bedeutende Breite dieser zum Teil schon in den älteren Formationen des Untercarbons und des Devons erkennbaren Schichtenaufwölbungen, das häufige Auftreten von Spezialfalten innerhalb ihrer Gebiete sowie die öftere »Ablösung« einzelner Falten im Streichen durch benachbarte, alles das lässt die Hauptsättel auf den ersten Blick nicht so deutlich und klar hervortreten, als dies bei den Hauptmulden der Fall ist.

Die durch die Faltung hervorgerufene Veränderung in der ursprünglichen, wahrscheinlich ziemlich flachen und ebenen Lagerung der Schichten hat keine Trennung ihres Zusammenhanges bewirkt. Wo eine solche vorhanden ist, werden die Gebirgsstörungen als »Verwerfungen« bezeichnet. Je nach der Art ihrer Entstehung und dem zeitlichen Verhältnis zur Faltenbildung kann man eine Anzahl verschiedener Verwerfungen unterscheiden, die netzförmig das Steinkohlengebirge in Gestalt von Brüchen und Spalten durchsetzen und häufig recht verwickelte Verhältnisse erzeugen. Die Hauptarten der Verwerfungen sind die »Sprünge« und die »Ueberschie-

bungen«; erstere quer zur Hauptstreichrichtung verlaufend, letztere annähernd parallel, beide oft von bedeutender Wirkung und ansehnlicher
Längenerstreckung. Bei den Sprüngen hat vornehmlich die Schwerkraft
eine Trennung der zu beiden Seiten der Spalte liegenden Gebirgsteile bewirkt und zwar durch Hinabsinken des einen Teiles, während die Ueberschiebungen einen Gebirgsteil über den anderen hinaufgeschoben haben.
Erstere sind in der Regel jünger als die letzteren, beide Spaltensysteme
durchkreuzen sich annähernd rechtwinklig. Einen allgemeinen Begriff
von den wichtigsten tektonischen Verhältnissen giebt ein Blick auf die in
Tafel III wiedergegebene Uebersicht über ·die Ablagerung im niederrheinisch-westfälischen Steinkohlenbecken.

II. Begrenzung.

Von Bergassessor Hans Mentzel.

Eine natürliche Grenze besitzt das Ruhrkohlenbecken, soweit es bis
jetzt bekannt ist, nur im Süden, im Südwesten und auf einer kurzen Strecke
im Osten. Sie wird hier durch das offene oder überdeckte Ausgehende
des untersten Kohlenflötzes gebildet.

Nach Westen und Norden ist der uns bekannte Teil des Beckens
offen, nach Osten ist er nach der überwiegenden Ansicht durch Ausheben
der Mulden geschlossen.

Die Südwest- und Südgrenze lässt sich mit einiger Sicherheit
wenigstens in grossen Zügen angeben. Ihre Kartierung im Massstab von
1 : 25 000 ist freilich nicht möglich, da auf dem liegendsten Flötz zu wenig
Aufschlüsse vorhanden sind. Zudem steht nicht einmal fest, ob dieses
Flötz über den ganzen Bezirk hin einheitlich entwickelt ist, oder ob die
liegendsten Aufschlüsse an verschiedenen Stellen verschiedenen Flötzen
angehören. Bei der Kartierung wird demgemäss von der geologischen
Landesanstalt ein besser leitender Horizont, die unterste Werksteinbank
im produktiven Carbon als Grenzschicht gewählt werden.*)

Schon v. Dechen hat die südliche Grenze der flötzführenden Schichten
gegen den flötzleeren Sandstein auf der geologischen Karte der Rheinprovinz und der Provinz Westfalen im Massstab 1 : 80 000 angegeben. Sie
verläuft von Mülheim a. d. Ruhr in Schlangenlinien, die den Wendungen
der Essener Mulde entsprechen, über Holthausen und Fulerum nach Rüttenscheid, wo sie auf der Sattellinie des Wattenscheider Sattels tief nach
Osten einbuchtend auf einer kurzen Strecke unter der Mergeldecke verschwindet. Dem Ausheben der Bochumer Mulde entsprechend wendet sich

---

*) Ztschr. f. pr. G., 1901, S. 373.

die Grenze in scharfer Biegung wieder südwestlich bis Kettwig, um dann in mehreren kleinen Bogen, in denen Spezialfalten zu erkennen sind, bis Hattingen zu streichen. Hier erreicht sie den Stockumer Sattel, der die Bochumer von der Wittener Mulde trennt. Der weitere Verlauf über die Ruhrberge bis Herzkamp und Horath weist wieder zahlreiche Krümmungen auf, die mit dem Ausheben der kleinen Mulden von Blankenburg, Sprockhövel und Herzkamp in Zusammenhang stehen.

Mit der Umfassung der Herzkämper Mulde endigt der zickzackförmige Verlauf der Grenze und geht in einen fast geradlinien, dem Hauptschichtenstreichen parallelen, über. Die Grenze nähert sich hier den Orten Schee, Volmarstein, Wetter, Herdecke, Hengstey, Westhofen, Hohenschwerte und Strickherdicke. Hier verschwindet sie unter der Mergeldecke.

Es liegt kein Grund vor anzunehmen, dass sie nunmehr die einmal angenommene Richtung verändert. Thatsächlich lassen auch die Ergebnisse der in jenem östlichen Gebiet niedergebrachten Bohrungen den Schluss zu, dass die Grenze weiter etwa über Frömern, Bausenhagen, Werl, Bergstrasse, Borgeln und Brockhausen nördlich von Soest verläuft.

Ueber den weiteren Verlauf liegen noch keine Aufschlüsse vor. Da aber bekannt ist, dass sich die südlichen Mulden bei Borgeln und Soest in östlicher Richtung herausheben, dass ferner bei Lippstadt (Bohrloch Kreutzkamp) nur devonische Schichten unter der Mergeldecke abstossen und da schliesslich weiter im Osten bis zum Harz hin überhaupt kein flötzführendes Steinkohlengebirge zu Tage tritt oder erbohrt worden ist, nimmt man im allgemeinen an, dass auch die nördlichen Mulden noch innerhalb des Münsterschen Beckens sich herausheben. Versucht man die Linie des verdeckten Ausstreichens zeichnerisch darzustellen, so ergiebt sich eine im Zickzack verlaufende Kurve, die von Borgeln in der Richtung auf den Teutoburger Wald zu verläuft. An welcher Stelle sie diesen Höhenzug überschneidet, entzieht sich ganz unserer Kenntnis. Jedenfalls geschieht dies aber südöstlich von Osnabrück, da der Hüggel, der Piesberg und die Ibbenbürener Bergplatte ohne Zweifel ursprünglich der grossen Ruhrkohlenablagerung angehört haben. Wachholder lässt die projektierte Grenzlinie zwischen Iburg und Borgholzhausen den Zug des Teutoburger Waldes durchqueren.*)

Anders ist der Verlauf der Grenze zwischen flötzführendem und flötzleerem Carbon im Westen. Sie verschwindet in der Nähe von Mülheim a. d. Ruhr unter der Mergeldecke und streicht südlich von Duisburg über den Rhein. Von hier aus verläuft sie jedoch nicht, wie früher angenommen wurde, unter dem Tertiär der Cölner Bucht unmittelbar in der Richtung auf Stolberg (südlich von Aachen) zu, um die Verbindung mit dem dortigen

---

*) Vgl. Bericht über den VIII. Allg. D. Bergmannstag 1901.

Kohlenvorkommen herzustellen, sondern sie streicht westlich nur bis gegen Crefeld, um dann in weitem Bogen sich nördlich bis Aldekerk und Venlo hinzuziehen. Es liegt hier eine nordwestlich verlaufende breite Aufwölbung vor, auf deren Kamme die produktiven Schichten erodiert sind. Man könnte sie zweckmässig als Aufwölbung von München-Gladbach bezeichnen. Von einem Sattel ist sie ihrer Natur nach selbstverständlich ganz verschieden. Ob ein Horst vorliegt, ist noch nicht mit Sicherheit festgestellt. Erst von Venlo nimmt die Grenze die entschiedene südliche Richtung an, in deren Verfolg sie Erkelenz und Jülich berührt und den Anschluss an das Aachener Gebiet herstellt. Der Verlauf ist erst vor verhältnismässig kurzer Zeit erkannt worden, wozu besonders die Bohrthätigkeit der Internationalen Bohrgesellschaft in Erkelenz beigetragen hat.*)

Die natürliche Westgrenze des Ruhrbeckens ist demnach die Aufwölbung von München-Gladbach. Sie bildet die Scheide gegen das grosse Becken von Aachen und Holländisch-Limburg. Nördlich von ihr gehen beide Ablagerungen in einander über.

Eine natürliche Nordgrenze ist im Ruhrbezirk bisher noch nirgends erreicht, und es ist durchaus kein Anzeichen dafür vorhanden, dass eine solche bald erreicht werden könnte. Von jeher ist demgemäss die nördliche Grenze der Aufschlüsse als Grenze der bekannten Ablagerung angegeben worden. Naturgemäss hat diese Linie zu verschiedenen Zeiten eine sehr verschiedene Lage, da sie stetig durch das Vorschreiten der Schurfarbeiten in breiter Front nach Norden vorgeschoben wird. Infolgedessen wird auch der Flächeninhalt des Ruhrbeckens von jedem Bearbeiter je nach der Kenntnis seiner Zeit verschieden angegeben.

Gegenwärtig (Anfang des Jahres 1903) wird die Nord- bezw. Nordwestgrenze der Aufschlüsse in grossen Zügen durch die Orte Geldern, Xanten, Wesel, Wulfen, Olfen, Ahlen und Beckum bezeichnet.

Die spiesswinklig zum Streichen gemessene grösste Länge der Ablagerung von Geldern bis Borgeln nördlich von Soest beträgt 120 km, im Streichen gemessen ist die Wittener Mulde 65 bis 70 km, die Bochumer Mulde, soweit sie bis jetzt aufgeschlossen ist, 85 km lang. Durch Bohrungen, die im Zuge der Essener Mulde liegen, ist für diese eine streichende Länge von 72 km bisher bekannt geworden. Für die Emscher Mulde beträgt dasselbe Mass 75 km.

Die grösste, rechtwinklig zum Streichen gemessene Breite beträgt auf der Linie Silschede—Bochum—Wulfen rd. 45 km.

Von der Grösse des gegenwärtig durch Bergbau und Schurfe erschlossenen Gebietes war schon im Eingang S. 3 die Rede.

---

*) Wachholder, a. a. O.

Ueber den Kohlenreichtum des Ruhrbezirks lässt sich eine endgültige ziffernmässige Angabe nicht machen. Bei den darüber angestellten
Berechnungen sind stets drei Grössen veränderlich: einmal der Flächeninhalt des Bezirks, in dem die Kohle nachgewiesen ist; derselbe vergrössert sich durch jede neue, fündig werdende Bohrung; ferner die Teufe,
bis zu der man die anstehende Kohle für abbauwürdig hält; auch dieses
Mass wird der Entwicklung der Bergtechnik folgend immer grösser;
schliesslich die untere Grenze der Flötzmächtigkeit, die den Abbau noch
lohnend erscheinen lässt.

Den früheren Berechnungen hat man eine geringste Flötzmächtigkeit
von 60 cm zu Grunde gelegt. Heute baut man unter sonst günstigen Verhältnissen auch Flötze von 50 cm Kohle, ja sogar noch schwächere mit
Gewinn ab. Es erklärt sich hieraus leicht, dass die Angaben verschiedener
Autoren sehr von einander abweichen. Da sich in den ermittelten Ziffern
die enorme Entwicklung des Ruhrkohlenbergbaus im letzten halben Jahrhundert deutlich ausdrückt, sollen die einzelnen Angaben hier zusammengestellt werden.*)

Der Kohlenreichtum des Ruhrbeckens beträgt nach

> Berghauptmann Jacob (1846) 11,1 Milliarden t,
> v. Dechen (1858) 35   »   »
> Oberbergrat Küper (1860) . 39   »   »

Runge schätzte im Jahre 1892 die abbaufähige Kohle (die Hälfte der
anstehenden Kohlenmasse) auf 34,5 Milliarden cbm oder 34,5 Milliarden t
Förderkohle. Hiervon waren höchstens 1 bis $1^1/_2$ Milliarden t schon gefördert, sodass für die Zukunft ein Rest von rd. 33 Milliarden t noch zu
fördern bleibt.

Eine Berechnung, bei der die Ergiebigkeit der einzelnen Teufen auseinander gehalten wurde, stellte im Jahre 1900 Geheimer Bergrat
Dr. Schultz an: Der Flächeninhalt ist zu 2900 qkm angenommen. Es
ergiebt sich dann eine in bauwürdigen Flötzen anstehende Kohlenmenge von

> 11 Milliarden t bis zur Teufe von 700 m,
> 18,3   »   » zwischen 700 und 1000 m Teufe,
> 25   »   »   »   1000   »   1500   »   »
> ____
> 54,3 Milliarden t insgesamt bis 1500 m Teufe.

Ausserdem stehen in grösseren Teufen 75 Milliarden t an.

---

*) Vgl. auch Nasse, Die Kohlenvorräte der europäischen Staaten u. s. w.
Berlin 1893, Runge, Das Ruhrsteinkohlenbecken S. 309 und Hundt, Festschrift
z. VIII. Allg. D. Bergmannstag 1901, S. 28.

III. Zusammensetzung und Gliederung des flötzführenden Steinkohlengebirges im einzelnen.

Von Bergassessor Dr. Cremer und Bergassessor Hans Mentzel.

Der Schichtenaufbau des westfälischen Steinkohlengebirges ist in streichender — horizontaler — Richtung durch die ganze Ablagerung einheitlich gestaltet. Die zahlreichen lokalen Abweichungen in der Ausbildung der Schichtengruppen vermögen, im grossen und ganzen betrachtet, das Bild nicht derartig zu verändern, dass nicht der allgemeine Durchschnittscharakter bestehen bliebe. Zu diesen veränderlichen Momenten gehören vor allen Dingen der Wechsel in der allgemeinen Gruppierung der Flötze in ihren gegenseitigen Abständen, ihrer Mächtigkeit und Zusammensetzung, die Verschiedenheiten in der Ausbildung des Nebengesteins, des Auftretens fossiler Tiere und Pflanzen u. a. m. Einige Beispiele mögen dies näher erläutern. Die obere Hälfte der Magerkohlengruppe, die sog. Girondeller Partie zwischen den Flötzen Sonnenschein und Finefrau, besteht im ganzen westlichen Teil der Ablagerung aus wenigen, geringmächtigen Flötzen, von denen durchschnittlich nur eins, Flötz Stein- und Königsbank, sich als bauwürdig erweist; in den östlichen Revieren bei Dortmund dagegen enthält sie eine weit grössere Anzahl von bauwürdigen Flötzen, die sog. Gojenfelder Gruppe, die einen fast ununterbrochenen Uebergang von Sonnenschein bis Finefrau (Hühnerhecke) bilden und den im westlichen Gebiet so ausgeprägten Charakter dieses Schichtensystems als »flötzarmes Mittel« dort nicht mehr erkennen lassen.

Der in den meisten Aufschlüssen charakteristische Konglomerate führende mächtige Sandstein unterhalb des Flötzes Sonnenschein fehlt auf manchen Gruben, namentlich im Osten vollständig.

Die sonst so mächtigen Flötze der unteren Fettkohlenpartie erscheinen auf den westlichen Gruben auffallend verkümmert.

Im Sprockhöveler Revier zeigen einzelne, der typischen Magerkohlengruppe angehörige Flötze einen ausgesprochenen Fettkohlencharakter, ebenso liefert die Kohle einiger Gaskohlenflötze im Norden (General Blumenthal und Graf Moltke z. B.) einen durchaus brauchbaren Koks.

Ziemlich allgemein scheint der Gasgehalt der Kohle von Westen nach Osten zuzunehmen.

Die für das Leitflötz Catharina charakteristische marine Schicht mit ihren zahlreichen leicht erkennbaren Exemplaren von Aviculopecten papyraceus und Thallassoceras atratum Gf. (= Nautilus Vonderbeckei Ludw.) ist auf den Gruben des nordwestlichen Revieres kaum noch nachzuweisen.

Der Wechsel in der Ausbildung des Flötzkörpers selbst — Mächtigkeit, Bergmittel u. s. w. — sowie in den Abständen der Flötze untereinander macht sich in um so höherem Masse bemerkbar, in je hangendere Schichtengruppen man eindringt. Während zahlreiche Flötze der unteren Schichten mit Sicherheit durch die ganze Ablagerung hindurch zu verfolgen sind, ist dies für die meisten Flötze der hangenden Gruppen oft auf wenige hundert Meter schon kaum mehr möglich. Die einzelnen Flötze und Kohlenbänke gehen auseinander oder näheren sich, Bergmittel verschwinden oder schwellen zu grosser Mächtigkeit an. Kurz, in einiger Entfernung findet sich ein völlig verändertes Profil vor. Erschwerend für ein übersichtliches Studium gerade dieser Verhältnisse wirken die durch das Stehenlassen von Sicherheitspfeilern zwischen den einzelnen Gruben, durch das Auftreten von Verwerfungen u. s. w. bedingten Lücken in den Aufschlüssen, die ein unmittelbares Verfolgen der einzelnen Flötze häufig unmöglich machen.

Unter diesen Umständen lässt sich eine sichere Identifikation der Flötze, so erstrebenswert sie in Anbetracht ihrer ungemein grossen Wichtigkeit in der Praxis auch ist, im allgemeinen leider noch nicht durchführen, vielmehr nur für einzelne Flötze mit mehr oder minder grosser Sicherheit versuchen. Von diesem Gesichtspunkte aus ist denn auch der Versuch einer einheitlichen Benennung einer Anzahl von Flötzen ausgegangen, die das Königliche Oberbergamt in Dortmund für die Steinkohlenbergwerke seines Bezirkes angeordnet hat. Ausser den bekannten Leitflötzen Mausegatt, Sonnenschein, Catharina und Bismarck sind hierzu, von unten nach oben gezählt, folgende Flötze herangezogen worden: Wasserbank, Hauptflötz und Sarnsbank unterhalb Finefrau und Plashoffsbank oberhalb Mausegatt in der mageren Partie, Präsident in der Fettkohlenpartie, Laura und Zollverein in der Gaskohlenpartie.*) Aus der ungleichen Verteilung der Flötze in den einzelnen Flötzpartien lässt sich erkennen, dass hinsichtlich der Gleichmässigkeit des Auftretens und der Sicherheit des Wiedererkennens von unten nach oben eine Abnahme eintritt.

Der häufige Wechsel in der Ausbildung der Flötze selbst und auch ihres Nebengesteins verbietet es im allgemeinen, bei längeren Entfernungen eine Identifikation lediglich auf grund der Ausbildung der Flötze selbst und ihres Nebengesteins auszuführen. Zuverlässig erscheint eine derartige Bestimmung nur in vereinzelten Fällen, z. B. bei dem Flötz Catharina mit seiner Begleitschicht mariner Tierreste, bei dem Flötz Sarnsbank mit zahlreichen, unmittelbar auf dem Flötz liegenden Konkretionen sowie endlich

---

*) Im Jahre 1901 sind ferner die Flötze der Kreftenscheer-, Geitling- und Girondeller-Gruppe sowie das Flötz Finefrau-Nebenbank einheitlich benannt worden.

in allen denjenigen Fällen, in denen ein Flötz nachgewiesenermassen auf längere Erstreckung ein besonderes Charakteristikum besitzt, z. B. einen Kännelkohlenpacken, aussergewöhnlich grosse Mächtigkeit, reine Ausbildung oder zahlreiche Bergmittel u. s. w. Aber auch in diesen Fällen kann eine Identifikation nur auf bestimmte nicht allzu grosse Entfernungen von bekannten Aufschlüssen geschehen. Im allgemeinen wird man das gleichzeitige Auftreten mehrerer Merkmale in Betracht ziehen müssen und zwar nicht nur des Steinkohlenflötzes selbst, sondern womöglich das einer ganzen benachbarten Schichtengruppe. Unter Berücksichtigung möglichst zahlreicher solcher Merkmale — chemischer Charakter der Kohle, Beschaffenheit des Flötzes selbst und seines Nebengesteins, Auftreten fossiler Pflanzen und Tiere, Ausbildung der ganzen Schichtengruppe, Vorkommen von Konglomeraten und Sandsteinen, Häufigkeit oder Seltenheit von Kohlenflötzen im Hangenden und Liegenden — kann es gelingen, einzelne Flötze selbst in Bohrlöchern oder neu aufgeschlossenen Gruben zu identifizieren, die fern von bekannten Gebieten liegen, und bei denen ein Hinüberprojektieren durch Berechnung, Konstruktion und Zeichnung nur ganz unsichere Ergebnisse liefern würde. Mindestens jedoch wird man dabei in der Lage sein, eine enger begrenzte Flötzgruppe anzugeben, der die noch unbekannten Neuaufschlüsse angehören. Ein der Praxis entnommenes Beispiel möge diese Identifizierungsmethode verdeutlichen:

Auf der Zeche Adolf von Hansemann, deren Schächte von den nächsten, durch bedeutende Verwerfungen getrennten Bauen der Nachbargruben 2000 bis 3000 m entfernt liegen, war eine etwa 400 m mächtige gestörte Schichtengruppe mit einer Anzahl von Flötzen durchfahren worden, über deren Stellung innerhalb des Flötzsystems noch Unklarheit bestand. Die Analyse von Durchschnittsproben aus 9 Flötzen ergab einen Gasgehalt der reinen Kohlensubstanz von 27—33 %. Ausserdem entsprach der Gasgehalt in den einzelnen Proben der Reihenfolge der Flötze übereinander, d. h. er nahm von oben nach unten ab. Es konnte hieraus der Schluss gezogen werden, dass die oberen Flötze der unteren Gaskohlengruppe, die unteren der oberen Fettkohlengruppe angehören mussten. Das Studium der fossilen Pflanzen ergab die Anwesenheit zahlreicher Typen der sog. Uebergangs- und Mischflora Westfalens, die sich im allgemeinen mit der Fettkohlenpartie deckt. In vier verschiedenen Schieferschichten der oberen und unteren Flötzgruppen wurden sodann zahlreiche Exemplare der Avicula Feldmanni angetroffen, eines Fossils, dessen massenhaftes Auftreten erst von der oberen Fettkohlenpartie an aufwärts zu beobachten ist. Alle diese Umstände wiesen also auf obere Fettkohle oder untere Gaskohle bezw. auf beide Flötzpartien hin. Ferner erschien es bemerkenswert, dass in dem oberen Teil des Schichtenkomplexes ein fast flötzleeres Mittel von annähernd 100 m Mächtigkeit lag, dem sich nach dem Liegenden zu eine

Gruppe dicht gedrängt stehender Flötze von zum Teil nicht unbedeutender Mächtigkeit anschloss. Es lag nun nahe, unter Berücksichtigung der sonstigen übereinstimmenden Beobachtungen, dieses flötzarme Mittel für die ähnlich ausgebildete Schichtengruppe der Flötze Laura und Victoria zwischen der oberen Fett- und der Gaskohlengruppe zu halten, eine Annahme, die mit den bisherigen Beobachtungen gut übereinstimmte. Zur endgültigen Feststellung des Horizontes blieb nur noch übrig, die über dem obersten Flötz der Fettkohlenpartie, dem Leitflötz Catharina, auftretende charakteristische marine Schicht mit Aviculopecten papyraceus nachzuweisen, welche, die Richtigkeit der früheren Schlüsse vorausgesetzt, sich irgendwo finden lassen musste. Nach längerem Suchen gelang es denn auch in der That, diese Schicht in typischer Ausbildung zu entdecken. Sie befand sich über einem der hangendsten Flötze der unteren, mit zahlreichen Kohlenlagerstätten versehenen Schichtengruppe, an der Basis des flötzleeren Mittels und lieferte neben der unzweifelhaften Festlegung des Horizontes gleichzeitig den Beweis für die Richtigkeit der früheren Beobachtungen und der aus ihnen nach und nach gezogenen Schlüsse.

An der Zusammensetzung der Schichten des Steinkohlengebirges sind ausser den Kohlenflötzen selbst in erster Linie Thonschiefer und Sandstein beteiligt. Beide Gesteinsarten überwiegen derart, dass alle übrigen dagegen zurücktreten. Der Thonschiefer und seine Varietäten — Thon, Schieferthon, Thonschiefer, sandiger Schiefer — geht durch allmähliche Zunahme von kieseligen Bestandteilen in Sandstein mit seinen Abarten — thoniger Sand, feinkörniger und grobkörniger, lockerer und fester Sandstein, Konglomerat u. s. w. — über, dergestalt, dass eine scharfe Grenze zwischen diesen einzelnen Gesteinen nicht zu ziehen ist.

Auf den Grubenbildern der rheinisch-westfälischen Steinkohlenbergwerke werden gewöhnlich Sandstein, Sandschiefer und Schieferthon, auf den Profilen der berggewerkschaftlichen Flötzkarte jedoch nur die beiden Hauptgruppen »Schiefer« und »Sandstein« unterschieden und ihrem Aussehen entsprechend mit graubläulicher bezw. gelblicher Farbe zur Darstellung gebracht. Konglomerate werden dabei durch rote Punktierung innerhalb der gelben Sandsteinfarbe angedeutet. Die Uebergänge zwischen typischem Thonschiefer und typischem Sandstein finden sich auf den Grubenbildern als »Sandschiefer« noch durch violette Farbe unterschieden. Wenngleich diese Benennungen und Bezeichnungen häufig ganz subjektiv sind und im einzelnen keinen Anspruch auf Schärfe und Genauigkeit machen können, so geben sie doch im ganzen betrachtet, bei dem häufigen Wechsel des petrographischen Charakters ein- und derselben Schicht, einen gewissen Durchschnittscharakter der einzelnen Schichtengruppen mit einiger Treue wieder und können wohl zur allgemeinen Charakterisierung der Gesteinsfolgen benutzt werden. Streng wissenschaftliche. petrographische Studien bleiben hierbei natürlich ausser Betracht.

Stark eisenhaltige Gesteine — körniger Spateisenstein, geschichteter dichter Kohleneisenstein, knollige Sphärosiderite u. a. m. — treten nur ganz untergeordnet in vereinzelten, wenig mächtigen, dem Streichen und Fallen nach unregelmässig verlaufenden Schichten auf und werden gewöhnlich durch rote Farbe auf den Rissen und Profilen gekennzeichnet.

Noch geringere Bedeutung besitzen die seltenen Vorkommnisse von kalkigen und dolomitischen sowie Phosphorsäure enthaltenden Gesteinen.

Die Kohlenlagerstätten selbst mit ihren verschiedenen Kohlenarten — Glanzkohle, Mattkohle, Faserkohle, Kännelkohle, Brandschiefer u. s. w. — werden durch schwarze mehr oder weniger starke Linien dargestellt. Auf der berggewerkschaftlichen Flötzkarte sind einige Leitflötze, der besseren Uebersicht halber, noch durch eine besondere Farbe hervorgehoben. Das Leitflötz Mausegatt wird blau gezeichnet, Sonnenschein rot, Catharina violett und Bismarck gelb. Auf älteren Karten findet sich ausserdem noch das jetzt nicht mehr als Leitflötz anerkannte Flötz Röttgersbank mit grüner Farbe angedeutet.

Die oben genannten Gesteine, ihre Ausbildung, Verteilung und Anordnung werden bei der folgenden Besprechung der Zusammensetzung und Gliederung unseres Schichtensystems als die nächsten und wichtigsten Elemente dienen, zu denen dann noch paläontologische und chemische Merkmale ergänzend hinzukommen.

Zur übersichtlichen Darstellung dieser Verhältnisse eignet sich am besten das sogenannte »Normalprofil«, d. h. ein normal zum Schichteneinfallen gerichteter Schnitt, der die bei gewöhnlichen Profilen störend wirkenden Aufrichtungen, Faltungen und Verwerfungen der Schichten vermeidet und gleichsam einen Ausschnitt aus der ursprünglichen horizontal gelagerten Schichtenfolge darstellt. Wenn ein solches Normalprofil nicht allein die Verhältnisse nur eines Schachtes oder nur einer Grube darstellt, sondern die Durchschnittsermittelungen einer grösseren Anzahl von Aufschlüssen oder gar des ganzen Bezirkes in Bezug auf Anzahl und Mächtigkeit der Flötze, Beschaffenheit und Verteilung des Nebengesteins u. s. w. enthält, dann kann man es auch noch in einem weiteren Sinne »Normalprofil« nennen, insofern es die durchschnittlich vorhandenen Verhältnisse zur Anschauung bringt.

Im Folgenden sollen die Zusammensetzung und Gliederung des Steinkohlengebirges an der Hand von Normalprofilen und für die einzelnen grossen Flötzgruppen getrennt besprochen werden.

A. Das Ruhrkohlenbecken im engeren Sinne.

1. Die Magerkohlenpartie.

Hierzu Tafel V und VI).*

Die Grenze gegen den unterliegenden flötzleeren Sandstein ist, wie bereits früher dargelegt, nicht scharf zu ziehen, da der Uebergang ein allmählicher ist und bei der petrographischen und paläontologischen Uebereinstimmung beider Schichtengruppen lediglich das Auftreten oder Fehlen von Kohlenflötzen für eine Trennung massgebend sein kann. In dieser Beziehung sind die Aufschlüsse der Zechen Königsborn I bei Unna und Deutschland bei Hasslinghausen wichtig, die zur Zeit mit ihren Querschlägen am weitesten in das Liegende vorgedrungen sind und hierbei die untersten bekannten Flötze — auf Deutschland z. B. die Flötze Bessredich, Hinnebecke und Einnahme von Paris-Sengsbank — aufgeschlossen haben. Noch liegendere Flötze von irgend welcher Bedeutung sind auch durch Schürfarbeiten über Tage nicht nachgewiesen, sodass diese untersten Aufschlüsse als die Basis des produktiven, flötzführenden Steinkohlengebirges und als Grenze gegen den flötzleeren Sandstein gelten können. Von hier aus bis zur oberen, scharf bestimmten Grenze der Magerkohlengruppe, dem Leitflötz Sonnenschein, beträgt die Gesamtmächtigkeit durchschnittlich 1100 m. In dieser mächtigen Schichtengruppe treten nur etwa 10 bauwürdige Flötze mit einer Gesamtkohlenmächtigkeit von 9, höchstens 10 m auf, sodass der Durchschnittsgehalt der ganzen Magerkohlenpartie an bauwürdiger Kohlensubstanz noch nicht 1 % erreicht. Die verhältnismässig geringe Mächtigkeit der Flötze sowie das Auftreten mächtiger flötzleerer oder flötzarmer Gesteinsmittel zwischen den einzelnen Flötzen und Flötzgruppen sind die Ursache dieser Armut an gewinnungsfähiger Kohlensubstanz. Die Kohle ist zumeist eine nicht backende, gasarme Sand- oder Sinterkohle mit 8—20 % Gasgehalt, also von ausgesprochen magerem Charakter. Das Vorkommen von anthracitischer Kohle mit etwa 5 % Gasgehalt ist nur auf wenige Zechen beschränkt. Pseudo-Kännelkohle ist nach Muck stellenweise im 4. Flötz über Hundsnocken (wahrscheinlich einem der Geitlingflötze) im Felde Johannes Erbstollen der Zeche Ver. Wiendahlsbank vorgekommen.

Gegenüber den Thonschiefern zeigen sich die Sandsteine und Konglomerate stark entwickelt. Die Häufigkeit von Eisensteinvorkommen,

---

*) Die Seigerprofile der Tafeln VI, VIII und X sind von der berggewerkschaftlichen Markscheiderei nach Massgabe der Grubenbilder entworfen.

In den Normalprofilen sind nur die wichtigeren und auf grössere Erstreckung aushaltenden Flötze aufgenommen. Die Schneckensignatur bedeutet das Vorkommen von Tierresten (blau: marine Reste, rot: Süsswasserreste); die roten Kreise bezeichnen Konglomeratschichten, die roten Striche in der letzten Reihe Eisenstein-Flötze oder -Packen.

Additional information of this book

(Geologie, Markscheidewesen; 978-3-642-90159-1; 978-3-642-90159-1_OSFO1) is provided:

http://Extras.Springer.com

kleineren und grösseren Sphärosideritknollen und Nieren in gewissen Schichten sowie von marinen tierischen Versteinerungen verleihen der Magerkohlengruppe ein weiteres charakteristisches Gepräge. Bemerkenswert für diese Schichtengruppe ist die verhältnismässig grosse Beständigkeit in der Entwickelung und Gliederung auf weite Entfernungen hin, die es ermöglicht, die meisten Kohlenflötze durch die ganze Ablagerung mit grosser Sicherheit zu verfolgen.

In pflanzenpaläontologischer Beziehung fällt in der Magerkohlenpartie die Armut der Farnflora auf. Häufig sind nur Neuropteris Schlehani Stur., die den Höhepunkt ihrer Entwickelung in der Flötzgruppe Mausegatt-Geitling erreicht, und Mariopteris acuta Brongn., die jedoch auch in höheren Flötzpartien noch zahlreich zu finden ist. Ferner ist Sphenopteris Hoeninghausi Brongn. und Alethopteris decurrens Artis. zu nennen.

Nach der Gruppierung der Flötze lassen sich fünf Unterabteilungen der Magerkohlenpartie unterscheiden, von denen zwei als flötzreich, die übrigen drei, unten, in der Mitte und oben gelegen, als flötzleer oder flötzarm bezeichnet werden können*) (vergl. das Normalprofil auf Tafel V). Von oben nach unten gezählt sind es folgende:

1. Die Schichtengruppe von Flötz Sonnenschein bis Flötz Finefrau.

   Sie ist durchschnittlich 300 m mächtig und führt gewöhnlich nur 1—2 bauwürdige, nicht sehr mächtige und wenig beständige Flötze — abgesehen von Sonnenschein und Finefrau selbst, die zu anderen Schichtengruppen gezählt werden.

2. Die Schichtengruppe von Flötz Finefrau bis Flötz Mausegatt mit 100—150 m Mächtigkeit und 4—5 bauwürdigen, zum Teil über einen Meter mächtigen Flötzen bildet die bergbaulich wichtigste Gruppe und liefert den weitaus grössten Teil der Magerkohlenförderung.

3. Die Schichtengruppe von Flötz Mausegatt bis zum Hauptflötz ist wieder sehr flötzarm zu nennen: Bei einer Mächtigkeit von 250—300 m führt sie durchschnittlich nur ein einziges, nicht immer bauwürdiges Flötz, indem Mausegatt und Hauptflötz zu den Nachbargruppen gerechnet werden.

4. Die Schichtengruppe vom Hauptflötz bis Neuflötz.

   Sie ist etwa 100 m mächtig und enthält 2—3 bauwürdige Flötze, von denen das Hauptflötz selbst mit 1—1,25 m Mächtigkeit häufig recht edel auftritt.

5. Die Schichtengruppe vom Neuflötz bis Flötz Sengsbank, die unterste des flötzführenden Steinkohlengebirges, ist wiederum flötz-

---

*) Die Bezeichnungen »flötzleer« und »flötzarm« beziehen sich hier wie im folgenden lediglich auf das Vorhandensein bezw. Fehlen bauwürdiger Flötze.

arm und führt bei 200—250 m Mächtigkeit überhaupt kein Flötz, das sich auf eine nennenswerte Erstreckung hin als baulohnend erwiesen hätte.

Die genannten fünf Schichtengruppen lassen sich mit Sicherheit durch die ganze Ablagerung verfolgen und zeigen eine ausserordentliche Beständigkeit ihrer Zusammensetzung in petrographischer sowohl wie in paläontologischer Beziehung. Die nachfolgende Spezialbeschreibung der einzelnen Gruppen, die mit der ältesten beginnen soll, wird dies des näheren dartun.

a) Die unterste Schichtengruppe.

Unterhalb des Flötzes Striepen der Zeche Deutschland bei Hasslinghausen, das dem Neuflötz der Zechen bei Aplerbeck und Holzwickede entspricht, ist in einem in das Liegende gerichteten Querschlag eine annähernd 300 m mächtige Schichtengruppe durchfahren, die zumeist aus Sandstein und Sandschiefer bestehend eine Anzahl unbauwürdiger Flötze (Hinnebecke, Lustig, Sengsbank-Einnahme von Paris) führt. Diese Flötze sind unter den verschiedensten Namen — Louisenthal, Stoplenbruch, Rudolphi, Komet, Blaue Rose, Heller Mittag, Hasslinghausen, Einnahme von Paris, Bessredich u. s. w. — in der Gegend von Herzkamp und Hasslinghausen auf dem Südflügel der Herzkämper Spezialmulde durch zahlreiche Schürfarbeiten und kleine Stollenbetriebe bekannt geworden, ohne jedoch Veranlassung zu nennenswertem Bau gegeben zu haben. Auch auf den zahlreichen westlichen Mulden- und Sattelwendungen der Sprockhöveler Gegend sowie weiter nach Nordosten hin in der Gegend von Herdecke und Westhofen an der Ruhr sind ähnliche schwache Kohlenbänke an mehreren Stellen bekannt geworden. Auf den Zechen ver. Bickefeld Tiefbau und Margaretha bei Aplerbeck ist unterhalb des Neuflötzes (St. Martin No. 3) eine Schichtengruppe von 250 bezw. 150 m Mächtigkeit durchfahren, die auf ersterer Zeche überhaupt kein Flötz, auf letzterer nur dünne Kohlenstreifen führt und meist aus Sandstein und sandigem Schiefer besteht. Endlich finden wir noch einen Aufschluss in diesen tiefsten Schichten auf der Zeche Königsborn bei Unna, woselbst unterhalb des Neuflötzes etwa 350 m in gestörtem, nur unbedeutende Brandschiefer und Eisensteinstreifen führenden Gebirge aufgefahren sind. Kohleneisensteinflötze treten überhaupt mehrfach in dieser untersten Schichtengruppe auf, scheinen jedoch wenig edel und beständig zu sein.

Einzelne Konglomeratbänke z. B. gleich unterhalb des Neuflötzes sowie in den liegendsten Schichten der Zeche Königsborn entsprechen dem Ueberwiegen der Sandsteine und Sandschiefer in dieser untersten Gruppe wie überhaupt in der ganzen Magerkohlengruppe.

Während in der Gegend der Orte Spröckhövel-Wetter-Aplerbeck ungemein häufige Versuche zur Aufschliessung dieser untersten Schichtengruppe gemacht wurden, sind solche viel weniger zahlreich in dem westlichen Teile des Gebietes, soweit diese Schichten daselbst überhaupt zu Tage treten, nämlich in der Gegend von Byfang-Dilldorf, Werden, Kettwig und Essen, Mülheim a. d. Ruhr. Vielleicht gehören hierher die Schürfe im Liegenden der Baue von Zeche Humboldt, nämlich Sonnenschein, Regenbogen, Hoppenkuhle bei Fulerum u. s. w., sowie die Aufschlüsse der Zeche Grünewald bei Schuir.

Angesichts des bei fast allen Untersuchungsarbeiten festgestellten Mangels an bauwürdigen Flötzen kann es zweifelhaft erscheinen, ob diese unterste Schichtengruppe überhaupt noch zum eigentlichen produktiven Steinkohlengebirge und nicht vielmehr schon zum flötzleeren Sandstein zu rechnen ist. Wenn das erstere vorgezogen wird, so geschieht es nur aus dem Grunde, weil wenigstens auf einigen dieser wenig mächtigen Flötze in früheren Zeiten hier und da thatsächlich eine Kohlengewinnung stattgefunden hat.

In der untersten Flötzgruppe wurden bisher drei Schichten mit marinen Tierresten festgestellt:*)

1. Die Schicht 70 m über dem liegendsten Konglomerat der Zeche Königsborn. Sie ist bisher nur auf Zeche Königsborn bei Unna bekannt geworden. Die Schicht ist hier anscheinend 4 bis 5 m mächtig, führt zahlreiche kugelige Konkretionen, die zuweilen Reste von Goniatites Listeri enthalten, und spärliche Tierreste in den Schiefern. Dieses tiefe Niveau ist ausser auf Zeche Königsborn nur noch auf der Zeche Dachs und Grevelsloch aufgeschlossen, deren Baue jedoch nicht mehr zugänglich sind.

2. Die Schicht 175 m über dem liegendsten Konglomerat. Sie ist auf der Zeche Ver. Bickefeld Tiefbau bei Aplerbeck 200 m unter Flötz St. Martin No. 2 aufgeschlossen.

3. Die Schicht 210 m über dem liegendsten Konglomerat. Auch sie ist auf der Zeche Ver. Bickefeld bekannt geworden und liegt dort 165 m rechtwinklig im Liegenden von Flötz St. Martin No. 2.

b) Die Schichtengruppe des Hauptflötzes.

Diese etwa 100 m mächtige Gruppe zeichnet sich durch einen verhältnismässig grossen Reichtum an gewinnungsfähiger Kohlensubstanz aus. Es sind durchschnittlich 2 bis 3 bauwürdige Flötze vorhanden, von denen das oberste, Hauptflötz genannt, in den Gegenden von Hörde-Aplerbeck

---

*) Dieser Abschnitt wurde nach den Angaben Dr. Cremers in dessen Aufsatz: „Die marinen Schichten in der mageren Partie des westfälischen Steinkohlengebirges," Gl. 1893. S. 879 ff. eingefügt, da Angaben über marine Vorkommen im hinterlassenen Manuskript fehlten.

und Sprockhövel häufig recht edel auftritt. Das liegendste Flötz dieser Gruppe, das sogenannte Neuflötz, zeichnet sich fast überall durch die mächtigen, konglomeratführenden Sandsteine im Hangenden und Liegenden aus und bildet so einen wichtigen Anhaltspunkt für die Wiedererkennung der ganzen Schichtengruppe. Zwischen beiden genannten Flötzen liegen noch 1 bis 2 bauwürdige Flötze.

In der Gegend von Sprockhövel und Herzkamp ist das Hauptflötz unter den verschiedensten Namen bekannt, so z. B. in der Herzkämper Mulde als St. Peter, Gabe Gottes, Hütterbank, Nachtigall, Schmalebank, Kaninchen, Leveringsbank, Mühlerbank, in den weiter nördlich gelegenen Spezialfalten als Alte Haase, Rabe, Elephant, Glückauf, Wodan No. 2, Hauptflötz u. s. w. Das Flötz ist hier durchschnittlich 1 m mächtig und bildet im Verein mit dem etwa 80 m tiefer liegenden Flötz Wasserbank — hier Trappe, Breitebank, Oberstebank, Buschbank, Vogelbruch u. s. w. genannt und ebenfalls etwa 1 m mächtig — die Grundlage des altberühmten Sprockhöveler Steinkohlenbergbaues. Das liegendste Flötz der Hauptflötz-Gruppe — Wülfingsburg, Striepen u. s. w. — mit seinen charakteristischen Konglomeraten ist in der Sprockhöveler Gegend nicht durchweg bauwürdig. Weiter östlich finden wir das Hauptflötz unter dem Namen Bergmann in der Wittener Gegend, Caspar Friedrich auf der Zeche Gottessegen bei Löttringhausen, St. Martin No. 2 und Hauptflötz bei Hörde und Aplerbeck, während das Neuflötz als Prudent, Carlsbank, Knappeule, St. Martin No. 3 und Flötz Wasserbank als Nicolausbank, St. Martin No. $2^1/_2$ u. s. w. bezeichnet werden. Auch dort bewahrt das Hauptflötz vielfach seinen edlen Charakter, wie denn überhaupt diese ganze Flötzgruppe in der Gegend von Aplerbeck und Holzwickede einen ungewöhnlich hohen Gehalt an bauwürdiger Kohlensubstanz aufweist.

Die östlichsten Aufschlüsse in dieser Flötzgruppe finden wir auf den Zechen Königsborn (Flötz G) und Alter Hellweg bei Unna (Hauptflötz).

Bemerkenswert ist der Umstand, dass diese, der untersten Magerkohlenpartie angehörigen Flötze zuweilen einen auffallend hohen Gehalt an flüchtigen Bestandteilen aufweisen, der es z. B. auf der Zeche Stock & Scherenberg ermöglicht hat, diese Kohlen zu verkoken. In den östlichen Gegenden führen die Flötze häufig statt Sandkohle Sinterkohle (gewöhnlich Flammkohle genannt), z. B. auf den Zechen Margaretha, Caroline u. s. w.

Im westlichen Gebiet der Steinkohlenablagerung ist die Hauptflötzgruppe gleichfalls häufig aufgeschlossen, doch tritt sie im allgemeinen hier nicht so edel auf, als in den östlichen und südlichen Gebieten; auf mehreren Gruben der Essen-Mülheimer Gegend ist sie sogar als unbauwürdig angetroffen worden. Zunächst westlich von Hattingen sind zu erwähnen die Stollenbetriebe von Freundschaft, Isenberg und Neufahrt Erbstollen, ferner die Schichtenfolge des Himmelskroner Erbstollens (Zeche Victoria im

Deilbachthal bei Kupferdreh) sowie die Flötzgruppe Petersburg-Steinbank auf dem Südflügel der sogenannten Dilldorfer Mulde (Zechen Petersburg, Dilldorf u. s. w.). In der Werdener Gegend entspricht, wie das eben genannte Flötz Petersburg, das Flötz Redlichkeit - Weibergunst - Leineweber-Freudenberg-Gelegene Zeche-Erbenbank dem Hauptflötz, das Flötz Preutenborbeckssiepen und Steinbank dagegen dem Flötz Trappe und dem Flötz Wasserbank der Aplerbecker Gruben. Der häufige Mangel an direkten querschlägigen Aufschlüssen sowie das durch die Sutan-Ueberschiebung bewirkte Doppelliegen der Schichten erschweren hier oft die Uebersicht und führten zu Ansichten über die Flötzverhältnisse, die den anderweitig bekannten durchaus nicht entsprachen.*) Auf Grund der neueren Untersuchungen unterliegt es jedoch keinem Zweifel mehr, dass auch hier und ebenso in der früher unrichtig aufgefassten unteren Flötzgruppe der Essen-Mülheimer Gegend im allgemeinen dieselbe normale Schichtenausbildung herrscht wie in den übrigen Teilen des Bergbaubezirkes. Aus den Aufschlüssen in den Querschlägen der Zechen Hercules, Hoffnung und Secretarius Aak, Humboldt und Alstaden geht hervor, dass auch hier die Hauptflötzgruppe in annähernd derselben Mächtigkeit und in derselben Entfernung von den höher liegenden bekannten Flötzgruppen auftritt, allerdings meist ohne bauwürdige Kohlenlagerstätten. Dem Hauptflötz entspricht hier z. B. das Flötz No. 4 der Zeche Humboldt sowie auf Zeche Alstaden die liegendste, aus drei kleinen Kohlenstreifen bestehende Flötzgruppe u. s. w. Auch auf Zeche Johann Deimelsberg bei Steele ist neuerdings das Hauptflötz auf einer Sattelkuppe angefahren worden, desgleichen auf Zeche Charlotte bei Ueberruhr, ohne dass jedoch bisher etwas Sicheres über den Charakter dieser Fundstätten nachgewiesen wäre.

Aus dem Gesagten geht hervor, dass die Hauptflötzgruppe in Bezug auf die Ausbildung und Bauwürdigkeit ihrer Flötze erheblichen Schwankungen unterworfen ist, indem in der Sprockhöveler und Hörde-Aplerbecker Gegend die Flötze durchschnittlich recht edel vertreten, bei Essen und Mülheim dagegen zum Teil ganz unbauwürdig sind und zwischen diesen sich mannigfache Uebergänge finden. Auf alle Fälle ist die Flötzgruppe dort, wo sie noch nicht aufgeschlossen ist, einer Untersuchung wert und zahlreiche, im Innern des Beckens gelegene Magerkohlenzechen werden über kurz oder lang nach Erschöpfung der bisherigen Kohlenvorräte auch an die Aufschliessung dieser untersten, vorläufig fast nur am Südrand des ganzen Gebietes bekannten Flötze denken müssen.

Das wichtige, einen leitenden Charakter besitzende Konglomeratvorkommen ober- und unterhalb des Neuflötzes ist schon oben erwähnt

---

*) Vgl. Cremer, Die Sutan-Ueberschiebung. Glückauf 1897, No. 20.

worden. Es bildet die Basis der Hauptflötzgruppe, deren Nebengestein im übrigen aus einem Wechsel von Thonschiefer und Sandstein besteht.

Von Interesse ist das Auftreten von Eisenstein und zwar von Kohlen-eisenstein- (Blackband-) Flötzen in dieser Flötzgruppe*), die sich häufig durch das gleichzeitige Vorhandensein von Phosphoritbänken mit hohem Gehalt an phosphorsaurem Kalk auszeichnen. Der einst wirtschaft-lich wichtige Bergbau auf diesen wie auf vielen sonstigen Eisenerz-vorkommen innerhalb des Steinkohlengebirges ist zwar fast vollständig zum Erliegen gekommen, die Thatsache des weitverbreiteten Vorkommens einzelner Eisensteinflötze ist jedoch so charakteristisch für diese wie für andere Gruppen der Magerkohlenpartie, dass sie auch hier kurz erwähnt werden müssen. Es lassen sich zwei Eisensteinvorkommen unterscheiden, von denen das untere etwa dem Neuflötz oder Flötz Striepen entspricht und als Herzkämper Eisensteinflötz auf dem Süd- und Nordflügel der Herzkämper Mulde sowie als Kirchhörder Eisensteinflötz in der Gegend von Kirchhörde, Berghofen und Aplerbeck bekannt ist. Das zweite Eisen-steinvorkommen, das sogenannte Neu-Hiddinghauser Eisensteinflötz, liegt im Niveau des Hauptflötzes und ist in der Sprockhöveler Gegend sowie bei Dilldorf bekannt geworden. Dort war es z. B. die Zeche Neu-Hidding-hausen, hier die Zeche Dilldorf, die das Eisensteinflötz bergmännisch aus-beutete.

Auch in der Schichtengruppe des Hauptflötzes spielen die Reste von Meerestieren eine Rolle. Abgesehen von dem noch vereinzelten Fund solcher Reste 40 m im Hangenden des Flötzes Neuglück-Trappe ist es vor allen Dingen die marine Schicht über dem Hauptflötz selbst, die wegen der Beständigkeit ihres Auftretens und der Leichtigkeit ihres Nachweises eine besondere Wichtigkeit besitzt.**) Bald unmittelbar auf dem Flötz liegend, bald 20—30 m höher, führt diese 1—3 und mehr Meter mächtige, aus dunklen, feinkörnigen und dichten Thonschiefern bestehende Schicht häufig ungemein zahlreiche Reste von Goniatiten, Aviculopecten papyraceus, Thalassoceras atratum, Lingula mytiloides, Nucula-Arten, Posidonien u. s. w., die im Verein mit massenhaft auftretenden grösseren und kleineren Con-cretionen (kugel-, knollen-, linsen-, nieren- und gurkenförmigen Gebilden) dem Ganzen ein äusserst charakteristisches Gepräge und die Bedeutung einer Leitschicht ersten Ranges geben. Die marinen Reste des Haupt-flötzes sind auf allen danach untersuchten Zechen nachgewiesen und finden sich in ganz übereinstimmender Ausbildung im Osten, Süden und Westen des Gebiets, soweit die Aufschlüsse reichen. Die grosse Aehnlichkeit

---

*) Vgl. in dieser Beziehung Bäumler, Ueber das Vorkommen der Eisensteine im westfälischen Steinkohlengebirge. V. d. n. V. 1870, S. 158 ff. mit Karte.

**) Vgl. Cremer, Die marinen Schichten in der mageren Partie des west-fälischen Steinkohlengebirges. Glückauf 1893, No. 60 und 61.

dieser Schicht mit der etwa 150 m höher liegenden marinen Schicht des Flötzes Sarnsbank hat mehrfach (vergl. z. B. Achepohl, Das Niederrheinisch-Westfälische Steinkohlengebirge, 1880) dazu geführt, beide Vorkommen zu parallelisieren und dadurch zu irrigen Anschauungen über die Flötzgruppierung der mageren Partie zu kommen. Nachgewiesen ist die Hauptflötzschicht unter anderen auf den Zechen Königsborn, Caroline bei Holzwickede, Freie Vogel und Unverhofft, Ver. Bickefeld, Gottessegen, Franzisca, Wallfisch, Stock und Scherenberg, Deutschland, Alte Haase, Victoria bei Kupferdreh und Hoffnung.

c) Die Schichtengruppe zwischen dem Hauptflötz und dem Leitflötz Mausegatt.

Die 250—300 m mächtige Gruppe zeichnet sich, wenn man von den beiden Grenzflötzen (Hauptflötz und Mausegatt) absieht, durch den fast völligen Mangel an bauwürdigen Kohlenlagerstätten aus. Nur in den östlichen Partien von Aplerbeck und Holzwickede sowie hin und wieder in anderen Gegenden zeigt sich das eine oder andere Flötz in etwa bauwürdig. Meist sind es Kohlenstreifen von 0,15—0,30 m Mächtigkeit.

Zwei Flötzgruppen treten überall in annähernd gleichbleibender Gruppierung auf: eine untere, mit dem Flötz Schieferbank aus 2 bis 3 dicht übereinander liegenden Flötzen bestehende, 90 bis 100 m oberhalb des Hauptflötzes liegende Flötzgruppe und eine obere ähnlich ausgebildete mit dem Flötz Sarnsbank, 60—80 m höher und 100—120 m unterhalb des Leitflötzes Mausegatt liegend. Ihrer geringen Bedeutung entsprechend führen diese Flötze vielfach keine besonderen Bezeichnungen. Die wenigen vorhandenen sind zum Teil in nachstehender Weise parallelisiert:

Dem Flötz Schieferbank bezw. der dieses Flötz enthaltenden Gruppe entspricht z. B. das Flötz Kleinigkeit der Zeche Trappe, Mathilde von Stock & Scherenberg, St. Martin No. 1 von Ver. Bickefeld, No. 3 von Zeche Humboldt. Mit der Flötzgruppe Sarnsbank lassen sich in eine Linie stellen die Flötze Schnellenschuss bei Werden und Heisingen, Kalksiepen No. 1 und 2 bei Werden, No. 7 und 8 auf Victoria bei Kupferdreh, 14—17 auf Petersburg bei Dilldorf, Johanna auf Crone und Freie Vogel, Gottfriedsbank in der Gegend von Aplerbeck und Holzwickede, No. 1 und 2 von Humboldt u. s. w. Sarnsbank und daneben Schnellenschuss sind die verbreitetsten Namen. An dieser Stelle sei erwähnt, dass das Flötz »Sarnsbank« der Zeche Pauline bei Werden in Wirklichkeit dem Leitflötz Mausegatt entspricht, entgegen der auf älteren Kartenwerken dargestellten Ansicht, nach der das Flötz Braut identisch mit Mausegatt sein sollte.

Das Nebengestein dieser Schichtengruppe besteht aus Lagen von Sandsteinen und Schiefern, wobei Konglomerate fehlen. Ausserordentlich reich hat sich die Gruppe stellenweise an Eisenstein erwiesen und zwar in der Gegend von Sprockhövel, Hattingen, Stiepel und weiter westlich bei Dilldorf. Das Vorkommen beschränkt sich auf ein, dem Flötze Sarnsbank naheliegendes und zum Teil wohl identisches Flötz, das vielgenannte Spateisensteinflötz von Hattingen, das einzige in seiner Art im Westfälischen Steinkohlengebirge.*) Der Hauptbau wurde seinerzeit von der Eisensteinzeche Müsen bei Stiepel betrieben, allmählich jedoch wie auch auf anderen Gruben, z. B. auf Damasus, Hermanns gesegnete Schifffahrt, Schwarze Adler (Petersburg) und Reher Dickebank wegen zunehmender Verschmälerung und gänzlicher Auskeilung des Flötzes wieder eingestellt.

Mit diesem lokalen Spateisensteinvorkommen in einem Niveau liegt die obere der beiden marinen Schichten, die in dieser Gruppe auftreten, die wichtige und auf allen in dieser Gruppe bauenden Gruben nachgewiesene marine Schicht von Flötz Sarnsbank. Sie zeichnet sich ähnlich wie die des Hauptflötzes durch das massenhafte Vorkommen von Goniatites-Arten, Lingula mytiloides, Aviculopecten papyraceus u. s. w., sowie durch das häufige Auftreten von zum Teil recht ansehnlichen Concretionen aus, die oft wie z. B. auf den Zechen Hercules bei Essen und Johann Deimelsberg bei Steele dicht gedrängt neben und übereinander liegen und beim Durchfahren des Flötzhangenden wagenweise gefördert werden können. Diese Schicht ist wegen ihres konstanten Verhaltens von leitender Bedeutung und mit grosser Sicherheit zu Flötzidentifikationen zu benutzen. Die Anzahl der Gruben allein, auf denen sie in charakteristischer Ausbildung angetroffen ist, beläuft sich auf mehrere Dutzend, welche sich auf den gesamten Bezirk verteilen.

Eine zweite weniger scharf ausgeprägte marine Schicht findet sich in der Gruppe Schieferbank, z. B. auf Victoria, Freie Vogel, Wallfisch und Hoffnung.

d) Die Schichtengruppe Mausegatt-Finefrau.

Mit dieser 100—150 m mächtigen Schichtengruppe erreichen wir die wichtigste Abteilung der ganzen mageren Partie, welche vermöge ihres Kohlenreichtums den Schwerpunkt für den Bergbau der Magerkohlenzechen darstellt. Es sind 4—5 recht beständige bauwürdige Flötze mit einer Gesamtkohlenmächtigkeit von 3—4 m vorhanden. Einige dieser Flötze zeigen häufig die ansehnlichen Mächtigkeiten von 1—1,50 m wie z. B. Mausegatt und Geitling. Finefrau besitzt eine Durchschnittsmächtig-

---

*) Vergl. Peters, Der Spateisenstein in der Westfälischen Steinkohlenformation. Zeitschrift des Vereins Deutscher Ingenieure, 1857, S. 155 ff. und Bäumler, Ueber das Vorkommen von Eisenstein u. s. w. V. d. n. V. 1870, S. 164 ff.

keit von 0,80—0,90 m, Kreftenscheer und Trotz eine solche von je 0,60 bis 0,70 m, Mentor ist gewöhnlich unbauwürdig. Jedoch ist die Mächtigkeit mannigfachen Schwankungen unterworfen ebenso wie die Ausbildung der Kohle selbst, die bald stückreich und hart, bald mulmig fällt, zuweilen auch von Bergmitteln durchsetzt ist. Bei der vielfachen Verwendung der mageren, nicht backenden Kohle für Hausbrandzwecke (Dauerbrandöfen) ist die Härte, der Stückreichtum und die Reinheit der Kohle von besonderer Wichtigkeit. Es scheint, als ob eine flache Lagerung der Flötze für den Stückkohlenfall günstig ist. Doch bedarf diese, wie andere ähnliche Fragen, noch der näheren Untersuchung. Stellenweise geht der magere Charakter der Kohle in einen sogenannten halbfetten über, der die Kohle in Vermischung mit eigentlichen Fettkohlen zur Verkokung geeignet macht.

Die Benennungen der einzelnen Flötze sind ausserordentlich verschieden, das Leitflötz Mausegatt führt ausserdem noch u. a. die Namen »Kiek« (bei Mülheim), »Blumendelle« (bei Heissen), »Hundsnocken« (bei Steele, Heisingen), »Frischauf« und »Turteltaube« (bei Witten), »Dicke Kirschbaum« (bei Hörde), »Lehnbank« und »Feldgesbank« (in der Herzkämper Mulde) u. s. w. Finefrau wird auch »Steinkuhle« und »Paul« genannt (bei Mülheim), »Tutenbank« (bei Frohnhausen-Essen), »Mutter, Tochter, Sohn« (in der Dilldorfer Gegend), »Langenbrahm«, »Hühnerhecke« (in den östlichen Gegenden) u. s. w.*)

Die Identifikation der Flötze Mausegatt und Finefrau war über den ganzen Bezirk im allgemeinen leicht durchzuführen. Eine Schwierigkeit lag allerdings im Westen vor, wo die Lagerungsverhältnisse durch eine Ueberschiebung verschleiert sind.

Während man nach Achepohl und Runge in der nach unten mit dem Flötz Kiek abschliessenden Flötzgruppe der Zeche Sellerbeck die unterste, dem flötzleeren Sandstein unmittelbar aufgelagerte Flötzgruppe zu erblicken hat, wies Lenz zutreffend darauf hin, dass diese Flötze einem beträchtlich höheren Horizont angehören und dass Flötz Kiek dem Leitflötz Mausegatt entspricht. Diese Ansicht hat in dem Aufschliessen des 120 m unter Kiek liegenden Flötzes Sarnsbank auf dem Sattel von Roland neuerdings ihre Bestätigung gefunden.

Nicht mit der gleichen Sicherheit lassen sich die zwischen Mausegatt und Finefrau liegenden Flötze durch den ganzen Bezirk hindurch wiedererkennen. Sie wechseln in ihrer Mächtigkeit und Abbauwürdigkeit viel stärker als die beiden Grenzflötze, eines oder das andere keilt auch wohl ganz aus. Diese Flötze wurden daher auch bei Durchführung der Ein-

---

*) Hiermit schliesst das hinterlassene Manuskript des Bergassessors Dr. Cremer ab. Die folgenden Ausführungen sind von Bergassessor Mentzel verfasst.

heitsbezeichnung, die im Jahre 1900 vom Königlichen Oberbergamt in Dortmund begonnen wurde, zunächst ausgeschlossen. Erst ein Jahr später wurden die Gruppennamen Kreftenscheer und Geitling amtlich dafür eingeführt.

Das Mittel zwischen Mausegatt und Finefrau besteht aus einem etwa 60—90 m mächtigen unteren flötzreichen und einem 30—60 m mächtigen oberen flötzleeren Schichtenkomplex. In der unteren Schichtenfolge liegen in der Regel 4 (2—7) Flötze oder Kohlenstreifen, an manchen Stellen gleichmässig auf die Mächtigkeit verteilt, meist aber in zwei Gruppen angeordnet. Die untere Gruppe umfasst die Kreftenscheer-, die obere die Geitling-Flötze. Das unterste Flötz jeder Gruppe führt den Gruppennamen, die folgenden denselben Namen mit entsprechender Nummerbezeichnung, z. B. Kreftenscheer und Kreftenscheer 2.

Die Kreftenscheer-Flötze wurden früher bezeichnet als Dünne-Kirschbaum (Massen, Crone), Eiserne Heinrich II (Hörder Kohlenwerk), St. Moritz (Friedrich Wilhelm und Crone), Verlorner Posten (Franziska), Hamburg 2 (Hamburg), Neue und alte Steinbergerbank (Walfisch), Lehnbank-Nebenbank und Lehnbank-Striepen (Stock und Scherenberg), Trotz I und II (Prinz Friedrich), Trotz und Krebsenscheer (Deimelsberg), Bänksgen und Kämpgeswerk (Humboldt), Steinknapp (Engelsburg), Bänksgen (Ver. Braut), Kieksbänksgen, Radstube und Fuchs (Sellerbeck).

Die alten Bezeichnungen für die Geitlinggruppe sind Christian II und III (Schürbank und Charlottenburg), Eiserner Heinrich (Hörder Kohlenwerk), Moritz und Eiserner Heinrich (Massen), Franziska (Franciska), Hamburg 3 (Hamburg), Wildemann und Billigkeit (Helene), Bockholzbank (Walfisch), Gertgesbank oder Eggerbank (Stock und Scherenberg), Vierfussbank und Sohn (Prinz Friedrich), Geitling und Mentor in der Gegend von Steele und Essen, Rosendelle und Bänksgen bei Heissen, Morgenstern und Mentor (Langenbrahm), Zwergmutter und Junge Zwerg (Heisinger Tiefbau), Braut (Ver. Braut), Cronenberger Adit und Oberhauser Bänksgen (Wiesche und Sellerbeck).

Das Nebengestein der flötzreichen unteren Schichten-Gruppe Mausegatt—Kreftenscheer—Geitling besteht abwechselnd aus Schieferthon, Sandschiefer und Sandstein. In der oberen Schichtenfolge vom hangendsten Geitlingflötz bis Flötz Finefrau überwiegt der Sandstein. Eine Schicht von typischem Quarzkonglomerat in der durchschnittlichen Mächtigkeit von 5—10 m findet sich über den ganzen Ruhrbezirk hin im Liegenden von Finefrau.

Marine Schichten sind in der besprochenen Gruppe noch nicht beobachtet worden. Dagegen sind drei Schichten mit Süsswassermuscheln (Anthracosien) vorhanden.

Auch hier spielen Eisensteine nicht nur geologisch, sondern auch wirtschaftlich eine Rolle, insofern um die Mitte des vergangenen Jahrhunderts eine Anzahl dieser Flötze abgebaut wurde: die Vorkommen sind vom Liegenden nach dem Hangenden zu aufgezählt:

1. das Kohleneisensteinflötz, das dem Leitflötz Mausegatt entspricht. Es ist in der Gegend von Hoerde bekannt, so auf Bickefeld, Freie Vogel und Unverhofft, und in den alten Feldern Theodor, Adele und Glücksanfang. Die Mächtigkeit des Flötzes beträgt, wo es gebaut wurde, 50—120 cm. Nach den Angaben Bäumlers besteht das Flötz aus abwechselnden Lagen von kohligem Eisenstein, Phosphorit, Eisenstein und Bergen. Im mittleren Eisensteinpacken sollen zuweilen Unio-Reste gefunden worden sein. Im Unterpacken fand Bäumler Pflanzen (Sphenopteris, Neuropteris und ein Blatt einer Flabellaria).

2. Die Kohleisensteinflötze bezw. -Packen aus der Kreftenscheer-Gruppe. Sie sind aufgeschlossen und teilweise gebaut auf Schürbank, Freie Vogel, Norm, Hoerder Kohlenwerk, Carl Wilhelm, Roland.

3. Das Flötz aus dem Horizont Geitling, aufgeschlossen auf Hoerder Kohlenwerk, auf den alten Feldern Neu-Lahn II und Mühlenberg, sowie besonders auf Stock und Scherenberg. Das Flötz führte hier den Namen Gertgesbank (Muldensüdflügel) und Eggerbank (Muldennordflügel). Das Vorkommen von Stock und Scherenberg gehört zu den am besten aufgeschlossenen im ganzen Bezirk. Der Eisenstein (Kohleneisenstein) liegt hier ähnlich einem Bergmittel im Flötz. Seine streichende Länge beträgt von der westlichen Muldenwendung an auf beiden Flügeln etwa 1600 m, seine Mächtigkeit 90—110 cm. In östlicher Richtung verdrückt sich das Eisensteinmittel bis auf wenige Centimeter Mächtigkeit, während die Kohlenpacken unverändert weiter fortsetzen.

Eine von Bäumler mitgeteilte Analyse des Eisensteins weist bei 34,09 % Röstverlust 44,87 % Eisen und 1,34 % Manganoxydul nach.

Der in der Dortmunder Gegend verbreitete alte Name des Flötzes »Eiserner Heinrich« erinnert daran, dass das Flötz zuweilen Eisensteinspacken enthält.

4. Das Flötz im oberen Teile der Geitlinggruppe, also im Horizont des Flötzes Mentor nach alter Bezeichnung, aufgeschlossen auf Freie Vogel.

5. Das Flötz im Horizont Finefrau. Die unteren Packen des Flötzes Potsdam (= Finefrau) bestehen auf Schürbank aus Kohleneisenstein.

e) Die Schichtengruppe von Flötz Finefrau bis Flötz Sonnenschein.

Diese rund 300 m mächtige Gruppe enthält mehrere Flötze, die in der Regel so angeordnet sind, dass das liegendste 15—20 m über Finefrau, das hangendste 100—130 m unter Sonnenschein liegt, während sich in dem mittleren Teile eine Gruppe von 2—5 Flötzen findet. Bauwürdig sind in der Regel von allen diesen Flötzen nur zwei.

Das unterste Flötz, das sich durch seinen geringen Abstand von Finefrau und eine flötzleere Zone im Hangenden leicht erkennen lässt, ist unter dem Namen Finefrau-Nebenbank einheitlich über den ganzen Bezirk bezeichnet. Es führte früher die Namen Nebenflötz, Bänksgen oder Bosselbänksgen bei Steele und Essen, Tutenbänksgen bei Heissen, Richter (Wiesche), Maasbänksgen bei Werden, Mutter (Prinz Friedrich). Im Osten des Bezirks ist das Flötz vielfach unbekannt. Im Westen, in der Gegend von Essen und Mülheim, erreicht es eine Mächtigkeit von 50—55 cm und wird mehrfach gebaut.

Im Hangenden folgt sodann die Gruppe der Girondeller Flötze, die gegenwärtig gleichfalls einheitlich benannt sind, und entsprechend der schon erwähnten Gruppenbenennung der Kreftenscheer- und Geitlingflötze als Girondelle (liegendstes Gruppenflötz) und Girondelle 2—5 angeführt werden.

Bevor die Einheitsbezeichnung durchgeführt wurde, nannte man die Flötze in den östlichen Revieren grösstenteils Gojenfeld 0—IV, auch wohl Venus V—I, Cleibank (= Girondelle auf Zeche Freie Vogel und Unverhofft).

In der Gegend von Witten und Blankenstein sind 3 Flötze der Gruppe benannt und zum Teil im Bau und zwar Girondelle = Kleine Hamburg (Hamburg), Laterne (Helene), Girondelle 2 = Stephansbank (Walfisch) und Girondelle 3 = Christiana (Hamburg) oder Hammerbank (Helene).

Bei Bochum und Essen bezeichnete man das Flötz Girondelle mit Stein- und Königsbank, während Girondelle 2 schlechtweg Girondelle hiess. Hangendere Flötze der Girondeller-Gruppe waren im mittleren Teile des Bezirks nicht benannt.

Bei Essen treten indes mehr Flötze der Gruppe bauwürdig auf, so-dass wieder 3—4 Flötze Namen erhalten haben: Stein- und Königsbank, Unter- und Obergirondelle (Hagenbeck), Stein- und Königsbank, Unter-, Mittel- und Obergirondelle (Ludwig). Noch mehr Flötze bezw. Kohlen-streifen treten bei Heissen und Mülheim auf. Die Flötznamen auf den dortigen Zechen Wiesche und Roland entsprechen so, wie die unten stehende Gegenüberstellung zeigt, den Einheitsbezeichnungen:

Hermann und Korinthenberg: Flötz unter Flötz Girondelle, Wiescher Dickebank: Girondelle, Bänksgen: Flötzstreifen zwischen Girondelle und Girondelle 2, Wiesche: Girondelle 2.

Einheitsbezeichnung	Wiesche	Roland
Girondelle 2	Wiesche	Stein- und Königsbank
Nicht benannt	Bänksgen	Benjamin
Girondelle	Dickebank	Roland
Nicht benannt	Hermann	Hermann

In dem 100—250 m mächtigen Mittel zwischen den Girondeller Flötzen und dem Leitflötz Sonnenschein sind mehrere Kohlenstreifen entwickelt, von denen aber nur einer sich über den ganzen Bezirk erstreckt. Dieser in der Regel unbauwürdige Streifen führt den Namen Plasshofsbank und ist als leicht erkennbares Flötz unter die einheitlich benannten Leitflötze aufgenommen worden. Die früher gebräuchlichen Namen Waldhorn (Crone), Hobeisen (Hagenbeck), Jungfer (Wiesche) und Ludwig (Alstaden) bezeichnen dasselbe Flötz. Im Liegenden des Flötzes finden sich auf Wiesche zwei schmale Streifen, die unter dem Namen Kinderberg aufgeführt werden.

Ein unbauwürdiger Kohlenstreifen, »Flötz Schoettelchen« auf Zeche Hagenbeck, liegt häufig wenige Meter unter Flötz Sonnenschein.

In der Gruppe Sonnenschein-Finefrau bilden Schieferthone, Sandschiefer und Sandsteine mit einander abwechselnd das Nebengestein der Flötze. Zwischen Plasshofsbank und Sonnenschein überwiegt der Sandstein.

Auch zwei Konglomeratvorkommen sind aus den besprochenen Schichten bekannt geworden: das bei weitem wichtigere liegt zwischen Flötz Plasshofsbank und Sonnenschein. Es ist ein typisches Quarzkonglomerat von bedeutender Mächtigkeit (10 bis 20 m), das wenigstens im westlichen Teile des Bezirkes als Leitschicht gelten kann. Zuweilen liegt es in mehreren Bänken, die durch bedeutende Sandstein- und Schieferzwischenmittel von einander getrennt sind (Deimelsberg).

Das zweite Konglomerat ist lokal ausgebildet und nur von einem einzigen Fundpunkt, der Zeche Roland, bekannt geworden. Es findet sich hier unmittelbar im Hangenden eines 26 cm mächtigen Flötzchens, das seinerseits 20 m über Flötz Roland-Girondelle liegt. Nach Cremer treten die Quarz- und Kieselschiefergerölle in dem Konglomerat sehr zurück, während Thonschiefer- und Thoneisensteingerölle überwiegen.

Marine Tierreste sind in der besprochenen Gruppe in drei verschiedenen Schichten festgestellt worden: das unterste dieser Vorkommen liegt über Flötz Finefrau-Nebenbank und beansprucht die grösste Bedeutung, da es aussergewöhnlich gleichmässig über die ganze Ablagerung hin entwickelt, leicht erkennbar und häufig aufgeschlossen ist. Die Schicht besteht aus zahlreichen Konkretionen, die z. T. marine Tierreste, besonders Goniatiten einschliessen. Cremer berichtet über die Aufschlüsse von Constantin der Grosse (80 m über Flötz Stein- und Königsbank-Girondelle), Maria Anna und Steinbank (16 m über Finefrau), Viktoria (im Hangenden von Flötz Mutter), Walfisch (im Hangenden von Flötz Hühnerhecke), Hoffnung und Secretarius Aak (über Flötz Tutenbänksgen-Finefrau-Nebenbank), Wiesche (im Hangenden von Flötz Richter-Finefrau-Nebenbank). Eine andere marine Schieferschicht liegt auf der Zeche Walfisch 18 m unter Flötz Stephansbank (= Girondelle 2) im Hangenden eines schmalen

Flötzchens, eine dritte auf der Zeche Hoffnung und Secretarius Aak 10 m über Flötz Obergirondelle.

Die beiden letztgenannten Schichten sind bisher anderweit noch nicht beobachtet worden.

Auch in den Girondeller Flötzen sind Eisensteine mehrfach bekannt geworden. Das bedeutendste Vorkommen liegt zwischen den Flötzen Girondelle und Girondelle 2 und ist in den Feldern Eisenstein, Carl Wilhelm, Helene, Neu-Essen II und IV bei Rellinghausen, Klosterbusch und Wiesche aufgeschlossen. Auf der Zeche Eisenstein sollen sich in der Oberbank des Flötzes nach Bäumler Unionen gefunden haben.

In einem höheren Horizont (Girondelle 3 entsprechend) hat sich auf Hercules und Prinz Friedrich ein Eisensteinflötz eingelagert.

Eine Schicht von ganz eigenartiger Zusammensetzung ist das Berg-mittel im Flötz Richter-Finefrau-Nebenbank der Zeche Wiesche. Bäumler beschreibt es als einen 26 cm mächtigen, sehr armen Kohleneisenstein mit hohem Gehalt an kohlensaurem Kalk. Er teilt vier Analysen davon mit, von denen die erste nachstehend wiedergegeben ist:

$$
\begin{array}{lr}
\text{Glühverlust} & 57 \quad \%\\
Fe_2O_3 & 17{,}685 \,\text{»}\\
SiO_2 & 1{,}723 \,\text{»}\\
Al_2O_3 & 2{,}688 \,\text{»}\\
CaCO_3 & 47{,}768 \,\text{»}\\
MgO & 13{,}154 \,\text{»}\\
Mn_2O_3 + MnO & 4{,}237 \,\text{»}\\
SO_3 & 1{,}050 \,\text{»}\\
PO_5 & 0{,}882 \,\text{»}\\
CO_2 + H_2O & 11{,}777 \,\text{»}\\
\hline
& 100{,}964 \;\%
\end{array}
$$

2. Die Fettkohlenpartie.

Hierzu die Tafeln VII und VIII.

a) Allgemeines.

Als Grenze gegen die Magerkohlenpartie nimmt man übereinstimmend das Flötz Sonnenschein an, das mehrere für ein Leitflötz wichtige Eigenschaften in sich vereinigt. Es ist im ganzen Bezirk entwickelt, fast überall abbauwürdig, meistens sogar sehr »edel«. Wo es nur immer mög-lich war, ist das Flötz daher aufgeschlossen und identifiziert worden. Dazu kommt, dass im Liegenden ein, wenn auch nicht sehr mächtiges, doch stets auffallendes flötzarmes Mittel liegt, das durch eingelagerte Konglo-

Additional information of this book

(Geologie, Markscheidewesen; 978-3-642-90159-1; 978-3-642-90159-1_OSFO2) is provided:

http://Extras.Springer.com

meratbänke ausgezeichnet ist. Schliesslich findet in der Regel, wenn auch nicht immer, an dieser Stelle im Normalprofil der Uebergang von mageren Kohlen zu Sinter- und Backkohlen statt. Die Feinkohle der Flötzpartie über Sonnenschein eignet sich gewöhnlich zum Verkoken, was bei den Magerkohlenflötzen zu den Ausnahmen zählt.

Als hangende Begrenzung nahmen Lottner, Haniel und v. Dechen das Flötz Laura an, das innerhalb eines flötzarmen Mittels von rd. 170 bis 180 m Mächtigkeit liegt. Da dieses Mittel aber nicht gänzlich flötzleer ist, sondern ausser dem Flötz Laura noch andere Flötze und Kohlenstreifen enthält, auch Flötz Laura an sich keine auszeichnenden Merkmale besitzt, die es auf weite Erstreckung hin ohne Zweifel wieder erkennen lassen, so soll an seiner Statt ein besser charakterisiertes Flötz als Grenzflötz eingeführt werden: das Flötz Catharina. Es ist das hangendste der eng zusammenliegenden Gruppe von Fettkohlenflötzen, liegt unverkennbar unmittelbar unter dem flötzarmen Mittel und zeichnet sich durch eine Schicht mariner Tierreste aus, die das Flötz im Hangenden begleitet. Der Abstand von Flötz Laura beträgt rd. 90 m. Um diesen Betrag würde die Mächtigkeit der Fettkohlenpartie gegenüber der älteren Annahme zu vermindern, die der Gaskohlen zu vermehren sein.

Schon Lottner hat eine Gliederung seiner »mittleren Flötzetage« in zwei Gruppen angegeben: er geht davon aus, dass sich innerhalb der »Etage« die chemische Beschaffenheit der Kohle in der Art verändert, dass die liegenden Flötze eine »Sinter- oder Esskohle« (-Schmiedekohle), die hangenden eine »Back- oder Fettkohle« führen. Bei den Sinterkohlen frittet das Pulver ohne Ausdehnung der Masse zu einem Kuchen zusammen, bei den Backkohlen schmilzt es zu ein m homogenen, geblähten Kokskuchen. Als Grenze zwischen beiden Flötzgruppen giebt er das »Leitflötz Diomedes« (entsprechend dem auch später noch als Leitflötz aufrecht erhaltenen Flötz Roettgersbank) an. Heute legt man auf diese Unterscheidung keinen Wert mehr, weil der Uebergang von den Kohlen mit nicht geblähtem Koks zu denen mit geblähtem Koks allmählich vor sich geht und durchaus nicht stets an das Flötz Roettgersbank gebunden ist. Auch eignet sich das Flötz an sich nicht zum Leitflötz, weil es keine charakteristischen Eigenschaften besitzt.

Die genaue Ermittelung der Mächtigkeit der einzelnen Flötzpartien hat in den geologischen Bearbeitungen des Bezirkes immer eine grosse Rolle gespielt; ebenso wurde stets die Zahl der abbauwürdigen Flötze, deren Kohlenmächtigkeit und das Verhältnis dieser Kohlenmächtigkeit zur ganzen Mächtigkeit der Partie festgestellt. Da alle diesen Zahlen für jeden beliebigen herausgegriffenen Zechenaufschluss andere Werte ergaben, so galt es denn einen Durchschnitt nach Art des arithmetischen Mittels zu finden. Der Wert dieser Durchschnittsangaben ist an sich nicht gross, denn abgesehen davon, dass kaum ein Fall vorhanden sein wird, in dem die angegebenen Werte alle zutreffen, ändert sich auch der Durchschnitt, sobald man der Berechnung irgend einen neuen Aufschluss hinzufügt.

Lottner gab im Jahre 1859 die Mächtigkeit der ganzen »mittleren Etage«, die er von Flötz Schöttelchen (liegendes Begleitflötz von Sonnenschein) bis zum Flötz Laura rechnet, zu 636 m an; er kannte 26 bauwürdige Flötze, deren jedes im Durchschnitt rd. 97 cm Mächtigkeit besitzt. Das Verhältnis der Gesamtmächtigkeit zur Mächtigkeit der reinen Kohle giebt er auf 20,56 : 1 an.

Runge, der die Flötzpartie von Sonnenschein bis Laura rechnet und Roettgersbank als Grenzflötz der beiden Unterabteilungen annimmt, kommt zu folgenden Zahlen:

I. Westen des Ruhrkohlenbeckens:

	Gebirgsmächtigkeit	Kohle	Verhältnis
Esskohlenpartie	229 m	7,58 m	30,23 : 1
Fettkohlenpartie	368,75 »	16,06 »	22,94 : 1
Summe . .	597,75 m	23,65 m	25,27 : 1

II. Osten des Beckens:

	Gebirgsmächtigkeit	Kohle	Verhältnis
Esskohlenpartie	260 m	12,56 m	20,70 : 1
Fettkohlenpartie	625 »	23,29 »	26,84 : 1
Summe . .	885 m	35,85 m	24,69 : 1

Als Durchschnittszahlen für das ganze Ruhrkohlenbecken (Mittel aus den westlichen, mittleren und östlichen Aufschlüssen) ergiebt sich

	Gebirgsmächtigkeit	Kohle	Verhältnis
Esskohlenpartie	233,83 m	9,50 m	24,61 : 1
Fettkohlenpartie	496,88 »	19,68 »	25,25 : 1
Summe . .	730,71 m	29,18 m	25,04 : 1

Geht man bei der Ermittelung der Durchschnittszahlen lediglich von solchen Zechen aus, die thatsächlich den ganzen Horizont von Flötz Sonnenschein bis Flötz Catharina durchörtert haben, und nimmt man von diesen je eine aus jeder Mulde, so ergeben sich die folgenden Zahlen:

Gebirgsmächtigkeit	Kohle	Verhältnis
555 m	23,27 m	23,83 : 1

Diese Zahlen werden als Mittelwerte gefunden, wenn man die Verhältnisse der Zechen Vollmond (Bochumer Mulde), Königin Elisabeth (Essener Mulde) und Concordia (Emscher Mulde) zu Grunde legt. Leider musste die Wittener Mulde dabei vernachlässigt werden, weil hier auf keiner Grube Flötz Catharina mit Sicherheit festgestellt ist. Für die genannten Zechen gelten folgende Werte:

	Gebirgsmächtigkeit	Kohle	Verhältnis
Vollmond	620 m	28,78 m	21,54 : 1
Königin Elisabeth . .	525 »	23,14 »	22,69 : 1
Concordia	520 »	17,96 »	28,95 : 1

Die Anzahl der Flötze von mehr als 50 cm Mächtigkeit beträgt auf Vollmond 31, auf Königin Elisabeth 23, auf Concordia 21, im Durchschnitt dieser Beispiele also 25.

Die durchschnittliche Mächtigkeit der Fettkohlenflötze beträgt rund 95 cm. Einzelne Flötze, wie z. B. Dickebank und Röttgersbank übertreffen diesen Mittelwert häufig um das Doppelte, während in ganz vereinzelten Fällen (auf den Zechen Courl und Massen III) durch Zusammenliegen zweier Flötze der unteren Fettkohlenpartie die Mächtigkeit auf 4 bis 6,5 m anschwillt. Oertlich kann durch Einwirkung von Ueberschiebungen noch eine weitere Steigerung eintreten.

Die bauwürdigen Flötze sind im allgemeinen gleichmässig in der ganzen Mächtigkeit der Partie verteilt; wenigstens gilt dies für den weitaus grössten, mittleren Teil des Bezirks. Im äussersten Westen ist dagegen die untere, im Osten die obere Hälfte der Partie arm an baulohnender Kohle.

Nach ihrem chemisch-physikalischen Verhalten kennzeichnen sich die Kohlen der Fettkohlenpartie zum weitaus grössten Teil als Backkohlen (Muck) (= gasarme, alte und gasreiche, junge Backkohle, Hilt). Normale Verhältnisse vorausgesetzt, beträgt der Gasgehalt der untersten Flötze 21 %. Er steigt in den obersten bis 33 %. In entsprechender Weise nimmt das Koksausbringen in der Probe ab. An Kohlenstoff enthalten die Fettkohlen 90 (unterste) bis 85 % (oberste), an Wasserstoff 4 bis 5 %, an Sauerstoff und Stickstoff 5 bis 10 % und an Wasser (Grubenfeuchtigkeit) 2 %.

Entsprechend der allmählichen Aenderung der Beschaffenheit von den liegenden Flötzen nach den hangenden zu nehmen die untersten Flötze in der Regel eine Zwischenstellung zwischen den Magerkohlen und den typischen (einen geblähten Koks liefernden) Backkohlen ein: sie geben in der Probe gesinterte oder nur schwach gebackene, nicht oder nur schwach geblähte Koks. Vielfach, aber nicht durchweg deckt sich diese nach chemisch-physikalischen Merkmalen aufgestellte Gruppe der Sinterkohlen mit der geologischen Gruppe der Esskohlen, d. i. den Flötzen von Sonnenschein bis Roettgersbank.

Wie die chemische Beschaffenheit der Magerkohlen im Streichen zuweilen Schwankungen unterworfen ist, so auch die der Fettkohlenflötze.

So führen z. B. die zur oberen Fettkohlenpartie gehörenden Flötze der Schachtanlage Grimberg (Zeche Monopol bei Camen) eine typische Gaskohle.

Auch anderwärts liefern einige der obersten Fettkohlenflötze eine Kohle, die nach Struktur und Gasausbringen als Gaskohle anzusprechen ist, so z. B. die Flötze K (Hugo), C (Gretchen) und B (Gustav) der Zeche Consolidation.

Die Fettkohle besitzt in der Regel einen lebhaften Glanz. Sie fällt nicht stückreich, sondern giebt verhältnismässig viel Grus. Die Flötze zeigen mehr als alle anderen die Neigung zur Bildung gefährlichen Kohlenstaubes. Gleichzeitig sind sie am reichsten an Schlagwettern.

Werden Fettkohlen oder überhaupt schlagwetterreiche Flötze durch Tiefbohrung angeschnitten, so strömen die eingeschlossenen Gase unter lebhafter Blasenbildung in der Spülung aus. Die durch den Wasserstrom zu Tage gebrachte feinkörnige oder schlammige Kohle bläht sich in diesem Falle, wenn sie in grösserer Menge in einem Gefäss oder auf einem Teller gesammelt worden ist, durch entweichende Gase schaumig auf. Nur selten ist die Gasmenge so bedeutend, dass sie in einem ununterbrochenen Strom aus dem Bohrloch austritt und angezündet mit langer Flamme brennt. Ein Beispiel dieser Art bot das Fundbohrloch der Mutung Hohenzollern II nördlich von Horneburg unweit Recklinghausen.

Zwei Vorkommen von Kännelkohle sind von Zeche Bonifacius bei Kray bekannt geworden.*) Das eine ist ein Streifen von 2 cm Dicke im Flötz Herrnbank, 200 m über Flötz Sonnenschein, das andere ein 3 bis 15 cm mächtiger Packen im Hangenden des Flötzes Hugo, 370 m über dem genannten Leitflötz.

Ferner hat Muck in einzelnen Flötzen Pseudokännelkohle nachgewiesen, die stellenweise, aber nie auf grössere Erstreckung, an die Stelle der Glanzkohle tritt, so auf Roland und Alstaden (Flötz Sonnenschein), Concordia, Zollverein (Flötz Ernestine), Königin Elisabeth (Flötz Hugo), Minister Stein (Flötz 5 und 6) und Rheinpreussen (Flötz C, 400 m über Sonnenschein, und zwischen Flötz B und B I, 380 m über Sonnenschein).

Im Nebengestein der Flötze überwiegen die Schieferthone, während Sandsteine mehr als in den übrigen Partien zurücktreten und Konglomerate fast ganz fehlen.

Ein sehr auffallendes Gestein fand sich auf der Zeche Courl in mehreren nördlichen Querschlägen. Es ist ein buntgefärbter, fettig anzufühlender Schieferthon. Die Farbe ist hellgelb, rotbraun oder graugrün und wechselt streifenweise; häufig wird durch die Zeichnung eine Breccienstruktur des Gesteins angedeutet. Die Entstehung der sonderbaren Bildung

---

*) Runge, a. a. O. S. 248.

ist wohl so zu erklären, dass längs einer Störungszone der Schieferthon (durch emporgedrungene Dämpfe?) gebleicht worden ist. Dabei verhielten sich die verschiedenen Schichten den Einwirkungen der bleichenden Reagentien gegenüber verschieden, sodass eine bandförmige Zeichnung entstehen musste. Auch erscheint es nicht ausgeschlossen, dass auf einer Spalte eingesunkene Reste eines ehemals rotgefärbten Deckgebirges vorliegen.

Ein besonderes, heute nicht mehr aufgeschlossenes Vorkommen beschreibt Lottner aus dem »liegenden Schieferthon eines 19zölligen, unreinen, südlich des sog. Muldenflötzes der Grube Ver. General durchfahrenen Flötzes«. Das Gestein, ein Dolomit der Formel $3\,Ca\,CO_3 + 2\,Mg\,CO_3$, enthält nach der Analyse von Schnabel folgende Bestandteile:

in Salzsäure löslich:

Kohlensaures Eisenoxydul	16,25
Kohlensaurer Kalk	29,74
Kohlensaure Magnesia	15,92
Thonerde :	3,24
Wasser	6,07

unlöslich:

Kieselsäure	25,28
Thonerde	1,19
Eisenoxyd	0,60
Kalkerde	0,34
Magnesia	0,93
Spur von Kohle, Schwefelsäure (an Kalk gebunden), Chlor und Verlust . . .	0,44
	100,00

Das Gestein war erfüllt von nierenförmigen Konkretionen. Soweit sich jetzt der Fundhorizont noch bestimmen lässt, scheint es sich um ein oberes Fettkohlenflötz rd. 30 m im Hangenden des Flötzes Diomedes zu handeln.

Die Sandsteine schwellen zuweilen zu sehr bedeutender Mächtigkeit an. Stellenweise erreichen die Mittel 50 bis 70 m und enthalten ein oder mehrere Flötze eingelagert. Gewöhnlich sind diese Sandsteine dann sehr fest und in sich geschlossen, sodass sie im Abbau nicht schnell zu Bruche gehen, sondern die ausgekohlten Räume lange Zeit offen erhalten. Besonders die mächtigen Sandsteinmittel im Hangenden der Flötze Sonnenschein und Präsident bleiben häufig Jahre lang nach erfolgtem Abbau fest stehen, um dann plötzlich auf weite Strecken hin mit einem Schlage zusammenzubrechen. Bei steiler Lagerung gehen diese Mittel unter

übrigens gleichen Verhältnissen noch später zu Bruch als bei flacher.
Besonders gefährlich sind Sattelkuppen, bei denen die Flötze von einem
Gewölbe festen Sandsteins überlagert werden. Solange auf der Sattellinie selbst noch nicht abgebaut ist oder wenn Markscheidesicherheits-
pfeiler in der Nähe der Sattellinie stehen geblieben sind, nimmt die
Kohle den ganzen Druck der das feste Sandsteingewölbe überlagernden
Schichten auf und überträgt ihn auf den Sattelkern, der nun seinerseits in
Spannung gerät und seitwärts auszuweichen strebt. Durch plötzliche Aus-
lösung dieser Spannung entstehen zuweilen Erschütterungen, die sich bis
zur Tagesoberfläche fortpflanzen. Die Mehrzahl der im Ruhrbezirk bisher
beobachteten Erdstösse (bei Dortmund, Hoerde, Bochum, Herne und Bruch)
ist auf das Zubruchegehen des Sandsteins aus der Fettkohlenpartie zurückzuführen.

In dieser ganzen Schichtenfolge ist nur ein einziges Konglomeratvorkommen bekannt. Es liegt im Hangenden des Flötzes Johann 130 bis
190 m über Flötz Sonnenschein. Es ist nicht auf allen Zechen, die den
Horizont durchörtert haben, gefunden worden, immerhin aber auf grosse
räumliche Entfernungen bekannt und kann, wo es vorhanden ist, gut zur
Horizontbestimmung verwendet werden, zumal eine solche grade in dieser
Höhe des Normalprofiles mit Hilfe der Flötze allein nicht sicher gelingt.
Die Mächtigkeit des Konglomerates wechselt von 0 bis 1 m; es ist bald
ein Thonschiefer- bald ein Thoneisenstein-Konglomerat, bald enthält es
Bruchstücke von beiden Gesteinen.*) Verkohlte Pflanzenreste und ver-
steinerte Holzbruchstücke sind häufig in ihm zu finden. Aufschlüsse sind
z. B. auf den Zechen Julius Philipp, Friederika, Borussia, Westhausen,
Westfalia, Courl, Gneisenau, Zollverein, Bonifacius, Hannover, v. d. Heydt,
Julia, Recklinghausen I, König Ludwig und Victor vorhanden.

Auf der Zeche v. d. Heydt besteht nach den Beobachtungen von
Everding**) das Hangende des Flötzes Präsident (das hier mit Fl. Johann
zusammenliegt) aus Schieferthon und Sandstein, die in langgestreckten
Zonen von einem grobkörnigen, unten konglomeratischen Sandstein verdrängt werden. Die Erscheinung macht den Eindruck, als ob sich in den
hangenden Schieferthon und Sandstein Rinnsale bis zum Flötz hinunter
eingeschnitten haben, die mit Konglomerat und darüber mit grobkörnigem
Sandstein ausgefüllt sind.

Eisenstein'schichten kommen in der Fettkohlenpartie in zahlreichen
Horizonten vor, ohne jedoch nur für einen einzigen charakteristisch zu
sein. Zu volkswirtschaftlicher Bedeutung ist nur ein einziges Lager, das
der Zeche Friederika, gekommen. Das Lager vertritt hier die Oberbank

---

*) Cremer, a. a. O., Gl. 1894, S. 119.
**) Gl. 1902, S. 1024.

des Flötzes Dickebank, besitzt 1,42 m Mächtigkeit und führt einen Kohleneisenstein mit 47 $^0/_0$ Fe.*)

In demselben Horizont sind auf General, Dannenbaum, Lothringen, Carlsglück, Königsborn und Oberhausen Eisensteine angetroffen worden.

Rd. 135 m über Flötz Sonnenschein (im Hangenden von Flötz Samiel) liegt auf Hasenwinkel ein Kohlen-Eisensteinvorkommen.

Den oberen Fettkohlen gehören die Vorkommen über Flötz Ida von Neu-Essen I, Bonifacius und Hasenwinkel (Flötz Spengler oder Korthaus) an, ebenso solche über Flötz Hugo (Hasenwinkel, Präsident, Hannibal, Bonifacius), schliesslich drei Streifen in der Nachbarschaft der Flötze T, V und W der Zeche Carlsglück.

Leider ist in der an Leitschichten so armen Fettkohlenpartie auch nur eine einzige Schicht mit marinen Tierresten vorhanden, die Grenzschicht im Hangenden von Flötz Catharina. Die Schicht besteht aus tiefschwarzem Schieferthon, der zahlreiche Reste von Aviculopecten papyraceus Sow. (Pecten subpapyraceus Ludwig) und Nautilus Vonderbeckei Ludwig enthält. Sie sind in der Regel mit Schwefelkies überzogen und dann leicht erkennbar. Selten finden sich darin ein nicht näher bestimmbarer Orthoceratit und Schalen von Lingula mytiloides Sow. Auf einigen Zechen am Nordflügel der Emscher-Mulde (Graf Moltke, Gladbeck) konnte die marine Schicht bisher nicht aufgefunden werden, obwohl der Horizont von Flötz Catharina durch das darüber liegende flötzleere Mittel sicher festgestellt ist.

Ganz vereinzelt wurde ein Flossenstachel (Ichthyodorulith) cf. Orthacanthus cylindricus Agassiz im Eisensteinflötz der Zeche Friederika bei Bochum gefunden.**)

Sehr viel häufiger sind Süsswassermuschelschichten. Solche mit Anthracosia finden sich, soweit bis jetzt bekannt, innerhalb der Fettkohlenpartie elf, drei davon in der unteren Gruppe, die übrigen in der oberen. Auf der Zeche Rheinpreussen gelten die Muschelschichten als leitend für die Flötze 5, B und E, in deren Hangendem sie sich mit grosser Regelmässigkeit abgelagert finden.

In dem Horizont von 50 bis 100 m unterhalb Flötz Catharina sind mehrere Schichten vorhanden, die Avicula Feldmanni führen. Es sind deren mindestens drei zu unterscheiden. Sie liegen in der Regel im Hangenden der Flötze Grethchen, Mathias und Hugo.***)

Von den Pflanzenresten haben bisher nur die Farne eine eingehende Bearbeitung gefunden. Cremer stellte das häufige Vorkommen von Sphenopteris obtusiloba Brongn., Sph. Sauveuri Crépin, Sph. Hoening-

---

*) Bäumler, a. a. O., V. d. n. V. Bd. 27, S. 219.
**) Cremer, Gl. 1893, S. 1094.
***) Cremer, a. a. O., Gl. 1896, S. 140.

hausi Brongn., Mariopteris muricata Schloth., M. acuta Brongn., Alethopteris
Serli Brongn., A. lonchitica Schloth., Neuropteris flexuosa Sternb., N.
gigantea Sternb. und N. obliqua Brongn. fest. In den obersten Schichten
der Fettkohlenpartie tritt zum ersten Mal die Familie der Lonchopteriden
(L. Bricei Brongn. und L. rugosa Brongn.) auf, die am stärksten in der
Gaskohlenpartie entwickelt ist.

Abgesehen von diesen obersten Schichten, die durch Lonchopteriden,
das Verschwinden von Sphenopteris Hoeninghausi und Mariopteris acuta
ausgezeichnet sind, und schon zur Zone der Lonchopteriden gehören,
müssen die Fettkohlen als Gruppe der Uebergangs- oder Misch-Flora betrachtet werden, vergl. die von Cremer entworfene Uebersichtstafel, S. 114.

Als eigenartiges Vorkommen müssen an dieser Stelle die Pflanzenreste einschliessenden Dolomitknollen aus Flötz Catharina Erwähnung
finden. Sie sind in mehreren Abhandlungen von Wedekind,[*] E. Weiss,[**]
Felix[***] und Nasse[†] auf die hier Bezug genommen wird, genau beschrieben worden.

Es sind kugel- oder knollenförmige Gebilde, die von der Grösse
einer Erbse bis zu einem Durchmesser von 80 cm vorkommen, meistens
aber faust- bis kopfgross sind. Sie bestehen aus dichtem oder feinkörnigem
Dolomit von brauner, dunkelgrauer oder schwarzer Farbe. Aeusserlich
sind sie mit einer dünnen schwarzen Kohlenrinde überzogen. Das Mineral
wurde zunächst für Sphärosiderit gehalten, ergab aber bei der Analyse
(durch Bärwald ausgeführt, von E. Weiss mitgeteilt) die folgende Zusammensetzung:

$$28,4 \text{ Ca O}$$
$$18,8 \text{ Mg O}$$
$$42,7 \text{ C O}_2$$
$$0,1 \text{ Fe O}$$
$$0,1 \text{ F}_2\text{O}_3$$
$$2,6 \text{ Schwefelkies}$$
$$0,2 \text{ unverbrennbarer Rückstand.}$$

Es liegt demnach ein Dolomit mit dem Molekularverhältnis von
$\text{Mg O} : \text{Ca O} = 1 : 1,08$, d. h. ein annähernd normaler Dolomit vor.

[*] Wedekind, Fossile Hölzer im Gebiet des westfälischen Steinkohlengebirges. Verhandlungen des naturhistorischen Vereins der preussischen Rheinlande und Westfalens. 1885.

[**] E. Weiss, Einige Carbonate aus der Steinkohlenformation. Jahrbuch
der Kgl. preussischen geologischen Landesanstalt und Bergakademie. 1884.

[***] Felix, Untersuchungen über den inneren Bau westfälischer Carbonpflanzen. Abhandlungen zur geologischen Spezialkarte von Preussen und den
Thüringischen Staaten. Bd. VII, Heft 2, Berlin 1886.

[†] Nasse, Die Lagerungsverhältnisse pflanzenführender Dolomitconcretionen
im westfälischen Steinkohlengebirge. Verhandlungen des naturhistorischen Vereins der preussischen Rheinlande und Westfalens 1887 und Glückauf 1887.

In diesen Dolomitknollen liegen z. T. für das blosse Auge sofort sichtbar, z. T. nur im Schliff zu erkennen, Pflanzenreste verschiedenster Art. Felix beschreibt aus diesem Vorkommen Fiederblättchen, Wedelstiele und Sporangien von Farnen (Rhachiopteris aspera Will., Rh. Lacattii Ren sp., Rh. tridentata n. sp., Rh. Oldhamia, Williamson (Binney sp.), Rh. rotundata Corda sp.), Stämme, Aeste, Rinden, Blätter und Fruchtstände von Lepidodendron (Lepidodendron selaginoides v. Sternberg, L. Harcourtii Witham, L. cf. Rhodumnense Renault), sowie Reste von Stigmaria, Sphenophyllum, Dadoxylon und Cordaïtes.

Die Pflanzen sind zum Teil in Dolomit versteinert, zum Teil jedoch auch verkohlt. Beide Erhaltungszustände finden sich an einem und demselben Pflanzenrest, sodass im Schliff häufig der eine Teil eines Pflanzenorgans aus durchsichtigem, die Struktur zeigenden Dolomit, der andere aus undurchsichtiger Kohlensubstanz besteht. Gewöhnlich sind besonders die Zellenwände durch ausgeschiedene Kohle dunkel gefärbt. Durch Zunahme der Kohle innerhalb der dolomitisierten Teile entstehen allmähliche Uebergänge von durchsichtigen, Struktur aufweisenden und undurchsichtigen, strukturlosen Teilen. Das Zustandekommen dieses seltsamen Erhaltungszustandes hat zuerst Weiss dadurch erklärt, dass gleichzeitig ein Verkohlungs- und ein Versteinerungsprozess vor sich ging. Beide Vorgänge griffen ineinander und erzeugten so teils stärker versteinerte, teils stärker verkohlte Teile. Zu den ersteren gehören bei Stämmen und Stengeln das Innere, zu den letzteren das Aeussere, die Rinde.

Die Dolomitknollen wurden von Wedekind auf der Halde der Zeche Vollmond entdeckt. Da sich auf einzelnen Stücken an der Oberfläche Abdrücke von Aviculopecten papyraceus zeigten, lag von vornherein die Wahrscheinlichkeit vor, dass sie vom Flötz Catharina (auf Vollmond Flötz Isabella genannt) stammten. Später fand Nasse völlig gleichartige Concretionen im Flötz Catharina der Zeche Hansa und Flötz 5 (Catharina) der Zeche Dorstfeld. Auf Hansa liegen sie in der 26 bis 31 cm mächtigen Oberbank unterhalb des obersten, aus reiner Kohle bestehenden, 5 bis 6 cm starken Kohlenstreifens, auf Dorstfeld fanden sie sich am Dach der Oberbank.

Schliesslich wurden schöne Belegstücke des Vorkommens auch auf der Schachtanlage Carl des Kölner Bergwerksvereins sowie auf der Zeche Preussen I (Flötz 1) festgestellt. Sehr beachtenswert ist die Uebereinstimmung zwischen den Concretionen des Ruhrbezirks mit den calcareous nodules von Yorkshire[*]) und den Torfsphärosideriten von Peterswald

---

[*]) Binney, Observations on the structure of fossil plants found in the carboniferous strata. Palaeontogr. Soc. 1867 und

Williamson, Philosoph. transact. of the Royal society of London 1873 ff.

bei Mährisch-Ostrau.*) Die Pflanzen der westfälischen Dolomitknollen stimmen fast alle mit denen des englischen Fundes überein. Ebenso sollen die Dünnschliffe der Peterswalder Torfsphärosiderite von den aus England stammenden Schliffen nicht zu unterscheiden sein.

Das englische Flötz, das die Dolomitknollen führt, gehört nach Nasse den untersten Schichten der dortigen produktiven Steinkohlenformation an (sogenannte Ganister-Schichten), die durch den Millstone-grit vom Kohlenkalk getrennt werden. »Das Flötz wird unmittelbar von einer Schicht bedeckt, welche Goniatiten, Posidonomyen, Pecten und andere marine Tierreste einschliesst, ein Vorkommen, welches sich in den höheren Schichten der englischen Steinkohlenformation nicht wiederholt (cf. Phillips, Manual of Geologie). Die Uebereinstimmung mit dem Vorkommen im Flötz Catharina ist daher augenfällig und legt die Annahme nahe, dass das genannte Flötz mit dem Concretionen führenden englischen Flötz zu identifizieren ist.

Im Ostrauer Bezirk ist es das zu den Ostrauer Schichten gehörige Flötz Kunigunde der Heinrich-Glücks-Zeche bei Peterswald, das die Concretionen enthält. Sie bestehen hier aus Sphärosiderit, dem Stur zum Unterschied von dem Sphärosiderit des Nebengesteins die Bezeichnung »Torfsphärosiderit« gegeben hat.

b) Die Ausbildung der Fettkohlenpartie im einzelnen.

Die früher beliebte Unterteilung in die Gruppe der Esskohlen und der Fettkohlen im engeren Sinne mit Flötz Roettgersbank als Grenzflötz ist nicht gut aufrecht zu erhalten, da Flötz Roettgersbank häufig nicht zu identifizieren ist. Will man durchaus eine Gliederung in Unterabteilungen durchführen, so könnte der gewöhnlich mächtig entwickelte Sandstein über Flötz Präsident oder das Konglomerat über Flötz Johann als Grenzschicht angenommen werden. Beides hat aber auch seine Schwierigkeiten, da der Sandstein vielfach so mächtig wird, dass er eine Anzahl verschiedener Flötze in sich einschliesst (Flötz Johann und Wilhelm) und andererseits das Konglomerat häufig nicht beobachtet worden ist.

Das Leitflötz Sonnenschein, das liegendste der Partie, ist in der Regel mächtig ausgebildet, führt reine Kohle und hat Sandstein zum Hangenden. Es gehört daher zu den besten Flötzen des Bezirks. Seine durchschnittliche Mächtigkeit kann zu 1,20 m angenommen werden, doch geht sie gelegentlich bis auf 65 cm hinab oder bis auf 2,60 m hinauf. Bergmittel sind nur selten vorhanden.

---

*) Stur, Ueber die in Flötzen reiner Steinkohle enthaltenen Steinrundmassen und Torfsphärosiderite. Jahrbuch der K. K. geologischen Reichsanstalt 1885.

Der Name Sonnenschein ist durch die oberbergamtliche Einheitsbenennung seit 1900 für den ganzen Bezirk des Oberbergamtes Dortmund
eingeführt worden. Lottner bezeichnete das Flötz noch als Dickebank,
ein Name, der sehr geeignet war, Verwechselungen hervorzurufen, da man
auch ein 60 m über Sonnenschein liegendes Flötz vielfach ebenso benennt.
Andere alte Namen sind Dicke Jungfer (Zeche Crone), Victor Friedrich
(Mansfeld), Glocke, Wippsterz (Zeche General), Grossebank, (General,
Hasenwinkel), Friedrich (Zeche Walfisch), Schnabel, Oelzweig (Zeche
Johann-Deimelsberg), Wilhelm (Zeche Roland), Vierfussbank (Zeche Gilles
Antoine), Schinkenbank (Zeche Richradt), Osterflötz (Zeche Alstaden),
Sandbank, Grossevarstbank, Neue Approche und Flötz No. 1 (die letzten
vier Namen sämtlich von Zeche Altendorf).

Bei den übrigen Flötzen der Fettkohlenpartie gelingt die Identifizierung über den ganzen Bezirk hin nicht so leicht wie bei dem Leitflötz
Sonnenschein, wenn auch einige davon (wie z. B. die Flötze Voss, Dickebank, Präsident, Roettgersbank auf bedeutende streichende und quer-
schlägige Entfernungen hin wiederzuerkennen sind.

Es empfiehlt sich aus diesem Grunde, die Ausbildung der Flötzpartie
nach den einzelnen Hauptmulden geordnet zu betrachten.

Die Wittener Mulde bietet der Identifikation besondere Schwierigkeiten, weil die wenigen Fettkohlenaufschlüsse durch erhebliche Lücken
im Streichen unterbrochen sind. Die hier besonders in Betracht kommenden
Zechen sind Glückauf Tiefbau, Bickefeld und Königsborn. Glückauf Tiefbau
und Königsborn III haben fast die ganze Mächtigkeit der Partie durchörtert. Flötz Catharina ist allerdings auf beiden Zechen nicht festgestellt,
auch ein flötzarmes Mittel im Hangenden der obersten Flötze noch nicht
erreicht worden.

Die Flötzreihe der Zeche Glückauf Tiefbau ist folgende:

610 m über Sonnenschein: Flötz 76 cm Kohle einschl. 39 cm Bergm., unbauw.
600 »   »   »   »   60 » K. einschl. 3 cm B., nicht gebaut.
570 »   »   »   »   52 » K., nicht gebaut.
530 »   »   »   »   52 » K., nicht gebaut.
525 »   »   »   »   Buntebank, 188 cm K. einschl. 122 cm Brdschfr.
505 »   »   »   »   Buntespecht, 149 cm K. einschl. 8 cm B.
465 »   »   »   »   71 cm K. einschl. 10 cm B.
440 »   »   »   »   Zellerfeld, 125 cm K. einschl. 18 cm B.
420 »   »   »   »   73 cm K. einschl. 21 cm B.
380 »   »   »   »   4; 73 cm K. einschl. 5 cm B.
365 »   »   »   »   5; 81 cm K. einschl. 8 cm B.
355 »   »   »   »   6; 63 cm K. einschl. 5 cm B.
330 »   »   »   »   Kleine Pauline, 52 cm K., nicht gebaut.

310 m über Sonnenschein: Flötz Anton, 75 bis 84 cm K.

290 »	»	»	»	Gottvertrau, 110 bis 126 cm K.
285 »	»	»	»	Conrad, 95 bis 123 cm K.
260 »	»	»	»	Schmalebank, 55 cm K., keilt sich stellenweise ganz aus.
240 »	»	»	»	Caroline=Roettgersbank, 110 cm K. einschl. 3 cm B.
220 »	»	»	»	Dreckbank, 100 bis 127 cm K. einschl. 38 cm B.
190 »	»	»	»	Pauline = Praesident der Einheitsbezeichnung, 110 cm Oberbank, 40 cm B., 35 cm Unterbank. Das Flötz ist vermutlich dem Flötz Johann der Bochumer und Herner Zechen gleich zu setzen. In seinem Hangenden liegt ein fester Sandstein von 60 bis 70 m Mächtigkeit, der bis in das Hangende von Flötz Caroline reicht. Auf der 5. Tiefbausohle ist innerhalb dieses Sandsteins, 15 m seiger über dem Flötz, ein 2,5 m mächtiges Konglomerat durchörtert worden. Anderwärts fehlt dieses Vorkommen.
180 »	»	»	»	Siebenhandbank, auch Johann genannt, 89 bis 95 cm K. einschl. 40 cm B.
170 »	»	»	»	Frischgewagt 50 bis 100 cm Kohle; das Flötz wechselt stark in der Mächtigkeit.
150 »	»	»	»	Dicke Witwe, 45 cm Oberbank, 100 cm B., 50 cm Unterbank, nur versuchsweise gebaut.
130 »	»	»	»	Dickebank, 70 cm Oberbank, 90 bis 100 cm Unterbank. Das Bergmittel nimmt von 15 m auf der 2. Tiefbausohle bis 30 cm auf der 6. Sohle ab.
70 »	»	»	»	Euelpis, 212 bis 250 cm K. einschl. 120 cm B.
50 »	»	»	»	Isabella, 70 cm K.
10 »	»	»	»	450 cm K. einschl. 269 cm B., nicht gebaut.
0 »	»	»	»	Sonnenschein, 110 cm K.

Von Flötz Anton an aufwärts verändert sich die Struktur der Kohle; sie wird würfelig, sodass die Kohle einer Gaskohle gleicht; sie eignet sich indessen noch zur Verkokung.

Nicht so weit ins Hangende wie die Aufschlüsse von Glückauf Tiefbau reichen die von Bickefeld. Hier sind nur 160 m im Hangenden von Sonnenschein durchörtert worden. Es wurden 11 Flötze aufgeschlossen, von denen einerseits zwei (Flötz 17 und 18, rund 30 m über Flötz Sonnenschein), andererseits drei (Flötz 11, 12 und 13, rund 80 m über Flötz Sonnenschein) dicht bei einander liegen.

Die Aufschlüsse von König s b o r n lassen sich ihrer grossen streichenden Entfernung wegen nicht mit denen von Glückauf Tiefbau ohne weiteres identifizieren. Die Fettkohlenpartie ist hier auf der Schachtanlage III in rund 470 m Mächtigkeit durchfahren worden. Die Flötzreihe war folgende:

470 m über Flötz Sonnenschein Flötz —; 170 cm K. unrein
450 » » » » » —; 90 » »
440 » » » » » —; 126 » »
425 » » » » » —; 150 » » einschl. 50 cm B.
400 » » » » » —; 130 » » » 30 » »
340 » » » » » —; 100 » »
300 » » » » » 10; 105 » »
280 » » » » » —; 100 » » unrein
240 » » » » » 7; 260 » »
210 » » » » » 6; 150 » »
200 » » » » » 5; 120 » »
180 » » » » » 4; 170 » »
150 » » » » » 3; 50 » »
140 » » » » » 2; 175 » » einschl. 35 cm B.
100 » » » » » 1; 250 » »
 80 » » » » » B; 80 » »
 60 » » » » » A; 261 » » » 21 » »
 30 » » » » » 83 » »
  0 » » » » » Sonnenschein; 125 cm K.

Zahlreicher sind die Aufschlüsse der Fettkohlenpartie in der B o c h u m e r M u l d e.

Die untere Gruppe ist in der Regel mit 8—10 Flötzen ausgebildet, hie und da vermehrt sich diese Zahl durch Einschieben mächtigerer Bergmittel in ein Flötz (Flötz Dickebank), oder sie vermindert sich durch Auskeilen eines gewöhnlich vorhandenen Mittels (Mittel zwischen Flötz Präsident und Flötz Johann). Diese Flötze sind:

Flötz Sonnenschein, 150—250 cm mächtig, oft ohne Bergmittel. Die Verkokungsfähigkeit ist Schwankungen unterworfen. Während die Kohle z. B. auf Zeche Julius Philipp und Carl Friedrich nicht mehr verkokbar ist, gelingt es auf der Mehrzahl der Zechen, sie für sich oder mit der Kohle von oberen Fettkohlenflötzen vermischt zu verkoken. Das Hangende ist gewöhnlich fester Sandstein, nur auf wenigen Zechen (Hasenwinkel, Prinz Regent, Julius Philipp, Vollmond) Schieferthon.

Flötz Wasserfall, 20—30 m über Flötz Sonnenschein, auch Nebenbank (Zeche General, Julius Philipp), Grossenebenbank (Zeche Hasenwinkel),

Klingeldanz (Zeche v. Henriette und Wilhelm) genannt. Das Flötz ist gewöhnlich 60—120 cm mächtig, führt aber oft unreine Kohle und ist deshalb nicht durchweg bauwürdig.

Flötz Bänksgen, 50 m über Flötz Sonnenschein, auch Dünnebank genannt (Zeche Vollmond), 30—50 cm mächtig. In dem Horizont dieses Flötzes liegen häufig ein oder zwei Eisensteinflötze, so auf den Zechen Friederika, Dannenbaum, General und Lothringen.

Flötz Dickebank, 60 m über Flötz Sonnenschein, auch Maxbank (Zeche Vollmond), Dicke Urbanusbank (Zeche Mansfeld), Silberbank (Zeche Julius Philipp, General) genannt. Das Flötz zeichnet sich in der Regel durch grosse Mächtigkeit aus, die 2 m oft übersteigt und vielfach 2,50 m beträgt. Es hat gewöhnlich ein Bergmittel, das stellenweise zu solcher Stärke anschwillt, dass zwei oder mehrere getrennte Flötze erscheinen, ein Verhalten, das in der Essener Mulde zur Regel wird; das Hangende des Flötzes ist Schieferthon.

Die Flötze zwischen Flötz Dickebank und Flötz Präsident wechseln stark in ihrer Mächtigkeit und sind in getrennten Aufschlüssen nicht leicht miteinander zu identifizieren. Die Ausbildung dieser Gruppe in der Gegend von Bochum und Wattenscheid ist folgende:

Flötz Angelica, 95—105 m über Flötz Sonnenschein, auch Clemensbank (Vollmond), Caroline (Dannenbaum), Samiel (Julius Philipp), Susanne (General) genannt, 25—150 cm mächtig.

Flötz Caroline, 100 m über Flötz Sonnenschein (Centrum und Präsident) gewöhnlich als Flötzstreifen von unbedeutender Mächtigkeit ausgebildet.

Flötz Luise, 120 m über Flötz Sonnenschein, auch Friedrichsbank (Vollmond), Schmale Hoffnung (Julius Philipp) genannt; 50—110 cm mächtig.

Flötz Helene, 130—140 m über Flötz Sonnenschein, auch Gute Hoffnung (Julius Philipp), Theodore (General) genannt; 80—120 cm mächtig.

Besser erkennbar, wenn auch nicht stets mit Sicherheit festzustellen, ist das darüber folgende

Flötz Präsident (wahrscheinlich nach dem Präsidenten v. Vincke benannt), das unter die Leitflötze der oberbergamtlichen Einheitsbezeichnung aufgenommen worden ist. Es liegt rund 150—160 m über Flötz Sonnenschein. Aeltere, durch die Einheitsbezeichnung aufgehobene Namen des Flötzes sind Otto (Vollmond), Johannes (Julius Philipp), Wilhelmine (General). Die Mächtigkeit des Flötzes schwankt ausserordentlich stark. In der Gegend von Bochum ist es in der Regel 80—100 cm mächtig. Das Hangende bildet ein fester Sandstein, der noch ein oder mehrere Flötze einschliesst. Das Mittel zwischen Präsident und dem nächsten hangenden Flötze, Johann, verschmälert sich an manchen Punkten bis auf Null, sodass hier beide Flötze zusammenliegen.

Flötz Johann, rund 190 m über Flötz Sonnenschein; sein Abstand von Flötz Präsident beträgt im Durchschnitt 20—30 m, seine Mächtigkeit 50—70 cm. Im Hangenden ist, wie oben erwähnt, auf einigen Zechen ein 2 m mächtiges Konglomerat angefahren worden, das gute Dienste zur Horizontbestimmung leisten kann.

Für die Identifizierung der höher liegenden Flötze bleibt nur noch die Vergleichung der Mächtigkeit und der gegenseitigen Abstände sowie die Beobachtung hier und da auftretender Süsswassermuschelschichten.

Flötz Wilhelm, rund 200 m über Flötz Sonnenschein, auch Rudolf (Vollmond), Rosalie (Julius Philipp), Helene (General), Holstein (Carolinenglück) genannt. Es führt in der Bochumer Gegend durchschnittlich 110 cm Kohle und liegt häufig noch innerhalb des Sandsteins.

Das nächste Flötz ist

Flötz Roettgersbank, das früher wegen seiner bedeutenden Mächtigkeit als Leitflötz galt. Da aber die Mächtigkeit allein ein Flötz nicht immer sicher kennzeichnet, ist die Wahl des Flötzes nicht gerade günstig. Bei der Einheitsbenennung der letzten Jahre ist das Flötz daher auch nicht berücksichtigt worden.

In der Bochumer Gegend liegt es 220—230 m über Flötz Sonnenschein. Im Osten ist die Entfernung grösser und beträgt z. B. auf Zeche Westfalia 290 m, auf Zeche Monopol, Schacht Grillo, 270 m.

Das Flötz liegt stets in mehreren Packen, die durch Stärkerwerden der Bergmittel an vielen Punkten sich so weit voneinander entfernen, dass mehrere selbständige Flötze entstehen. Besonders lehrreich für diesen Wechsel in der Ausbildung ist die Gegend von Bochum. Während auf den Zechen Heinrich Gustav und Vollmond das Flötz noch einheitlich ausgebildet ist, nimmt das eingeschaltete Bergmittel auf der Zeche Dannenbaum so zu, dass man im Felde Prinz Regent schon zwei nahe beieinander liegende Flötze Röttgersbank I und II unterscheidet. Die Mächtigkeit des Flötzes beträgt, wo die Bänke zusammen liegen, rund 270 cm, die der einzelnen Teilflötze, z. B. auf Prinz Regent, 104 und 100 cm. Auf Zeche Julius Philipp sind sogar drei Streifen entwickelt und zwar

Flötz Eulenbaum, 140 cm,
   Bergmittel,
» Umkicker, 82 »
   Bergmittel,
» Unbenannt, 70 »

Nördlich und westlich von Bochum bildet die Ausbildung zweier Flötze die Regel, so auf den Zechen Constantin der Grosse, Präsident, Carolinenglück, Centrum. Die gebräuchlichsten Namen sind Elise für das liegende, Franziska (Schleswig auf Carolinenglück) für das hangende Flötz.

Im Hangenden von Röttgersbank nimmt die Unregelmässigkeit in der Ausbildung der Flötze immer mehr zu, sodass sich gleiche Flötze gewöhnlich nur durch schrittweises Verfolgen von einer Zeche zur Nachbarzeche wiedererkennen lassen.

Für die Gegend von Wattenscheid, Bochum und Langendreer gilt als Regel, dass etwa 13 Fettkohlenflötze über Flötz Röttgersbank zur Ablagerung gekommen sind; ihre Bezeichnungen gehen allerdings schon vielfach auseinander.

Flötz Hermann (Constantin der Grosse, Centrum) 240 bis 260 m über Flötz Sonnenschein bei 60 bis 100 cm Kohlenmächtigkeit (Flötz Alsen auf Carolinenglück). Das Flötz dürfte dem Flötz Ernestine der Zechen zwischen Bochum und Langendreer entsprechen.

Flötz Clemens, 250 bis 270 m über Flötz Sonnenschein, 50 bis 90 cm mächtig, hier und da auch nur als Streifen ausgebildet.

Flötz Bertha, 260 bis 280 m über Flötz Sonnenschein, rd. 100 cm Kohle, vielfach unrein.

Flötz August (Centrum), 270 bis 290 m über Flötz Sonnenschein, 80 bis 90 cm Kohle; auf Carolinenglück Flötz Düppel genannt.

Flötz Wellington (Centrum), 300 bis 320 m über Flötz Sonnenschein. Durchschnittlich 110 cm mächtig, vielfach unrein.

Flötz Albert, 350 bis 390 m über Flötz Sonnenschein, 50 bis 90 cm mächtig. Mehrfach erreichen in diesem Horizont zwei bis drei Kohlenstreifen eine Mächtigkeit von mehr als 50 cm (Flötz Albert I, II und III).

Flötz Robert, rd. 400 m über Flötz Sonnenschein; häufig nur als Kohlenstreifen vorhanden, hin und wieder eine Mächtigkeit bis 140 cm erreichend, gewöhnlich mehr oder weniger unrein.

Flötz Hugo, rd. 400 bis 410 m über Flötz Sonnenschein. Es schwankt gleichfalls stark in der Mächtigkeit und besteht gelegentlich nur aus mehreren Streifen, während es z. B. auf den zu Langendreer gelegenen Zechen Heinrich Gustav und Vollmond 180 cm Kohlenmächtigkeit erreicht; Bergmittel sind stets vorhanden.

Im Hangenden von Flötz Hugo finden sich auf einzelnen Zechen ein oder mehrere Eisensteinpacken, so auf Vollmond, Mansfeld und Carlsglück.

Flötz Mathilde, 490 bis 540 m über Flötz Sonnenschein. Das Flötz liegt in einem Horizont, der sich durch das Vorkommen zahlreicher Kohlenstreifen auszeichnet, von denen bald einer, bald mehrere Flötzmächtigkeit erreichen. Man unterscheidet danach auch bisweilen die Flötze Mathilde I bis III.

Das Gleiche gilt von den Flötzen Mathias I und II, rd. 550 m über Sonnenschein.

Flötz Anna, 590 bis 600 m über Flötz Sonnenschein, ist in der Gegend von Langendreer mächtig entwickelt (2 m Kohle), ist aber mit Bergmitteln durchsetzt.

Flötz Grethchen, rd. 610 m und Flötz Gustav, rd. 630 m über Flötz Sonnenschein, werden die zwischen Flötz Anna und Flötz Catharina liegenden Kohlenstreifen genannt, sofern sie wegen ihrer Mächtigkeit als Flötze bezeichnet werden können. Von diesen Streifen sind gewöhnlich zwei bis drei von grösserer Mächtigkeit und abbauwürdig ausgebildet.

Flötz Catharina, bei Langendreer, wo es auf der Zeche Vollmond früher unter dem Namen Isabella aufgeführt wurde, 640 m über Flötz Sonnenschein. Es ist 50 bis 80 cm mächtig, vielfach aber nicht bauwürdig. Von der charakteristischen marinen Leitschicht und den pflanzenführenden Dolomitknollen ist schon oben die Rede gewesen.

Auf den östlichen Zechen sind die Fettkohlenflötze meist mit Ziffern oder Buchstaben bezeichnet, die auf jeder Zeche andere Bedeutung haben. Dieser Umstand trägt noch dazu bei, die an sich in der oberen Fettkohlenpartie schwierige Uebersicht noch mehr zu erschweren. Die Ausbildung wechselt derart, dass stellenweise die ganze Mächtigkeit der Flötzgruppe gleichmässig bauwürdige Flötze aufweist (Westfalia, Hansa), während an anderen Punkten der oberste 100 bis 150 m mächtige Horizont fast keine baulohnenden Flötze, sondern nur Kohlen- und Brandschieferstreifen enthält (Scht. Grillo). Das letztere gilt besonders für die am weitesten nach Osten vorgeschobenen Zechen.

In hervorragend günstiger Ausbildung tritt die Fettkohlenpartie in der Essener Mulde und besonders in deren mittlerem, ideal muldenförmig gestalteten Teil auf.

Sie ist hier mit folgenden Flötzen entwickelt:

Flötz Sonnenschein, früher hier vielfach als Dickebank bezeichnet; gewöhnlich in 110 bis 140 cm Mächtigkeit, zuweilen mit einem Bergmittel. Gelegentlich erreicht es noch bedeutend grössere Stärke, z. B. auf Zollverein, wo die Oberbank 180 cm, die Unterbank 30 cm Kohle misst.

Flötz Voss (= Fuchs), 25 m über Flötz Sonnenschein (Flötz Wasserfall in der Bochumer Mulde), 80 bis 180 cm mächtig, aber vielfach durch Bergmittel verunreinigt und dann unbauwürdig.

Flötz Lieversbänksgen (Königin Elisabeth), 40 bis 60 m über Flötz Sonnenschein (= Flötz Bänksgen in der Bochumer Mulde, Schmalhänschen, Zeche Rosenblumendelle), regelmässig nur als Flötzstreifen von etwa 30 cm Stärke ausgebildet.

Flötz Fettlappen, 50 bis 70 m über Flötz Sonnenschein, 40 bis 120 cm mächtig; es entspricht der Unterbank des Flötzes Dickebank in der Bochumer Mulde.

Flötz Beckstädt (= Bachstelze) 70 bis 80 m über Flötz Sonnenschein, mit 60 bis 140, im Mittel 100 cm Kohle. Beckstädt liegt gewöhnlich nahe bei Flötz Fettlappen; es entspricht der Oberbank des Flötzes Dickebank in der Bochumer Mulde.

In der Gegend von Herne liegen die beiden Flötze zusammen und bilden hier das 150 bis 250 cm mächtige Flötz Dickebank. Das Hangende ist Schieferthon.

Zwischen Flötz Beckstädt und Flötz Wiehagen, das dem Flötz Präsident der Bochumer Gegend entspricht, liegen gewöhnlich vier Kohlenstreifen, von denen zwei, wenn sie einigermassen mächtig ausgebildet sind, benannt werden, nämlich als

Flötz Nettelkönig (= Zaunkönig), 80 bis 100 m über Flötz Sonnenschein, und

Flötz Riekenbank, 90 bis 105 m über Flötz Sonnenschein, in der Regel mächtiger als Nettelkönig, mit 80 bis 85 cm Kohle.

Darüber folgt das Flötz Wiehagen (= Viehweide), entsprechend dem Flötz Präsident, 120 bis 130 cm über Flötz Sonnenschein mit 60 bis 90 cm Kohle; das Hangende ist Sandstein.

Flötz Krabbenbank, rd. 130 m über Flötz Sonnenschein (= Flötz Johann der Gegend von Bochum und Herne), 60 bis 80 cm mächtig, bisweilen (z. B. auf Zeche v. d. Heydt) mit Präsident zusammenliegend. Im Hangenden findet sich hier und da das Konglomerat, so z. B. auf den Zechen Zollverein und Bonifacius.

In der etwa 100 m mächtigen Zone zwischen Flötz Krabbenbank und Flötz Magdalene (= Röttgersbank) sind wieder einige Streifen eingelagert, die stellenweise mächtiger ausgebildet sind und dann benannt werden. Hierher gehören die Flötze Stieglitz bis Franziska.

Flötz Stieglitz der Zeche Bonifacius, 165 m über Flötz Sonnenschein, 55 cm Kohle, unrein.

Flötz Colibri, 180 m über Flötz Sonnenschein, 30 bis 60 cm Kohle.

Flötz Jungfer der Zeche Bonifacius, 190 m über Flötz Sonnenschein, 50 bis 60 cm Kohle, unrein.

Flötz Herrenbank, 200 m über Flötz Sonnenschein, das beste Flötz dieses Horizontes, 80 bis 130 cm Kohle, mit Bergmittel.

Flötz Franziska der Zeche Alma, zwischen Herrenbank und Magdalene.

Flötz Magdalene, 230 m über Flötz Sonnenschein, dem Flötz Röttgersbank entsprechend, früher auch als Flötz Diomedes bezeichnet. Das Flötz gilt mindestens als eines der besten der ganzen Fettkohlenpartie. Wo es nicht durch Bergmittel in mehrere Packen zerlegt ist, erreicht es bedeutende Mächtigkeit, so z. B. auf Zollverein 160 cm, auf Bonifacius

140 cm, einschl. 30 cm Bergmittel, auf Victoria Mathias 150 cm reine Kohle u. s. w.

Im Hangenden des Flötzes liegt häufig ein eisenreicher Packen, der Süsswassermuscheln führt (Königin Elisabeth).

In der Gegend von Herne führt das Flötz den Namen Marie.

Die oberhalb von Flötz Magdalene liegende Gruppe der Fettkohlenpartie zählt in der Essener Mulde bis zum Flötz Catharina noch 13 benannte Flötze, nämlich:

Flötz Fünfhandbank, 240—250 m über Flötz Sonnenschein, 40 bis 60 cm mächtig.

Flötz Ernestine, 260—270 m über Flötz Sonnenschein, gewöhnlich durch Bergmittel und Schwefelkies sehr verunreinigt; stellenweise führt das Flötz am Hangenden einen Packen Pseudokännelkohle, so auf Zeche Zollverein.

Flötz Ida, 280 m über Flötz Sonnenschein, eines der besten Flötze aus der oberen Fettkohlengruppe, wenn auch vielfach von Bergmitteln etwas verunreinigt. Die Mächtigkeit ist besonders an der westlichen Muldenwendung, z. B. auf der Zeche Victoria Mathias, bedeutend; sie beträgt hier 150—160 cm einschl. 10 cm Bergmittel. Mehrfach neigt gerade dieses Flötz sehr zur Staubbildung.

In dem rd. 90 m mächtigen Mittel zwischen den Flötzen Ida und Hugo ist die Ausbildung der eingelagerten Flötze wieder grossen Schwankungen unterworfen. Bald sind — wie auf Zeche Königin Elisabeth — fünf Flötze vorhanden (Blücher, Carl, Wellington, Albert und Robert), bald — wie auf Schacht Alma — nur deren vier (Carl, Wellington, Albert und Robert, schliesslich auch nur zwei, wie auf Victoria Mathias, wo man nur die Flötze Carl und Albert kennt.

Die bedeutendsten Flötze sind:

Flötz Carl, 310—330 m über Flötz Sonnenschein, 80—90 cm mächtig und

Flötz Albert, 340—360 m über Flötz Sonnenschein, mit 50—110 m Kohle.

Es folgt:

Flötz Hugo, rd. 370 m über Flötz Sonnenschein, ein mächtiges Flötz von 125—200 cm Kohle. Am Hangenden liegt stellenweise, z. B. auf Zeche Königin Elisabeth, ein Packen Pseudokännelkohle.

Das nächste Flötz des Profils ist das unbeständige

Flötz Mathilde, rd. 410 m über Flötz Sonnenschein innerhalb eines Schwarmes von Kohlenstreifen. Es misst 40—100 cm, ist aber meist sehr unrein. Das Hangende ist Sandstein oder auch ein Schieferthon mit Süsswassermuscheln (Königin Elisabeth).

Flötz Mathias, rd. 430 m über Flötz Sonnenschein mit 100—220 cm Kohle, meist aber gleichfalls mit Bergen durchwachsen.

Flötz Anna, rd. 450 m über Flötz Sonnenschein, mit 90—140 cm reiner Kohle.

In der Gegend von Herne (Friedrich der Grosse) sind die Flötze zwischen Hugo und Anna etwas abweichend ausgebildet. Zwischen ihnen liegen von unten nach oben gezählt: das versuchsweise gebaute Flötz Zulu, 70 cm Kohle, unrein; Flötz Otto, 90—100 cm Kohle; Flötz Paul, 70—80 cm Kohle und Flötz Mathias, 65 cm Kohle, nicht gebaut.

Flötz Grethchen, 490—500 m über Flötz Sonnenschein, nicht durchweg bauwürdig, mit 50—100 cm Kohle.

Flötz Hermann, 495—505 m über Flötz Sonnenschein, mit 75 bis 110 cm Kohle. Es ist nicht immer selbständig, wie z. B. auf Zeche Victoria Mathias, sondern liegt häufig mit dem folgenden zusammen.

Flötz Gustav, 500—510 m über Flötz Sonnenschein. Es gehört zu den besten Flötzen des Ruhrbezirks und besteht meist aus 170—180 cm reiner Kohle. Es liegt in zwei Bänken, die hin und wieder durch ein Bergmittel getrennt sind. Die Kohle ist in der Regel als Gaskohle verwendbar.

Flötz Catharina, 530 m über Flötz Sonnenschein. Seine Mächtigkeit schwankt von 70—160 cm. Mehrfach wird die Kohle durch eingesprengten Schwefelkies verunreinigt. Das Flötz ist daher nicht überall bauwürdig. Im Hangenden liegt ein eisenschüssiger Packen sowie das oben beschriebene Vorkommen von Meerestierresten.

Die Ausbildung der Fettkohlenflötze in der Emscher-Mulde weicht nicht erheblich von dem Bilde ab, das die Essener Mulde zeigt. Die Aufschlüsse liegen zum grössten Teil noch in den Sätteln und zwar namentlich in den südlichen — Gelsenkirchener und Leybänker Sattel — andererseits aber auch im nördlichen, dem Gladbecker Sattel. Die in Betracht kommenden Zechen sind demnach König Ludwig, Recklinghausen I und II, v. d. Heydt, Julia, Pluto, Consolidation, Wilhelmine Victoria, Essener Bergwerksverein König Wilhelm (Wolfsbank, Neuwesel und Neucöln), Kölner Bergwerksverein, Prosper, Oberhausen, Concordia, Neumühl, Deutscher Kaiser, Rheinpreussen, sowie Graf Moltke und Gladbeck.

Bei den Zechen, die auf dem Gelsenkirchener Sattel bauen, lässt sich die Flötzreihe ohne Schwierigkeit mit der von der Essener Mulde her bekannten in Einklang bringen. Grössere Abweichungen weisen erst die weiter im Norden oder im Westen liegenden Zechen (Neumühl, Deutscher Kaiser, Rheinpreussen, Graf Moltke und Gladbeck) auf.

Vollständig ist der Horizont auf den Zechen Concordia und Oberhausen aufgeschlossen. Es treten hier die folgenden, zum grössten Teil von der Essener Mulde her bekannten Flötze auf*):

Flötz Sonnenschein, gewöhnlich 100—120 cm, auf Rheinpreussen (Flötz 10) nur 65 cm mächtig.

Flötz Voss, 20 m über Flötz Sonnenschein, 60—100 cm, öfters durch Bergmittel verunreinigt.

Flötz Fettlappen, 60 m über Flötz Sonnenschein; auf Zeche Oberhausen besteht die Oberbank in 89 cm Mächtigkeit aus Eisenstein, die 16 cm mächtige Unterbank aus Kohle.

Flötz Beckstädt, 60—80 m über Flötz Sonnenschein, 100 cm mächtig, zum Teil mit Flötz Fettlappen zusammenliegend.

Flötz Nettelkönig, 110 m über Flötz Sonnenschein, 50—75 cm mächtig.

Flötz Riekenbank, 130 m über Flötz Sonnenschein, 70—90 cm Kohle, stellenweise bis zu einem schwachen Streifen verschmälert.

Flötz Wiehagen = Flötz Präsident, 180—190 m über Flötz Sonnenschein, gewöhnlich 70—100 cm mächtig, vielfach aber auch sehr verschmälert, mit Bergen durchwachsen und unbauwürdig.

Flötz Krabbenbank = Flötz Johann, 190—210 m über Flötz Sonnenschein; zuweilen ist das Konglomerat im Hangenden beobachtet worden (König Ludwig und Recklinghausen I).

Es folgen mehrere Kohlenstreifen, darunter das unbedeutende Flötz Colibri, 230 m über Flötz Sonnenschein; sodann

Flötz Herrnbank, 240 m über Flötz Sonnenschein, 160—190 cm mächtig.

Flötz Röttgersbank (Marie), 250 m über Flötz Sonnenschein, 60 bis 160 cm Kohle.

Darüber liegen wiederum Kohlenstreifen von wechselnder Mächtigkeit, die zuweilen bauwürdige Flötze (Fünfhandbank und Dreckbank) bilden. Flötz Dreckbank = Flötz II (Zeche Consolidation) entspricht dem Flötz Ernestine der Essener Mulde. Es ist wie dieses schwefelkieshaltig und führt einen Packen Pseudokännelkohle am Hangenden.

Flötz Dreckherrnbank, 290—300 m über Flötz Sonnenschein, = Flötz Ida, 90—100 cm Kohle, unrein.

Flötz Blücher, 310 m über Flötz Sonnenschein, 50—100 cm Kohle, unrein.

Flötz Carl, 350 m über Flötz Sonnenschein, 75—100 cm Kohle, unrein; auch Flötz Knochenbank genannt.

---

*) Die Namen sind die auf Zeche Oberhausen gebräuchlichen; auf Zeche Concordia bezeichnet man die Flötze mit Buchstaben.

Flötz Wellington, 360 m über Flötz Sonnenschein, rd. 100 cm Kohle mit vielen Bergmitteln; auch Flötz Steinbank genannt.

Flötz Albert, 380—410 m über Flötz Sonnenschein; 60—70 cm Kohle.

Flötz Robert, 400—410 m über Flötz Sonnenschein, 70—80 cm Kohle; stellenweise mit dem vorgenannten zusammenliegend.

Flötz Hugo, 410—430 m über Flötz Sonnenschein, 60—90 cm Kohle.

Flötz Mathilde, 440—450 m über Flötz Sonnenschein, 80—120 cm Kohle, vielfach unrein.

Flötz Mathias, 460—480 m über Flötz Sonnenschein, 70—110 cm Kohle.

Flötz Anna, 480—490 m über Flötz Sonnenschein, 70—80 cm Kohle.

Flötz Grethchen, 490—500 m über Flötz Sonnenschein, gewöhnlich nur als Kohlenstreifen ausgebildet und unbenannt.

Flötz Gustav, 490—510 m über Flötz Sonnenschein, rd. 150 cm Kohle.

Flötz Catharina, 520 m über Flötz Sonnenschein, rd. 100 cm Kohle, unrein.

Auch von der Emscher-Mulde gilt das von den benachbarten Mulden in betreff der Flötzmächtigkeit Gesagte, indem eine sehr wechselnde Ausbildung namentlich der oberen Fettkohlenflötze die Regel bildet.

3. Die Gaskohlenpartie.

Hierzu die Tafeln IX, X und XI.

a) Allgemeines.

Ueber dem letzten Flötze der Fettkohlenpartie liegt ein im ganzen Bezirk deutlich erkennbares flötzarmes Mittel aus Schieferthon und Sandstein. Seine Mächtigkeit unterliegt nur geringen Schwankungen und beträgt in der Regel 170—180 m. In ihm findet sich eine ganze Anzahl Kohlenstreifen eingelagert, von denen jedoch gewöhnlich nur zwei zu nennenswerter Stärke anwachsen, die Flötze Victoria (liegendes) und Laura (hangendes). Wie oben bemerkt, wurden diese Flötze früher der Fettkohlenpartie zugezählt.

Schwieriger als die Abgrenzung im Liegenden ist die Trennung der Gaskohlenpartie von den hangenden Flötzgruppen. Es entspricht der Ueberlieferung, als Gaskohlen lediglich die sog. »Zollvereiner Partie« anzusprechen, alles, was im Hangenden dieser Flötzgruppe liegt, aber zu den Gasflammkohlen zu rechnen. Auch in diesem Punkt mag Lottners Einfluss massgebend gewesen sein. Er kannte aus der »hangenden Etage« genau wenigstens nur die Zollvereiner Flötze I bis VII.

Es war also mehr oder weniger ein Zufall, dass das Flötz Zollverein I

zum Leitflötz gemacht wurde. Vom rein geologischen Standpunkt aus begegnet diese Abgrenzung denn auch mehrfachen Bedenken:

Die chemische und physikalische Beschaffenheit der Kohlen ändert
sich nicht etwa derart, dass bis zu Zollverein I hinauf alle Flötze Gaskohlen, die darüberliegenden aber Flammkohlen führen; ein weitver-
breitetes flötzleeres Mittel von bedeutender Mächtigkeit ist über dem
genannten Flötze nicht vorhanden; das Flötz selbst besitzt keines jener
auszeichnenden Merkmale, wie eine marine Schicht, einen Konglomerat-
packen im Hangenden oder dergl., die es auf grosse Entfernungen leicht
erkennbar machen könnten; schliesslich wechselt es stark in seiner Mächtigkeit und Abbauwürdigkeit.

Die Willkür, die in dieser Gliederung der hangenden Flötzpartieen
liegt, hat schon Runge empfunden: er fasst Gas- und Gasflammkohlen
zunächst als obere Flötzetage zusammen und gliedert diese dann weiter in
die beiden genannten Gruppen. Auf dieselbe Schwierigkeit ist M. Schulz-
Briesen in seiner Beschreibung der Emscher-Mulde gestossen; er hat
deshalb das für die Orientierung in der Emscher-Mulde weit brauchbarere
Flötz Prosper als Leitflötz angenommen. Umgekehrt eignet sich dieses
Flötz aber nicht zur Identifizierung in der Essener Mulde. Ein für alle
Fälle brauchbares Grenzflötz ist also überhaupt nicht vorhanden. Von
der Markscheiderei der Berggewerkschaftskasse ist aus diesen Gründen
die Folgerung gezogen worden, dass eine Gliederung der Flötzgruppe
zwischen Catharina und Flötz Bismarck überhaupt zu unterbleiben hat.
Ihre Profile stellen daher diese ganze Flötzfolge als Gaskohlengruppe dar.

Im vorliegenden Werk ist aus praktischen Rücksichten wieder das Flötz
Zollverein I als Begrenzung der Gaskohlengruppe nach dem Hangenden
zu angenommen worden, da diese Gliederung dem westfälischen Bergmann
am geläufigsten ist. Zudem ist Flötz Zollverein unter die amtlich benannten
Leitflötze aufgenommen und aus diesem Grunde auf möglichst vielen
Zechen identifiziert worden.

Die Mächtigkeit der Gaskohlenpartie ist nur geringen Schwankungen
unterworfen. Sie beträgt, vom Hangenden von Flötz Catharina bis zum
Hangenden von Flötz Zollv rein I gerechnet, in der Regel 290—320 m.

Die Flötzpartie umfasst 10 Kohlenflötze, die zwar an keiner Stelle
sämtlich in bauwürdiger Beschaffenheit vorhanden sind, die aber überall,
wo sie aufgeschlossen wurden, wenigstens zum grössten Teil gebaut
werden. Ausser den bald mächtigen bald schwachen Flötzen finden sich
selbstverständlich zahlreiche schwache Kohlenstreifen.

Es hat wenig Wert, die Gesamtmächtigkeit der abbauwürdigen Kohle
und das Verhältnis der Gebirgsmächtigkeit zur Flötzmächtigkeit zu berechnen, weil der Begriff der Abbauwürdigkeit zu starken Schwankungen
unterworfen ist. Wenn man die entsprechenden Angaben früherer

Autoren nachprüft, findet man oftmals, dass die Angabe über die abbau-
würdige Mächtigkeit bis zu 30 % von dem heutigen Werte abweicht.

Gegenwärtig ist die Gesamtmächtigkeit der abbauwürdigen Kohle
nach dem Durchschnitt einer Anzahl von Zechen auf 8 m anzunehmen.
Dem entspricht ein Verhältnis von Gesamtgebirgsmächtigkeit zur Kohlenmächtigkeit von rd. 37 : 1. Die erheblich abweichenden Zahlen älterer
Autoren erklären sich dadurch, dass diese als Gebirgsmächtigkeit nur die
Partie zwischen Laura und Zollverein I annahmen, während vom Verfasser
Flötz Catharina als Grenzflötz gewählt worden ist, wodurch das mächtige
flötzleere Mittel Catharina—Laura mit in die Gaskohlenpartie einbe-
zogen wird, sodass deren Mächtigkeit mit rd. 300 m einzusetzen ist.

Lottner, der die Etage nur von Flötz Zollverein VII bis Flötz Zollverein I rechnet, kommt natürlich auf ein ausserordentlich günstiges Verhältnis der Gebirgs- zur Kohlenmächtigkeit, nämlich auf 11,51 : 1.

Etwas weiter fasst Runge den Begriff der Gaskohlenpartie. Er
rechnet von Flötz Laura bis Flötz Zollverein I. Die von ihm ermittelten
Zahlen sind folgende:

	Gebirgsmächtigkeit	Kohle	Verhältnis
Bochumer Mulde . . .	240 m	6,50 m	36,92 : 1
Essener Mulde	201,25 »	8,59 »	23,44 : 1
Emscher-Mulde	226 »	11,21 »	20,16 : 1
Durchschnitt	222,42 m	8,77 m	25,37 : 1

Besonders die hangenden Flötze der Gaskohlenpartie zeigen einen
starken Wechsel in der Mächtigkeit der Kohle und der Bergmittel. Als
ein Beispiel, wie verschieden sich schon innerhalb ein und desselben
Grubenfeldes das Seigerprofil gestalten kann, mögen die Bilder der Flötze
Prosper 3, Prosper 4 und Prosper 7/8 auf Tafel XI dienen.

In ihrer chemischen Zusammensetzung zeichnen sich die Flötze
durch höheren Gasgehalt gegenüber den Fettkohlenflötzen, durch niedrigeren
gegenüber den Gasflammkohlenflötzen aus. In dem Bestreben, die Abgrenzung von den Fettkohlen in Zahlen auszudrücken, hat man wohl jede
Kohle, die 33 % oder mehr flüchtige Bestandteile bei der Analyse ergiebt,
als Gas- bezw. Gasflammkohle angesprochen. Bei Runge findet sich die
Angabe, dass diese Kohlen bis zu 15 cbm Leuchtgas im Centner liefern.
Der Wassergehalt der lufttrocknen Kohle beträgt rd. 3 %. Einen ausnahmsweise niedrigen Gehalt an flüchtigen Bestandteilen weisen die Gaskohlenflötze der Zechen Graf Moltke und Hugo auf. Diese Erscheinung erklärt sich daraus, dass an der Zusammensetzung der Flötze die Faserkohle einen bedeutenden Anteil hat. Auf Zeche General Blumenthal
liefern die der Zollvereiner Gruppe entsprechenden Flötze des Ostfeldes
Louis, Bernard, Fritz und O Gaskohlen, während das hangendste dieser

Additional information of this book

(Geologie, Markscheidewesen; 978-3-642-90159-1; 978-3-642-90159-1_OSFO3) is provided:

http://Extras.Springer.com

Gruppe, Flötz 1, das dem Leitflötz Zollverein entsprechen dürfte, als »Fett-
flammkohle« abgesetzt wird. Die Feinkohle dieses Flötzes, das wenig
Stückkohlen giebt, geht zur Kokerei. Etwas Aehnliches gilt von den Flötzen
Prosper 6 (14 m unter Flötz Zollverein) und Pr. 4 (44 m unter Flötz Zoll-
verein), die ebenfalls eine vorzügliche »Fettflammkohle« liefern. Die obersten
Gaskohlenflötze enthalten 37 bis 38 % Gas.

Die Schwierigkeit einer Abgrenzung der Kohlensorten nach den
Analysenergebnissen hat ihren Grund darin, dass die Analysen eines und
desselben Gaskohlenflötzes in verschiedenen Aufschlüssen erheblich von
einander abweichende Zahlen liefern, ferner darin, dass jedes Flötz aus
einer Anzahl verschiedener Schichten (Glanz- und Mattkohle) zusammen-
gesetzt ist und schliesslich darin, dass zwei Kohlen, die in der Analyse die
gleiche chemische Zusammensetzung zeigen, sich im Koksausbringen doch
sehr unterscheiden können. Es soll hier auf die chemischen und physikalischen Verhältnisse der Kohle nicht näher eingegangen werden, da diese
des näheren im 14. Kapitel behandelt werden. Die Flötze der Gaskohlenpartie führen durchaus nicht lediglich Gaskohlen, sondern vielfach
auch Kohlen, die ausgesprochene Eigenschaften der Gasflammkohle besitzen und als solche in den Handel gehen.

Die Struktur der Gaskohle ist in der Regel derart, dass sie in würfeligen
Stücken bricht.

Auch Kännelkohlen sind zuweilen beobachtet worden, so z. B. auf
Zollverein in einem 0,47 m mächtigen Kohlenstreifen zwischen den Flötzen
Victoria und Laura, auf Zeche Königin Elisabeth im Hangenden von Flötz 6.

Die Gaskohlenflötze fallen häufig sehr stückreich. Die Staubbildung
ist daher geringer als bei den Fettkohlen. Sie sind vielfach reich an
Schlagwettern, stehen aber auch in dieser Hinsicht den Fettkohlen im
Durchschnitt nach.

Das Nebengestein der Flötze besteht überwiegend aus Schieferthon; Sandstein tritt gegenüber dem Vorkommen in den anderen Flötzpartien sehr zurück; Konglomerate von einigermassen aushaltender Verbreitung sind überhaupt nicht vorhanden. In der Litteratur finden sich
keine Angaben darüber. Ganz lokal fand Verfasser eine 20 bis 30 cm
mächtige Schicht von Thoneisenstein-Konglomerat 2 m über Flötz Prosper IV
auf Zeche Prosper II.

Die Schieferthone unterscheiden sich in ihren Eigenschaften wesentlich von denjenigen der liegenden Flötzpartien. Sie fühlen sich fettig an
und verhalten sich viel plastischer als die entsprechenden Schichten im
Liegenden. Infolge dessen ist es bei derartigem Nebengestein schwer, die
Grubenbaue offen zu erhalten, da die plastische Schieferthonmasse durch
den Gebirgsdruck namentlich aus dem Liegenden in die Strecken hinein-

gedrückt wird, ein Vorgang, der auf allen Gaskohlengruben zu beobachten ist und als »Quellen« des Liegenden bezeichnet wird.

Eine wichtige Rolle spielt die Natur des Schieferthons bei Entstehung der Erdsenkungen. Wo Sandstein, Sandschiefer oder Konglomerat das Hangende der Flötze bilden, wie es in der Mager- und der Fettkohlenpartie häufig der Fall ist, bricht das Hangende meist stückweise herein. Diese Gesteinstrümmer nehmen, da sie locker liegen und den Raum nicht völlig ausfüllen, einen grösseren Raum ein, als sie anstehend einnahmen. Sie füllen demnach den ausgekohlten Raum aus und bilden so eine Art Versatz, der das Nachsinken der hangenderen Schichten und Senkungen der Erdoberfläche vermindert oder mindestens verzögert. Anders der Schieferthon der Gaskohlenpartie. Er bricht nicht in Stücken unter Auflockerung herein, sondern senkt sich gewissermassen plastisch in den abgebauten Raum ein, der hangende Gebirgskörper bis zur Erdoberfläche folgt nach und der Abbau macht sich entsprechend schneller und stärker als im vorher genannten Falle über Tage bemerkbar.

Mit den vorgenannten üblen Eigenschaften vereinigt der Gaskohlenschiefer wenigstens einen Vorzug: er ist nach vorhergehender Zerkleinerung zur Ziegelei zu verwenden.

Eisenerze, in der Regel Schichten, die von Sphärosideritknollen oder Muschelresten ganz erfüllt sind, werden häufig in der Gaskohlenpartie angetroffen. Echte Blackbandflötze sind dagegen seltener. Die beste Uebersicht über die Stellung der Eisensteinflötze im Normalprofil ermöglicht die Zeche Hannibal, die solche in sämtlichen 5 Horizonten aufweist, in denen sie bisher überhaupt gefunden worden sind. Es sind folgende Vorkommen:

1. Flötz Verhoff, 30 m über Catharina, 0,52 m Eisenstein.
2. Flötz 0,31 m Eisenstein, 0,16 m Kohle, 70 m über Catharina.
3. Flötz zur Hellen, 140 m über Catharina.
4. Flötz 0,31 m Eisenstein, 150 m über Catharina.
5. Flötz Wex, 225 m über Catharina, 0,39 m Kohle, 0,31 m Eisenstein.

Den Vorkommen zu 3. und 5. entsprechend sind auf Pluto, dem zu 5. entsprechend auch auf Holland Eisenerze aufgeschlossen.

An Tierresten ist die Gaskohlenpartie ungewöhnlich reich. Es kommen jedoch -- wenn man die marine Schicht über Flötz Catharina als dessen Begleiterin noch zur Fettkohle rechnet — nur Süsswassermuscheln oder brackische Formen in Betracht. Cremer unterschied deren zwei, die er als Anthracosia (Carbonicola M'Coy?) und als Avicula Feldmanni (Dreissenia Feldmanni Ludwig) bezeichnete.*) Innerhalb der

---

*) Gl. 1896 S. 137 ff.

Gaskohlenpartie stellte er elf Horizonte mit Süsswassermuscheln fest, die sämtlich Anthracosia enthalten. Sechs von ihnen führen auch Avicula. Ganz vereinzelt fand sich in einer Muschelschicht der Zeche Hannibal der Rest eines Knorpelfisches, die von Jaekel als Oracanthus Bochumensis beschriebene*) seitlich am Kopf des Fisches befestigte dütenförmige Platte.

Auch an Pflanzenmaterial sind die Gaskohlenflötze aussergewöhnlich reich. Besonders gilt dies von dem Vorkommen der Farne.**) Von Sphenopteriden fanden sich am häufigsten Sph. obtusiloba Brongn., Sph. rotundifolia Andr., Sph. Schillingsii Andr.; von Lonchopteriden L. Bricei Brongn., L. rugosa Brongn., von Mariopteriden M. muricata Schloth., von Neuropteriden N. flexuosa Sternb., N. tenuifolia Schloth., N. gigantea Sternb., N. Zeilleri Pot., N. rarinervis Bunbury., N. obliqua Brongn., endlich von Cyclopteriden C. trichomanoides Brongn.

Die Flora der Gaskohlen schliesst sich eng an die der obersten Fettkohlen an. Sie gehört mit dieser zusammen der (oberen) Gruppe der reichen Farnflora und der Neuropteriden und speciell deren (unterer) Zone der Lonchopteriden an.***)

b) Die Ausbildung der Gaskohlenpartie im einzelnen.

Man kann in der Gaskohlenpartie eine flötzarme untere und eine flötzreiche obere Gruppe unterscheiden. Erstere ist 170 bis 180 m mächtig und nur eine andere Bezeichnung für das schon oben erwähnte flötzarme Mittel, das im Hangenden der Fettkohlenpartie liegt. Die obere Gruppe entspricht dem, was der westfälische Bergmann die »Zollvereiner Partie« nennt. Sie ist in der Regel nur 110 bis 130 m mächtig.

Die untere flötzarme Gruppe enthält eine ganze Anzahl Kohlenstreifen — im Osten mehr, im Westen eine geringere Zahl —, von denen aber gewöhnlich nur zwei, Victoria und Laura, so mächtig sind, dass sie den Namen »Flötz« verdienen. Bauwürdig sind auch diese vielfach nicht, weil sie durch Bergmittel verschlechtert sind.

Der Seigerabstand von Flötz Victoria (v. d. Busche-Haddenhausen, Zeche Hannibal) bis Flötz Catharina beträgt im Mittel 80 m.

10 bis 15 m über Flötz Victoria liegt das Flötz Laura (= Flötz Agnes, Zeche Hannibal, Flötz O Nord, Consolidation u. s. w.). Es ist 0,70 bis 1 m mächtig, ebenfalls gewöhnlich durch Bergeeinlagerung in seinem Wert beeinträchtigt. Das Flötz hat seit jeher als Leitflötz gegolten und ist auch in der oberbergamtlichen Einheitsbezeichnung als solches bestätigt worden.

---

*) Z. d. d. g. G. 42, S. 753.
**) Cremer, Die fossilen Farne u. s. w. Bochum 1903.
***) Cremer, a. a. O. vgl. auch S. 114.

Mehrfach tritt die Gruppe mit drei Flötzen auf, so auf Holland mit den Flötzen Dietrich, Toni und Minna, desgleichen auf Victoria Mathias und Helene und Amalie. Auf Mont Cenis ist einer der zur Gruppe gehörenden Kohlenstreifen als Kännelkohle ausgebildet, ebenso auf Zollverein.

Durch ein flötzarmes Mittel von rd. 80 m von den vorbesprochenen Flötzen getrennt, folgt im Hangenden nun die Hauptgruppe der Gaskohlenflötze, die als »Zollvereiner Gruppe« bekannt ist. Das Mittel besteht sehr überwiegend aus Schieferthon, nur ganz untergeordnet sind Sandsteinbänke darin eingelagert. Dagegen enthält es — ebenso wie der Horizont unter Victoria — einen Schwarm von Süsswassermuschelschichten.

Die Flötzgruppe selbst enthält in der Regel acht Flötze, die sich in einer 120 m mächtigen Schichtenfolge zusammendrängen, also verhältnismässig sehr nahe bei einander liegen.

In der Bochumer Mulde bauen die Zechen Dorstfeld, Mont Cenis, Westfalia, Fürst Hardenberg und Preussen in der Zollvereiner Flötzgruppe.

Auf Dorstfeld besteht die Gruppe (in der 1. östlichen Abteilung) aus sechs Flötzen von mehr als 50 cm Kohle, nämlich den Flötzen Zollverein, unbenannt (20 m unter Zollverein), Wilhelm (50 m u. Z.), Friedrich (95 m u. Z.), Mathilde (90 m u. Z.), Balduin (115 m u. Z.), unbenannt 79 cm Eisenstein, 79 cm Kohle (140 m u. Z.) und Hermann (180 m u. Z.).

Gehört die Erhaltung des Gaskohlenhorizontes in dieser Mulde noch zu den Ausnahmen, so ist sie umgekehrt in der Essener Mulde die Regel; besonders findet sie sich in ausgedehnter, ungestörter Lagerung in dem geschlossenen Muldenteil.

Für ihre Ausbildung ist das Vorkommen charakteristisch, das auf Zeche Zollverein bei Caternberg aufgeschlossen ist. Man benennt hier die Flötze mit fortlaufenden Nummern von oben nach unten und zählt von Flötz 8 bis Flötz 1. Flötz 1 ist das als Leitflötz angesehene »Flötz Zollverein«, das, wie oben erwähnt, als hangendes Grenzflötz der Gaskohlenpartie gilt.

Auf Zollverein ergiebt sich nun für die Gaskohlenpartie folgendes Profil:

Unter Fl. Zollverein

m

0 Flötz Zollverein 1, 120 cm Kohle, 20 cm Bergmittel; Flammkohle.

18 » » 2, 120 cm Kohle; streifige, weiche Kohle mit Bergestreifen; Flammkohle. Das Flötz ist durch eine Anzahl »Flötzüberschiebungen« gestört, Ueberschiebungen, die nur in diesem Flötze, nicht in den hangenderen und liegenderen auftreten.

Unter Fl. Zollverein
    m

30	Flötz Zollverein 3, 94 cm Kohle, unrein, teilweise in Kohleneisenstein übergehend; nicht gebaut.
42	» » 4, 100 cm Oberbank, 30—250 cm Bergmittel, 20—30 cm Unterbank; Gaskohle.
55	» » 5, 110 cm Kohle, 10—100 cm Bergmittel, Flammkohle.
82	» » 6, 80—90 cm reine Gaskohle.
100	» » 7, 80 cm Flammkohle.
112	» » 8, 100 cm unreine Flammkohle, nicht gebaut.

Die Flötzfolge auf den übrigen Zechen der Essener Mulde, soweit sie überhaupt Gaskohlen bauen — Königin Elisabeth, Bonifacius, Friedrich-Ernestine, Dahlbusch I, Rheinelbe und Alma, Holland, Hannover, Hannibal — lässt sich aus der Zollvereiner Ablagerung nur dann zwanglos herleiten, wenn man die Flötze von Grubenfeld zu Grubenfeld verfolgt. Im einzelnen ist gerade für die Gaskohlenpartie ein schneller Wechsel in der Mächtigkeit der Flötze, der Mächtigkeit der Zwischenmittel und der Bergmittel in den Flötzen charakteristisch.

Etwas schwieriger gestaltet sich die Identifizierung der Flötze in der Emscher-Mulde mit denjenigen in der Essener Mulde. In der Emscher-Mulde ist nämlich das Leitflötz Zollverein 1 in der Regel nur als unbauwürdiger Kohlen- oder Brandschieferstreifen vorhanden — und auch die Beschaffenheit der übrigen Flötze zeigt Abweichungen gegenüber der Ausbildung jenseits des Gelsenkirchener Sattels.

Als Beispiel der Flötzlagerung in der Emscher-Mulde mögen die Profile zweier ziemlich weit von einander entfernter Zechen, von Consolidation und Prosper, angezogen werden.

Auf Consolidation ist die Flötzfolge diese:

Unter Fl. Zollverein
    m

0	Flötz Zollverein: = Flötz 11, unbauwürdig, unreine Kohle.
22	» 10, 320 m über Catharina, 130—150 cm Kohle, verhältnismässig geringer Stückkohlenfall.
42	» 9, 120 cm Kohle einschl. Bergmittel; das Flötz ist nur teilweise bauwürdig.
47	» 8, 150 cm Kohle, stückreich, vorzügliche Gaskohle.
62	» 7, 90 cm Kohle, gute Gaskohle.
97	» 3, 90—100 cm gute, stückreiche Gaskohle.
112	» 2, 60 cm sandige, kleinstückige Gaskohle, nur zum Teil bauwürdig.
137	» 65 cm unreine Kohle, unbauwürdig.

Während das vorstehende Profil aus der Mitte des Südflügels der Emscher-Mulde genommen ist, stellen sich die Verhältnisse an der westlichen Muldenwandung auf Zeche Prosper II, wie folgt:

Unter Fl. Zollverein

m

0	Flötz $2^1/_4$ (= Leitflötz Zollverein), 200 cm unreine Kohle, grösstenteils unbauwürdig.
10	» $2^1/_2$ unbauwürdig.
21	» 3, 183 cm Kohle einschl. 15 cm Bergmittel; Gaskohle, sog. Flammkohle II. Sorte.
44	» 4, rd. 125 cm Kohle, sehr wechselnd in seiner Mächtigkeit, mit sog. Fettflammkohle; im Hangenden ein bis 15 cm mächtiger Packen von blackbandartigem Aussehen und sehr hohem Aschengehalt.
54	» 5, 85 cm unreine Kohle, unbauwürdig.
74	» 6, 163 cm Kohle einschl. 35 cm Bergmittel; stückreiche, sog. Fettflammkohle (Lokomotivkohle).
104	» 7 und 8, rd. 150—200 cm Kohle ausschl. mehrerer Bergmittel; sehr wechselnd, vgl. Tafel XI; Stückkohlenfall sehr gering, die Kohle ist verkokbar.

4. Die Gasflammkohlenpartie.

a) Allgemeines.

Hierzu die Tafeln IX und X.

Ueber die Abgrenzung der Gasflammkohlenpartie von der Gaskohlenpartie ist bereits oben gesprochen worden. Es wurde dabei festgestellt, dass trotz nicht abzuleugnender Bedenken vorläufig Flötz Zollverein I als Grenzflötz festgehalten werden soll. Eine Grenze im Hangenden giebt es bis jetzt wenigstens im Normalprofil des westfälischen Carbons für die Gasflammkohlenpartie nicht. Sie ist vielmehr als die hangendste Flötzpartie anzusehen, die bisher aufgeschlossen worden ist.

Die ganze bekannte Schichtenfolge ist an keiner Stelle im Zusammenhang durchörtert. Um die Mächtigkeit zu ermitteln, muss man daher zur Flötzidentifikation seine Zuflucht nehmen. Auf diese Weise findet man, dass das Gebirgsmittel zwischen Flötz Zollverein und dem hangendsten bekannten Flötz (Flötz 17 cm Kohle der Zeche General Blumenthal) rund 930 bis 1000 m mächtig ist. Hier und im folgenden ist nur von der durch Grubenaufschlüsse bekannten Flötzfolge die Rede.

Es ist selbstverständlich, dass die jetzt bekannten hangendsten Flötze nicht auch die hangendsten sein müssen, die im Ruhrbecken überhaupt zur Ablagerung gekommen bezw. die von der Erosion verschont geblieben sind. Thatsächlich haben denn auch die Ergebnisse gewisser in der Lippe-Mulde niedergebrachten Tiefbohrungen den Schluss nahegelegt, dass hier eine noch höhere Flötzpartie vorhanden ist. Da diese Bohrungen unweit Dorsten niedergebracht worden sind, wurde für die Flötzgruppe vorläufig der Name »Dorstener Flötzpartie« vorgeschlagen.

Etwa in der Mitte der Schichtenfolge zwischen Flötz Zollverein und dem hangendsten Flötze der Zeche General Blumenthal, 390 bis 460 m über Flötz Zollverein, liegt das wichtigste aller Flötze der Gasflammkohlenpartie, das Leitflötz Bismarck. Dieses Flötz zeichnet sich überall, wo es aufgeschlossen wurde, namentlich aber in flacher Lagerung, durch edle Beschaffenheit aus, sodass es über grosse Flächen hin durch den Abbau bekannt geworden ist. Zur Identifikation des Flötzes können nicht untrügliche marine oder sonstige leitende Schichten herangezogen werden; vielmehr verfügt das Flötz über eine Anzahl auszeichnender Merkmale anderer Art, die zwar gewöhnlich nicht alle zusammentreffen, von denen aber wenigstens einige stets vorhanden sind. Zunächst bleibt seine Mächtigkeit auf die ganze bekannte Ausdehnung hin ziemlich gleich und geht nicht unter 1 m hinab. Die Kohle liegt in zwei — zuweilen durch ein Bergmittel getrennten — Packen. Sie ist verhältnismässig hart, zeigt würfeligen Bruch und fällt in der Regel stückreich. Nach ihrer chemischen Beschaffenheit ist sie besonders auf den Zechen des mittleren Teils der Emscher-Mulde als Gaskohle anzusprechen, während sie auf einer Anzahl anderer Zechen als Gasflammkohle auftritt. Das unmittelbare Hangende ist ein in der Regel pflanzenreicher Schieferthon, der von einem mächtigen Sandsteinpacken überlagert wird. Auf mehreren Zechen schiebt sich zwischen Schieferthon und Sandstein eine schmale Konglomeratbank ein.

Besondere Bedeutung gewinnt das genannte Flötz noch dadurch, dass es das hangendste der in der Essener Mulde noch erhalten gebliebenen Flötze ist. Der darüber liegende Horizont, die hangende Hälfte der Gasflammkohlenpartie, gehört lediglich der Emscher-Mulde an. Alle diese Verhältnisse rechtfertigen es, das Flötz als Leitflötz anzunehmen und nach ihm eine Gliederung der Gasflammkohlen in eine untere und eine obere Gruppe vorzunehmen, und zwar so, dass das Flötz Bismarck als hangendstes Flötz der unteren Gruppe anzusehen ist. Die untere Gasflammkohlengruppe enthält, wo sie vollständig aufgeschlossen ist, 12 bis 19, im Mittel 15 Flötze von mehr als 50 cm Mächtigkeit; bauwürdig ist unter den gegenwärtigen Verhältnissen von dieser Zahl nur ein Teil, nämlich 5 bis 12, je nach Güte der Kohle, Beschaffenheit des Nebengesteins und Reichtum der betreffenden Zeche an edlen Flötzen. Die obere Gruppe weist auf Graf Bismarck 11, auf Schlägel und Eisen 8 und auf General Blumenthal 14 Flötze über 50 cm auf. Alle übrigen Zechen sind mit ihren Aufschlüssen noch nicht weit genug ins Hangende vorgedrungen, um einen Schluss auf die Zahl der Flötze zuzulassen. Insgesamt enthält die Gasflammkohlenpartie demnach im Mittel 25 Flötze.

Nach den Berechnungen von Runge gelten für die Gebirgsmächtigkeit, die Mächtigkeit der bauwürdigen Kohlen und das Verhältnis der ersteren zur letzteren folgende Zahlen:

I. Nordflügel der Emscher-Mulde.

1. Untere Gruppe:

	Gebirgsmächtigkeit	Bauwürdige Kohle	Verhältnis
a) Zeche Graf Moltke	385 m	14,34 m	26,85 : 1
b) Zeche Schlägel u. Eisen . .	415 »	19,50 »	21,28 : 1
Durchschnitt . .	400 »	16,92 »	23,64 : 1

2. Obere Gruppe:

	Gebirgsmächtigkeit	Bauwürdige Kohle	Verhältnis
a) Zeche Hugo	270 m	4,22 m	63,98 : 1
b) Zeche Schlägel u. Eisen . .	375 »	6,30 »	59,52 : 1
Durchschnitt . .	323 »	5,26 »	61,41 : 1
Hierzu untere Abteilung . . .	400 m	16,92 m	23,64 : 1
Summe Gasflammkohlenpartie auf dem Nordflügel der Emscher-Mulde	723 m	22,18 m	32,60 : 1

II. Südflügel der Emscher-Mulde.

1. Untere Gruppe:

	Gebirgsmächtigkeit	Bauwürdige Kohle	Verhältnis
Zeche Wilhelmine Victoria . .	450 m	11,62 m	38,73 : 1

2. Obere Gruppe:

	Gebirgsmächtigkeit	Bauwürdige Kohle	Verhältnis
Zeche Graf Bismarck	390 »	8,54 »	45,67 : 1
Summe	840 m	20,16 m	41,67 : 1
Ganze Emscher-Mulde	782 »	21,17 »	36,94 : 1
Essener Mulde	460 »	20,28 »	22,68 : 1
Durchschnitt der Gasflammkohlenpartie überhaupt	621 m	20,73 m	20,96 : 1

Bei diesen Zahlen ist zu berücksichtigen, dass sie für den Durchschnitt aus einer grösseren Anzahl von Zechen gelten, von welchen nicht eine einzige die Gasflammkohlenpartie in ihrer ganzen Mächtigkeit aufgeschlossen hat. Die Gebirgsmächtigkeit ist daher kleiner angegeben, als oben (S. 90) für die ungestörte vollständig entwickelte Schichtenfolge ermittelt wurde. Ebenso ist die Kohlenmächtigkeit geringer, als sie sich ergeben würde, wenn man die gesamte Ablagerung auf einer einzigen Zeche aufgeschlossen hätte.

Die Flötze der Gasflammkohlenpartie bestehen in der Regel aus Streifenkohle. Packen von reiner Glanz- oder reiner Mattkohle sind seltener. Ihre Struktur bedingt eine würfelige oder auch stengelige Absonderung. In der Festigkeit stehen sie den Gaskohlen sehr nahe, doch fallen sie in der Regel nicht ganz so stückreich. Auch Kännelkohlen sind in mehreren Horizonten beobachtet worden. Unter anderem liegt das wichtigste Kännelkohlenvorkommen in der Nähe der unteren Grenze der Gasflammkohlenpartie. Es ist der Kännelpacken des Flötzes Consolidation 12 (= Unser Fritz 8 und Schlägel u. Eisen C 12). Das Flötz C 12 der Zeche Schlägel und Eisen V/VI besteht auf dem Nordflügel des Sattels dieser Zeche aus

> 25 cm Brandschiefer,
> 136 » Gaskohle-Oberpacken,
> 137 » Kännelkohle-Unterpacken.

Es ist weitaus das mächtigste, bisher im Ruhrbezirk bekannte Kännelvorkommen. In dem Kännelpacken und zwar nahe dessen oberer Grenzfläche finden sich häufig wohlerhaltene Stigmarien mit deutlich erkennbaren Appendices.

Andere Kännelvorkommen liegen zwischen den Flötzen 19 und 20 der Zeche Wilhelmine Victoria, im Flötz 7 der Zeche Mathias Stinnes und in den Flötzen 8 und 12 der Zeche Nordstern (= Sedan der Zeche Ewald). Ein Kännelpacken von 5 bis 10 cm Stärke begleitet im Westfeld der Zeche Mathias Stinnes die Unterbank von Flötz Bismarck.

Die Kohlen der Gasflammkohlenpartie gehören sämtlich zu den backenden Gaskohlen der Muckschen Kohlenklassifikation.

Je nach ihrem Gehalt an flüchtigen Bestandteilen und der daraus folgenden Verwendbarkeit spricht man sie bald als Gaskohlen, bald als Flammkohlen an. Die Bezeichnung Gasflammkohlenpartie ist demnach nicht für alle Fälle zutreffend; ja sie ist sogar die fehlerhafteste unter den althergebrachten westfälischen Flötzpartiebezeichnungen. Denn während in der Magerkohlenpartie das Vorkommen von Fettkohlen, in der Fettkohlenpartie das von Gaskohlen zu den Ausnahmen gehört, ist es für einen verhältnismässig grossen Bezirk die Regel, dass die Gasflammkohlen-

partie echte Gaskohlenflötze enthält. Ausnahmsweise arm an flüchtigen
Bestandteilen sind die unteren Gasflammkohlenflötze der Zechen Graf
Moltke und Hugo. Auf Zeche Mathias Stinnes wird die Feinkohle der
Flammkohlenflötze mit Magerkohle von Zeche Wiesche (bis zu 15 %) ver-
mischt und verkokt.

Die Entwickelung von Schlagwettern und Kohlenstaub endlich ist auch
bei den Gasflammkohlenflötzen geringer als bei den Fettkohlen.

Das Nebengestein der Kohlenflötze besteht in der unteren Gasflammkohlengruppe vorwiegend aus Schieferthon. Doch finden sich Sand-
stein- (und Sandschiefer-) Einlagerungen schon häufiger als in der Gaskohlenpartie; so liegt z. B. auf Zeche Königsgrube ein Sandstein von 60 m
Mächtigkeit zwischen den Flötzen 3 und 4, auf Zeche Wilhelmine Victoria
ein solcher von 50 m unter Flötz Bismarck. Der Schieferthon ist wie der
der Gaskohlenpartie »fett« und eignet sich daher zur Ziegelei.

An mehreren Punkten wurden dünne Bänke von hellgrauem, fast
weissem, porzellanerdeartigem Thon beobachtet, so eine rd. 25 cm mächtige,
aber nicht aushaltende Schicht 8 m im Hangenden des Flötzes B der Zeche
Deutscher Kaiser I (140 m über Flötz Zollverein) sowie im Hangenden des
Flötzes Fortunata der Zeche General Blumenthal.

In der oberen Gruppe tritt der Schieferthon hinter dem Sandstein
zurück, der hier zu mächtiger Entwickelung gekommen ist. Eine Sand-
steinschicht liegt gewöhnlich über dem Leitflötz Bismarck selbst (nur getrennt durch ein dünnes Schieferthonmittel). Sie erreicht z. B. auf Nordstern fast 100 m Mächtigkeit und enthält 5 Flötze.

Eigentümliche Abweichungen vom regelmässigen petrographischen
Verhalten zeigt das Nebengestein auf der Zeche General Blumenthal.
Hier treten nämlich an gewissen Stellen, besonders innerhalb der Störungszonen Schichten von grüner Färbung auf, die offenbar mit Glaukonitsubstanz
imprägniert sind. Wahrscheinlich stammt dieser Glaukonit aus dem Essener
Grünsand und ist durch Wasser, die auf den Störungen ihren Weg nehmen,
den Carbon-Schichten zugeführt worden.*)

Ausser den grünen wurden auch rote Schichten im Bereich der
Störungen mehrfach beobachtet. Ihre Färbung beruht auf dem Vorhandensein von Eisenverbindungen, die entweder aus Eisensteinflötzen
oder — weniger wahrscheinlich — aus dem Eisengehalt des Glaukonites
stammen. Eisensteinflötze sind im Grubenfelde der Zeche General Blumenthal mehrfach aufgeschlossen worden. Auch eine Beziehung dieser roten
Schichten zu einer ehemals vorhandenen Bedeckung durch Zechstein oder
Buntsandstein ist nicht ausgeschlossen.

Die schon in der Mager- und Fettkohlenpartie beobachtete Erfahrung,

---

*) Schulz-Briesen, Die Flötzlagerung in der Emscher-Mulde u. s. w. S. 36 f.

dass bei mächtiger Entwickelung der Sandsteine sich auch Konglomerate einzustellen pflegen, trifft auch für die Gasflammkohlenpartie und zwar für deren obere Gruppe zu. Runge kannte 1892 3 Konglomerate in den Gasflammkohlen, Cremer 1894 deren 5, und Schulz-Briesen führt 1896 schon deren 9 auf.

Als Leitschicht kann von allen diesen Vorkommen nur das sog. Hauptkonglomerat gelten, das 100—150 m über dem Flötz Bismarck liegt und bisher überall gefunden wurde, wo dieser Horizont durchörtert worden ist.

Vom Liegenden zum Hangenden gezählt finden sich die Vorkommen in der folgenden Reihenfolge:

1. Thoneisensteinkonglomerat, 60 m unter Flötz Bismarck, unmittelbar über Flötz 3 der Zeche Mathias Stinnes; 10 cm mächtig, lokal auftretend.

2. Thoneisensteinkonglomerat, unmittelbar über Flötz Bismarck oder durch eine bis 50 cm mächtige Schieferthonbank von ihm getrennt, auf Hugo, Nordstern, Mathias Stinnes, Graf Bismarck Schacht II, Unser Fritz und Schlägel u. Eisen aufgeschlossen; mehrfach aber auch bei Durchfahrung des Horizontes nicht angetroffen; Mächtigkeit 10—20 m.

3. Thoneisensteinkonglomerat, 10 m über Flötz Bismarck, im Hangenden von Flötz M der Zeche Prosper.

4. Konglomerat (zweifelhaft, ob Quarz- oder Thoneisensteinkonglomerat, da nur aus einem alten Schachtprofil der Zeche Hugo bekannt), 70 m über Flötz Bismarck, im Hangenden von Flötz 0,26 m Kohle. Es soll grünlich gefärbt gewesen sein.

5. Quarzkonglomerat, sog. Hauptkonglomerat, 100—150 m über Flötz Bismarck, 10—30 m mächtig; auf Hugo, Nordstern, Graf Bismarck, Ewald und Schlägel u. Eisen aufgeschlossen.

6. Konglomerat (zweifelhaft ob Quarz- oder Thoneisensteinkonglomerat, da sein Vorkommen nur aus derselben Quelle bekannt wie das des Vorkommens unter 4.), 190 m über Flötz Bismarck, 5 m über Flötz Unbenannt (278 cm einschl. 171 cm Berge) der Zeche Hugo.

7. Thoneisensteinkonglomerat, 260 m über Flötz Bismarck, aufgeschlossen 1 m über Flötz C der Zeche Graf Bismarck und 10 m über Flötz 89 cm einschl. 13 cm Berge der Zeche Hugo.

8. Thoneisensteinkonglomerat, 330 m über Flötz Bismarck, 15 m unter Flötz Rive der Zeche Schlägel u. Eisen.

9. Thoneisensteinkonglomerat, 370 m über Flötz Bismarck, aufgeschlossen 15 m über Flötz A der Zeche Graf Bismarck und 15 m über Flötz Rive der Zeche Schlägel u. Eisen.

Sphärosideritschichten sind in der Gasflammkohlenpartie ebenso häufig, wie in den übrigen Flötzetagen. Ein Eisensteinflötz von 1,40 m, das auf Wilhelmine Victoria zwischen den Flötzen 11 und 12 liegt, gehört der unteren Gruppe der Gasflammkohlenpartie an, desgleichen ein schmaler Streifen von 20 cm Eisenstein und Brandschiefer 130 m im Liegenden des Leitflötzes Bismarck auf Graf Bismarck. Flötze von nicht abbauwürdigem, thonigem Brauneisenstein sind ferner in der oberen Gruppe im Hangenden des Flötzes 1 Norden, Graf Bismarck (= 60 cm Kohle, Schlägel u. Eisen) unter dem Flötz Nelly und über dem Flötz 1 in der Störungszone auf der Zeche General Blumenthal aufgeschlossen worden.

Schichten mit marinen Versteinerungen sind bisher in der Gasflammkohlenpartie noch nicht entdeckt worden. Eine Schicht über Flötz 1 Norden der Zeche Graf Bismarck, die Muschelreste enthält, wurde zuerst von Dr. Leo Cremer als marin bezeichnet; die Reste wurden als Avicula quadrata (oder Dreissenia Feldmanni Ludwig = Avicula Feldmanni Cremer) gedeutet. Später kam Cremer zu der Ansicht, das Vorkommen gehöre zu den Süsswassermuschelschichten, deren eine grosse Zahl in den oberen Flötzpartien des Ruhrbeckens vorhanden ist.

Auf die Gasflammkohlenpartie entfallen nach der Cremerschen Zusammenstellung neun derartige Süsswassermuschelhorizonte, von denen sechs lediglich die Gattung Avicula, zwei lediglich die Gattung Anthracosia und eine beide Gattungen enthalten soll. Je zwei Avicula- und Anthracosia-Schichten liegen zwischen Flötz Zollverein und Flötz Bismarck, die übrigen im Hangenden des letztgenannten Flötzes.*) Eine Cycloidschuppe soll als einziger Fischrest im Hangenden des Flötzes 1 Norden der Zeche Graf Bismarck gefunden worden sein.

Im allgemeinen besitzen diese Vorkommen nur lokale Bedeutung, halten nicht auf eine grosse Fläche hin aus und sind daher als Leitschichten nicht brauchbar. Die beständigste unter diesen Schichten ist die Begleitschicht im Hangenden des Flötzes Prosper I, die durch und durch erfüllt von einer Anthracosia (Anthracosia Berendti Achepohl) erscheint. Nach Schulz-Briesen ist diese Muschel im westlichen und mittleren Teile des Südflügels der Emscher-Mulde überall der Begleiter des genannten Flötzes und besitzt demnach wenigstens für die dortigen Zechen leitende Bedeutung.

Pflanzenreste kommen recht häufig vor, wenn auch nicht in solcher Menge wie in der Gaskohlenpartie. Wiederum sind es nur die Farne, die bisher eingehend untersucht und zur Gliederung benutzt worden sind.**) Durch Häufigkeit zeichnen sich aus Sphenopteris obtusiloba Brongn.,

---

*) Die genaue Lage einer von Cremer a. a. O. angegebenen Avicula-Schicht über Flötz Bismarck liess sich nicht mehr ermitteln. Auf Tafel IX sind daher nur sechs derartige Schichten verzeichnet.

**) Cremer, Ueber die fossilen Farne des westfälischen Carbons u. s. w.

Mariopteris muricata Schloth., Alethopteris Davreuxi Brongn. (diese über dem Leitflötz Bismarck), Neuropteris tenuifolia Schloth., N. flexuosa Sternb., N. Zeilleri Pot., N. rarinervis Bunbury.

Die Gasflammkohlenpartie gehört der Gruppe der reichen Farnflora an und bildet für sich die Zone der Neuropteris tenuifolia.

b) Die Ausbildung der Gasflammkohlenpartie im einzelnen.

Als Beispiele der Ausbildung mögen eine Anzahl Zechen aus verschiedenen Gegenden des Ruhrbezirks herangezogen werden:

α. Die untere Gasflammkohlengruppe.

Essener Mulde: Zeche Königsgrube.

Unter Fl. Bismarck:

m

0   Flötz Bismarck, 105 cm Kohle, Gas- und Flammkohle; geringer Stückkohlenfall, aber auch geringe Grusbildung; das Flötz liefert vorwiegend Nüsse; teilweise pyramidenförmige Absonderung der Kohle. Kein Konglomeratstreifen im Hangenden, das vielmehr aus fettem Schieferthon besteht. Keine Pflanzenreste im Hangenden. An einer Stelle ist das Hangende auf eine kurze Strecke Sandstein.

Vier unbenannte Kohlenstreifen.

70   Flötz 1, unbauwürdig.

85   »   2, 75 cm Kohle.

95   »   3, unbauwürdig.

170   »   4, desgleichen.

210   »   5, 196 cm Kohle einschl. 31 cm Berge (auf der 1. T. B. S.), nach unten nimmt das Bergmittel an Mächtigkeit zu (bis auf 13 m auf der 5. T. B. S., hier besteht das Flötz aus 67 cm Oberbank, 4 cm Bergm., 76 cm Unterbank).

220   »   6, 101 cm Kohle einschl. 18 cm Berge, nicht gebaut.

230   »   7, 104—110 cm Kohle.

235   »   8, 70 cm Kohle einschl. 18 cm Bergm., nicht gebaut.

270   »   9, 167 cm Kohle einschl. 26 cm Bergm., nur auf den oberen Sohlen gebaut.

285   »   10, 104 cm Kohle einschl. 7 cm Bergm.

310   »   11, 135 cm Kohle einschl. 5 cm Bergm.

350   »   12, 135 cm Kohle.

Darunter folgt ein 160 m mächtiges Mittel mit den unbauwürdigen Flötzen

Unter Flötz Bismarck:

m	
360	Flötz 13,
370	» 13$^{1}/_{2}$,
380	» 14,
410	» 15,
450	» 16,
470	» 17.
	Unter diesen
500	Flötz Dörth = Leitflötz Zollverein; die darüber liegenden Flötze liefern Flammkohlen mit Ausnahme des Flötzes Bismarck, dessen Kohle auch als Gaskohle Verwendung findet. Von Flötz Dörth abwärts bestehen die Flötze aus Gaskohlen.

Emscher-Mulde: Zeche Consolidation.

Flötz Bismarck fällt der Projektion nach noch eben in das Feld hinein, ist aber nicht aufgeschlossen.

m	
170	Flötz 24, 114 cm K., unbauwürdig, nur auf den oberen Sohlen gebaut.
210	» 23, unbauwürdig.
235	» 22, 100 cm K.
245	» 21, unbauwürdig.
260	» 20, 85 cm K.
290	» 19, unbauwürdig.
300	» 18, desgl.
320	» 17, 100 cm K.
330	» 16, unbauwürdiger Streifen.
350	» 15, desgl.
370	» 14, 80 cm Oberbank, 20 cm Brandschiefer, 20 cm Unterbank. Die Kohle ist wegen russähnlichen Anflugs (Faserkohle) unansehnlich; stellenweise pyramidenförmige Absonderung.
420	» 13, 90 cm Gaskohle.
460	» 12, 40 cm Oberbank, 30 cm Kännelpacken. Auf Schacht III: 110 cm Gaskohle (Oberbank), 30 cm Kännel.
470	» 11, = Leitflötz Zollverein, unbauwürdig.

Emscher-Mulde: Zeche Prosper.

m	
0	Flötz L = Leitflötz Bismarck, 190 cm K. einschl. 13 cm B.
65	» K, 122 cm K. einschl. 5 cm B. Das Bergmittel im Flötz wird nach der Teufe zu mächtiger.
105	» I, 126 cm K. einschl. 20 cm B., beste Gasflammkohle.

Unter Fl. Bismarck:

m

150 Flötz H, 85 cm K. einschl. 10 cm B., sehr fest, wenig gebaut, zum Auffahren von Strecken benutzt.

187 » G, 140 cm K. einschl. 15 cm B., stückreichstes Gasflammkohlenflötz.

210 » F, 210 cm K. einschl. 79 cm B., feste, sehr stückreiche Kohle; der hangende Packen führt Kännelkohle (Flötz F = Flötz 7, Zeche Mathias Stinnes).

235 » E, 70 cm K., sehr fest; bisher nicht gebaut.

260 » D, 156 cm K. einschl. 17 cm. B. Kohle fest und stückreich; das Flötz entwickelt aussergewöhnlich viel Kohlensäure, sodass die Wetter das Bestreben zeigen, abwärts zu gehen. Die Schlagwetterentwickelung ist gering.

285 » C, 200 cm K. einschl. 59 cm B., feste und stückreiche Gasflammkohle.

292 » B, unbauwürdig.

300 » A,   desgl.

325 » 1, (= Leitflötz Prosper bei Schulz-Briesen). 199 cm K. einschl. 25 cm B. Gaskohle. Im Hangenden eine Süsswassermuschelschicht.

355 » 1$^1/_2$, 267 cm K. einschl. 39 cm B. Gaskohle.

382 » 2, 123 cm K. einschl. 25 cm B. Gaskohle, mit häufigem Vorkommen von Augenkohle.

395 » 2$^1/_4$ = Leitflötz Zollverein.

β. Die obere Gasflammkohlengruppe.

Emscher-Mulde (in der Essener Mulde durch Abrasion zerstört). Zeche Graf Bismarck, Schacht II.

In dem Profil von Zeche Bismarck auf Tafel X sind vom liegendsten Aufschluss bis einschliesslich zum Flötz No. 5 Norden die Verhältnisse der Schachtanlage I zu Grunde gelegt. Die hangenderen, auf Schacht I nicht aufgeschlossenen Flötze, gehören der Schachtanlage II an.

Ueber Fl. Bismarck:

m

368 Flötz unbenannt, 96 cm K. einschl. 45 cm B.; im Hangenden Schieferthon, Brandschiefer und eine Konglomeratbank.

360 Flötz A, 80—90 cm K. Eine Analyse ergab die folgende Zusammensetzung:

7*

Ueber Flötz Bismarck.

m

$$81,5\ \%\ C$$
$$5,8\ \%\ H$$
$$11\ \ \%\ O + N$$
$$1,7\ \%\ \text{Asche}$$

100,0.

Auf 1000 Teile sind 54,5 Teile freier Wasserstoff vorhanden. Die Koksausbeute betrug 59 %.

317   Flötz A, 90 cm K. einschl. 10 cm B.

308   » B, 75 cm K. einschl. 10 cm B.

260   » C, (= 5 Norden, Schacht I) 85 cm Kohle, Hangendes eine Konglomeratbank.

251   » D, 122 cm K. einschl. 30 cm B.

217   » E, (= Flötz 2 Norden, Schacht I) 76 cm K.

200   » F, (= Flötz 1 Norden, Schacht I) 82 cm K. einschl. 6 cm B., im Hangenden 100 cm Eisenstein. Auf Schacht I liegt im Hangenden des Flötzes eine stark eisenhaltige, dunkelgefärbte, dünne Schicht feinkörnigen Schieferthons mit Muschelresten (Avicula sp.? Dreissenia cf. Feldmanni Ludw. nach Cremer).*)

116   » G, 81 cm K. einschl. 21 cm B. Im Hangenden liegt über einem Flötzstreifen von 11 cm Stärke das Hauptkonglomerat der Gasflammkohlenpartie.

Auf Schacht I ist 110 m über Flötz Bismarck ebenfalls ein Flötzstreifen von 15—20 cm Stärke durchfahren, über dem das Hauptkonglomerat liegt. Ein mächtiges Flötz, Flötz 1 Süden, 72—75 cm K. findet sich hier erst 15 m unterhalb des Streifens.

Eine Analyse der Kohle von Flötz 1 Süden ergab auf aschenfreie Substanz berechnet:

$$81,556\ \%\ C$$
$$6,344\ \%\ H$$
$$12,100\ \%\ O + N$$

100,000.

Die Koksausbeute betrug 66,83 %, die Grubenfeuchtigkeit 2,96 %.

95   » H, (= Flötz 1 Süden, Schacht I), 70 cm K.

36   » J, (= Flötz 1½ Süden, Schacht I), 73 cm K.

---

*) Gl. 1893, S. 1093.

Ueber Flötz Bismarck

m

0   Flötz 2 Süden = Leitflötz Bismarck, 110—120 cm Kohle.
Im Hangenden findet sich auf Schacht II ein Kon-
glomeratpacken. Das Flötz liegt in zwei Bänken und
führt feste, stückreiche Kohle von würfeligem Bruch.
Die Analyse ergiebt die folgende Zusammensetzung:

$$81{,}784\,^0/_0\ C$$
$$5{,}873\,^0/_0\ H$$
$$12{,}343\,^0/_0\ O + N$$
$$100{,}000.$$

Auf 1000 Teile Kohlenstoff kommen 92,93 Teile dis-
ponibler Wasserstoff. Das Koksausbringen beträgt
in der Probe 63,06 $^0/_0$, die Grubenfeuchtigkeit 2,84 $^0/_0$.
Der Koks ist wenig gebläht und rissig.

Zeche Schlägel und Eisen.

430   Flötz Dach (= Flötz Fortunata, Zeche General Blumenthal)
283 cm K. einschl. 98 cm B.
Im Hangenden liegt ein Packen von auffallend hellgefärbtem
Schieferthon.

409   Flötz 50 cm K.

392   Flötz 190 cm K. einschl. 90 cm B.

378   Flötz 8 cm K. Im Hangenden Konglomeratbank.

367   Flötz Rive (= Flötz A Zeche Graf Bismarck, = Flötz Nelly,
Zeche General Blumenthal) 153 cm K. einschl. 11 cm B.

349—346   Konglomerat, darunter zwei Kohlenstreifen.

326   Flötz 50—63 cm K.

306   Flötz 73 cm K. einschl. 2 cm B.

266   Flötz 66 cm K. (= Flötz C der Zeche Graf Bismarck).

254   Flötz Menzel (= Flötz 4 Norden, Zeche Graf Bismarck I, = D,
Zeche Graf Bismarck II), wegen hohen Aschegehaltes unbauwürdig.

237   Flötz 266 cm K. einschl. 190 cm B.

222   Flötz 80 cm K., unrein.

212   Flötz 60 cm K., (= Flötz 1 Norden bezw. Flötz F, Zeche Graf
Bismarck), im Hangenden 50 cm Eisenstein.

192   Flötz 90 cm K., unrein.

125—105   Konglomerat.

112   Flötz Lambart, unrein (= Flötz 1 Süden, Zeche Graf Bismarck).

Ueber Flötz Bismarck

m

41   Flötz 65 cm K.

0   Flötz Bismarck, 130—150 cm K., zum Teil von würfeliger, stellenweise auch büscheliger Struktur.

Zeche General Blumenthal.

Noch um ein geringes Mass weiter ins Hangende reichen die Aufschlüsse der Zeche General Blumenthal. Hier ist südöstlich von der Hauptverwerfung in der tiefsten Grabenversenkung der Emscher-Mulde eine Flötzgruppe von rd. 115 m Mächtigkeit durchfahren, die ein noch höheres Niveau erschlossen hat, als die Baue von Schlägel und Eisen.

Die Ausbildung ist im einzelnen die folgende:

Ueber Flötz Bismarck

m

477   Flötz 17 cm Kohle, im Hangenden 143 cm Brandschiefer.

455   Flötz 190 cm K., einschl. 90 cm B.

440   Flötz August, 145 cm K. einschl. 45 m B.

430   Flötz Fortunata (= Flötz Dach, Zeche Schlägel und Eisen) 174 cm K. einschl. 57 cm B. Im Hangenden liegt ein Packen weissen Schieferthons.

422   Flötz Siegfried, 80 cm K.

410   Flötz Friedchen, 80 cm K. einschl. 11 cm B.

380   Avicula-Schicht.

369   Flötz Nelly (= Flötz Rive, Zeche Schlägel und Eisen) 84 cm K. Im Liegenden eine Eisensteinschicht.

B. Das Steinkohlengebirge der Umgegend von Osnabrück.

Von Bergassessor Hans Mentzel.

Hierzu Tafel XII.

Das Carbon, das am Südrande des Münsterschen Beckens mit flachem, nördlichem Einfallen seiner Oberfläche unter der Mergeldecke verschwindet, hebt sich am Nordrande in der Gegend von Osnabrück wieder bis zu Tage heraus.

Das Auftreten paläozoischer Schichten in der genannten Gegend hängt mit Gebirgsbewegungen zusammen, die in der Tertiärzeit vor sich gingen und die Entstehung des Teutoburger Waldes und Wiehengebirges veranlassten. Nördlich und südlich von dem breiten Gebirgsstreifen, den der Teutoburger Wald und das Wiehengebirge einschliessen, sank das Vorland längs weithin streichender Spalten oder Flexuren ab, wobei der stehengebliebene Streifen teilweise gefaltet, teilweise durch Störungen zerrissen wurde. Die Herausbildung der jetzigen Geländeform geschah im weiteren Verlauf durch die Erosion, die zwischen dem festeren Hilssandsteinrücken des Dörenberges im Zuge des Teutoburger Waldes und dem ebenfalls widerstandsfähigen Jura des Wiehengebirges die flachhügelige Landschaft der Gegend von Osnabrück herausschälte, die im wesentlichen aus Trias und Lias aufgebaut ist. An drei Punkten ragen aus dieser mesozoischen Landschaft Berge paläozoischen Alters heraus: am Schafberg bei Ibbenbüren, am Hüggel bei Hasbergen und am Piesberg bei Osnabrück. Die genannten Berge bestehen nach unserer heutigen Anschauung alle aus Schichten der Steinkohlenformation, während an ihren Abhängen Zechstein aufgeschlossen ist.

Die geographische Lage der drei Vorkommen spricht dafür, dass die Schichten des Hüggels die südöstliche Fortsetzung des Schafberger Carbons bilden, von dem sie durch eine rd. 10 km lange Zone jüngeren Gebirges getrennt liegen. Das Carbon des Piesberges streicht dagegen rd. 12 km weiter nördlich und stellt ein isoliertes Vorkommen dar.

1. Das Carbon von Ibbenbüren.

Nördlich von Ibbenbüren dehnt sich in einer Länge von 15 km und einer grössten Breite von 5 km die sog. Ibbenbürener Bergplatte aus, die ein Massiv aus produktivem Carbon darstellt.

Durch mehrere Faltungsprozesse und eine Anzahl querschlägig und streichend verlaufender Störungen sind die Lagerungsverhältnisse des Steinkohlengebirges sehr unübersichtlich geworden. Während nämlich im östlichen Teile der Bergplatte, dem sog. Schafberg im Felde der Oeynhausenschächte, ein in h 3 bis 4 streichender flacher Sattel vorliegt, dessen Südflügel durch eine bedeutende streichende Störung in der Nähe der Sattellinie abgeschnitten ist, ändert sich das Hauptstreichen im westlichen Teile, am sog. Buchholz und Dickenberge, in dem es in eine süd-nördliche Richtung übergeht. In den Grubenfeldern Buchholz und Dickenberg liegen daher nordsüdlich streichende Sättel vor, die durch eine Grabenversenkung von einander getrennt sind. Die zahlreichen Querverwerfungen markieren sich in der Regel über Tage durch tiefeingeschnittene Thäler.

Am Fuss der Ibbenbürener Bergplatte tritt der Zechstein und über diesem der Buntsandstein auf. Ueber die Frage, ob zwischen dem Carbon und dem Zechstein eine Diskordanz vorliegt oder nicht, ist bis in die jüngste Zeit hinein gestritten worden. Während Hoffmann*) im Jahre

---

*) Fr. Hoffmann, Ueber die geognostischen Verhältnisse der Gegend von Ibbenbüren. Karstens Archiv, 1826.

1826 Diskordanz annahm, erklärte sich Heine*) im Jahre 1861 und ebenso Cremer**) für konkordante Ueberlagerung.

Eine neue Bearbeitung des Gebietes liegt in einem ausführlichen Aufsatz von Hoernecke***) vor, der zu folgendem Ergebnis kommt: Der Zechstein überlagert das Steinkohlengebirge diskordant; das letztere ist vor Ablagerung des Zechsteins gefaltet und von älteren Querstörungen und jüngeren streichenden Sprüngen zerrissen worden; auf das gefaltete und zerrissene Carbon lagerte sich der Zechstein ab, der seinerseits später eine Fältelung erlitt; in der Tertiärzeit sanken die jüngeren Schichten schliesslich gegen den stehen bleibenden Gebirgskern ab.

Nach diesen kurzen Andeutungen über die Lagerungsverhältnisse der Ibbenbürener Bergplatte ist auf das dortige Carbon selbst zurückzukommen.

Es besteht vorwiegend aus Sandsteinen und Konglomeraten, Schieferthone treten dagegen zurück. Im ganzen sind bei Ibbenbüren 12 Flötze mit zusammen 6,36 m Kohle bekannt; davon treten 7 mit 5,26 m Kohle bauwürdig auf.

Im Felde der fiskalischen Oeynhausen-Schächte sind durch den Bergbau 9 Flötze aufgeschlossen worden. Ihre Reihenfolge ist vom Hangenden zum Liegenden folgende:

Unter Fl. Franz

    m

   0 Flötz Franz, 45 cm reine Kohle.

  20 »   Flottwell, 56 cm K. ⎫

             18 » B. ⎬ = Flottwell

             18 » K. ⎭ Hauptflötz

          110 » B.

           49 » K. ⎫

            6 » B. ⎬ = Flottwell

           15 » K. ⎭ Nebenflötz

  50 »   Alexander, 30 cm K.

           7 » B.

          17 » K.

         20 » B.

         14 » K.

---

*) Heine, Geognostische Untersuchung der Umgegend von Ibbenbüren. V. d. n. V. 1862.

**) Cremer, Die Steinkohlenvorkommnisse von Ibbenbüren und Osnabrück und ihr Verhältnis zur Rheinisch-westfälischen Steinkohlenablagerung. Glückauf, 1895.

***) F. Hoernecke, Die Lagerungsverhältnisse des Carbons und Zechsteins an der Ibbenbürener Bergplatte. Halle, 1901.

Unter Fl. Franz

m

95 Flötz Dickenberg, 30—40 cm K., z. T. mit einem Bergmittel.
210 » 6 cm Kohle.
250 » Glücksburg, 90—100 cm reine Kohle.
280 » Bentingsbank, 40 cm K.

        20 » B.

        35 » K.

380 » 40 cm Kohle.
420 » Brandschieferflötz 180 cm.

Flötze und Nebengestein schwanken in ihrer Mächtigkeit sehr stark. Das Gleiche gilt von den Bergmitteln der Flötze, die sich stellenweise auszukeilen, an anderen Stellen wieder anzuschwellen pflegen. Gebaut werden gegenwärtig nur die Flötze Bentingsbank, Glücksburg und Flottwell. Das letztgenannte Flötz hat Schieferthon zum Hangenden, während die übrigen von Sandstein überlagert sind.

Die Kohle hat nach v. Dechen nach Abzug des bisweilen beträchtlichen Aschengehaltes 84,5 bis 90,4 % Kohlenstoff. Ein und dasselbe Flötz liefert in einem Feldesteil Backkohlen, im anderen Sinterkohlen, ein Umstand, der sich am einfachsten aus dem kleineren oder grösseren Anteil erklären lässt, den die Faserkohle an der Zusammensetzung der Flötze nimmt. Stellenweise sind die Flötze reich an dieser Kohlenart. Die Kohle findet vorwiegend zur Kesselheizung und zum Hausbrand Verwendung.

Eine Bestimmung des Horizontes, dem das Carbon von Ibbenbüren angehört, ist von Cremer versucht worden. Er kommt zu dem Ergebnis, dass es etwas jünger als die Gasflammkohlenpartie Westfalens ist und der Zone supérieure von Valenciennes entspricht.

Obgleich das Nebengestein der Ibbenbürener Flötze der Erhaltung von Pflanzenresten nicht günstig ist, konnte doch das Vorkommen der folgenden Gattungen bezw. Arten festgestellt werden:

Neuropteris flexuosa !
Neuropteris cf. gigantea !
Neuropteris tenuifolia !
Neuropteris rarinervis !!
Neuropteris Scheuchzeri !!
Neuropteris dickebergensis Hoffmann = N. acuminata (?)
Sphenopteris cf. neuropteroides
Dictyopteris Münsteri !!
Dictyopteris sp.
Pecopteris cf. abbreviata
Pecopteris cf. pennaeformis
Alethopteris lonchitica

Mariopteris muricata !
Cyclopteris sp.
Calamites Cisti
Calamites Suckowi
Annularia sphenophylloides
Sphenophyllum erosum
Sphenophyllum angustifolium
Lepidodendron cf. lycopodioides
Lepidodendron sp.
Sigillaria cf. laevigata
Sigillaria cf. tesselata
Cordaites principalis !
Cordaiantus sp.
Aphlebia Erdmanni
Trigonocarpus sp.
Pinnularia sp.
Stigmaria sp. !

Die Zeichen ! und !! bedeuten häufiges und sehr häufiges Vorkommen der betreffenden Pflanze.

2. Das Carbon des Hüggels.

Denkt man sich die Längsachse des Ibbenbürener Carbonvorkommens nach Südosten verlängert, so fällt sie in den Höhenzug des Hüggels, der sich rd. 7 km südwestlich von Osnabrück in 3 km Länge von Hasbergen in der Richtung auf die Georgsmarienhütte hinzieht.

Den Kern des Hüggels bilden sattelförmig aufgewölbte Sandstein- und Konglomeratschichten. Tafel XII zeigt den Nordflügel des Sattels, dem sich durch die im Profil sichtbare streichende Störung getrennt der Süd-flügel anschliesst. Die Kernschichten des Sattels wurden von älteren Be-arbeitern meistens als Rotliegendes, von Cremer*) und Lienenklaus**) als Carbon angesprochen. Paläontologisch hat mangels entscheidender Funde von organischen Resten die Frage bisher noch nicht entschieden werden können. Diejenigen Reste aber, die man in einem am Nordabhang des Hüggels vor wenigen Jahren niedergebrachten Bohrloch gefunden hat, sprechen für die Zugehörigkeit der durchsunkenen Schichten zum Carbon, obwohl es teilweise auffallend hell (grünlich grau oder hellrot) gefärbte Schieferthone sind. Wenn nun auch zugestanden werden muss, dass die im Bohrloch gefundenen Reste nicht aus dem Horizont stammen, der auf

---

*) Cremer, a. a. O. Glückauf 1895.
**) Lienenklaus, Ueber das Alter der Sandsteinschichten des Hüggels. 14. Jahresbericht des naturwissenschaftlichen Vereins zu Osnabrück 1901.

Additional information of this book

(Geologie, Markscheidewesen; 978-3-642-90159-1; 978-3-642-90159-1_OSFO4) is provided:

http://Extras.Springer.com

der Höhe des Hüggels zu Tage ausgeht, sondern einem bis 600 m tieferen Niveau angehören, so lässt sich doch die ganze konkordant auf den sicher als Carbon erkannten Schichten auflagernde Schichtenfolge von Schieferthonen, Sandsteinen und Konglomeraten zwanglos ebenfalls als Carbon ansehen.

Der Sattel ist besonders auf seiner Südseite durch mehrere streichende Verwerfungen zerrissen. Am Fusse des carbonischen Gebirgskernes tritt der Zechstein als Ueberlagerung auf. Er beginnt in der Regel mit dem 0,50 m mächtigen Kupferschieferflötz, in dem Palaeoniscus Freieslebeni gefunden worden sein soll; an einigen Stellen liegt dieses Flötz nicht unmittelbar auf dem Carbonsandstein, sondern es schiebt sich eine schmale, 0,30 m starke Stinksteinschicht dazwischen ein. Ueber dem Kupferschiefer folgt 3—4 m dünnplattiger Stinkstein, darüber zelliger Zechsteinkalk (Rauhkalk) oder Dolomit in 30 bis 50 m Mächtigkeit. Dieses Schichtenglied ist vom Ausgehenden bis etwa auf 50 m Teufe in Eisenkalk oder mulmiges — seltener festes, derbes oder zelliges — Brauneisenerz verwandelt.

Die mit dem Bohrloch durchsunkenen Schichten zeigen nördliches Einfallen von 20 bis 25 °. Bei 30 m Teufe unter der Erdoberfläche liegt der Kupferschiefer. Die darunter bis zu 675 m Gesamtteufe erbohrte Schichtenfolge charakterisiert sich durch häufiges Auftreten von Konglomeratbänken, deren die unten wiedergegebene Bohrtabelle mehr als zwanzig nachweist.

Kohlenflötze oder -Streifen wurden bei 376, 486, 545 m (Flötz 1), 583 m (Flötz 2), 591 und 602 m (Flötz 3) erbohrt. Flötz 1 ist 50 cm mächtig, Flötz 2 liegt in 4 Bänken von 30, 50, 50 und 20 cm, und Flötz 3 misst 40 cm Kohle. Der Gasgehalt der Flötze schwankt zwischen 14,7 und 22,8 %, entspricht also dem der mittleren Magerkohle bis untersten Fettkohle des Ruhrbezirks. Die Proben lieferten einen guten Koks.

Bohrtabelle des Tiefbohrlochs am Hüggel.

Bis 29,00 m aufgeschüttetes Gebirge im Tagebau.
45,40 » Sandstein, Einfallen 20 °.
49,00 »   »   und Konglomerat.
87,80 » Sandstein.
89,60 »   »   und Letten.
95,00 » roter Sandstein.
122,60 »   »   Schieferthon mit Sandsteinbänken.
175,00 »   »   Sandstein.
182,10 »   »   Schieferthon.
183,00 »   »   Sandstein.
186,40 »   »   Schieferthon.
193,00 »   »   Sandstein.

207,70 m roter Schieferthon.
214,70 » Sandstein.
227,30 » Konglomerat.
253,35 » Sandstein.
256,00 » roter Schieferthon.
258,00 » Sandstein.
260,85 » roter Schieferthon.
300,00 » Sandstein, 23 ° Einfallen.
303,40 » Konglomerat.
316,87 » roter Schieferthon.
320,70 » Sandstein.
326,22 » roter Schieferthon.
327,00 » Konglomerat.
339,90 » roter Schieferthon.
340,20 »   »   Sandstein.
342,20 »   »   Schieferthon.
350,40 » Sandstein.
361,80 » grauer Schieferthon.
363,60 » Sandstein.
370,90 » roter Schieferthon.
376,40 » grauer Schieferthon.
376,60 » Flötzstreifen 20 cm Kohle.
384,00 » grauer Schieferthon.
385,00 » roter   »
385,90 » grauer   »
393,10 » roter Sandstein.
394,00 » Konglomerat.
398,70 » Sandstein.
399,90 » Schieferthon.
401,40 » Sandstein.
401,70 » Schieferthon.
410,60 » Sandstein.
415,00 » Schieferthon.
415,50 » Sandstein.
418,00 » Schieferthon.
420,30 » Sandschiefer.
422,90 » Sandstein.
425,70 » Sandschiefer.
432,00 » Konglomerat.
437,25 » weisser Sandstein.
443,45 »   »   »   mit Konglomerat.
461,70 » Konglomerat.

463,10 m Schieferthon.
477,00 » weisser Sandstein.
477,50 » grauer Sandschiefer.
482,00 » weisser Sandstein.
485,70 » grauer Schieferthon.
485,90 » Flötzstreifen 20 cm Kohle.
487,60 » grauer Schieferthon.
487,80 » » Sandstein.
490,60 » Sandstein und Konglomerat.
491,20 » Sandschiefer.
495,00 » grauer Sandstein.
504,40 » Konglomerat.
507,00 » roter Sandstein.
508,10 » Konglomerat.
509,05 » roter Sandstein.
514,05 » Konglomerat.
516,90 » grauer Schieferthon.
527,10 » Konglomerat.
527,25 » Schieferthon.
528,75 » Konglomerat.
542,90 » Sandstein mit Konglomerat.
544,50 » grauer Schieferthon.
545,00 » Flötz 50 cm Kohle, 22° Einfallen. Flötz 1.
552,75 » grauer Schieferthon.
561,50 » Sandstein mit Konglomeratbänken.
561,90 » grauer Schieferthon.
563,35 » Konglomerat.
571,00 » Sandstein und Konglomerat.
573,65 » Schieferthon.
578,85 » Sandschiefer.
583,50 » grauer Schieferthon.
583,80 » Flötzstreifen 30 cm Kohle.
584,10 » Schieferthon, Bergmittel 30 cm.
584,60 » Flötz 50 cm Kohle.
585,28 » Schieferthon, Bergmittel 68 cm.　　　Flötz 2.
585,78 » Flötz 50 cm Kohle.
585,90 » Schieferthon, Bergmittel 12 cm.
586,10 » Flötzstreifen 20 cm Kohle, 22° Einfallen.
591,68 » Schieferthon.
591,78 » Flötzstreifen 10 cm Kohle.
602,53 » Schieferthon.
602,93 » Flötzstreifen 40 cm unreine Kohle. Flötz 3.

612,70 m Schieferthon.
619,30 » grauer Sandstein.
620,10 » Konglomerat.
620,78 » grauer Sandstein.
629,78 » Sandstein und Konglomerat.
636,68 » grauer Sandstein.
640,58 » Konglomerat.
648,40 » grauer Sandstein.
657,00 » Konglomerat.
658,00 » grauer Sandstein.
658,85 » Konglomerat.
661,20 » grauer Schieferthon.
661,70 » Sandschiefer.
664,00 » grauer Schieferthon.
664,10 » Konglomerat.
664,30 » grauer Sandstein.
675,00 » Konglomerat, 25 ° Einfallen.

3. Das Carbon des Piesbergs.

Nördlich von Osnabrück und etwa 12 km in nordöstlicher Richtung von dem Zuge des Schafberges und Hüggels entfernt tritt das Carbon noch einmal zu Tage. Es bildet hier mit seinen festen Sandsteinen und Konglomeraten den inselartig aus der flachwelligen Triaslandschaft aufragenden Piesberg.

Das Steinkohlengebirge ist auch hier in der Form eines flachen Sattels aufgewölbt, dessen Sattellinie zwischen h 8 und 9 streicht. Während die Carbonschichten nach Westen mit flachem Einfallen der Sattellinie unter dem Deckgebirge verschwinden, werden sie im Osten durch eine Querverwerfung abgeschnitten, die den Buntsandstein verwirft. Die Kluft ist nach v. Dechen*) mit einer Breccie von Zechstein- und Buntsandsteinbrocken erfüllt.

Die grösste Länge des zu Tage tretenden Steinkohlengebirgskerns beträgt 2 km bei einer Breite von 1,5 km. Zechstein ist nur am Nordabhang des Piesbergs wahrscheinlich diskordant über dem Carbon und in gestörter Lagerung aufgeschlossen. Im übrigen wird der Kern des Berges von Buntsandstein umlagert, wo nicht (wie auf der Westseite) diluviale Deckschichten die Lagerungsverhältnisse verschleiern. Es scheint demnach, als ob das Vorland des Piesbergs mindestens auf 3 Seiten längs Störungen von dem Gebirgskern abgesunken ist.

---

*) v. Dechen, Geologische und paläontologische Uebersicht, S. 278.

Längs der Sattellinie verläuft eine bedeutende streichende Störung, die eine horizontale Verschiebung des Südflügels nach Osten um 200 m bewirkt.

Sandsteine und Konglomerate sind am Aufbau des Piesbergs vorherrschend beteiligt und haben zur Entwickelung eines grossartigen Steinbruchsbetriebes Veranlassung gegeben. Schieferthone in Verbindung mit Kohlenflötzen treten gegen sie zurück.

Vom Piesberg sind bisher folgende Flötze bekannt:

Unter Fl. Bänkchen
m

0	Flötz Bänkchen, 5—15 cm K.
16	Flötz Johannisstein, 80 cm reine K.
48	Flötz Mittel, 52 cm sehr feste, stückreiche K.
57	Flötz Dreibänke, 42 cm K., 26 cm B., 45 cm K., 35 cm B., 20 cm K., stückreich.
87	Flötz unbenannt, zwei Bänke von 5—10 cm K.
107	Flötz Zweibänke, 68 cm K., stückreich, fest.

Durch Bohrung ist weiter eine Schichtenfolge von rd. 330 m unter Flötz Zweibänke untersucht worden. Es fanden sich darin noch eine Anzahl Flötze (Flötz Zwilling, Flötz Vierbänke u. s. w.) eingelagert.*)

Bis zur Einstellung des Bergbaus im Jahre 1898 wurden von diesen Flötzen vier gebaut, nämlich Johannisstein, Mittel, Dreibänke und Zweibänke.

Die Kohlen sind ausserordentlich mager. Piesberger »Anthracit« enthält nach v. Dechen 96,14—97,77 % Kohlenstoff. Auf den Bruchflächen herrscht lebhafter Glanz; das spezifische Gewicht ist ungewöhnlich hoch: 1,7.

Die Schieferthone des Piesberges enthalten viel guterhaltene Pflanzenreste, von denen Cremer die folgenden 39 Arten bezw. Gattungen bestimmt hat.

Neuropteris cf. acuminata
Neuropteris flexuosa !
Neuropteris tenuifolia !
Neuropteris rarinervis !! (= Neuropteris ovata Hoffmann)
Neuropteris Scheuchzeri !!
cf. Sphenopteris quadridactylites
Sphenopteris cf. artemisiaefolioides
Sphenopteris cf. obtusiloba

---

*) Vergl. Cremer, Die Steinkohlenvorkommnisse von Ibbenbüren und Osnabrück und ihr Verhältnis zur rheinisch-westfälischen Steinkohlenablagerung, Glückauf 1895, Taf. I.

Sphenopteris cf. neuropteroides
Dictyopteris Münsteri !!
Dictyopteris sp.
Pecopteris cf. abbreviata
Pecopteris cf. crenulata
Pecopteris imbricata !!
Pecopteris dentata !
Alethopteris lonchitica
Alethopteris cf. Serli
Mariopteris muricata !
Cyclopteris sp.
Calamites Cisti
Calamites Suckowi
Annularia stellata !!
Annularia spenophylloides
Asterophyllites cf. equisetiformis
Sphenophyllum erosum
Sphenophyllum angustifolium
Lepidophyllum sp.
Lepidodendron cf. lycopodioides
Lepidodendron sp.
Sigillaria cf. laevigata
Cordaites principalis !
Cordaianthus sp.
cf. Odontopteris osmundaeformis
Aphlebia Erdmanni
Aphlebia sp. !
Trigonocarpus sp.
Pinnularia sp.
Stigmaria sp. !!
Artisia sp.

Durch diese Pflanzenfunde konnte Cremer den Nachweis führen, dass das Piesberger und Ibbenbürener Carbon sehr wahrscheinlich derselben Altersstufe angehören.

Beide Vorkommen dürften im Alter der Gasflammkohlenpartie des Ruhrbezirks nahestehen.

Zu besonderer Berühmtheit ist das Flötz Zweibänke durch den Fund von drei wohlerhaltenen, gewaltigen Baumstümpfen mit Wurzeln gekommen; einer davon ist im Lichthofe der Kgl. Geologischen Landesanstalt aufgestellt, der zweite bildet eines der wertvollsten Stücke des Osnabrücker Museums, während der dritte noch im Besitze des Georgs-

Marien-Bergwerks- und Hütten-Vereins verblieben ist, dem das Bergwerkseigentum am Piesberge gehört.

Die Stämme sind im Hangenden des Flötzes aufrecht stehend gefunden worden. Soviel vom Stamm selbst erhalten war, stand im Schieferthon und teilweise noch im Sandstein und Konglomerat des Hangenden eingebettet. Nur im Schieferthon hat sich die Gestalt deutlich erhalten. Nach der Zeichnung ihres Steinkerns gehören die Stämme den Sigillarien an. Die Wurzeln breiten sich flach im hangenden Schieferthon über dem Flötze aus. Sie sind mehrfach — aber immer gabelig — verzweigt und auf den ersten Blick als Stigmarien zu erkennen.

---

6. Kapitel. Die Gliederung des niederrheinisch-westfälischen Steinkohlengebirges nach pflanzenpaläontologischen Gesichtspunkten.

Von Bergassessor Hans Mentzel.

Als Hülfsmittel zur Altersbestimmung der Schichten ist die Pflanzenpaläontologie an sich ebenso geeignet wie die Untersuchung der versteinerten Tierreste. Sie bietet gerade für das Carbon den grossen Vorteil, dass man Pflanzen fast überall in der Nähe der Flötze, besonders in deren Hangendem findet, während tierische Versteinerungen nur selten sind. Gerade hieraus ergiebt sich jedoch die Schwierigkeit paläophytologischer Horizontbestimmung: die Menge der Pflanzen ist, nicht nur, was Zahl der Individuen sondern auch der Arten betrifft, sehr gross; aus dieser grossen Menge sind aber nur verhältnismässig wenige zu Leitpflanzen geeignet, weil die meisten eine zu grosse vertikale Verbreitung besitzen. Dass Pflanzen in dem Sinne leitend sind, dass sie nur auf eine einzige Schicht oder eine schmale Schichtenfolge beschränkt sind, wie z. B. Palaeoniscus Freieslebeni auf den Kupferschiefer oder Inoceramus labiatus auf den Labiatus-Pläner, dürfte überhaupt nicht vorkommen, jedenfalls noch nicht beobachtet sein.

Obwohl die Bestrebungen zur wissenschaftlichen Erforschung der Pflanzenreste schon alt sind, gelingt es doch erst neuerdings, die Systematik auf die erforderliche Höhe zu bringen; auf den älteren Werken, wenigstens denen, die das westfälische Carbon zum Gegenstand haben, ist es nicht

möglich, weiter aufzubauen. Die Schriften von Andrae*) und von Roehl**)
nehmen keine Rücksicht auf das Vorkommen der Pflanzen in gewissen
Horizonten. Umgekehrt geht Achepohl in seinem Aufsatz: das niederrheinisch-westfälische Steinkohlengebirge. Atlas der fossilen Fauna und
Flora, (Oberhausen und Leipzig, 1880) gerade von den Fundflötzen aus
und giebt im Anschluss daran die Beschreibung und Abbildung der organischen Reste. Abgesehen davon aber, dass die Menge neuer Arten,
die Achepohl mit eigenartiger Liebhaberei aufgestellt und benannt hat,
das Zurechtfinden sehr erschwert, macht die Undeutlichkeit seiner Abbildungen eine Identifizierung seiner Arten mit denen anderer Autoren
unmöglich.

Die erste, auf wissenschaftlicher Grundlage aufgebaute »floristische
Gliederung« der Steinkohlenformation (und des Perm) verdanken wir
Potonié.***) Er stellt im ganzen elf Floren auf, die den Zeitraum vom
Culm bis zum Zechstein einschliesslich umfassen. In seine 3. bis 5. Flora
sind die flötzführenden Schichten des Ruhrbeckens einzugliedern. Um zu
diesem Ergebnis zu gelangen, waren eingehende Einzeluntersuchungen
nötig, um die sich wiederum Cremer grosse Verdienste erworben hat.†)
Er griff diejenige Pflanzenfamilie heraus, deren Systematik soweit revidiert
war, dass ihre Untersuchung für die Gliederung des Carbons Erfolg ver-
sprach: die Farne. In der That gelang es ihm auf dieser Grundlage drei
Gruppen von einander zu trennen:

die (untere) Gruppe der armen Flora, Gruppe A, mit Neuropteris
Schlehani (= Magerkohlenpartie),

die (mittlere) Gruppe der Uebergangs- und Mischflora,
Gruppe B (= Fettkohlenpartie z. T.) und

die (obere) Gruppe der reichen Flora und der Neuropteriden
(= Fettkohlen z. T., Gas- und Gasflammkohlenpartie).

Die folgenden beiden, von Cremer entworfenen Zusammenstellungen
geben eine Uebersicht der wichtigsten westfälischen Farne in ihrer verti-
kalen Verbreitung und eine Gliederung des westfälischen Carbons mit
Zugrundelegung dieser Pflanzenfamilie.

Das Steinkohlengebirge von Ibbenbüren und vom Piesberg bei Osnabrück
entspricht nach Cremer vermutlich einer Stufe, die noch etwas höher
liegt als die höchsten Schichten der westfälischen Gasflammkohlenpartie.

---

*) C. J. Andrae, Vorweltliche Pflanzen aus dem Steinkohlengebirge der
preussischen Rheinlande und Westfalens. Bonn, 1865—1869.

**) von Roehl, Fossile Flora der Steinkohlenformation Westfalens ein-
schliesslich Piesberg bei Osnabrück. Cassel, 1869.

***) H. Potonié. Die floristische Gliederung des deutschen Carbon und
Perm. Abh. d. Kgl. pr. geol. Landesanst. Neue Folge. Heft 21. Berlin, 1896.

†) Cremer, Ueber die fossilen Farne des westfälischen Carbons und ihre
Bedeutung für eine Gliederung des letzteren. Bochum, 1893.

Additional information of this book

(Geologie, Markscheidewesen; 978-3-642-90159-1; 978-3-642-90159-1_OSFO5) is provided:

http://Extras.Springer.com

Leider haben von allen Carbonpflanzen des Ruhrbeckens bisher nur die Farne eine Bearbeitung gefunden, die auf der Höhe moderner paläophytologischer Forschung steht. Eine entsprechende Untersuchung der übrigen Pflanzen, insbesondere der Calamariaceen und Sphenophyllaceen sowie der grossen Gruppe der Lepidophyten (Lepidodendren, Sigillarien, Stigmarien) steht vorläufig noch aus.

Nach der von Potonié durchgeführten Gliederung in verschiedene Floren entsprechen sich folgende Stufen der einzelnen Steinkohlenbezirke:

III. Flora: Ruhrbezirk: Flötzleerer Sandstein, Magerkohlenpartie,
       Oberschlesien: Rybniker Schichten, Sattelflötzschichten,
       Niederschlesien: Reichhennersdorf - Hartauer Schichten und
           grosses Mittel (z. T.),
       Saarbezirk: nicht vorhanden.

IV. Flora: Ruhrbezirk: Fett-, Gas- und liegende Gasflammkohlen,
       Oberschlesien: Karwiner (Orzescher) Schichten,
       Niederschlesien: Hangend-Zug, Schatzlarer Schichten,
       Saarbezirk: Untere Saarbrücker Schichten.

V. Flora: Ruhrbezirk: Hangende Gasflammkohlengruppe, Piesberg und
           Ibbenbüren,
       Oberschlesien: nicht bekannt,
       Niederschlesien: Hangende Partie der Rubengrube, Xaveristollner
           Flötzzug der Schwadowitzer Schichten,
       Saarbezirk: mittlere und obere Saarbrücker Schichten.

---

7. Kapitel. Gerölle fremder Gesteine in den Flötzen.

Von Bergassessor Hans Mentzel.

Aus den verschiedensten Steinkohlenbezirken wird davon berichtet, dass mitten in den Flötzen und rings eingeschlossen von Kohle abgerundete Geschiebe von fremdartigen Gesteinen angetroffen worden sind. Solche eigenartigen Funde sind mehrfach in Oberschlesien, im Ostrau-Karwiner Bezirk, in Sachsen, in England und Nordamerika (Ohio und Tennessee) gemacht worden.*) Ueberall gehören sie jedoch zu den Seltenheiten, selten

---

*) Vergl. hierzu u. a. Phillips, Manuel of geology. 1855. F. Roemer, Ueber das Vorkommen von Gneis- und Granulitgeschieben in einem Steinkohlenflötze Oberschlesiens; Z. d. d. g. G. 1864. Bonney, On the occurence of a quarzit boulder

treten sie in grosser Menge und nie in einer gewissen Beständigkeit auf.

Auch in den Flötzen des Ruhrgebietes hat man solche Gerölle hier
und da beobachtet. Aus der Litteratur ist dem Verfasser allerdings nur
ein einziger Fall bekannt, eine Beschreibung, die Noeggerath von einem
»Geschiebe der Grube Frischauf bei Witten« geliefert hat.*)

Die Seltenheit und das Rätsel, das die Herkunft solcher fremden, in
unseren Kohlenflötzen eingelagerten Gesteinsmassen aufgiebt, rechtfertigt
eine kurze Beschreibung der bisher bekannten Vorkommen.

Sämtliche Gerölle sind ringsum abgerundete, mehr oder weniger
eiförmig gestaltete Bruchstücke fester Gesteine, die aussen eine dünne,
tiefschwarze, glänzende Rinde zeigen und in der Kohle oder dem Nachfall
eingelagert gefunden worden sind. Beziehungen zu Verwerfungen
liegen nicht vor. Das Gestein ist meist feinkörniger bis dichter Quarzit;
nur zwei Stücke bestehen aus einem grauen festen Sandstein (Kohlensandstein?).

Bei fast allen Vorkommen ist die schwarze Rinde mit parallelen
Streifen oder Schrammen durchfurcht, eine Erscheinung, die verschiedenartig auftritt und demgemäss verschieden erklärt werden muss. Diejenigen
Streifen, die rings um das ganze Gerölle herumlaufend den Schichtungs-
flächen des Gesteins entsprechen, sind ohne Zweifel durch Herausarbeiten
weicherer Mineralteile beim Transport des Gerölles während seiner Ab-
schleifung entstanden. Die Gerölle der Flussbetten zeigen häufig dieselbe
Erscheinung. Die schwarze, glänzende Rinde dieser ersten Art von Geröllen
ist nur einige Zehntel Millimeter stark und durch den Gebirgsdruck dem
Geschiebe so fest aufgeprägt, dass sie sich den leichten Unebenheiten der
Oberfläche anschmiegt und daher die Streifung erkennen lässt. Andere
Stücke, deren Rinde mehrere Millimeter stark ist, zeigen auf ihr glänzende
Harnische oder feine, einseitig (nicht ringsum) verlaufende Streifung. In
diesem Falle liegen also typische Druckerscheinungen vor, wie sie bei
Gebirgsbewegungen durch den Widerstand des festen Gerölles innerhalb
der weichen Kohlenmasse hervorgebracht werden mussten.

Die Gerölle sind meist wallnuss- bis kopfgross, nur selten grösser.

Die bis jetzt bekannten Vorkommen stammen aus folgenden Flötz-
horizonten:

1. Hauptflötz, Zeche Caroline bei Holzwickede und Alte Hase bei
   Sprockhövel.

---

in a coal seam in South-Staffordshire; Geol. magaz. London 1873. Stur, Ueber
die in Flötzen reiner Steinkohle enthaltenen Steinrundmassen und Torf-Sphär-
osiderite; Jahrb. d. k. k. geolog. Reichsanstalt. 1885. E. Weiss, Gerölle in und auf
der Kohle von Steinkohlenflötzen, besonders in Oberschlesien; Jahrb. d. geol. L. 1885.
*) V. d. n. V. 1862.

2. Flötz Bergmann, Zeche Franciska.
3. Flötz Mausegatt (Frischauf) der ehemaligen Zeche Frischauf bei Witten.
4. Flötz Sonnenschein, Zeche Rheinpreussen III.
5. Flötz 5 (170 m über Sonnenschein) der Zeche Shamrock III/IV; mehrere Stücke, darunter ein Sandsteingeröll.
6. Flötz Marie (= Röttgersbank, 210 m über Sonnenschein) der Zeche Friedrich der Grosse. Hier wurden in mehreren Bauabteilungen zahlreiche Gerölle in der Kohle des Flötzes wie in dessen Nachfall gefunden.
7. Flötz 3 (240 m über Sonnenschein) der Zeche Rheinpreussen I/II.
8. Flötz Grethchen der Zeche Wilhelmine Victoria.
9. Flötz Zollverein der Zeche Dorstfeld.
10. Flötz 11 (unterste Gasflammkohle) der Zeche Schlägel und Eisen V/VI.
11. Flötz 12 (Kännelkohlenflötz) derselben Zeche; der 20 cm mächtige Nachfall dieses Flötzes zeigte sich in einer Bauabteilung des Ostfeldes mit zahlreichen wallnuss- bis kopfgrossen Geröllen durchsetzt.

Die Art und Weise, in der die eigenartigen Gerölle in unsere Steinkohlenflötze gelangt sind, ist ein Rätsel, für das die verschiedensten Lösungen vorgeschlagen worden sind. Stur hielt die »Steinrundmassen« von Oesterreichisch-Schlesien überhaupt nicht für echte Gerölle, d. h. durch Transport im Wasser abgeschliffene Gesteinsbruchstücke, sondern für Pseudomorphosen nach Torfsphärosideriten, d. h. nach Pflanzenreste enthaltenden Sphärosideritknollen. Für die Geschiebe aus dem Ruhrbecken trifft diese Annahme nicht zu. Sie zeigen vielmehr unverkennbar die Eigenschaften echter Gerölle, und zwar von Gesteinen, die sämtlich im Devon des rheinischen Schiefergebirges (teilweise auch im Carbon selbst) anstehend gefunden werden.

Schon Phillips, der das Vorkommen von Geröllen in Steinkohlenflötzen zuerst erwähnt, giebt eine Erklärung dafür: er glaubt, dass sie im Wurzelgeflecht von Bäumen eingeschwemmt worden seien. Thatsächlich begegnet dieser älteste Erklärungsversuch auch heute noch den wenigsten Bedenken. Auch E. Weiss, der besonders die oberschlesischen Gerölle einer eingehenden Beschreibung unterzogen hat, neigt dieser Annahme zu.

Nach der Theorie von der allochthonen Bildung der Steinkohle sollen die Flötze gewisser Kohlenbezirke aus gewaltigen Anhäufungen zusammengeschwemmten Treibholzes entstanden sein. Von einigen werden sogar sämtliche Kohlenflötze für allochthonen Ursprungs gehalten. Zu dieser Theorie würde die oben erwähnte Annahme, dass die Gerölle durch schwimmende Bäume mitgeführt worden seien, anstandslos passen; man müsste sich nur über die Seltenheit des Vorkommens wundern.

Für die Ruhrkohlenflötze ist jedoch nicht die Bildung aus angeschwemmten Holzmassen, sondern aus Pflanzenmaterial, das an Ort und Stelle gewachsen ist, anzunehmen (autochthone Entstehung). Will man daher das Vorkommen von Geröllen in der Kohle mit dem an und für sich annehmbarsten Deutungsversuch, dem Transport mittelst schwimmender Bäume erklären, so muss man entweder — nach dem Vorgang von E. Weiss — annehmen, dass eine teilweise Zuführung fremden, kohlebildenden Materials durch Treibholz stattgefunden hat, oder man muss sich den Vorgang so denken, dass in den Wurzeln ganz vereinzelter, zufällig herantreibender Baumstämme hängende Gerölle durch Vermoderung des Holzes oder Wellenschlag frei wurden und in das auf dem Grunde des Wasserbeckens in der Bildung begriffene Kohlenflötz niedersanken.

Dass niemals scharfkantige oder nur wenig abgerundete Gesteinsbrocken gefunden wurden, mag sich daraus erklären, dass die den Transport besorgenden Bäume an flacher Küste gewachsen waren, wo anstehender Fels nicht vorhanden war.

---

8. Kapitel. Theorie der Gebirgsfaltung mit besonderer Berücksichtigung des niederrheinisch - westfälischen Steinkohlengebirges.

I. Allgemeiner Teil.

Von Bergassessor Dr. Cremer.

Verglichen mit anderen Faltensystemen, z. B. denen der Alpen, kann man im allgemeinen die Intensität der Faltung im rheinisch-westfälischen Steinkohlengebirge mässig nennen. Wenn auch häufig recht steile, zuweilen sogar überkippte Schichtenstellungen vorkommen, so fallen doch im allgemeinen die Faltenflügel unter mittleren Winkeln ein und geben im Verein mit den vielfach abgerundeten Sattelrücken und Muldentiefsten dem ganzen System ein Gepräge massvoll geäusserter Kraftwirkungen. Am intensivsten erscheint die Faltung in den südlichen Teilen der Kohlenablagerung, nach Norden nimmt sie allmählich an Stärke ab. Als Mass für die Intensität der Faltung können dienen:

1. der Winkel, den die beiden Faltenflügel miteinander bilden. Er ist um so kleiner, je stärker der Zusammenschub wirkte, sinkt bis auf 45° und weniger und kann bei ganz flacher und breiter Faltung auf beinahe 180° steigen. Im Zusammenhang hiermit steht

2. die »Schärfe« der Falten, welche sich in einem mehr oder weniger plötzlichen und scharfen oder allmählichen, abgerundeten Uebergang von einer Fallrichtung in die andere äussert und alle möglichen Stadien zu durchlaufen vermag.

3. das Verhältnis zwischen Breite und Höhe bezw. Tiefe einer gefalteten Schicht oberhalb (bei Sätteln) bezw. unterhalb (bei Mulden) eines bestimmten Niveaus. Ist die Breite nur wenig (etwa ein- bis zweimal) grösser oder gar geringer als die Höhe bezw. Tiefe der Falte, so nennt man die Falten schmal, andernfalls, bei 5—10 und mehrfach grösserer Breite, werden sie breit genannt. Zwischen diesen Extremen finden wiederum alle möglichen Uebergänge statt.

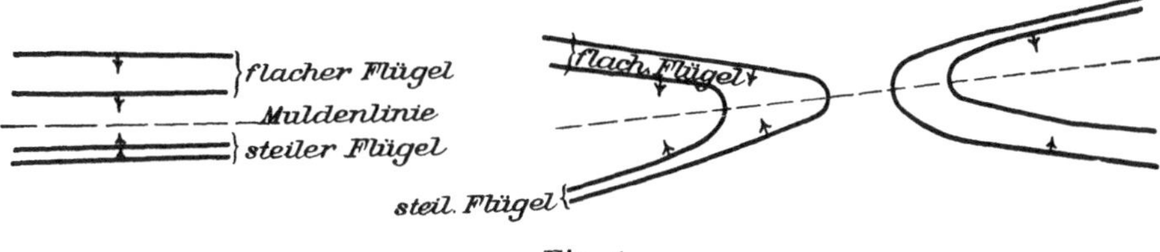

Fig. 4.

Falten mit verschieden stark einfallenden Flügeln.

Die beiden Flügel einer Falte können annähernd gleiches oder ein verschiedenes Einfallen besitzen (s. Fig. 4). Im ersteren Falle wird die durch die höchsten bezw. tiefsten Punkte der einzelnen Schichten gelegte Ebene (Sattel- oder Muldenebene) annähernd senkrecht stehen, in den übrigen Fällen aber eine geneigte Lage annehmen und zwar im Sinne des flacher geneigten Flügels. Falten mit senkrechter Sattel- oder Muldenebene kann man symmetrische oder gerade, die übrigen unsymmetrische oder schiefe Falten nennen.

Verändert sich der Einfallwinkel eines Faltenflügels im Verlauf seines Niedersetzens, so z. B. bei Ueberkippungen, so kann aus der Sattel- oder Muldenebene eine gekrümmte Fläche werden, die sich im Querschnitt als gebogene Linie darstellt. Die Skizzen in den Figuren 5—8 geben eine Anzahl der wichtigsten Faltentypen wieder, wie sie im Steinkohlengebirge ungemein häufig zu beobachten sind.

Verfolgt man ein Faltensystem nach der Tiefe hin, so macht man sehr häufig die Wahrnehmung, dass es allmählichen aber stetigen Veränderungen unterworfen ist. Vorhandene Falten verschwinden, neue treten auf, sodass das Profil ein ganz verändertes Aussehen gewinnen kann. Namentlich trifft dies für kleinere untergeordnete Falten zu, bei schiefen Falten und bei überkippter Lagerung der Flügel. Für ähnliche Beobachtungen an grösseren Falten ist die erreichte Teufe leider noch zu gering. Diese mit einer teilweisen Aufhebung des Parallelismus der Schichten verbundenen

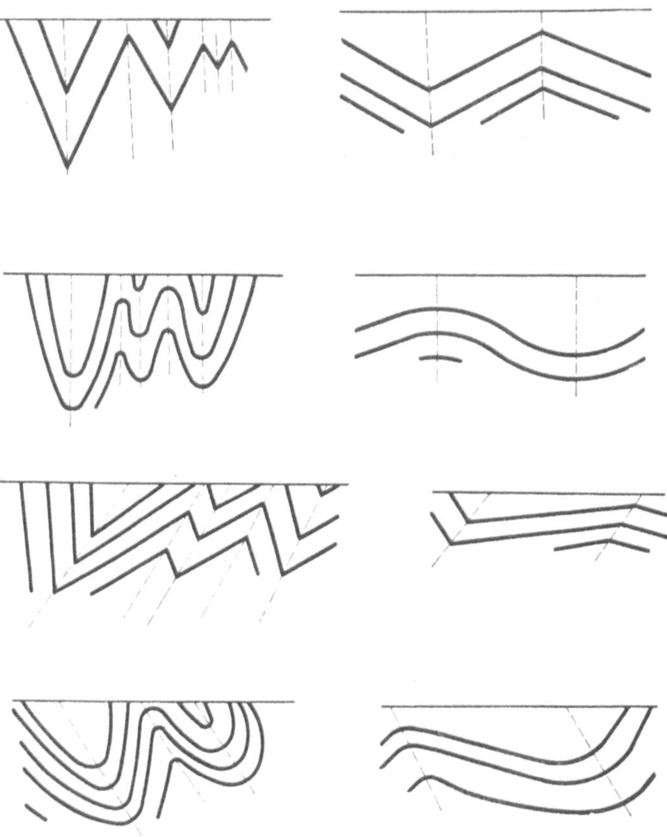

Fig. 5.

Verschiedene Faltentypen.

Erscheinungen stellen sich zum Teil als eine natürliche Folge der Faltenbildung dar. In grosser Teufe werden sämtliche Falten überhaupt verschwinden, während bei kleineren dieser Fall schon früher eintritt. Die verschiedene Intensität der Faltung vermag in Mulden wie in Sätteln nach unten oder nach oben hin sich verstärkende und wieder auslaufende Spezialfalten zu erzeugen.

Aehnlich wie nach der Tiefe hin verhalten sich die Falten in ihrer streichenden Ausdehnung: Die Intensität des Zusammenschubs wechselt, erreicht an einer Stelle ein Maximum, um in einiger Entfernung gleich Null zu werden: Die Falte verschwindet, verläuft sich allmählich auf dem Flügel einer anderen, mehrere Falten vereinigen sich zu einer, eine teilt sich in mehrere. Wie bei Betrachtung der Falten in ihrem Verhalten nach der Tiefe das Profil uns Aufschluss giebt, so dient bei dem Verfolg der streichenden Erstreckung der Horizontalriss als Darstellungsmittel, sei es in einem einzigen, sei es in verschiedenen Niveaus. Die Art der Darstellung ähnelt zum Teil der Methode der Isohypsen unserer topographischen Karten z. B. der Messtischblätter der preussischen Landesaufnahme und vermag bei Anwendung verschiedener Farben für bestimmte Schichten oder für die einzelnen Niveaus ungemein deutliche Bilder der Verhältnisse zu liefern. Das beste Anschauungsmittel bleibt freilich stets das Modell oder Relief; erst durch deren Studium lässt sich bei einiger Uebung eine sichere und klare plastische Auffassung der gezeichneten Karte gewinnen.

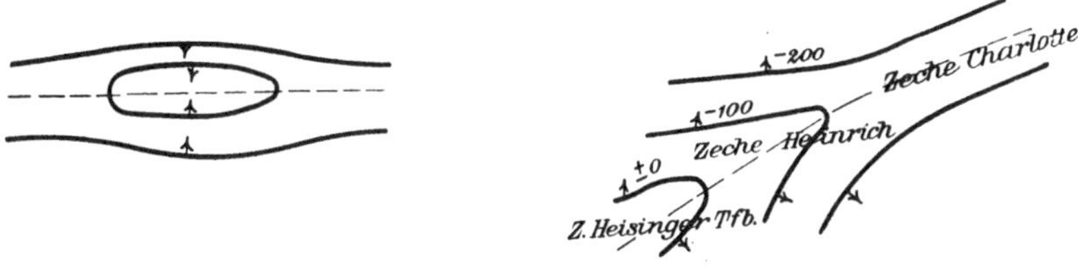

Fig. 6.

Uebergänge von geschlossenen zu offenen Falten.

Generelle Regeln über den Bau der Faltung, das Einfallen und die gegenseitige Stellung der Flügel, wie eine solche z. B. bei Aachen und in Belgien durch die Form der »Rechten« und »Platten« zum Ausdruck kommt, lassen sich für das rheinisch-westfälische Steinkohlengebirge nicht gut aufstellen. In 142 daraufhin untersuchten Fällen betrug die Zahl der ganz oder annähernd symmetrischen, geraden Falten 73 = 51 %, derjenigen Falten, bei denen der Muldensüdflügel steiler als der Nordflügel einfällt, 48 = 33 %, die Zahl endlich des umgekehrten Verhältnisses 21 = 16 %. In der Hälfte der Fälle haben also Druck und Gegendruck in gleicher Stärke gewirkt, in einem Drittel zeigt sich ein von Südosten kommender Druck, in nur einem Sechstel der Fälle der entgegengesetzte Druck von überwiegender Stärke.

Ueber die Intensität der Faltung in den verschiedenen Gegenden des Bergbaubezirkes ist zunächst schon oben bemerkt worden, dass sie nach Nordwesten hin allmählich abnimmt, wenigstens im westlichen und mittleren Teil des Gebietes, wo die Falten in ihrer grössten Breitenentwickelung bekannt sind. Ob dieses Verhältnis auch für den östlichen Gebietsteil —

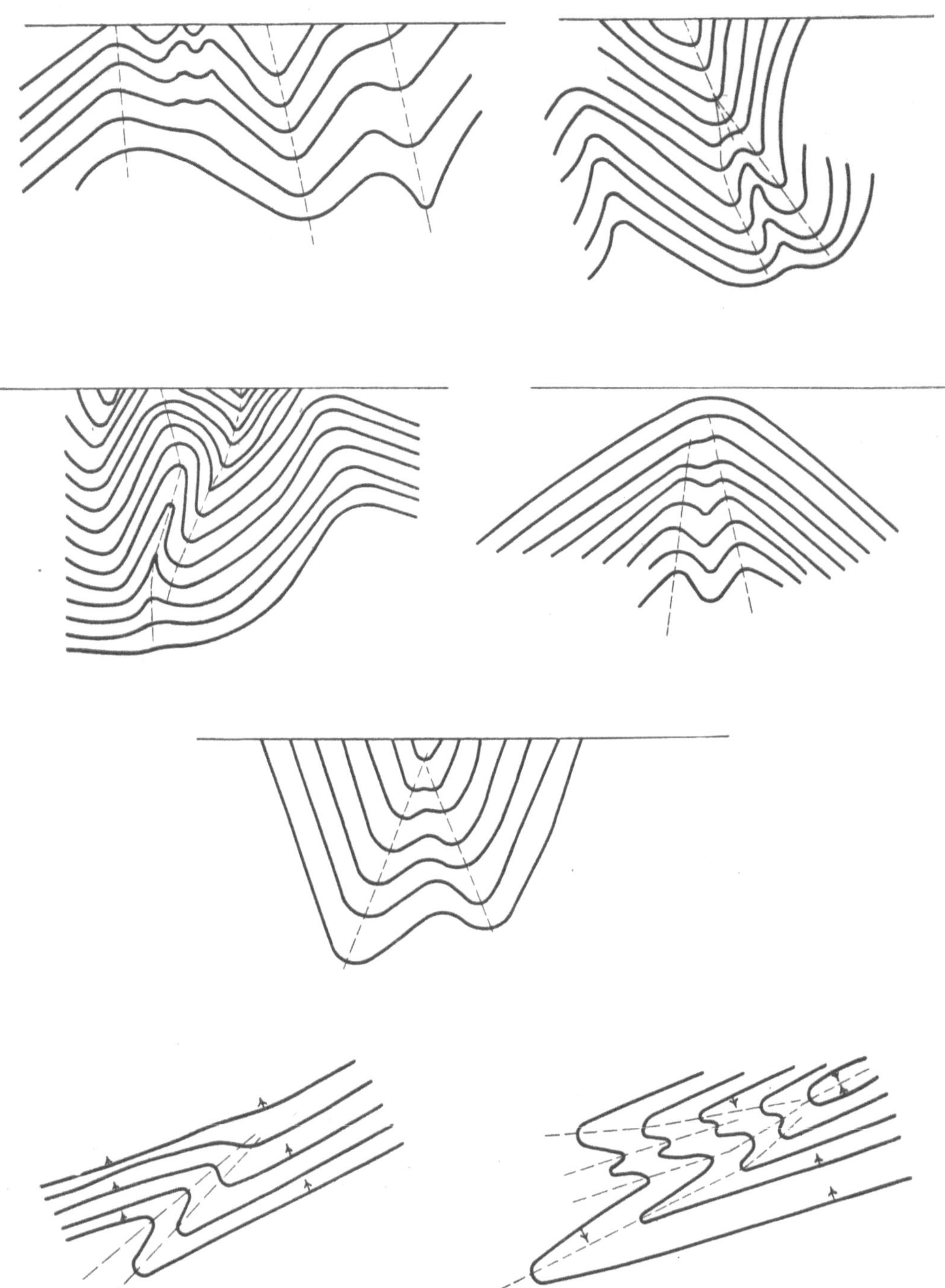

Fig. 7.

Beispiele für die Herausbildung von Spezialfalten.

etwa östlich und nördlich einer Linie Recklinghausen, Castrop, Dortmund, Unna, Werl u. s. w.
— zutrifft, ist mit Sicherheit noch nicht zu ent-
scheiden. Im allgemeinen scheint es wohl der
Fall zu sein, wenngleich neuere Bohrungen
nördlich der bekannten flachen und breiten
Mulden wiederum ausgedehnte Gebiete mit zum
Teil recht steiler Lagerung nachgewiesen haben.

Von Interesse ist ferner das Mass des Einfallens nach Norden, das dem ganzen Faltensystem infolge des Tieferwerdens der Mulden
eigen ist. Verbindet man in den verschiedenen
Querlinien die Muldentiefsten ein und derselben
Schicht miteinander, so bildet diese Linie mit der
Horizontalen einen Winkel von durchschnittlich
5—6°. Unter diesem Winkel (s. Fig. 8), der allerdings nur im westlichen Teile des Gebietes nachzuweisen ist, fällt also das Steinkohlengebirge
als Ganzes betrachtet nach Norden ein. Im
östlichen Teile der Ablagerung scheint eine derartige Regelmässigkeit nicht zu herrschen. Hier
wird die sonst ziemlich stetig einfallende Linie
häufig durch ausgedehnte Aufwölbungen des
ganzen Systems unterbrochen und scheint
stellenweise ein südliches Einfallen zu besitzen.
Doch müssen hier erst weitere Aufschlüsse im
Norden abgewartet werden, ehe ein sicheres
Urteil möglich ist. Im allgemeinen kann man
sagen, dass das flötzführende Steinkohlengebirge,
im Profil betrachtet, einen Keil darstellt, dessen
obere im allgemeinen ebene Begrenzungsfläche
nach dem Kreidemergel hin mit 2—3°, und dessen
untere, wellenförmig gestaltete Begrenzung im
allgemeinen mit 5—6° nach Norden einfällt, wie
dies in Fig. 8 schematisch angedeutet ist.

In Bezug auf das allgemeine streichende
Verhalten des Faltensystems ist schon oben gesagt, dass die Mulden nach Westen sich alle
ausheben, wenigstens soweit die bisherigen Aufschlüsse reichen. Nach Nordosten hin trifft dies
dagegen nur in beschränktem Masse zu, eine
Grenze der Ablagerung oder die Vorboten

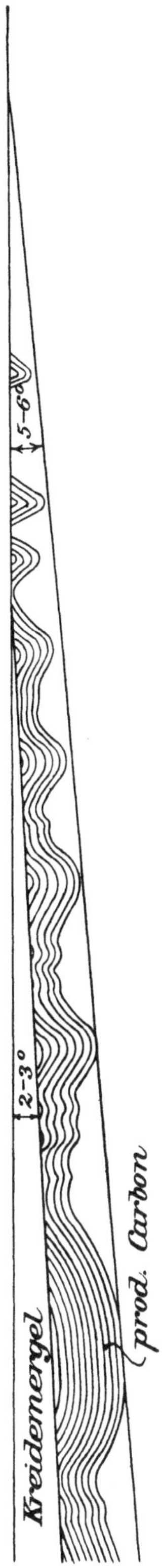

Fig. 8.

Schematisches Querprofil durch das Carbon und den Kreidemergel.

einer solchen machen sich also in dieser Richtung noch nicht bemerkbar.

Die Hauptstreichrichtung des ganzen Faltensystems oder die mittlere Faltungsrichtung lässt sich mit einiger Richtigkeit aus dem genau bekannten Verlauf einiger Hauptmuldenlinien ermitteln. Sie weicht danach um durchschnittlich 30° von der West-Ost-Linie nach Norden und um 60° von der Nord-Süd-Linie nach Osten ab, liegt also etwa in Stunde 4 des bergmännischen Kompasses und kann im allgemeinen als westsüdwestlich-ostnordöstlich bezeichnet werden.

II. Besonderer Teil.

Von Bergassessor Hans Mentzel.

Um zu einer bequemen Uebersicht der Faltungserscheinungen im Ruhrbezirk zu kommen, hat man sich gewöhnt, Hauptmulden und Hauptsättel anzunehmen, die zwischenliegenden Falten aber als Spezialmulden und Spezialsättel zu bezeichnen. Diese Annahme ermöglicht es, das Faltensystem sofort zu entwirren und in eine Anzahl leicht verfolgbarer Gruppen aufzulösen, sowie die Lage einer Grube oder eines Flötzstückes innerhalb der ganzen Ablagerung kurz und bestimmt anzugeben.

Der Begriff der Hauptmulden (und Hauptsättel) ist, obwohl einer der wichtigsten für den Bergbau des Ruhrbezirks, nicht genau festgelegt. Man denkt dabei einmal an ganze Muldensysteme und sagt demnach z. B.: die Bochumer Hauptmulde liegt zwischen dem Stockumer und dem Wattenscheider Sattel; man hat aber ferner auch die grösste (tiefste oder breiteste) Mulde jedes Muldensystems dabei im Auge, sodass man z. B. sagt: die Zeche Dannenbaum baut auf der Bochumer Hauptmulde und der Schacht Friederika steht auf einer nördlichen Spezialmulde. Es kann also beim Wechsel der Faltungsintensität im Streichen vorkommen, dass eine und dieselbe Mulde auf der einen Zeche als Hauptmulde, auf einer andern als Spezialmulde bezeichnet wird.

Im Folgenden soll nur unter Hauptmulde das ganze Faltensystem zwischen zwei Hauptsattel-Linien verstanden werden.

Einen Ueberblick giebt die geognostische Uebersichtskarte des niederrheinisch-westfälischen Steinkohlenbeckens im Massstab 1 : 100 000, die von der Markscheiderei der Westfälischen Berggewerkschaftskasse zu Bochum angefertigt worden ist (Tafel III). Die gleiche Karte, aber im Massstab 1 : 10 000 ausgeführt, dient als Grundrissblatt eines Glasmodells, das in 36 Glasprofiltafeln eine Darstellung der gesamten Ablagerung giebt. Das Modell war seiner Zeit im Pavillon des Bergbaulichen Vereins auf der Düsseldorfer Industrie- und Gewerbe-Ausstellung im Jahre 1902

durch die Berggewerkschaftskasse ausgestellt worden und wird gegenwärtig
in der Bergschule zu Bochum aufbewahrt.

Die Schwierigkeit der grundrisslichen Darstellung liegt in der Wahl
der Schnittebene. Nimmt man den Horizont von Normalnull an, so schneidet
der Grundriss zwar die südlichen Mulden in passender Höhe, um ein ge-
fälliges Bild zu geben. In nördlicher Richtung gerät aber die Ebene von
NN. bald in den Mergel. Wählt man andererseits zu gunsten der nördlichen
Gruben einen tieferen Horizont, z. B. — 400 m, so bekommt man von den
südlichen Mulden kein geeignetes Bild, weil die Grundrissebene hier schon
im Flötzleeren liegt. Um beide Uebelstände zu vermeiden, ist der Grundriss
stufenförmig in Abständen von je 150 m verlegt worden und zwar in den
Höhen von NN. (südlichste Stufe) — 150, — 300 und — 450 m (nördlichste
Stufe).

Um das Bild nicht zu verwirren, sind nur die Flötze: Hauptflötz,
Mausegatt, Sonnenschein, Catharina und Bismarck aufgezeichnet.

Ferner soll das »Querprofil durch das westfälische Steinkohlenbecken nach der Linie Herten—Weitmar—Hasslinghausen
im Massstab 1 : 25 000 (Tafel IV), dessen Original im Massstab 1 : 2500 gleichfalls in Düsseldorf ausgestellt war, zur Orientierung dienen.

Man unterscheidet fünf Hauptmulden und vier Hauptsättel,
nämlich in der Reihenfolge von Süden nach Norden:

die Wittener Mulde,

den Stockumer Sattel,

die Bochumer Mulde,

den Wattenscheider Sattel,

die Essener Mulde,

den Gelsenkirchener Sattel,

die Emscher-Mulde,

den Gladbecker Sattel und

die Lippe-Mulde.

Die ersten sechs dieser Namen gebraucht schon Lottner. Die
Emscher-Mulde bezeichnet er als Duisburger Mulde, ein Name, der dem
damaligen Stande der Kenntnis durchaus entspricht. Darüber hinaus waren
in nördlicher Richtung noch keine weiteren Falten aufgeschlossen.

Andere Bezeichnungen sind
Hattinger Sattel für den Stockumer Sattel,
Baaker Mulde oder Dortmunder Mulde für Bochumer Mulde,
Amsterdamer oder Rüttenscheider Sattel für Wattenscheider Sattel,
Stoppenberger Mulde für Essener Mulde,
Leybänker (fälschlich!) oder Speldorfer Sattel für Gelsenkirchener Sattel,
Horst-Recklinghausener oder Horst-Hertener Mulde für Emscher-Mulde,
Dorstener Mulde für Lippe-Mulde.

Die Wittener Hauptmulde ist die südlichste. Sie gliedert sich in eine ganze Reihe von Einzelmulden, die von Süden nach Norden als Herzkämper, Sprockhöveler, Blankenburger, Hamburger und Walfischer Mulde zu bezeichnen sind. Diese Gliederung gilt für den westlichen Teil des Bezirks von Hattingen bis etwa Witten. Von da ab nach Osten ändern sich die Verhältnisse, wie nachher gezeigt werden soll.

Die Herzkämper Mulde ist die südlichste Falte, in deren Kern das flötzführende Steinkohlengebirge noch erhalten ist. Geht man von ihr aus südlich weiter, so findet man immer ältere Schichten, also den flötzleeren Sandstein, den Culm, das Oberdevon und schliesslich bei Elberfeld das Mitteldevon.

Die Muldenlinie erstreckt sich von Herzkamp über Wetter in die Gegend von Herdecke.

Auf der Mulde bauen die unter dem Namen ver. Deutschland konsolidierten Zechen Herzkämper Mulde, Stock und Scherenberg und Deutschland, sowie die Zeche Trappe.

Die Muldenflügel stehen verhältnismässig steil, eine Erscheinung, die mit der allgemein im Ruhrbezirk gültigen Thatsache übereinstimmt, dass die Faltung im Süden am kräftigsten gewesen ist und nach Norden allmählich an Intensität abnimmt. Das Einfallen beträgt im Mittel — abgesehen natürlich von den im Muldentiefsten liegenden Flötzstücken — 60 bis 70°.

Der Knick im Muldentiefsten ist ziemlich scharf, d. h. der den Uebergang von einem Muldenflügel zum andern bildende Bogen hat nur einen geringen Durchmesser.

Welche Flötzpartien innerhalb einer Mulde vorhanden sind, hängt ganz allgemein davon ab, wie tief die Mulde an der betreffenden Stelle gegen Normalnull eingesunken und wie tief die Erosion bezw. Abrasion gedrungen ist. Bei der Herzkämper Mulde liegen die Verhältnisse in dieser Hinsicht so, dass nur die liegendsten Flötzgruppen bis zum Flötz Mausegatt erhalten sind, alles darüber liegende vollständig zerstört ist.

Nördlich schliesst sich unmittelbar an die Herzkämper Mulde, nur durch einen schmalen Sattel getrennt, eine kleinere Mulde an, in der Schacht Hiddinghausen steht. Sie erreicht auf Trappe dieselbe Tiefe wie die Herzkämper Mulde, enthält aber nur die Hauptflötzgruppe, nicht mehr Mausegatt.

Es folgt nördlich die kleine Doppelmulde von Sprockhövel. In ihrer südlichen Hälfte steht der Schacht Sprockhövel, in ihrer nördlichen der Schacht Schelle und Haberbank. In beiden Abteilungen ist Mausegatt noch vorhanden.

Durch den Sattel von Alte Haase getrennt liegt nördlich von der Sprockhöveler Mulde die Blankenburger. Sie ist in ihrem ganzen streichenden Verlauf in mehrere Spezialfalten gegliedert. Die Schächte Neu-Stüter, Hoffnungsthal, Blankenburg, Tulipan, Aurora, Juno, Bommerbänker Tiefbau, Siegfried kennzeichnen ihre Längserstreckung. Abgesehen von der östlichen und westlichen Muldenwendung enthält die Mulde überall Flötz Mausegatt, stellenweise auch noch den Horizont Finefrau.

Die Doppelmulde von Ver. Hamburg-Walfisch wird durch einen im Westen breiten, nach Osten zu sich verschmälernden Sattel von der vorgenannten getrennt. Von Hattingen bis Witten ist nur die nördliche dieser beiden Mulden vorhanden, in der die Schächte Helene und Walfisch stehen. Erst in der Gegend von Witten (Zeche Franziska) und Annen bildet sich gleichzeitig mit der Verschmälerung des Sattels die breite Mulde von Hamburg heraus. Auf dem kleinen Sattel, der sich nunmehr zwischen der Hamburger und der Walfischer Mulde heraushebt, steht der Schacht Ringeltaube. Auf der Zeche Ver. Hamburg ist Flötz Girondelle (= Kleine Hamburg) das hangendste von der Erosion verschonte Flötz. In der Walfischer Mulde ist dagegen die ganze Magerkohlenpartie bis zum Flötz Sonnenschein und darüber hinaus noch ein Teil der unteren Fettkohlen erhalten.

Die Mulde von Ver. Hamburg erstreckt sich östlich in der Richtung auf Hörde fort und leitet so zu der östlichen Ausbildung des Wittener Hauptmuldensystems über.

Die Faltenbildung der südlichen Mulden setzt sich selbstverständlich auch nach Osten hin fort. Da die Mulden aber die Neigung haben, sich in dieser Richtung herauszuheben, sind die entsprechenden Falten hier nur im flötzleeren Sandstein zu verfolgen. Spuren der flötzführenden Schichten finden sich noch in der Gegend von Herdecke und Westhofen in Gestalt von Flötzstücken der untersten Steinkohlenflötze. Weiter östlich verschwinden auch diese.

In der Gegend von Barop und Hörde zeigt die Wittener Mulde das Bild einer flachen, breiten, grösseren und einer südlich davon liegenden, steilen, schmalen, kleineren Mulde. Die grössere ist die verlängerte Mulde von Ver. Hamburg, die über Wiehndahlsbank, Kaiser Friedrich, Glückauf Tiefbau und Luise Tiefbau nach der südlich von Dortmund gelegenen alten Zeche Am Schwaben streicht, während die südliche von Gottessegen aus über Margaretha und Caroline nach den Schächten Gutglück und Friederica im Felde Alter Hellweg südlich von Unna zu verfolgen ist. Die letztgenannte Mulde enthält die Hauptflötzgruppe und nur an einer, durch eine Grabenversenkung begünstigten Stelle noch das Flötz Mausegatt.

In der Hamburger Mulde sind nicht nur die Magerkohlen-, sondern auch noch die Fettkohlenflötze vorhanden, in der erwähnten Grabenversenkung (im Felde Glückauf Tiefbau) sogar in vollständiger Entwickelung und in einer Mächtigkeit von 610 m. Flötz Catharina konnte allerdings nicht erkannt werden, da seiner Zeit bei Durchörterung des Horizontes dem Vorkommen von marinen Resten keine Aufmerksamkeit geschenkt worden war.

In östlicher Richtung sind die Falten abermals zahlreicher und steiler, sodass sich aus der einen breiten Hamburger Mulde deren mehrere, entsprechend schmälere herausbilden, die von Zeche Freie Vogel über Schacht Schleswig und Holstein streichen und erst im Felde von Massen wieder in eine einzige Mulde übergehen. In der östlichen Fortsetzung dieser Massener Mulde liegen die Baue von Königsborn. Der neue Schacht Königsborn III hat die am weitesten nach Osten hin vorgeschobenen Grubenaufschlüsse innerhalb der Wittener Mulde; sie hat sich hier aussergewöhnlich flötzreich erwiesen, da die gesamte Fettkohlenpartie in rd. 515 m Mächtigkeit in ihr erhalten ist. Flötz Catharina konnte allerdings auch hier nicht mit Sicherheit festgestellt werden, da die charakteristische Muschelschicht noch nicht gefunden wurde.

Jenseits von Königsborn liegen nur noch Bohraufschlüsse vor, aus denen hervorgeht, dass die Grenze der flötzführenden Schichten gegen das flötzleere Carbon, die zwischen Opherdicke und Strickherdicke unter der Mergeldecke verschwindet, über Frömern, Bausenhagen, Schlückingen, Werl, Bergstrasse und Brockhausen in nordöstlicher Richtung sich fortsetzt. Südlich von Werl, bei Borgeln, Merklingsen und Ampen ist in den Bohrlöchern kein Flötz mehr angetroffen worden. Wie die Sattel- und Muldenwendungen im einzelnen unter der Mergeldecke verlaufen, lässt sich aus den wenigen Bohrungen nicht mit Sicherheit ersehen.

Die Wittener Mulde gliedert sich auch in diesem östlichsten Abschnitt in mehrere Falten und zwar in mindestens zwei Mulden, die durch einen bei Kirchwelwer auftretenden Sattel getrennt sind. Eine Bohrung bei dem letztgenannten Ort hat fundlos aufgegeben werden müssen. In der südlichen Mulde sind die Bohrungen Wilhelm der Grosse und Bramey VIII—XI fündig geworden, auf der nördlichen liegen die Felder Morgenstern, Richard und der Hauptteil des Feldes Königin Luise.

Der Stockumer Sattel, der die Wittener Mulde nördlich begrenzt, streicht von Hattingen über Stockum, südlich an Dortmund vorbei und über Bönen nach Süddinker und Vellinghausen. An den beiden letztgenannten Orten ist er durch Bohrungen nachgewiesen.

Nach Westen weit über die Wittener Mulde hinausragend ist nördlich die Bochumer Hauptmulde vorgelagert. Auch sie besteht aus einem System paralleler Falten, die ebenfalls noch schmal sind, steile Flügel besitzen und verhältnismässig scharfe Krümmungen aufweisen. Einen wesentlichen Unterschied gegenüber der Wittener Mulde bewirkt die tiefere Einsenkung. Während bei dieser meist nur die untere, selten die ganze Magerkohlenpartie und nur ganz ausnahmsweise die Fettkohlen-

partie noch erhalten ist, wird in jener das Vorkommen von Fettkohlen zur
Regel. An besonders bevorzugten Stellen treten darüber noch die Gaskohlen auf.

Beginnt man im Westen, so treten hier drei schmale südliche und
eine breite nördliche Mulde in Erscheinung.

Die südlichste ist nur ganz im Westen scharf ausgeprägt, folgt etwa
der Linie Dildorf—Baak und enthält fast nur Magerkohlen.

In der zweiten stehen die Schächte Gilles Antoine, Dahlhauser
Tiefbau, Baaker Mulde, Friedlicher Nachbar, Carl Friedrich, Julius
Philipp, Berneck, Prinz Regent, Dannenbaum II und I, Mansfeld, Bruch-
strasse, Vollmond, Arnold, Jacob. Weiter ist sie nach Neu-Iserlohn und
Germania zu verfolgen.

Noch weiter im Osten über Dorstfeld hinaus werden die Verhältnisse
durchaus andere und erfordern eine besondere Besprechung.

Die dritte Mulde endlich, die sich westlich fast bis Kettwig erstreckt,
streicht über die Schächte Rudolf, Braut, Richrad, Poertingssiepen II,
Wasserschneppe, Henriette, Prinz Wilhelm, Steingatt, General (und Hasenwinkel), Friederika nach Prinz von Preussen.

Die nördliche flachwellenförmige Mulde umfasst die Gegend zwischen
Werden und Rüttenscheid (Grünewald, Klosterbusch, Langenbrahm).
Weiter nach Osten greift eine stärkere Faltung Platz und es bilden sich
unter Beteiligung von Ueberschiebungen längs des Wattenscheider Sattels
eine Anzahl Spezialmulden und -Sättel heraus, die von den Zechen bezw.
Schachtanlagen Gewalt, Eintracht, Heintzmann, Maria Anna und Steinbank,
Engelsburg, Centrum, Präsident, Carolinenglück, Constantin der Grosse
und Lothringen abgebaut werden.

Ein völlig anderes Bild bietet die Bochumer Mulde in ihrer östlichen
Ausbildung. Hier ist eine einzige breite Mulde vorhanden, an die sich
südlich nach dem Stockumer Sattel zu mehrere parallele, scharfe, teilweise
zerrissene Falten angliedern. Die Ausbildung der Falten im einzelnen
zeigt deutlich eine Abhängigkeit von der Gliederung des Gebirges im
Streichen nach Horsten und Gräben, ein Umstand, auf den in einer
neueren noch ungedruckten Untersuchung über die Faltungsvorgänge
Bergassessor Meyer besonders hingewiesen hat. Geht man nämlich von
der Annahme aus, dass gleichzeitig mit der von Süden her wirkenden
Faltung eine schwach wellenförmige Biegung der Schichten im Streichen
eingetreten ist (oder dass eine solche schon vor Beginn der Faltung vorhanden war), so ergibt sich nach Meyer, dass die Gebirgsteile, die auf
Einsenkungen im Streichen lagen, durch die faltende Kraft leicht zu einfachen tiefen Mulden zusammengeschoben werden konnten. Die anderen
Stücke jedoch, die in streichenden Aufwölbungen lagen, konnten nicht
ebenso leicht nach unten ausweichen; die Schubkraft bewirkte in ihnen

vielmehr ein Stauchen der Schichten und demgemäss eine Zerlegung in mehrere, intensiver gefaltete Streifen.

Die Verschiedenartigkeit der in den Erhebungen und der in den Einsenkungen bewirkten Falten musste nach Ueberschreitung der Elastizitätsgrenze zu Zerreissungen führen, wodurch die Einsenkungen zu Gräben, die Erhebungen zu Horsten herausgebildet wurden. Mindestens einige der Querverwerfungen im östlichen Teile des Ruhrkohlenbeckens sind also nach Meyer Seitenverschiebungen.

Die Horste müssen sich demnach im allgemeinen intensiver gefaltet erweisen als die Gräben.

Ohne auf die mancherlei Einwände einzugehen, die gegen die Hypothese erhoben werden können, muss anerkannt werden, dass sie viele sonst schwer erklärliche Lagerungsverhältnisse der besprochenen Gegend zu deuten geeignet ist.

Die oben erwähnte, breite, flache Mulde wird durch die Zechen Fürst Hardenberg, Preussen I und II und Grimberg in ihrem Verlauf gekennzeichnet. Die Aufschlüsse auf der letztgenannten Schachtanlage zeigen einen deutlich ausgeprägten, wenn auch flachen Muldensattel im Tiefsten der Mulde.

Zwischen dieser östlichen Ausbildung der Bochumer Mulde und der im Vorigen beschriebenen westlichen liegt in der Höhe von Dortmund ein eigenartig gelagerter Uebergangsstreifen, der besonders durch den Horst der Zeche Hansa charakterisiert ist. Dieser auf den ersten Blick sehr merkwürdig erscheinende Gebirgsstreifen, in dem die Flötze (statt wie sonst in h 4) in h 10 streichen, ist als ein im Westen, Süden und Osten von Verwerfungen begrenzter Horst anzusehen.

Der Streifen zwischen dem Stockumer Sattel und der breiten Hardenberg-Grimberger Mulde wird von steilen schmalen Falten eingenommen, die stellenweise bis zur Zerreissung zusammengepresst sind. Mehrfach ist die Beobachtung zu machen, dass eine Falte, welche einen Graben durchschneidet, in dem danebenliegenden Horst durch eine Störungszone vertreten ist. Solcher Falten sind im wesentlichen drei parallele vorhanden, die sämtlich streckenweise in Zerreissungen übergehen können. Die bedeutendste so gebildete Störungszone durchschneidet die Felder der Schachtanlagen Kaiserstuhl II, Scharnhorst und Grillo.

In den steilen Mulden nördlich des Stockumer Sattels sind zum grössten Teil Magerkohlen und untere Fettkohlen erhalten. Die Aufschlüsse gehen selten über Flötz Röttgersbank hinaus.

In der breiten Hardenberg-Grimberger Mulde ist die Fettkohlenpartie in ganzer Ausbildung vorhanden. Vereinzelt finden sich im innersten Teil der Mulde auch noch Flötze der Gaskohlenpartie, so auf Fürst Hardenberg und Preussen, schliesslich auf Preussen II auch noch solche der Gasflamm-kohlenpartie.

Auf der östlichen Fortsetzung der Bochumer Mulde hat sich schon seit vielen Jahren eine rege Bohrthätigkeit entfaltet, die auch jetzt noch nicht zum Abschluss gekommen ist, obwohl bereits eine stattliche Zahl von Verleihungen dort stattgefunden hat. Es kommen hier unter anderen die Gerechtsame der Zeche de Wendel, die Felder Prinz Schön-eich, die Felder der Maximilianshütte, der Mansfeldschen Kupferschiefer-bauenden Gewerkschaft (z. T.) und endlich diejenigen der Internationalen Bohrgesellschaft und der Bohrgesellschaft Westfalen in Betracht.*)

Während der Stockumer Sattel von Königsborn III aus über Bönen in der Richtung auf Süd-Dinker streicht, ist die Fortsetzung des Watten-scheider Sattels auf der Linie Werne—Bockum, Ermelinghof, Vorhelm zu vermuten. Bei Werne liegen durch die Schachtanlage der Georgs-Marien-Hütte bereits Grubenaufschlüsse des Sattels vor; im übrigen ist man auf Bohrlöcher angewiesen. Die zwischen den beiden Sattellinien liegenden Bohrlöcher haben — mit Ausnahme einer Zone bei Dolberg, die einem Spezialsattel zu entsprechen scheint — durchweg flach einfallende Gebirgs-schichten angetroffen. Will man den Analysen der erbohrten Kohlenflötze entscheidenden Wert für den geologischen Horizont, dem die Flötze an-gehören, beimessen, so kommt man zu der Annahme, dass im grössten Teil der Mulde die Fettkohlenflötze unter der Mergeldecke abstossen. Auf dem Südflügel der Mulde sind Magerkohlen erbohrt worden.

Am bekanntesten sind die Ergebnisse der Mansfelder Bohrungen geworden. Sie gehören, soweit sie überhaupt in der Bochumer Mulde stehen, deren Nordflügel an. Mansfeld II und III liegen 3,5 km nordwest-lich von Hamm; sie haben das Carbon unter einer Mergeldecke von 707 bezw. 715 m erreicht**) und sind rd. 200 m in die flötzführenden Schichten hineingetrieben worden. Beide durchsanken eine Anzahl Flötze, aus denen auf einen grossen Kohlenreichtum der durchteuften Partie zu schliessen war. Nach dem Ergebnis der Probe bestanden die Flötze aus Gaskohle.

Der Wattenscheider Sattel lässt sich nach den bisherigen Auf-schlüssen auf eine Länge von rd. 93 km etwa von der Rheinischen Eisen-bahn nördlich Bahnhof Lintorf bis in die Gegend von Vorhelm nordöstlich von Hamm verfolgen. Bei Lintorf und Selbeck bildet er die dortigen von

---

*) Anfang des Jahres 1903 hat man auf Zeche de Wendel beim Schacht-abteufen bei 632 m Teufe das Flötz Catharina, kenntlich an der marinen Schicht im Hangenden, angefahren. Die Kohle liefert in der Probe 36 % Gas, ist also gasreicher, als sie normalerweise zu sein pflegt.

**) Schulz-Briesen, Das Deckgebirge des rheinisch-westfälischen Carbons Gl. 1902, S. 1093 ff.

Erzgängen durchquerten Aufwölbungen. In seinem Verlauf durch den Industriebezirk berührt er die Orte Rüttenscheid, Wattenscheid, Mengede und Werne. Da sich im Westen nach dem Rheine zu der Sattelrücken immer mehr heraushebt, treten hier ältere Schichten zu Tage. Besonders schiebt sich der flötzleere Sandstein in Form einer schmalen Zunge an der Erdoberfläche bis tief zwischen die Bochumer und Essener Mulde hinein.

Die Essener Mulde (Fig. 9) nähert sich in ihrem mittleren Teil von Essen bis Eickel idealer Gestalt. Ihre Form ist breit und flach, das Verhältnis zwischen Breite und Höhe der Muldenflügel (b : h) beträgt etwa 25 : 1.

Fig. 9.

Diese für den Abbau ausserordentlich günstige Form, der Mangel an streichenden Störungen sowie der Reichtum an Flötzen, der auf der tiefen Einsenkung der Mulde beruht und stellenweise durch Grabenversenkungen noch erhöht wird, alle diese Umstände vereinigen sich, um gerade diesem Gebiet eine ausserordentliche volkswirtschaftliche Bedeutung zu geben. Die Zechen, die auf diesem Teil der Essener Mulde bauen, sind Sälzer-Neuack, Victoria Mathias, Graf Beust, Helene und Amalie, Zollverein, Friedrich - Ernestine, Bonifacius, Königin Elisabeth, Dahlbusch, Hibernia, Consolidation, Rhein - Elbe und Alma, Holland, Centrum, Hannover, Hannibal, Königsgrube, Shamrock, Pluto. Das Grubenfeld von einigen der genannten Zechen liegt nur zum Teil innerhalb der Mulde, umfasst jedoch noch Teile der benachbarten Sättel.

Die Muldenlinie erstreckt sich von der Kruppschen Fabrik in Essen über Stoppenberg und Ueckendorf nach Eickel.

Die Mulde enthält sämtliche Flötzpartien bis einschliesslich zu den Gaskohlen, in dem Graben von Königsgrube—Hannover auch noch die unteren Gasflammkohlen bis zum Flötz Bismarck.

Beiderseits im Streichen verändert sich der Charakter der Essener Mulde, indem sie ihre regelmässige Gestalt verliert. Fasst man zunächst den westlichen Teil ins Auge, so begegnet man in der Höhe von Essen den Anfängen zweier Spezialmulden, die sich aus dem nördlichen wie aus dem südlichen Muldenflügel herausbilden und die Muldenwendung der grossen Essener Mulde umklammern, sodass das folgende schematische Bild

(Fig. 10) entsteht. Die nördliche Spezialmulde heisst Schölerpader, die südliche Frohnhauser Mulde.

Die Essener Mulde schliesst sich unterhalb der Kruppschen Fabrik in flacher Muldenwendung. Westlich davon bildet sich bei der Zeche Hagenbeck ein Sattel heraus, der die Schölerpader von der Frohnhauser Mulde scheidet. Im weiteren Fortstreichen verflachen sich die beiden

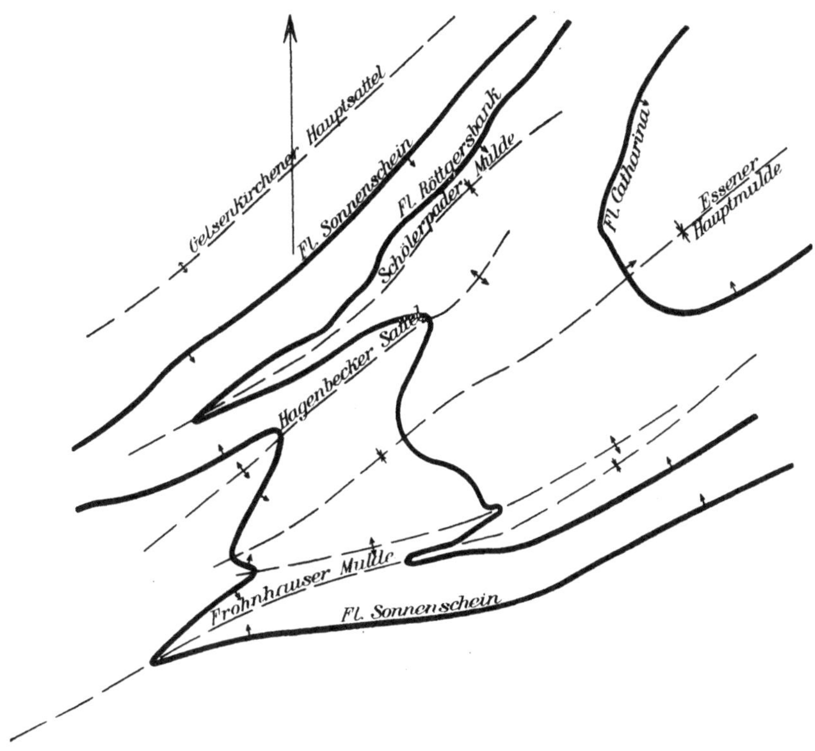

Fig. 10.

Westliche Muldenwendung der Essener Mulde.

Mulden allmählich (im Felde von Humboldt und Rosenblumendelle, wo gleichzeitig eine Ueberschiebung den Hagenbecker Sattel durchschneidet). Im Felde von Wiesche, Leybank und Schacht Müller der Zeche Sellerbeck ist nur noch eine durch zwei Spezialsättel dreifach gegliederte Mulde vorhanden, die sich in der Gegend von Mülheim völlig heraushebt.

Auch die östliche Fortsetzung der Essener Mulde lässt die ideale Form des mittleren Abschnittes vermissen. Zum Teil sind es die mit dem Wattenscheider Sattel verbundenen Ueberschiebungen, zum Teil Spezialfalten, die den einheitlichen Eindruck verwischen.

Oestlich der im Felde von Shamrock III/IV und Hannibal liegenden Muldenwendung senkt sich die Mulde nochmals ein und setzt sich durch die Felder Shamrock I/II, Constantin IV/V, Mont Cenis, Erin, in nordöstlicher Richtung vermutlich nördlich von den Schächten Adolf v. Hansemann und im Felde von Minister Achenbach fort.

Sie enthält hier grösstenteils nur die Fettkohlen, an einigen Punkten, z. B. im Felde von Mont Cenis, auch noch Gaskohlen und Gasflammkohlen.

Verhältnismässig breit und mit Spezialfalten verbunden tritt fast durch das ganze Kohlengebiet hindurch der Gelsenkirchener Sattel auf. Im westlichen Teil umschliesst er die »Sattelmulde« von Sellerbeck, Wolfsbank, Carolus Magnus, die im Felde des Kölner Bergwerkvereins sich allmählich heraushebt. Nach kurzer Unterbrechung folgt im Felde von Consolidation und Pluto (Wilhelm) wiederum eine Einsenkung im Sattel, die auf Consolidation die dortige Ueberschiebung in charakteristischer Weise mit gefaltet hat (vgl. Tafel XV). Weiter östlich tritt flachwellenförmige Lagerung (Recklinghausen I und II, Friedrich der Grosse, König Ludwig) ein, die im Felde von Victor wieder von stärkerer Faltung abgelöst wird.

Diejenige Sattellinie, die in der Regel für den Gelsenkirchener Hauptsattel in Anspruch genommen wird, erstreckt sich auf der Linie Speldorf, Schacht Kronprinz, Schacht Wolfsbank, Zollverein IV, Consolidation, Pluto (Thies), v. d. Heydt.

Die Bezeichnung Leybänker Sattel trifft für den Hauptsattel nicht zu, da der Sattel des Schachtes Leybank nur einen Spezialsattel südlich des Gelsenkirchener Hauptsattels bildet.

Die nördlichste Mulde, auf der Bergbau in grossem Umfange bisher stattfindet, ist die Emscher-Mulde (Duisburger Mulde nach Lottner, Horst-Hertener Mulde nach Haniel, auch Horst-Recklinghausener Mulde genannt). Sie übertrifft die sämtlichen vorbesprochenen Mulden nicht nur an Breite, sondern auch an Tiefe und daher an Flötzreichtum. Während in der Essener Mulde Flötz Bismarck das hangendste Flötz ist, findet sich in der Emscher-Mulde eine über 400 m mächtige flötzführende Schichtenfolge noch über diesem Leitflötz.

Verfolgt man die Emscher-Mulde im Streichen, so findet man, dass ihr mittlerer Abschnitt — ähnlich den Lagerungsverhältnissen in der Essener Mulde — eine geschlossene Mulde bildet. Ihre Form ist zwar nicht so modellartig wie die der Essener Mulde, da grosse Querstörungen sie vielfach zerrissen haben. Immerhin lassen sich aber die Muldenwendungen beiderseits im Osten sowohl wie im Westen deutlich verfolgen; die streichende Länge dieses geschlossenen Muldenteiles erstreckt sich vom

Felde der Zeche Prosper bis in das der Zechen Ewald, Recklinghausen und General Blumenthal. Auf Prosper II ist die westliche Muldenwendung in der unteren Gasflammkohlenpartie, z. B. im Flötz Prosper I überfahren worden, auf Ewald die östliche im Flötz Bismarck.

Innerhalb dieser rd. 15 km langen Strecke bildet die Emscher-Mulde eine einfache, durch Spezialfalten nicht komplizierte Mulde, die im Grundriss — von der Wirkung der Querstörungen abgesehen — etwa elliptische Form zeigt. Die grösste Breite zwischen dem Gelsenkirchener Sattel im Felde von Consolidation und dem Gladbecker Sattel, projektiert im fiskalischen Felde Bergmannsglück, beträgt 8 km. Im tiefsten Teil der Mulde, im Felde der Zeche Graf Bismarck, ergiebt die Projektion für Flötz Sonnenschein eine Teufe von rd. 1850 m unter NN. Trotz dieser erheblichen Tiefe ist die Form der Mulde im ganzen sehr flach zu nennen. Das Verhältnis der Breite b (Fig. 11) zur Höhe h beträgt z. B. im Felde der Zeche Graf Bismarck im Flötz C 34 : 1.

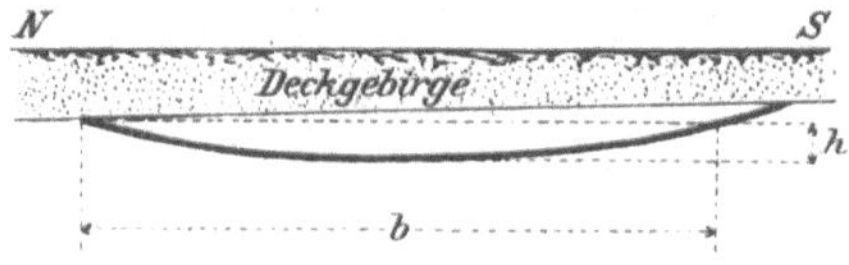

Fig. 11.

Der geschlossene mittlere Teil der Emscher-Mulde enthält die sämtlichen Flötzpartien bis einschliesslich der unteren Gasflammkohlengruppe oder bis zum Flötz Bismarck, in dem am tiefsten eingesenkten Gebiet (im Feld der Zeche Graf Bismarck) noch einen 360 m mächtigen darüber liegenden Horizont der oberen Gasflammkohlenpartie bis zum Flötz (unbenannt) 48 cm K. 8 cm B. 40 cm Brdsch. (10 m über Flötz A).

In der westlichen Fortsetzung zeigt die Emscher-Mulde ein anderes Bild als im mittleren Teil: die Lagerung geht durch Verbreiterung der Spezialfalten des Gelsenkirchener Sattels und Herausbildung neuer Falten in die Form flacher Wellen über, wie sie in den Feldern der Zechen Oberhausen, Concordia, Neumühl, Deutscher Kaiser und Westende rechts- und Rheinpreussen linksrheinisch bekannt ist.

Auf der östlichen Fortsetzung der Emscher-Mulde über die Zeche General Blumenthal hinaus ist erst kürzlich mit dem Abteufen von Schächten vorgegangen worden. Die Zeche Ewald Fortsetzung hat bereits im Jahre 1902 das Steinkohlengebirge und zwar die Gaskohlenpartie erreicht. Im Abteufen begriffen ist ferner die Zeche Emscher-Lippe.

Auch im Osten wird das Bild durch die Spezialsättel des Gelsenkirchener Sattels beeinflusst. Statt des einen im Felde von Zollverein vorhandenen Sattels bilden sich deren drei heraus, die Sättel von v. d. Heydt (Gelsenkirchener Hauptsattel), von Recklinghausen I und Recklinghausen II. Dazu kommt eine tiefe Grabenversenkung, auf der ein etwa 2,5 km breiter Gebirgsstreifen bis zu 900 m gegen die benachbarten Schichten abgesunken ist. Dieser Flötzgraben fällt zum grössten Teile in die Grubenfelder von Schlägel u. Eisen und General Blumenthal und ist die Ursache, weshalb gerade diese beiden Zechen die höchsten, mit Grubenbauen bisher überhaupt erreichten Flötzhorizonte aufweisen. Das Flötz Dach der Zeche Schlägel u. Eisen (= Flötz Fortunata der Zeche General Blumenthal) liegt 430 m über Flötz Bismarck.

Auf dem Horste nordöstlich der Blumenthaler Hauptverwerfung, die den Graben begrenzt, baut die Zeche General Blumenthal Gaskohlenflötze. Das liegendste Flötz Louis liegt 85 m über Flötz Laura.

Auf dem Gladbecker Sattel sind noch sehr wenige Aufschlüsse durch den Bergbau geschaffen worden. Auch diejenigen Zechen, die einen Sattel als Begrenzung des Nordflügels der Emscher-Mulde erreicht haben — Graf Moltke, Ver. Gladbeck und Schlägel u. Eisen —, sind noch nicht genügend weit nach Norden vorgedrungen, um feststellen zu können, ob wirklich die Hauptsattellinie erreicht ist, oder ob es sich nur um Spezialfalten handelt.

Die Schachtanlage Auguste-Victoria ist noch rund 5 km nordwestlich (querschlägig gemessen) von dem auf Schlägel u. Eisen aufgeschlossenen Sattel angesetzt worden. Sie ist demnach diejenige Zeche, die gegenwärtig am weitesten in die Lippe-Mulde vorgeschoben ist. In östlicher Richtung markscheidend mit der Gerechtsame von Auguste-Victoria liegen die unter dem Namen Elfriede, Hohenzollern, Friedrich und Haltern gemuteten Felder in der Lippe-Mulde, in denen — von lokalen Ausnahmen abgesehen — Fett- und Gaskohlenflötze in flacher Lagerung erbohrt worden sind. Sie sind z. Z. in fiskalischen Besitz übergegangen.

9. Kapitel. Theorie der Verwerfungen mit besonderer Berücksichtigung des niederrheinisch - westfälischen Steinkohlengebirges.

Von Bergassessor Dr. Cremer, ergänzt von Bergassessor Hans Mentzel.

Hierzu die Tafeln XIII—XV.

In zwei Richtungen äussern sich vornehmlich die Kräfte, die eine gewaltsame Trennung der Gebirgsschichten und damit die Entstehung von Verwerfungen bewirken: in vertikaler Richtung abwärts und in horizontaler Richtung. Auf diese beiden Bewegungen und ihre Kombinationen, im Zusammenhang mit der Faltenbildung, lassen sich sämtliche Verwerfungserscheinungen unseres Steinkohlengebirges zurückführen. Die vertikal nach unten gerichtete Bewegung ist eine Folge der Schwerkraft, die horizontal verlaufende eine Aeusserung des sogenannten Seiten- oder Tangentialdruckes, der auch die Faltung bewirkt und über dessen Ursache die Ansichten noch auseinandergehen.

Je nach der steileren oder flacheren Lage der Verwerfungsspalten und Risse, nach ihrer Ausbildung selbst, nach ihrer Richtung, ihrem räumlichen und zeitlichen Verhältnis zur Gebirgsfaltung und zu einander, sowie je nach dem grösseren oder geringeren Mass des durch sie bewirkten Verwurfes lässt sich eine ungemein grosse Anzahl äusserlich verschiedener Verwerfungserscheinungen unterscheiden. Theoretisch lassen sich durch Kombination der genannten Möglichkeiten viele Tausende anscheinend verschiedener Verwerfungsarten und Aeusserungen konstruieren.*) In Wirklichkeit giebt es jedoch glücklicherweise nur eine beschränkte Anzahl genetisch verschiedener Verwerfungen und zwar, in der Reihenfolge ihrer Häufigkeit, folgende:

1. Senkungsrisse oder Sprünge,
2. Ueberschiebungsrisse oder Ueberschiebungen,
3. Seitenverschiebungsrisse oder Verschiebungen.

Bei den Senkungsrissen oder Sprüngen ist der im Hangenden der gewöhnlich steil stehenden und quer zur Faltung verlaufenden Risse liegende Gebirgsteil in der Richtung der Schwerkraft, also nach dem Mittelpunkt der Erde hin und in der Einfalllinie der Verwerfungsebene, abwärts gesunken. Bei den Ueberschiebungsrissen, die stets ganz oder annähernd parallel zur Gebirgsfaltung verlaufen und flachgelagert sind, hat

---

*) Vergleiche in dieser Beziehung z. B. die vielen »Arten« von Sprüngen bei von Carnall, Die Sprünge im Steinkohlengebirge, Berlin 1835.

der Seiten- oder Tangentialdruck einen Gebirgsteil über den anderen, der Fallrichtung entgegengesetzt, hinaufgeschoben. Derselbe Seitendruck ist bei den Verschiebungsrissen thätig gewesen. Er bewirkt an diesen gewöhnlich sehr steil oder senkrecht stehenden und häufig sogar von einer Einfallrichtung in die entgegengesetzte übergehenden, meist quer zur Faltung verlaufenden Rissen, eine seitliche, annähernd horizontale Verschiebung der getrennten Gebirgskörper oder eine diesseits und jenseits verschiedene Ausbildung der Falten.

Die genannten einfachen Fälle bilden die Regel in der Art des Auftretens der Verwerfungen. Es kommt jedoch häufiger vor, dass zwei oder mehrere Verwerfungserscheinungen sich untereinander oder mit der Faltung kombinieren, z. B. Senkung und Seitenverschiebung, Seitenverschiebung mit verschiedener Ausbildung der Falten auf beiden Seiten des Risses u. s. w. In solch komplizierten Fällen ist es nicht immer ganz leicht, häufig sogar unmöglich, sich über die Vorgänge bei der Entstehung ganz klar zu werden und genau den Weg zu verfolgen, den das abgerissene und verworfene Gebirgsstück nun thatsächlich zurückgelegt hat. Die für die Praxis wichtigste Frage bei allen Verwerfungen ist aber die gegenseitige Lage der getrennten Gebirgsteile, und das planmässige Wiederfinden, die »Ausrichtung« der verworfenen Lagerstätte ist nur dann möglich, wenn der von dem verworfenen Gebirgsteil zurückgelegte Weg wenigstens in seiner Richtung erkannt ist. Erst in zweiter Linie kommt hierbei die Länge dieses Weges, die Grösse des Verwurfes oder kurz der »Verwurf«, in Betracht. Das natürliche Mass für die Grösse des Verwurfes ist die Länge des wirklich zurückgelegten Weges: z. B. bei Sprüngen der Betrag der Senkung gemessen in der Einfalllinie des Verwerfungsrisses, bei Seitenverschiebungen der Betrag der Horizontalbewegung gemessen im Grundriss u. s. w. Jedoch hat man sich in der Praxis daran gewöhnt, das Mass des Verwurfes auch an anderen Erscheinungen auszudrücken, wie an dem rechtwinkligen oder horizontalen Abstand oder an der lotrechten Entfernung der verworfenen Flötzteile (Seigerverwurf) u. s. w. Diese Massbezeichnungen lassen sich durch Rechnung oder Konstruktion leicht in das natürliche Mass, den wirklich zurückgelegten Weg, umwandeln. Im folgenden ist unter »Verwurf« oder »Verwurfshöhe«, wenn nicht anders angegeben, der thatsächlich zurückgelegte Weg des verworfenen Gebirgsteiles in der Bewegungsfläche verstanden.

I. Die Sprünge.

Die Risse, an denen die Senkung erfolgte, fallen meist steil, mit 60—80° durchschnittlich, ein; wesentlich flachere Einfallwinkel sind noch nicht beobachtet worden. Die Streichrichtung liegt gewöhnlich innerhalb des nordwestlichen bezw. südöstlichen Quadranten, d. h. die Sprünge verlaufen quer zum Faltensystem. Nur ausnahmsweise bei den streichenden Sprüngen nähert sich ihre Richtung dem Verlauf der Sattel- und Muldenlinien. Das Einfallen ist bald nach Nordost, bald nach Südwest bezw. nach Norden und Süden gerichtet, doch ist es bemerkenswert, dass von den grösseren Quersprüngen die Mehrzahl ein nordöstliches Einfallen besitzt. In ihrem streichenden Verlauf bilden die längeren Risse keine geraden Linien auf der Karte, sondern zeigen flache Krümmungen. In diesem Falle bilden die Risse selbst keine Ebenen, sondern flachgebogene Flächen. Die Länge der Sprungrisse ist ausserordentlich verschieden und wechselt von einigen Metern bis zu mehr als 20 km, ebenso steigt der Verwurf von wenigen Centimetern bis auf annähernd 1000 m. Gewöhnlich ist der Verwurf an den Endpunkten des Risses gering und vergrössert sich nach der Mitte hin, doch kann diese allmähliche Zunahme auch unterbrochen werden und das Mass des Absinkens an den verschiedenen Punkten ohne deutliche Regel sich ändern.

Die Risse selbst stellen bald glatte Schnitte dar, bald mehr oder weniger breite Klüfte und Spalten mit oder ohne Ausfüllungsmasse (Reibungsprodukte, Erze, Mineralien). Häufig vereinigt sich ein ganzes System von Schnitten und Klüften zur sog. »Störungszone«, bei denen ein genaueres Verfolgen der Einzelverwerfungen oft unmöglich erscheint und lediglich die Gesamtwirkung, die Summe der Einzelwirkungen, beobachtet werden kann. Aeltere und jüngere Sprünge von verschiedener Streichrichtung und entgegengesetztem Einfallen durchkreuzen sich und verwerfen sich gegenseitig, gleichgerichtete Risse laufen zusammen oder trennen sich. Kurz, die gegenseitigen Wirkungen können höchst mannigfaltige und zum Teil recht verwickelter Art sein.

Von besonderem Interesse ist das Verhältnis der Sprünge zur Faltung der Gebirgsschichten. Weitaus die meisten der Senkungsrisse sind jünger als die Gebirgsfalten, haben diese also in ihrer aufgerichteten Stellung in Mitleidenschaft gezogen. Nur bei wenigen und zwar mehr streichend verlaufenden Sprüngen lässt sich vermuten, dass sie vor Vollendung der Faltung bereits vorhanden waren. Die nach der Entstehung des Risses und nach erfolgtem Absinken des hangenden Gebirgsteils fortdauernde Aufrichtung und Faltung des Schichtenkomplexes kann eine widersinnige, dem ursprünglichen Einfallen entgegengesetzt gerichtete Lage des Sprunges herbeiführen und den Eindruck hervorrufen, als sei nicht der hangende, sondern der liegende Gebirgsteil gesunken (s. Fig. 12).

Ueber die bei der bildlichen Darstellung von Sprüngen im Grundriss und Profil hervortretenden Momente soll Tafel XIII eine Anschauung geben, die teils verschiedene Niveaus einer Schicht (Flötz), teils mehrere Schichten eines Niveaus in ihrer durch den Sprung bewirkten Lage darstellen.

Die wichtigsten Erscheinungen sind folgende:

1. Die getrennten Flötzstücke weisen im Grundriss häufig eine Seitenverschiebung auf, deren Betrag abhängig ist von der Verwurfhöhe, dem Einfallen der Verwerfung und des Flötzes und dem Winkel, den die Streichungslinien beider mit einander bilden.

2. Der herabgesunkene Teil einer Mulde erscheint breiter als der stehengebliebene; umgekehrt ist es bei Sätteln.

3. Die Schnittlinie zwischen Verwerfungsriss und Flötz bildet in der grundrisslichen Darstellung verschiedener Niveaus bei gefalteter Schichtung eine Kurve, deren Ausbildung von der Einfallrichtung und

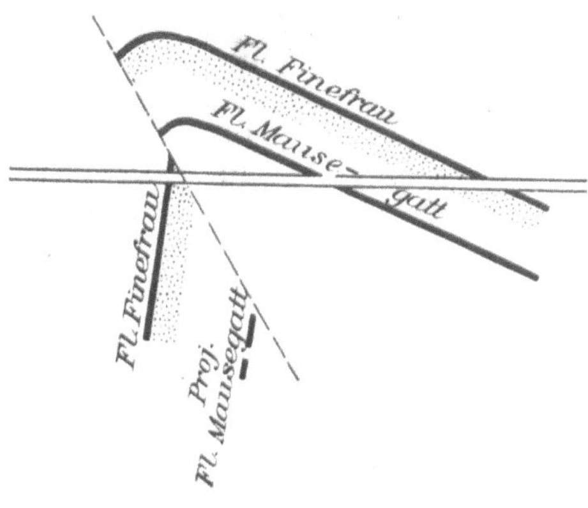

Fig. 12.

Streichender Sprung von Zeche Hamburg.

Stärke des Sprunges und des Flötzes sowie von den beiderseitigen Streichrichtungen abhängt. Bei regelmässig geneigter Lage der Schichten ist diese Schnittlinie eine gerade, wie in Fig. 3, Tafel XIII dargestellt.

4. Profile geben ein um so richtigeres Bild der Lage und Wirkung eines Sprunges, je mehr sich die Streichrichtungen der Verwerfungen und Schichten einander nähern — Querprofile bei streichenden Sprüngen, Längsprofile durch Sattel- und Muldenlinien bei Quersprüngen.

5. Die in den weitaus meisten Fällen gültige Regel für die Wiederausrichtung des durch einen Sprung verworfenen Flötzteils lautet: Befindet man sich beim Anfahren der Sprungkluft in deren Hangendem, so ist das verworfene Flötzstück jenseits des Sprunges im Hangenden zu suchen und umgekehrt. Diese Regel versagt nur in seltenen Fällen, wenn nämlich der Sprung flacher einfällt als das Flötz und zwar gleichsinnig, und wenn gleichzeitig der Sprungwinkel stumpf ist. Unter dem Sprungwinkel wird derjenige Winkel verstanden, den die Schnittlinie von Flötz

Additional information of this book

(Geologie, Markscheidewesen; 978-3-642-90159-1; 978-3-642-90159-1_OSFO6) is provided:

http://Extras.Springer.com

und Sprung mit dem ins Liegende des Flötzes gerichteten Streichen des Sprunges bildet. Fällt die Schnittlinie mit der Einfalllinie der Verwerfung zusammen, dann liegen beide Flötzstücke gerade voreinander.

Eine Aufzählung und Beschreibung aller im niederrheinisch-westfälischen Steinkohlengebirge bekannt gewordenen Sprünge, deren es viele Tausende giebt, würde eine sehr ermüdende und dabei ziemlich zwecklose Arbeit sein. Man wird sich darauf beschränken müssen, die bedeutenderen herauszugreifen und in ihrem Verlauf und ihren Wirkungen kurz darzustellen, betreffs der übrigen aber lediglich auf die Flötzkarte zu verweisen. Von solchen grösseren oder »Hauptsprüngen« mögen immerhin mehrere Dutzend aufgezählt werden können, je nachdem man ihnen — von 50 oder 100 m Verwurfshöhe ab etwa — eine grössere Bedeutung zusprechen will. Runge deutet auf seiner Flötzkarte 11 bedeutende Querverwerfungen an, Schulz-Briesen unterscheidet allein in der Emscher-Mulde 14 Hauptsprünge.

Aus der grossen Zahl der bekannten Sprünge sollen nur folgende wenige hervorgehoben werden;*)

1. Die Verwerfung der Zeche Rheinpreussen (Hauptverwerfung daselbst). Sie durchschneidet mit einem Streichen zwischen h 9 und 10 in mehrfach schlank gebogenem Verlauf und mit östlichem Einfallen von rund 60° das Grubenfeld. Die Störungszone ist 150—180 m breit. Es sind zwei parallele Sprünge vorhanden, deren Wirkungen sich addieren. Der erste (westliche) bewirkt ein Absinken des hangenden Gebirgsteiles um 75 m seiger, der zweite (östliche) ein solches von 293 m, sodass die gesamte Sprunghöhe seiger gemessen 368 m beträgt. Diesem Masse entspricht es, dass man bei Durchörterung der Störungszone Flötz B (360 m über Sonnenschein) in die Verlängerung von Flötz 9 (20 m über Sonnenschein) verworfen fand.

Ob die Störung mit dem Sprung der jetzt ersoffenen Zeche Java und mit den Gangspalten der Lintorfer Erzgänge identisch ist, mag vorläufig dahingestellt bleiben.

Die übrigen im Feld von Rheinpreussen weiter östlich aufgeschlossenen Sprünge (zwei von je 20 m, einer von 6 m und einer von 75 m seigerer Verwurfshöhe) sind von geringerer Bedeutung.

2. Die Verwerfung Ruhr und Rhein — Deutscher Kaiser. Sie fällt westlich ein und bewirkt einen Seigerverwurf von rd. 170 m.

---

*) Die Erwähnung einzelner bedeutender Sprünge wurde als Ergänzung des Cremerschen Textes von Bergassessor Mentzel hinzugefügt. Die Zahlenangaben sind, soweit sie die Emscher-Mulde betreffen, grösstenteils dem Aufsatz von M. Schulz-Briesen (Min. Z. 1896, S. 41 ff.) entnommen.

3. Die Verwerfung Westende — Deutscher Kaiser. Sie hat bei östlichem Einfallen eine Verwurfshöhe von rd. 200 m. Der 1,5 km breite Streifen zwischen den beiden letztgenannten Störungen bildet daher einen annähernd symmetrischen Horst.

4. Die Verwerfung Königin Elisabeth — Kölner Bergwerksverein = Prosper. Sie setzt auf dem Südflügel der Essener Mulde auf, fällt östlich ein und streicht in nordwestlicher Richtung bis in die Emscher-Mulde, wo sie auf Zeche Prosper ein Ausmass von 235 m erreicht. Im Gelsenkirchener Sattel beträgt die Sprunghöhe im Felde von Helene und Amalie nur 60 m, in der Essener Mulde dagegen (auf Zeche Königin Elisabeth) schon 160 m.

5. Die Verwerfung Mathias Stinnes — Graf Moltke. Sie fällt westlich ein und wechselt ihre Sprunghöhe auf geringe Entfernungen in ungewöhnlich hohem Masse. Nach Schulz-Briesen ist der Verwurf in der Fettkohlenpartie der Zeche Graf Moltke 385 m hoch, während er in der Gasflammkohlengruppe derselben Zeche — also näher dem Mulden-tiefsten — nur 62 m beträgt. In der Muldenlinie scheint das Ausmass wieder die Höhe von 200 m erreicht zu haben. Die Zeche Mathias Stinnes auf dem Südflügel der Emscher-Mulde hat im Flötz 4 die Störung überhaupt ohne Verwurf durchörtert, während in den Flötzen 2 und 3 der Verwurf schon wieder vorhanden ist.

Die Störungen zu 4. und 5. schliessen zwischen sich die Grabenver-senkung ein, in der die Zechen Prosper II und Mathias Stinnes unter aus-nahmsweise günstigen Lagerungsverhältnissen bauen.

6. Die Verwerfung Wilhelmine Victoria — Graf Moltke. Sie streicht vom Gelsenkirchener Sattel ausgehend in flachem, nach Westen offenem Bogen mit westlichem Einfallen durch das Feld von Nordstern in das von Graf Moltke; der Verwurf misst im Felde von Wilhelmine Victoria 55 m, auf Nordstern 115, auf Graf Moltke sogar 180—250 m.

7. Die Verwerfung Dahlhauser Tiefbau — Graf Bismarck. Von allen Sprüngen des Ruhrbezirkes ist dieser auf die grösste Erstreckung — rd. 19 km — bekannt. Die südlichsten Aufschlüsse liegen zwischen Oberwinz a. d. Ruhr und Linden. Der Sprung streicht von hier aus an-nähernd nördlich über die Zechen Hasenwinkel, General, Ver. Maria-Anna und Steinbank, Fröhliche Morgensonne, Centrum, Hannover, Rhein-Elbe und Alma, Pluto, Unser Fritz bis in das Feld von Graf Bismarck. Darüber hinaus sind Aufschlüsse nicht vorhanden. Auf dem Wattenscheider Sattel schwenkt das Streichen in mehr nordwestliche Richtung ab.

Der Sprung fällt nach Osten ein, der östliche Gebirgsteil ist daher gesunken. Auf Dahlhauser Tiefbau beträgt das Ausmass 350 m, auf General 310 m, auf dem Wattenscheider Sattel (Zeche Centrum) ebenfalls rd. 300 m, auf dem Südflügel der Essener Mulde 500 m, auf dem Nordflügel 420 m.

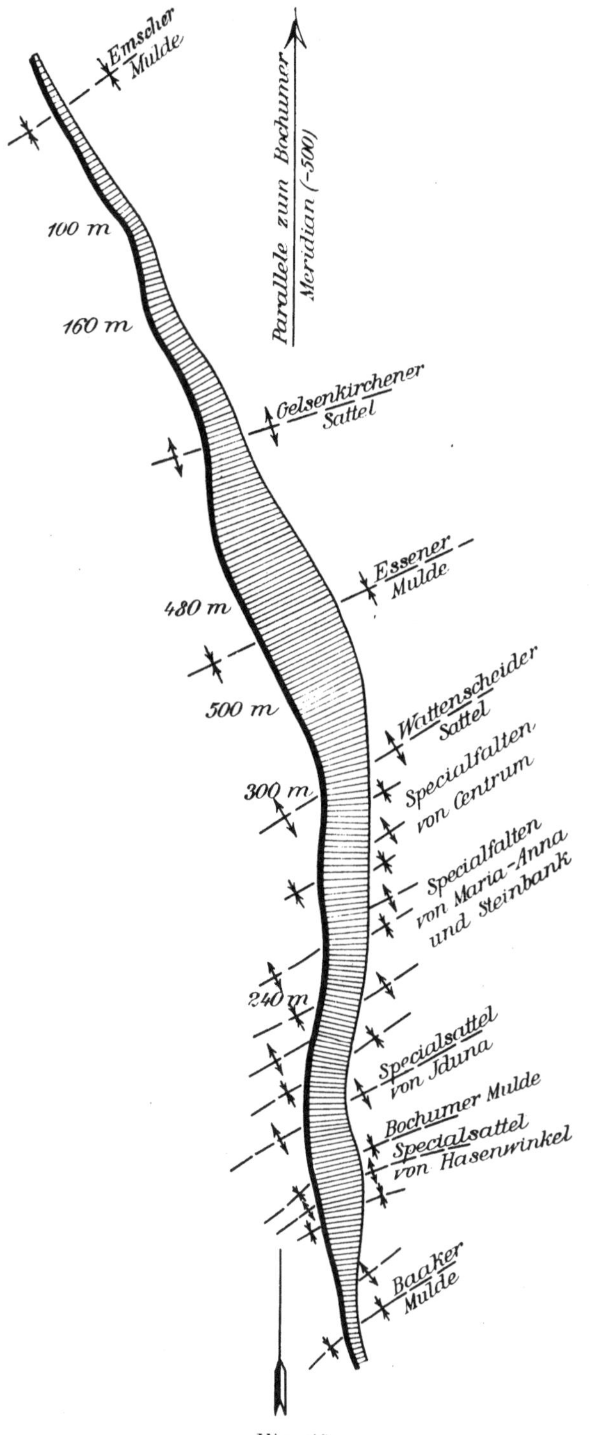

Fig. 13.

Hauptverwerfung Dahlhauser Tiefbau — Graf Bismarck.

Längenmassstab 1 : 100 000. Böschungsmassstab 1 mm – 50 m Verwurf.

Die Zahlen bedeuten das seigere Ausmass des Verwurfs in runden Ziffern.

Auf Unser Fritz ist der Verwurf nach Schulz-Briesen noch 160 m hoch, während er nach den Aufschlüssen von Graf Bismarck nur noch 100 m beträgt. In Figur 13 ist der Versuch gemacht worden, auf einer grundrisslichen Darstellung des Sprunges gleichzeitig den Wechsel in der Verwurfshöhe zur Anschauung zu bringen.

Auffallenderweise fällt die südliche Verlängerung des Sprunges mit der Linie Hattingen—Herzkamp zusammen, d. h. mit der Linie, auf der sich die Spezialmulden der Wittener Mulde (Herzkämper, Sprockhöveler, Blankenburger und Hamburger Mulde) nach Westen hin ausheben. Es liegt deshalb nahe, anzunehmen, dass in diesen Mulden das Steinkohlengebirge nur deshalb der Erosion entgangen ist, weil es durch den im flötzleeren Sandstein südlich von Hattingen fortstreichenden Sprung östlich der Linie Hattingen—Herzkamp in die Tiefe versenkt wurde.

Achepohl bezeichnet die Verwerfung Dahlhausen — Graf Bismarck als »Primus«.

Etwa 4 km östlich von der genannten Verwerfung durchsetzt ein anderer, nicht so bedeutender Sprung bezw. ein System von Sprüngen in den Feldern Hannibal und Shamrock die Essener Mulde. Da an diesem die Schichten auf der Westseite abgesunken sind, entsteht zwischen ihm und dem Primus-Sprung ein Graben, dem insbesondere die Felder Hannover und Königsgrube ihren grossen Flötzreichtum zu danken haben. In beiden Feldern ist die Gasflammkohlenpartie bis zum Leitflötz Bismarck durch die tiefe Versenkung insbesondere längs des Primus-Sprunges der Abrasion entgangen.

8. Die Verwerfung Constantin der Grosse — Schlägel und Eisen, Secundus-Sprung nach Achepohl. Sie streicht in nordwestlicher Richtung über Shamrock I, II, v. d. Heydt, Friedrich der Grosse, Recklinghausen I und II in das Feld von Schlägel und Eisen, wo ihre nördlichsten Aufschlüsse liegen. Das Einfallen ist nach Osten gerichtet. Auf dem Horste westlich von der Verwerfung ist die einfache Muldenform der Essener Mulde vollständig verändert. Statt der modellartig ausgebildeten Essener Mulde und des Gelsenkirchener Sattels treten eine ganze Anzahl von Spezialfalten auf, von denen besonders die Sättel von Shamrock, v. d. Heydt, Recklinghausen I und II hervorgehoben zu werden verdienen. Der Schwerpunkt des Abbaues auf diesen Sätteln liegt in der unteren Fettkohlengruppe. Oestlich vom Sekundus-Sprung sind auf Mont Cenis und Friedrich der Grosse Gaskohlen und zum Teil untere Gasflammkohlen aufgeschlossen.

Das Ausmass der Verwerfung beträgt auf Friedrich der Grosse 730 bis 750 m, auf Recklinghausen 270 m und auf Schlägel und Eisen 400 m.

Im Felde von Recklinghausen schart sich der Sprung mit einigen östlichen Seitentrümern.

9. Die Verwerfung König Ludwig—General Blumenthal. Sie
fällt östlich ein und verwirft auf König Ludwig die Schichten um 300 m.
Auf dieser Zeche streicht rd. 600 m westlich dieses Sprunges eine andere,
gleichfalls östlich einfallende Verwerfung, die aus dem Felde von Friedrich
der Grosse kommt. Durch beide Sprünge wird bewirkt, dass im Sattel
von König Ludwig die untere Fettkohlengruppe in treppenförmiger Lagerung dreimal erscheint (vgl. die Skizze Fig. 14).

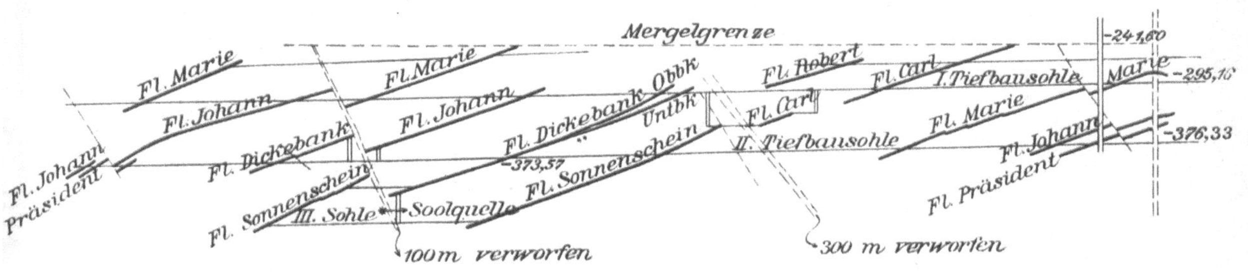

Fig. 14.

Sprünge im Sattel von Zeche König Ludwig.

10. Die Verwerfung Germania—Schlägel und Eisen, gewöhnlich Blumenthaler Hauptverwerfung genannt, Achepohls Tertius. Sie
durchschneidet die Grubenfelder von Zollern, Erin, Victor, König Ludwig
und General Blumenthal, streicht zuerst nordwestlich, dann aus dem Felde
von König Ludwig nach General Blumenthal und Schlägel und Eisen in
flachem nach Südwesten offenen Bogen. Die Störung fällt in westlicher
Richtung ein; sie hat demnach ein Absinken des westlichen Gebirgsstückes bewirkt. Der Verwurf beträgt auf König Ludwig schätzungsweise
500—600 m. Man hat hier östlich der Verwerfung Flötz Sarnsbank der
mageren Partie angetroffen, das an der marinen Schicht im Hangenden
erkannt wurde.

Ein höher liegendes, gleichfalls auf König Ludwig aufgeschlossenes
Flötzchen von 60—65 cm Kohle scheint Mausegatt zu sein, obwohl seine
Kohle in der Probe backt. Auch ein Konglomerat wurde mit einem nörd-
lichen Querschlag durchörtert, das die Vermutung nahelegte, dass der
Horizont von Finefrau erreicht war.

Auf der Zeche General Blumenthal ist Flötz Nelly (= Flötz Rive,
Zeche Schlägel und Eisen, 370 m über Bismarck) vor Flötz 1 (450 m unter
Bismarck) geworfen. Das Ausmass beträgt hier etwa 800—900 m.

Die Breite der Störungszone wird auf den Zechen König Ludwig und
General Blumenthal zu 50—100 m angegeben.

Auf Zeche Schlägel und Eisen V/VI ist die gestörte Partie gleichfalls in bedeutender Mächtigkeit angefahren worden. An ihrer nordöstlichen Grenze, also im Liegenden der Verwerfung, fand sich ein merkwürdiger Mergelabsturz, der auf eine nachträgliche geringe Verschiebung längs der Verwerfung schliessen lässt, die der ersten grossen Bewegung entgegengesetzt gerichtet war (vgl. das 10. Kapitel).

11. Die Verwerfung Wiendahlsbank—Walfisch, auch Rüdinghauser Verwerfung genannt. Sie fällt östlich ein und bewirkt nach Runge einen Verwurf von 392 m. Es mag dahingestellt bleiben, ob die zwischen den Schächten von Siebenplaneten und Neu-Iserlohn einerseits und Borussia und Germania andererseits auftretenden Störungen die unmittelbare Fortsetzung der Rüdinghauser Verwerfung bilden.

12. Die Verwerfung von Glückauf Tiefbau, Achepohls »Quartus«, auch Kirchlinder Störung genannt. Sie setzt in der Form mehrerer Trümmer bei Wichlinghofen und Kirchhörde auf und streicht etwa in h . 8 durch das Feld von Glückauf Tiefbau nach Menglingsen. Hier biegt sie in nördliche Richtung ab und zieht bis in die Mitte des Wegs von Marten nach Dorstfeld. An diesem Punkte scheint sie sich mit einer anderen Störung zu scharen, die von Carlsglück kommend, sich durch die Felder von Zollern, Graf Schwerin und Erin bis nach Victor erstreckt. Die Störung hat den östlichen Gebirgsteil in die Tiefe gerückt. Die Gegend von Brüninghausen, Barop und Hacheney wird von einem ganzen Bündel verschiedener Sprünge durchzogen, die teils gleiches, teils entgegengesetztes Einfallen wie die Glückaufer Verwerfung zeigen. Von grösserer Bedeutung ist der Sprung, der westlich von Brüninghausen auf Klein-Barop zu streicht. Er hat westliches Einfallen und bildet daher zusammen mit der Glückaufer Verwerfung eine Grabenversenkung, welche die gesamte Fettkohlenpartie vor der Erosion geschützt hat, ein Fall, der in der Wittener Mulde nur noch auf Königsborn etwas Aehnliches findet.

Das Ausmass der Verwerfung im Zuge der Bochumer Mulde wird von Runge auf 160—170 m angegeben.

13. Die Bickefelder Verwerfung, Achepohls »Quintus«. Sie erstreckt sich von Zeche Bickefeld über Freie Vogel und Unverhofft und Kaiserstuhl nach Minister Stein und Fürst Hardenberg. Zwischen den beiden letztgenannten Anlagen streicht sie hindurch.

Der westliche Gebirgsabschnitt ist abgesunken. Die Grösse des Verwurfs wird auf 600—800 m angegeben.

14. Die Königsborner Verwerfung. Zwischen den Schachtanlagen I und II der genannten Zeche setzt ein Sprung durch, der sich nördlich in das Feld von Monopol fortsetzt. Der östliche Gebirgsteil ist abgesunken und zwar um so viel, dass im Ostfelde von Königsborn die Fettkohlenpartie nahezu vollständig erhalten ist, während auf dem westlichen Schacht I Magerkohlen gebaut werden. Die Mulde ist hier insofern

abweichend von der Regel ausgebildet, als der Nordflügel steiler einfällt als der Südflügel. Die Muldenlinie erscheint infolge dessen im abgesunkenen Gebirgsstück um 440 m söhlig nach Süden verschoben. Bei der Durchörterung fuhr man von Flötz Finefrau Nebenbank in den Horizont des Flötzes Röttgersbank.

Es ist schon oben darauf hingewiesen worden, dass die Mehrzahl der Sprünge ein östliches Einfallen besitzt. Besässen die Sprünge durchschnittlich eine gleiche oder annähernd übereinstimmende Verwurfshöhe, so müsste bei dem überwiegend östlichen Einfallen eine allmähliche aber stetige Einsenkung der Kohlenformation in östlicher Richtung die Folge sein. Thatsächlich gleichen sich aber die Wirkungen der verschiedenen Sprünge ungefähr wieder aus, dadurch dass die westlich einfallenden annähernd dieselbe Gesamt-Verwurfshöhe besitzen, wie die zahlreicheren östlich einfallenden. Aus den von Runge und M. Schulz - Briesen gegebenen Längsprofilen ist dies Verhalten deutlich zu ersehen, wie auch gleichzeitig die Thatsache, dass die Mächtigkeit der flötzführenden Schichten im wesentlichen von der Faltenbildung und erst in zweiter Linie von den Sprüngen abhängig ist. Immerhin ist die wirtschaftliche Bedeutung der Sprünge für die Gesamtablagerung sowohl wie für einzelne Gruben ausserordentlich gross, da durch das Herabsinken einzelner Gebirgsschollen ein beträchtlicher Teil der oberen Flötzgruppen vor der Denudation bewahrt und somit der vorhandene Kohlenvorrat erheblich vergrössert worden ist.

II. Die Ueberschiebungen.

Aus der mutmasslichen Art der Entstehung der Ueberschiebungsrisse, die in flachgeneigter Lage, annähernd parallel zum Hauptgebirgsstreichen und zum grossen Teil vor Beginn, jedenfalls vor Vollendung der Faltenbildung aufbrachen sowie aus dem Umstande, dass das hangende Gebirgsstück an ihnen hinaufgeschoben wurde und zwar in einer zum Hauptstreichen annähernd senkrechten Richtung, lassen sich ungezwungen die jetzt vorhandenen Eigenschaften dieser interessanten Verwerfungen folgern. Bei genügender Ausdehnung der Ueberschiebungsrisse lässt sich nachweisen, dass sie in erheblichem Masse von der Gebirgsfaltung mit betroffen sind, also selbst Sättel und Mulden bilden und somit alle Grade und Richtungen des Einfallens besitzen können. Auch können sie wiederholt in einem und demselben Niveau auftreten, wenngleich diese Möglichkeit wegen der ursprünglich schon vorhanden gewesenen flachen Neigung auf ein gewisses Mass beschränkt bleibt. Im Gegensatz zu den Gebirgsschichten, die beliebig oft in einem bestimmten Niveau satteln und mulden können, zeigen die gefalteten Ueberschiebungsrisse mehr treppenförmig gebogene Falten, die sich zwar eine gewisse Zeit in einem Niveau zu halten vermögen, dann aber stetig weiter nach unten oder nach oben gehen. Ihr Einfallen weicht stets von dem der benachbarten Gebirgsschichten ab, und zwar um einen Winkel von durchschnittlich 15—20°, welcher der ursprünglichen Neigung der Ueberschiebungsrisse entsprechen dürfte, falls, wie wohl anzunehmen, die Gebirgsschichten selbst in annähernd horizontaler Richtung zur Ablagerung gekommen sind und die Faltung erst nach Entstehung der Ueberschiebungen eingetreten ist. Auch in ihrem streichenden Verlauf finden sich häufig kleine Abweichungen von der sonst allgemeinen Parallelität mit dem Gebirgsstreichen, die sich gleichfalls auf eine ursprünglich spisswinkelige Lage der Risse zurückführen lassen.

In ihrer Ausdehnung und dem Mass der an ihnen stattgefundenen Gebirgsbewegung zeigen die Ueberschiebungen grosse Verschiedenheiten: die Länge wechselt von wenigen Metern bis zu 30 km und darüber (Sutan), die Höhe in ähnlicher Weise, soweit sie bei den verhältnismässig geringen bisher erreichten Teufen überhaupt nachweisbar ist. Auch der Verwurf wechselt ausserordentlich, beträgt stellenweise nur einige Centimeter oder Meter, um bei bedeutenden Ueberschiebungen (Sutan, Gibraltar) bis auf 1000, 1500, ja vielleicht 2000 m zu steigen. In ihrer Ausdehnung und ihren Wirkungen stellen sich die Ueberschiebungen als die bedeutendsten Verwerfungen unseres Steinkohlengebirges dar.

Die Ausbildung der Ueberschiebungsrisse an sich ist nicht unwesentlich verschieden von dem Verhalten der Senkungsrisse (Sprünge). Eigentliche Klüfte, offene Spalten oder gangartige Bildungen sind kaum zu beobachten, die Störung stellt sich vielmehr als glatter Schnitt dar oder als mehr oder minder breite Zerrüttungszone ohne deutlich erkennbaren Riss oder aber auch als Gruppe von Einzelschnitten, die durch zerquetschte Gebirgsmassen hindurchsetzen und meist nur eine Betrachtung im ganzen gestatten. Sehr häufig findet sich auch eine weitgehende »Fältelung« weicherer Gesteinspartien in der Nähe des Risses sowie eine Umbiegung der unmittelbar angrenzenden Schichtenteile, sogenannte »Hakenschläge«. Diese Umbiegungen sind im hangenden Gebirgsteil nach unten, im liegenden Gebirgsteil nach oben gerichtet und als eine Folge der überschiebenden Gebirgsbewegung zu betrachten. Weiche lettige Gesteinsmassen als feinstes Zerreibungsprodukt begleiten gewöhnlich die Risserscheinungen.

Im Zusammenhang mit dieser Ausbildung der Ueberschiebungsrisse steht die Seltenheit des Vorkommens grösserer Wassermengen in ihnen sowie der Mangel an Mineralien. Es sind eben weniger offene Spalten und Klüfte, als vielmehr dicht aufeinandergepresste Schnitte oder Risse, bei denen die Bildung offenstehender Hohlräume unmöglich wurde.

Vielfach folgen mehrere Ueberschiebungsrisse in dichter Reihe aufeinander und bilden dann die sogenannte »Schuppenstruktur« der Alpengeologen, so z. B. in den tieferen Bauen der Zechen Hibernia und Neu-Iserlohn.

Ueber den genetischen Zusammenhang der Ueberschiebungen mit der Faltenbildung herrscht kein Zweifel. Beide sind eine Wirkung des horizontal verlaufenden Seiten- oder Tangentialdruckes, der sich je nach den Verhältnissen in der einen oder anderen Weise äusserte. So ist es denn auch nur natürlich, dass Ueberschiebungen und Falten häufig in einander übergehen (z. B. auf Flötz No. 12 der Zeche Vollmond, Westfeld) und dass überhaupt beide Erscheinungen auf das engste mit einander verbunden erscheinen. Hierbei gewinnt die Frage nach dem gegenseitigen Altersverhältnis an Interesse. Wenn auch in den allermeisten Fällen*) die Ueberschiebung älter erscheint und demnach von der später eingetretenen Faltung in ihrem ganzen Umfang betroffen ist, so sind auch vereinzelte Fälle bekannt geworden, in denen diese Voraussetzung nicht ganz zutrifft, vielmehr ein gewisses Mass von Zusammenfaltung als schon vor Entstehung der Ueberschiebung vorhanden angenommen werden muss bezw. eine etwas verschiedene Art der Faltenausbildung oberhalb und unterhalb des Ueberschiebungsrisses. Neuere Aufschlüsse auf der Zeche Präsident z. B. haben dargethan — vergl. Skizze Fig. 15, Seite 150 —, dass die entsprechenden Mulden oberhalb und unterhalb des Sutan sich nicht decken, sondern dass ihre Muldenlinien von einander divergieren und dass in gleicher Weise in einem gewissen Profil die Ueberschiebung nur von der einen — in unserm Falle der oberen — Muldenbildung betroffen erscheint, nicht aber von der unteren.

In ihrem zeitlichen Verhältnis zu den Sprüngen sind die Ueberschiebungen unbedingt als älter aufzufassen, wie dies aus den zahlreich beobachteten Fällen von Verwerfungen dieser durch jene hervorgeht. In dieser Beziehung ist beispielsweise auf die Verhältnisse zwischen den Zechen Fröhliche Morgensonne, Centrum und Maria Anna und Steinbank (Sutan und Hauptsprung Centrum) sowie auf diejenigen der Zeche Courl der Zeche Julius Philipp, Flötz Grossebank u. a. m. zu verweisen.

---

*) Verfasser hat offenbar nur die grossen Ueberschiebungen im Auge gehabt. Es muss deshalb ergänzend darauf hingewiesen werden, dass diese nur einen geringen Bruchteil sämtlicher im Ruhrbezirk aufgeschlossenen Ueberschiebungen ausmachen. Die überwiegende Mehrzahl ist nicht gefaltet, sondern während des Faltungsvorganges durch Emporpressen des Muldenkernes zwischen paarweise auftretenden, mehr oder weniger ebenen, nach unten keilförmig zusammenlaufenden Ueberschiebungsrissen entstanden. Beispiele bieten die Profile der Zechen Neu-Iserlohn, Shamrock, Zollverein, Kölner Bergwerksverein, Wolfsbank, Schlägel u. Eisen und zahlreiche andere. Auch die drei nördlichen Störungen auf dem Profil von Zeche Consolidation (Tafel XV) gehören zu diesen Auspressüberschiebungen. Mentzel.

Die bildliche Darstellung des Verlaufs und der Wirkungen einer Ueberschiebung erfordert zweckmässig die Zeichnung mehrerer Niveaus im Grundriss sowie verschiedener Profile, die gleichzeitig quer zum Streichen sowohl der Ueberschiebung, wie der Schichten liegen und deshalb ein zutreffendes Bild der Verhältnisse geben. Aus dem Verhalten der bekannten Gebirgsfalten lässt sich annähernd der Verlauf der gebogenen Ueberschiebungsfläche in die Tiefe folgern und zeichnerisch projektieren, falls überhaupt genügend Aufschlüsse vorhanden sind. Die praktische

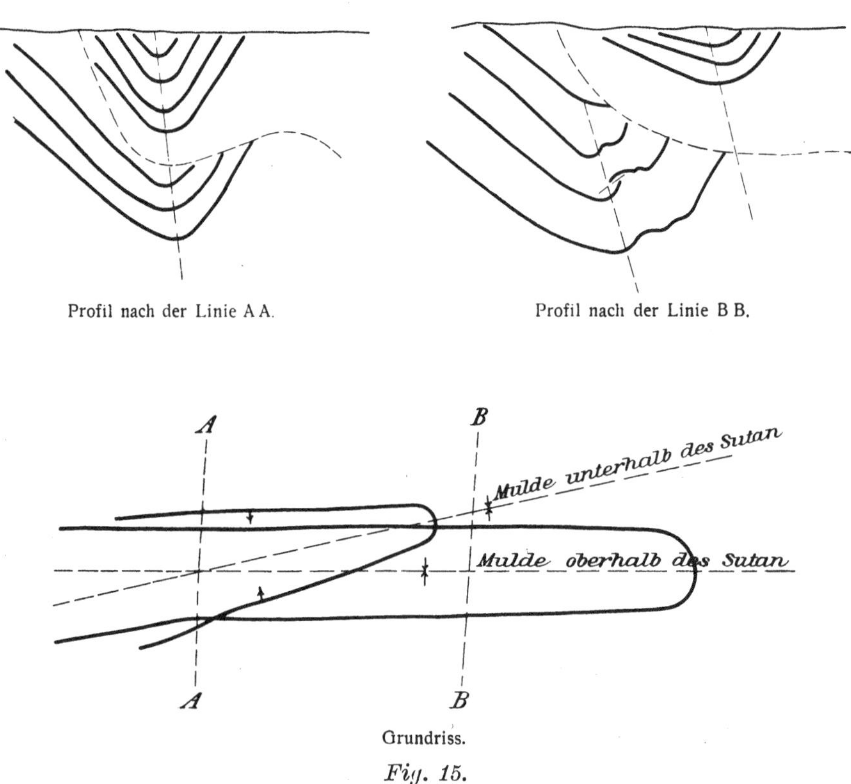

Fig. 15.

Einfluss des Sutans auf das Streichen der Mulden von Zeche Präsident.

Wichtigkeit derartiger Darstellungen für den gesamten Betriebsplan einer Grube kann hier nur angedeutet werden, — es genüge der Hinweis darauf, dass durch die erfolgte Ueberschiebung ganzer Flötzgruppen diesseits und jenseits der Verwerfung oft ganz andere Verhältnisse auftreten, als bei normaler Lagerung.

Infolge des Parallelismus zwischen Schichten und Ueberschiebungen gestaltet sich die Wiederausrichtungsregel einfach: man durchfährt den Riss, sei es mit Querschlägen oder Schächten, und sucht in derselben

Richtung das getrennte Flötzstück auf. Die zweckmässigste Art ergibt sich aus den jeweiligen Verhältnissen und hängt namentlich auch von dem Grad des Einfallens der Schichten ab.

Auch von den Ueberschiebungen können hier nur wenige im einzelnen angeführt werden.[*]

Die drei bedeutendsten und bekanntesten derartigen Störungen treten in Verbindung mit drei Hauptsätteln auf: die Hattinger Ueberschiebung, auch Gibraltar-Ueberschiebung oder Satanella genannt, am Stockumer Sattel, der Sutan am Wattenscheider Sattel und die Ueberschiebung der Zeche Helene-Amalie, so genannt nach der Zeche, auf der sie zuerst durch Lenz bekannt wurde, am Gelsenkirchener Sattel. Auch der Nordflügel der Emscher-Mulde wird von einer Ueberschiebung geringeren Ausmasses begleitet. Dazu kommen noch die Hellenbänker Ueberschiebung in der Gegend von Hörde und Aplerbeck, die Ueberschiebung der Zeche Maria-Anna und Steinbank und die der Zeche Hannibal. Schliesslich begleiten mehrere wichtige Ueberschiebungen den Nordflügel des Stockumer Sattels in der Gegend von Dortmund, Courl und Camen.

Die Hattinger Ueberschiebung ist von Hattingen bis über Dortmund hinaus zu verfolgen. Das Vorhandensein einer grösseren streichenden Störung hatte man schon in den 60 er Jahren des abgelaufenen Jahrhunderts aus den Aufschlüssen des Eisensteinbergwerks Stolberg bei Blankenstein gefolgert. In den dortigen Stollenbetrieben, die in querschlägiger Richtung rd. 650 m von einander entfernt liegen, zeigte das Spateisensteinflötz (= Flötz Sarnsbank) gleichgerichtetes, südliches Einfallen von 50°, ohne dass zwischen beiden Aufschlüssen eine Faltung zu beobachten ist.

Die Ueberschiebung fällt südlich ein; der südliche Gebirgsteil ist daher über den nördlichen geschoben. Wo die Störung ihr höchstes Ausmass erreicht, etwa nördlich von Blankenstein (im Felde von Hermanns gesegnete Schiffahrt) sind Schichten voreinander gelagert, die im Normalprofil 500 m voneinander entfernt liegen. Der Weg, den die Schichten längs der Kluft bei der Bewegung zurückgelegt haben, dürfte daher 2000 m noch übersteigen.

Eine Faltung ist hier noch nicht beobachtet worden, was auf die steile Lagerung der Begleitschichten und die geringen Aufschlussteufen zurückgeführt werden muss.

Die Ueberschiebungen, die den Stockumer Sattel auf seiner Nordseite von Wiemelhausen bis nach Camen begleiten, haben nördliches Einfallen. Sie

---

[*] Dieser Abschnitt ist gleichfalls als Ergänzung des Cremerschen Textes von Bergassessor Hans Mentzel hinzugefügt.

sind westlich von Dortmund auf Julius Philipp, Mansfeld, Neu-Iserlohn, Germania, Borussia und Dorstfeld nicht sehr bedeutend; wichtiger und teilweise mit mächtigen Zerrüttungszonen verbunden sind sie östlich von Dortmund bei Courl und Camen.

Auf den Zechen Maria Anna und Steinbank und Engelsburg ist eine Ueberschiebung bekannt, die längs der dortigen Spezialfalten verläuft und rd. 1000 m senkrecht zum Einfallen gemessen im Hangenden des Sutans liegt. Ihre Neigung war ursprünglich südlich gerichtet, ist aber jetzt von der Faltung beeinflusst. Das längs der Kluft gemessene Ausmass beträgt 250 m.

Am genauesten ist der Sutan bekannt geworden, den Cremer im Jahre 1897 eingehenden Untersuchungen unterworfen hat.*) Er ist von Kettwig bis zur Zeche Werne zu verfolgen. Auf der Zeche Graf Schwerin sind die Magerkohlen der Gruppe Mausegatt-Finefrau über die untere Fettkohlengruppe (Sonnenschein-Dickebank) geschoben, die unter normalen Umständen 450 bis 500 m höher liegen. Die Verwurfshöhe beträgt hier nach Cremer 1000 m (vgl. auch die Skizzen auf Tafel XIV).

Im östlichen Teile des Bezirks bildet der Sutan zwei parallele Störungsflächen, deren Wirkungen sich addieren.

Die Ueberschiebung von Zeche Helene und Amalie streicht vom Felde Rosenblumendelle aus den Hagenbecker Sattel (siehe Fig. 16) in einer Faltung überschreitend nach dem Gelsenkirchener Sattel. Sie fällt gleichfalls südlich ein und besitzt im Felde von Helene und Amalie ein flaches Ausmass von 900 bis 1000 m. Flötz Sonnenschein (= Dickebank der älteren Bezeichnung) liegt hier doppelt und ist ident mit dem in 270 m senkrechtem Abstand darunter angetroffenen Flötz Tutenbank.**) Die Entdeckung dieser Ueberschiebung hat zur richtigen Identifizierung der Flötzgruppe von Sellerbeck und Wiesche wesentlich beigetragen.

Eine weitere bedeutende Ueberschiebung tritt längs des Gelsenkirchener Sattels im Felde von Consolidation auf und durchsetzt, an Verwurf abnehmend, auch das Feld von Pluto. Ob sie identisch mit der von Helene und Amalie ist, mag dahingestellt bleiben. Auf Consolidation ist sie durch die ausgedehnten und tiefen Baue vorzüglich aufgeschlossen. Sie schmiegt sich hier den scharfen, durch eine Sattelmulde bedingten Knickungen der Schichten an und ist im Verein mit der Faltung die Ursache des im Verhältnis zur Feldesgrösse aussergewöhnlich hohen Kohlenreichtums der genannten Zeche. Der seigere Verwurf beträgt rd. 110 m, da Flötz π (= Dreckbank) vor Flötz K (= Hugo) geschoben ist.

---

*) Gl. 1897 S. 373 ff.

**) Vgl. die Aufsätze von Lenz über diesen Gegenstand. Gl. 1891 No. 94, 1892 No. 81, 1893 No. 65. Desgl. die von Stottrop. Gl. 1893 No. 62 und 72.

Additional information of this book

(Geologie, Markscheidewesen; 978-3-642-90159-1; 978-3-642-90159-1_OSFO7) is provided:

http://Extras.Springer.com

Uebrigens ergiebt die Messung der flachen Ueberschiebungshöhe bei verschiedenen Flötzen verschiedene Werte, die zwischen 250 und 370 m schwanken, eine Erscheinung, die sich durch stellenweise auftretende Stauchungen und Hakenschläge erklärt und durch ein Profil ohne weiteres verständlich gemacht wird (vgl. Tafel XV). Aus dem Profil geht des weiteren hervor, dass der Vorgang mit dem Aufreissen der Ueberschiebungsspalte und deren Faltung noch nicht abgeschlossen war. Nach-

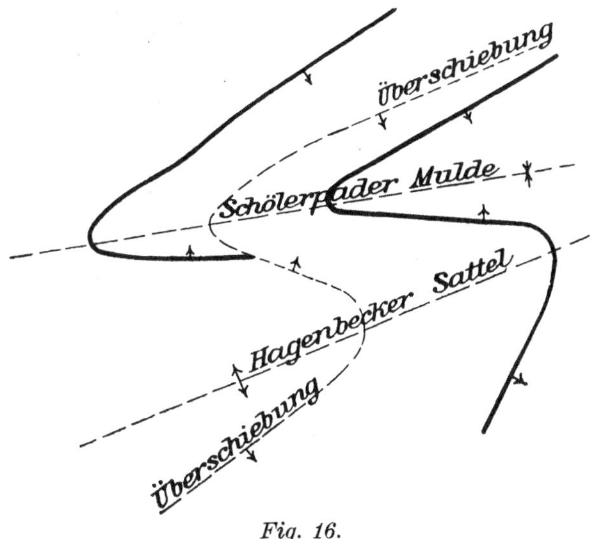

Fig. 16.

Schematischer Grundriss der Ueberschiebung des Hagenbecker Sattels
(nach Cremer).

träglich wurde vielmehr der südliche Gebirgsteil längs des steilstehenden südlichen Ueberschiebungsabschnittes noch einmal in die Höhe geschoben.

Eine nördlich einfallende Ueberschiebung durchsetzt die Felder Hannibal, Constantin der Grosse, Mont Cenis, Erin. Auf Hannibal besitzt sie schätzungsweise ein flaches Ausmass von 300 m und bewirkt, dass die Gaskohlenflötze Hannibal, Johann, Arnold und Dörth doppelt liegen.

Die Hellenbänker Ueberschiebung ist an sich unbedeutend, sie bietet aber ein charakteristisches Bild für die Faltung, die der Ueberschiebungsriss nachträglich erfahren hat (vgl. Tafel XIV).

III. Die Verschiebungen.

Bei diesen von Suess »Blätter« genannten und den Alpengeologen unter diesem Namen bekannten Verwerfungen spielt der rein horizontal wirkende Seitenschub insofern die Hauptrolle, als in den meisten Fällen eine im wesentlichen horizontal gerichtete Bewegung des einen Gebirgsteiles erfolgte, ohne dass wenigstens in den typischen Fällen auf- und abwärts gerichtete Bewegungen hinzutraten. Als eine besondere Eigentümlichkeit dieser Verwerfungen ist ferner die Erscheinung zu betrachten, dass die Faltensysteme zu beiden Seiten des Risses eine verschiedene Ausbildung zeigen, wodurch dann die Verhältnisse einen höchst regellosen Charakter erhalten können. Diese Regellosigkeit steigert sich noch, wenn z. B. eine Senkung des einen Gebirgsteiles hinzutreten sollte, sodass dann Sprung, Horizontalverschiebung und Faltung zusammenwirkten. Ein Verfolgen der Gebirgsbewegungen im einzelnen würde hierbei kaum möglich sein.

Die Verschiebungsrisse selbst stehen gewöhnlich sehr steil, häufig senkrecht, stellenweise sogar mit entgegengesetztem Einfallen, scheinen sich aber im übrigen von den Sprungklüften nicht wesentlich zu unterscheiden. Fast alle besitzen die Eigentümlichkeit, dass sie im Streichen sich mehr der westöstlichen Richtung nähern und hierbei stets vom nordwestlichen in den südöstlichen Quadranten verlaufen. Sie bilden also mit dem Hauptgebirgsstreichen in der Regel spitzere Winkel als die mehr querschlägig verlaufenden Sprünge. In ihrer Längenausdehnung sowie in dem Betrage ihres Verwurfs erreichen sie zwar nicht die Masse der Ueberschiebungen und Sprünge, doch sind Verschiebungen von annähernd 5 km Länge und einem Horizontalverwurf von 300—400 m bekannt (Courl und Massener Tiefbau). Auch in der Häufigkeit ihres Auftretens stehen sie zurück. Können wir von Sprüngen und Ueberschiebungen mit Leichtigkeit Tausende zählen, so wird es schwer halten, mehr als einige Dutzend Beispiele reiner Seitenverschiebungen aufzufinden.

Die beste zeichnerische Darstellungsmethode für die Verschiebungen ist der Grundriss in einheitlichem Niveau. Von den beiden nebenstehenden Skizzen gibt Fig. 17 das Bild einer reinen, offenbar erst nach Beendigung des Faltungsprozesses entstandenen Verschiebung, während Fig. 18 eine sogenannte »verwischte«, undeutlich gewordene Verschiebung darstellt, welche auf eine nachträgliche, auf beiden Seiten verschieden ausgebildete Faltung zurückzuführen ist. Es muss hier genügen, auf diese letzteren mit ihren kaum mehr zu entwirrenden Bewegungsvorgängen hinzuweisen, um so mehr, als dieses Extrem sehr selten aufzutreten scheint und bei nicht ganz vollständigen Aufschlüssen dem Studium grosse Schwierigkeiten bereitet. Als Beispiel nenne ich die noch nicht völlig geklärte sogenannte »Wieschermühlenstörung« auf den Zechen Prinz von Preussen, Vollmond und Heinrich Gustav. Auf beiden Seiten dieser ausnahmsweise fast nordsüdlich verlaufenden Störung ist die Faltung durchaus verschieden ausgebildet, wobei jedoch dieselben Flötzgruppen auftreten. Die beiden Faltensysteme setzten an der Störungszone plötzlich und unvermittelt ab.

An der einen Stelle könnte man vermuten, einen östlich einfallenden, an der andern einen westlich einfallenden Sprung vor sich zu haben, von einer nennenswerten Senkung kann jedoch nach Lage der Verhältnisse weder nach der einen noch nach der anderen Seite hin die Rede sein.

Betrachten wir das Bild der reinen Seitenverschiebung, das auf den ersten Blick eine gewisse Aehnlichkeit mit Sprungerscheinungen besitzt,

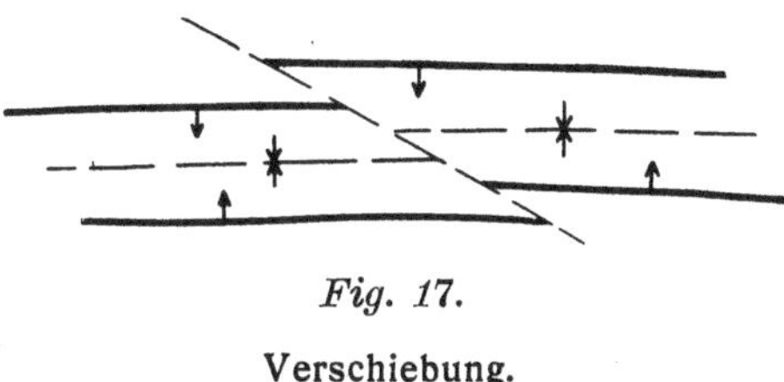

Fig. 17.

Verschiebung.

näher, so finden wir, dass eine Erbreiterung bezw. Verschmälerung der Sättel und Mulden wie bei Sprüngen nicht vorhanden ist. Der Betrag der Seitenverschiebung ist überall, im Gegensatz zu den Sprüngen, bei denen er von dem Einfallen der Schichten abhängig ist, gleich. Charakteristisch für die Verschiebungen ist sodann der Umstand, dass man häufig von einem Flötz aus, nach Durchörterung der Störung, dasselbe Flötz, jedoch

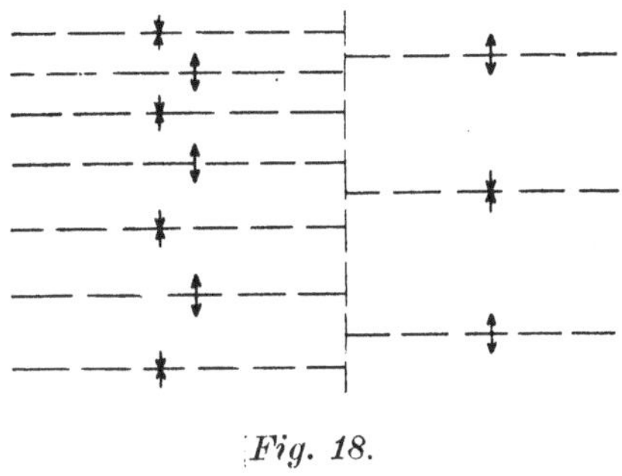

Fig. 18.

Verschiebung mit ungleicher Faltenentwicklung.

mit entgegengesetztem Einfallen antrifft: eine Folge der verschobenen Lage der einzelnen Faltenflügel. Auch die plötzliche Veränderung in der Streichrichtung der Schichten beim Uebertritt aus dem einen in den anderen vorgeschobenen Gebirgsteil ist bemerkenswert.

Ein vergleichender Ueberblick über die bekannten reinen Seitenverschiebungen ergiebt die merkwürdige Thatsache, dass bei sämtlichen der südliche Gebirgsteil nach Westen oder, was dasselbe bedeutet, der nördliche Teil nach Osten verschoben erscheint; der umgekehrte Fall ist noch nicht beobachtet worden.

Aus diesem interessanten Verhalten würde folgende Ausrichtungsregel abzuleiten sein. Trifft man von Süden aus auf die Störung, so hat man das verschobene Flötzstück jenseits derselben in östlicher Richtung zu suchen und umgekehrt.

In ihrer Mehrzahl sind die Verschiebungen jünger als die Falten und die Ueberschiebungen (Courl), da sie diese in Mitleidenschaft gezogen haben.

10. Kapitel. Die Schichten im Hangenden des niederrheinisch-westfälischen Steinkohlengebirges.

Von Bergassessor Hans Mentzel.

Hierzu die Tafeln XVI—XVIII.

I. Uebersicht.

Wie schon oben (vgl. S. 32) auseinandergesetzt wurde, geht das produktive Carbon im niederrheinisch-westfälischen Steinkohlenbecken in einem südwest-nordöstlich gerichteten Streifen unmittelbar zu Tage aus, der nur den südlichsten Abschnitt der gegenwärtig aufgeschlossenen Ablagerung ausmacht. Der weitaus grössere Teil des durch den Bergbau oder durch Bohrungen bekannten Steinkohlengebirges liegt unter einer Decke jüngerer Formationen. Nach Runges Berechnung beträgt die Grösse der Fläche, auf der das Obercarbon zu Tage ausgeht, 582,4 qkm, während das durch Schachtanlagen aufgeschlossene Steinkohlengebiet unter der jüngeren Decke gegenwärtig rd. 720 qkm umfasst.

Die Kenntnis der hangenden Gebirgsschichten ist fast ausschliesslich dem Bergbau zu verdanken, da die vielen, durch das Deckgebirge niedergebrachten Schächte (und Bohrlöcher, soweit sie mit Kernbohrung betrieben wurden) zahlreichere und bessere Aufschlüsse gaben, als über Tage vorhanden sind. Es hängt das mit der Beschaffenheit und Verwendbarkeit des Mergels zusammen, der nur hin und wieder in kleinen Mergelgruben gewonnen wird. Steinbruchsbetrieb findet darin — wenigstens im Kohlengebiet — nicht statt, weil Werksteinbänke in seinen Schichten nicht vorkommen. Auch Eisenbahneinschnitte sind verhältnismässig selten, da die durch den Mergel gebildete Geländeform im allgemeinen eben oder flach wellenförmig ist. Hierdurch erklärt es sich, dass die Kenntnis des Deckgebirges erst durch die Aufschlüsse in den Schächten eine feste Grundlage erhielt und dass sie sich erweiterte, je weiter der Bergbau nach Norden vordrang.

Da im Jahre 1830 auf der Zeche Graf Beust bei Essen zum ersten Male der Versuch gemacht wurde, einen Schacht durch den Mergel zu bringen, und in den folgenden Jahren naturgemäss auch nur der südliche Mergelrand mit Schächten besetzt wurde, konnte erst im Jahre 1843 durch den Professor Becks in Münster eine genaue Beschreibung und vorläufige Gliederung der durchteuften Kreideschichten gegeben werden. Wie langsam sich die Kenntnis der Mergelschichten seitdem weiter vertiefte, geht daraus hervor, dass es erst mehr als drei Jahrzehnte später gelang, das mächtigste Schichtenglied des Mergels, den Emscher, als selbständige Stufe zu erkennen und vom Turon abzutrennen.

Noch später als die geologische Durchforschung der Kreideformation begann die Untersuchung derjenigen Schichten, die zwischen dem Steinkohlengebirge und dem Mergel eingeschaltet liegen und der Zeit vom Rotliegenden bis zur Trias angehören. Die auf den ersten Blick auffallende Thatsache, dass die Glieder der Dyas- und Triasformation erst später als die der Kreide gefunden worden sind, obwohl sie zwischen Steinkohlengebirge und Kreide liegen, erklärt sich aus der grossen Transgression der oberen Kreide im Münsterschen Becken. Während nämlich am Nordostrande des Beckens — an der Aufwölbung des Teutoburger Waldes — über dem Carbon Dyas, Trias, Jura, untere Kreide und schliesslich die obere Kreide liegen, überdeckt am Südrande auf der Linie Mülheim—Unna—Niedermarsberg allein die obere Kreide das Steinkohlengebirge. Die oben aufgezählten Zwischenglieder müssen sich daher an irgend welchen Stellen innerhalb des Beckens auskeilen. Je weiter die Aufschlüsse nach Norden vordringen, desto mehr wächst die Wahrscheinlichkeit, solche Zwischenglieder aufzufinden. In der That hat man bereits in den 60er Jahren des 19. Jahrhunderts in Bohrlöchern bei Holten und Sterkrade eigentümliche rote Schieferthone und Kalksteinbänke angetroffen, die sich nach ihrem petrographischen Verhalten — organische Reste fand man darin nicht — in das Carbon nicht eingliedern lassen wollten. Als später durch Kernbohrungen und Schachtaufschlüsse aus der Gegend von Gladbeck, Dorsten und Preussen reichlicheres und besseres Material vorlag, haben die Untersuchungen von L. Cremer, Holzapfel, Middelschulte und G. Müller ergeben, dass die Schichten dieses sogenannten »roten Gebirges« dem Rotliegenden, dem Zechstein und dem Buntsandstein angehören.

Schichten des Jura und der unteren Kreide treten innerhalb des
Münsterschen Beckens an einer flachen Aufwölbung bei Ochtrup und
Bentheim zu Tage. Untere Kreide soll auch weiter südlich bei Hünxe —
nur 24 km nördlich der Mergelgrenze — nach v. Dechen in einem Bohrloch angetroffen worden sein. Da dieser Fund, bei dem es sich um Thon
aus dem Gault handelt, bisher der einzige seiner Art ist, kommen von
den Zwischenformationen für den Ruhrkohlenbergbau vorläufig nur das
Rotliegende, der Zechstein und die Trias in Betracht. Dass man in Zukunft
auch den Jura und die untere Kreide im Deckgebirge finden wird, ist jetzt
schon mit Sicherheit vorauszusagen.

In seinem westlichen Teile erstreckt sich das Ruhrbecken bereits bis
in das Gebiet der Kölner Bucht. Hier treten demnach auch Tertiärschichten auf, die bei der Beschreibung des Deckgebirges nicht übergangen werden dürfen, zumal sie infolge ihrer vielfach schwimmenden
Beschaffenheit dem Bergbau beim Schachtabteufen besondere Schwierigkeiten verursachen.

Das Diluvium bildet eine über den ganzen Bezirk sich hinziehende
Decke von geringer Mächtigkeit. Das Alluvium beschränkt sich auf Ablagerungen in den Thälern und vereinzelte Torfvorkommen.

II. Die Oberfläche des Steinkohlengebirges.

Bevor die Deckgebirgsformationen im einzelnen besprochen werden,
empfiehlt es sich, ihre Auflagerungsfläche einer kurzen Betrachtung zu
unterziehen. Während das Steinkohlengebirge da, wo es zu Tage tritt,
eine Gebirgslandschaft mit mannigfach gegliederten Bergrücken, Längs-
und Querthälern zu bilden pflegt, ist seine Oberfläche unter der Mergelbedeckung im allgemeinen eben. Sie fällt von der Linie Duisburg—Essen-
Bochum—Hörde—Strickherdicke, wo sich der Mergel in südlicher Richtung
auskeilt, flach nach dem Inneren des Münsterschen Beckens hin ein
(vgl. Tafel XVI). Die zahlreichen Aufschlüsse in Schächten und Bohrlöchern haben ergeben, dass das Mass der Einsenkung im östlichen Teile
des Industriebezirks etwa in der Linie Unna—Werne 41,2 m auf 1 km beträgt. Im westlichen Teile senkt sich die Oberfläche, im ganzen betrachtet,
etwas schwächer ein. Auf 1 km Entfernung, in der Linie Borbeck—Gahlen
an der Oberfläche gemessen, kommt hier 31,8 m Einsenkung. Dem entspricht ein durchschnittlicher Abstand der 100 m-Tiefenschichtenlinien von
2,43 km im Osten und 3,14 km im Westen oder ein Einfallwinkel von 2° 22'
im Osten gegen 1° 49' im Westen.

Die Entstehung dieser ebenen Fläche lässt sich am einfachsten durch
die »abhobelnde« Thätigkeit der Brandung bei allmählich steigendem
Meeresspiegel erklären. v. Richthofen, der zuerst auf diesen Vorgang

aufmerksam gemacht hat, bezeichnete ihn im Gegensatz zur Erosion als Abrasion. Es ist anzunehmen, dass die in südlicher Richtung schwach ansteigende Auflagerungsfläche des Mergels durch die Brandung des langsam landeinwärts, d. h. nach Süden vordringenden Cenoman-Meeres geschaffen worden ist.

Infolge der Gleichmässigkeit, mit der sich die ebene Oberfläche des Steinkohlengebirges unter dem Deckgebirge hin erstreckt, kann man im grössten Teile des Bezirks mit Sicherheit voraussagen, in welcher Teufe man beim Schachtabteufen oder bei Tiefbohrungen die »Mergelgrenze« finden wird. Nur selten weicht das Ergebnis von der Berechnung ab. Alle diese Fälle fasst man im Ruhrbezirk unter dem Namen »Mergelabstürze« zusammen. Sie sind bis jetzt noch nicht häufig aufgeschlossen. Namentlich in den Grubenbauen selbst, wo ihre Untersuchung und Klarstellung leicht wäre, sind bisher nur vereinzelte Fälle zu beobachten gewesen. Häufiger haben Mergelabstürze aus Bohrergebnissen geschlossen werden müssen in den Fällen, in denen die Mergelgrenze tiefer erbohrt wurde, als man nach den benachbarten Bohrergebnissen hätte annehmen müssen.

Ein Teil der Mergelabstürze ist ohne Zweifel dadurch entstanden, dass weniger widerstandsfähige Flächen der Steinkohlengebirgsoberfläche tiefer abradiert oder erodiert wurden, als festere. Besonders haben Störungszonen sicher die besten Angriffspunkte für die abhobelnde und ausnagende Thätigkeit des Wassers gegeben. Andere Mergelabstürze mögen auch unmittelbar durch Verwerfungen hervorgerufen worden sein. Wenn sich diese Entstehung auch noch an keinem Aufschluss mit zweifelloser Sicherheit hat nachweisen lassen und wenn es auch der herrschenden Theorie widerspricht, dass es Verwerfungen im Steinkohlengebirge geben soll, die sich in den Mergel hinein fortsetzen, so mehren sich doch die Anzeichen für eine solche Annahme.

Ein in dieser Richtung interessanter Aufschluss liegt auf der Zeche Schlägel und Eisen, Schachtanlage V/VI am Ort der westlichen Richtstrecke auf der 2. Tiefbausohle vor (vgl. Fig. 19, Seite 160).

Hier ist man bei Durchfahrung einer breiten Störungszone, der Blumenthaler Hauptverwerfung (vgl. 9. Kapitel) auf Grünsand gestossen, der durch eine mit 33° einfallende, 10 cm mächtige Lettenkluft vom Steinkohlengebirge getrennt ist. Der Grünsand liegt im Liegenden dieser Kluft. Das Hangende wird durch eine Gangbreccie gebildet. Das Gestein ist von Kalkspatadern durchschwärmt, Bleiglanz und Schwefelkies findet sich in zahlreichen Körnern eingesprengt, z. T. auch krystallisiert. Ein Bohrloch, das am Streckenort angesetzt worden war, um die Mächtigkeit des Grünsandes zu untersuchen, wurde bei 20 m Tiefe eingestellt, ohne das Liegende erreicht zu haben. Dabei hatte der Essener Grünsand in den

Schächten V/VI nur eine Mächtigkeit von 10 m. Der Grünsand selbst ist nicht geschichtet, dagegen von zahlreichen ebenen Druckflächen netzförmig durchschwärmt, die wohl geeignet sind, Schichtfugen vorzutäuschen.

Im ganzen macht das Profil des Streckenstosses den Eindruck, als ob die alte vorcretacëische Blumenthaler Verwerfung später in nachcretacëischer Zeit noch einmal aufgerissen wäre und den inzwischen abgelagerten Mergel mit in Bewegung gebracht hätte. Da der Mergel nordöstlich von der Störung angefahren wurde, diese selbst aber südwestliches

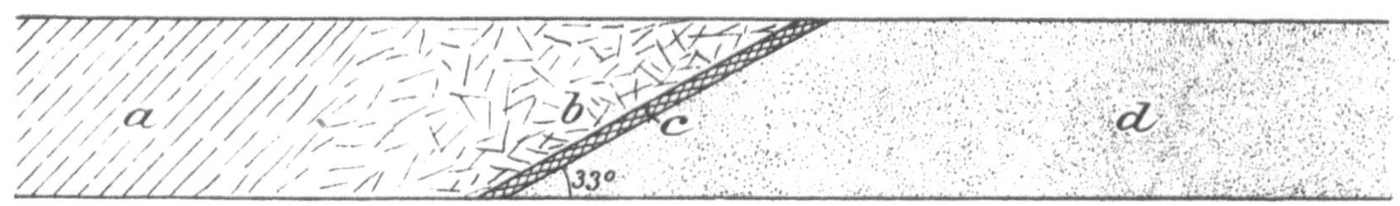

Fig. 19.

Mergelabsturz auf Zeche Schlägel und Eisen V/VI.
(Profil am Streckenstoss der westlichen Richtstrecke auf der 2. Tiefbausohle.)

a. Schieferthon der Steinkohlenformation.
b. Störungszone, unmittelbar an dem Lettenbesteg c eine Bleiglanz führende Gangbreccie bildend.
c. Lettenbesteg.
d. Grünsand, schichtungslos, von Druckflächen durchzogen.

Einfallen besitzt, muss die Richtung der zweiten Bewegung der ersten Verschiebung entgegengesetzt gewesen sein. Der Gedanke, dass die grossen Störungszonen jener alten Verwerfungen, die das Steinkohlengebirge in jungcarbonischer oder permischer Zeit zerrissen haben, auch bei der späteren Bewegung, die in der Tertiärzeit die Aufwölbung des Teutoburger Waldes verursachte, als Flächen geringsten Widerstandes den Ausgleich vermittelt haben, hat an sich ja nichts Sonderbares.

Aehnliche Verhältnisse wie auf Schlägel und Eisen scheinen auf General Blumenthal vorzuliegen (Fig. 20). In den Schächten I und II ist das Steinkohlengebirge bei — 283 m angefahren worden, in den Bauen hat man jedoch an drei Punkten den Mergel rd. 80 m tiefer angetroffen, nämlich 250 m nordöstlich von den Schächten entfernt bei — 367,60 m, 400 m entfernt bei — 360,60 m und 500 m entfernt bei — 364,10 m. Diese Punkte liegen sämtlich im Hangenden der Blumenthaler Hauptverwerfung. Es ist also genau wie auf Schlägel und Eisen eine nachcretacëische Bewegung längs dieses Sprunges und zwar im Sinne einer Senkung des liegenden Gebirgsstückes anzunehmen.

Auch auf Zeche Neumühl ist ein »Mergelabsturz« bekannt geworden. Man fuhr hier auf der I. Sohle (siehe Fig. 21) wenig südlich vom projektierten Verlauf einer aus dem Felde Concordia herüberstreichenden

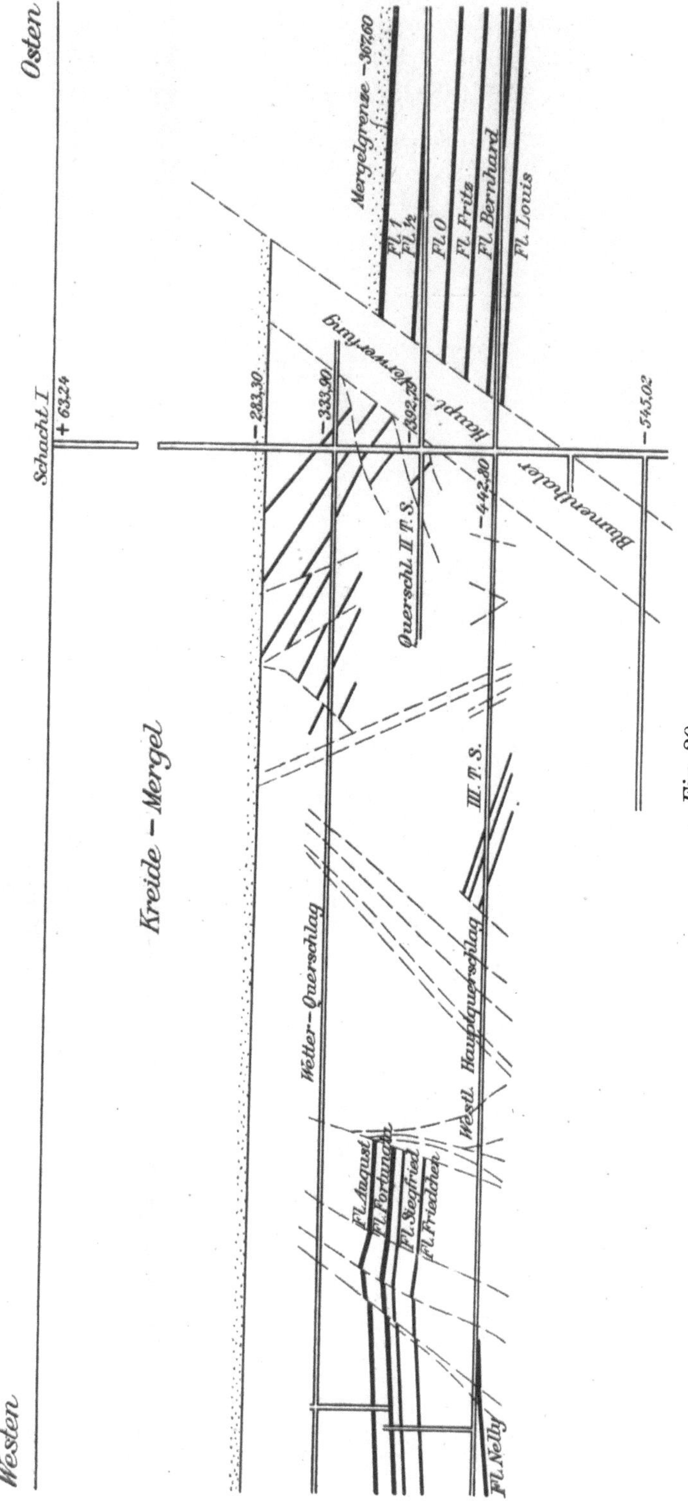

Fig. 20.

Mergelabsturz auf Zeche General Blumenthal.

Störungszone den »weissen Mergel«, also turone Schichten, hinter einer
seiger stehenden, mit graublauen Letten erfüllten Kluft von etwa 15 cm
Mächtigkeit an. Um das Steinkohlengebirge wieder zu erreichen, ging
man mit einem Abhauen unter etwa 30° abwärts, durchsank damit den
Essener Grünsand in normaler Mächtigkeit und kam darunter in das Carbon.

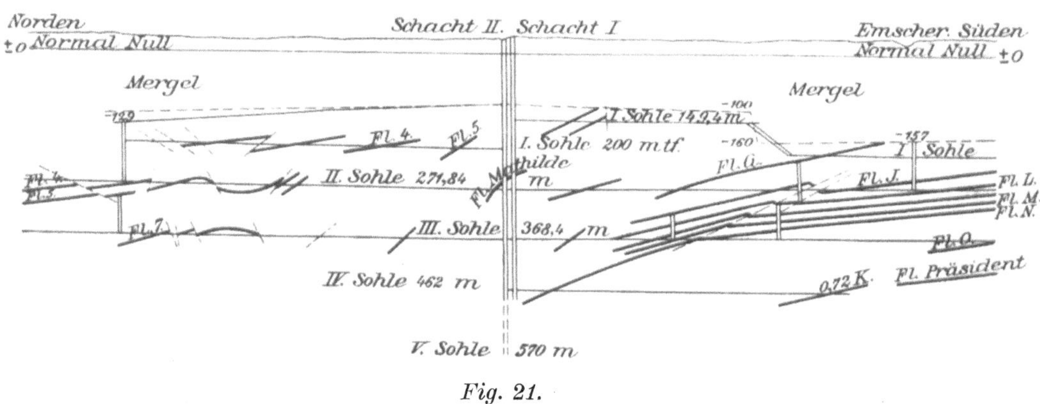

Fig. 21.

Mergelabsturz auf Zeche Neumühl.

Der Höhenunterschied der Carbonoberfläche vor und hinter dem Mergelabsturz beträgt 75—80 m. Als man später auf einer tieferen Sohle die
betreffende Stelle unterfuhr, war in der Nähe nur ein unbedeutender
Sprung zu beobachten, der bei weitem nicht das oben genannte Ausmass
erreichte. 350 m in östlicher Richtung von dem zuerst erwähnten Auf-

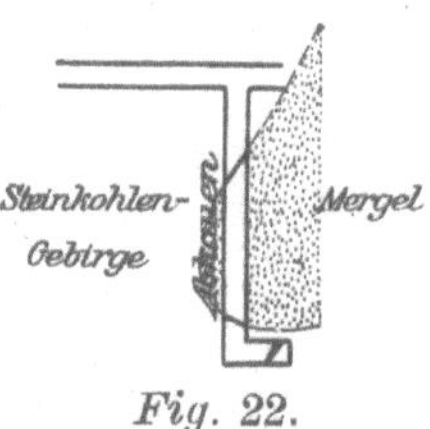

Fig. 22.

Aufschluss des Mergelabsturzes auf Zeche Neumühl in einem Abhauen.

schluss wurde der Mergel noch einmal angefahren. Hier war es in einem
seigeren Abhauen, wo man von oben her aus dem Carbon in den Mergel
kam, um nach Durchfahrung eines sogenannten Mergelnestes darunter
wieder das Carbon zu erreichen. In einer schematischen Skizze stellen
sich die Verhältnisse, wie in Fig. 22 angedeutet, dar:

Eine schluchtförmige Erosionsbildung liegt in dem »Absturz« nicht vor,
da sich, wie durch Bohrungen festgestellt ist, südwestlich davon der Mergel
auf weite Erstreckung in dem angenommenen niedrigen Niveau hinzieht,
um sich erst ganz allmählich nach Westen hin wieder herauszuheben.
Es scheint sich vielmehr um einen steilen Thalrand zu handeln.

Ein sehr bedeutender Deckgebirgsabsturz tritt ferner im Felde der
linksrheinischen Zeche Rheinpreussen längs deren Hauptstörung auf.
Er scheint jedoch nicht unmittelbar durch diesen Verwurf, sondern durch
Erosion der Steinkohlengebirgsoberfläche hervorgebracht zu sein.

Wenn die Beobachtungen der Mergelabstürze in den Gruben noch
lückenhaft sind und noch kein klares Bild über die Genesis dieser Er-

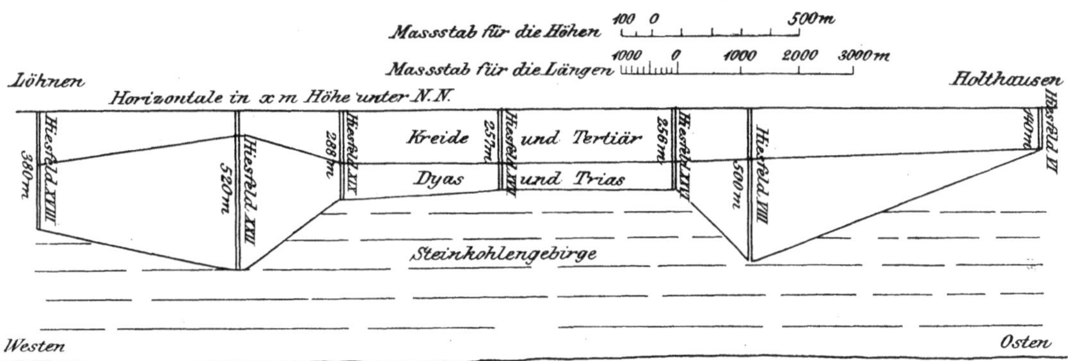

Fig. 23.

Mergelabsturz bei Walsum (nach Hundt).

scheinungen gewähren, so gilt das in noch viel höherem Masse von den
Feststellungen durch Bohrlöcher. Das Vorhandensein von Mergelabstürzen
durch Tiefbohrungen festzustellen, ist einfach. Sobald die Mergelgrenze,
die sich ja in jeder Tiefbohrung mit grösster Sicherheit erkennen lässt, in
nennenswert grösserer oder geringerer Teufe angetroffen wird, als zu berechnen war, liegt ein Mergelabsturz vor. Trägt man dann die Bohrergebnisse in der Form von Tiefenschichtenlinien der Mergelgrenze auf
einer Karte auf (vgl. Tafel XVI)*), so ergeben sich statt der ost-westlich
verlaufenden Geraden mannigfach gewundene Kurven. Auf der rechten
Rheinseite liegen derartige Gebiete bei Dorsten und bei Walsum-Dinslaken,
auf der linken bei Rheinberg und Alpen.

---

*) Vgl. auch Wachholder, Die neueren Aufschlüsse über das Vorkommen
der Steinkohle im Ruhrbezirke. Bericht über den VIII. Allgem. D. Bergmannstag 1902, und Hundt, Die Steinkohlenablagerung des Ruhrkohlenbeckens. Mitteilungen über den Niederrheinisch-Westfälischen Steinkohlen-Bergbau. Berlin 1901.

Nach Hundt beträgt der Absturz der Steinkohlengebirgsoberfläche
zwischen den Bohrlöchern Walsum XII und XIII 27° (vgl. Fig. 23).

In den so gebildeten Thälern oder Buchten des Steinkohlengebirges
liegt in der Regel der Zechstein und Buntsandstein. Die Grenzkurve der

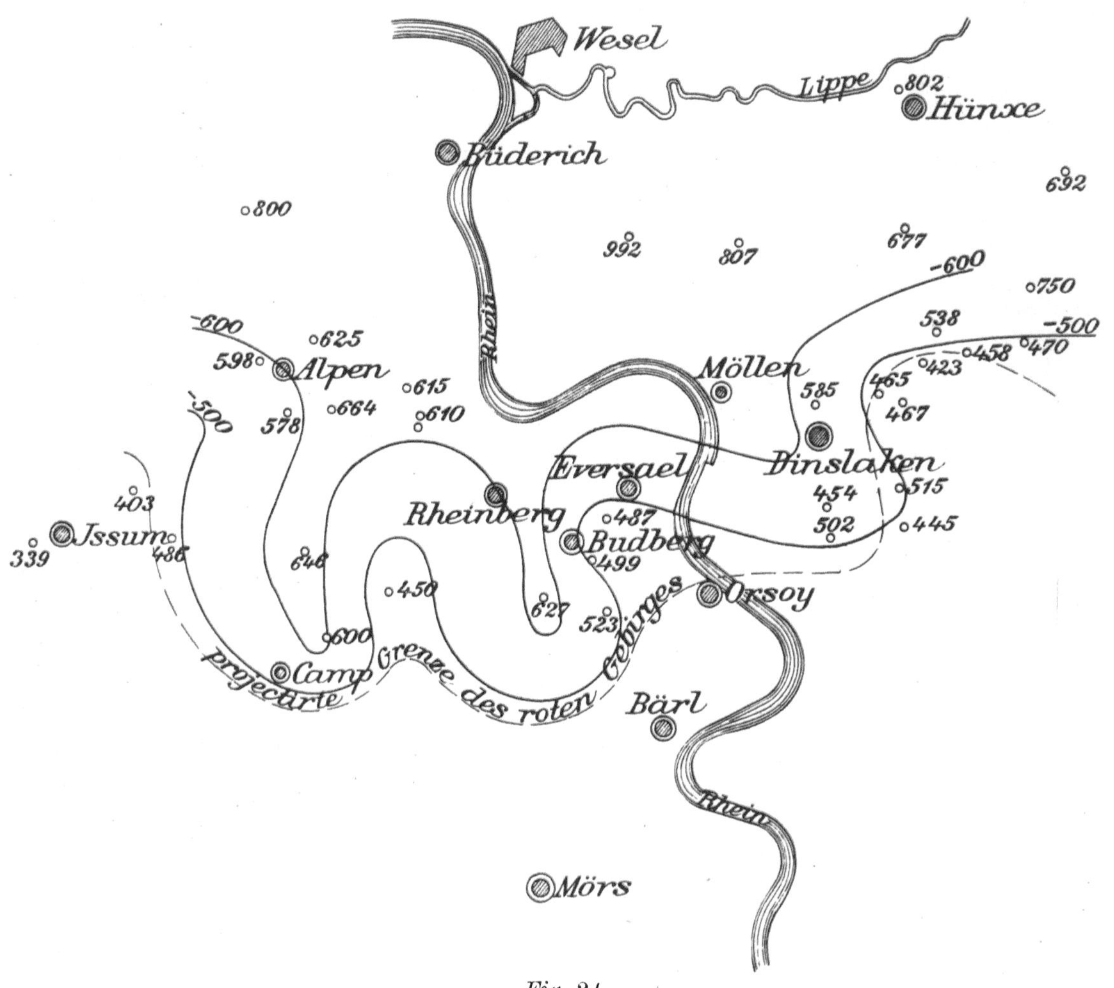

Fig. 24.

Carbonoberfläche zwischen Issum und Dinslaken.

Massstab 1 : 200 000.

Dyas- und Triasablagerung schmiegt sich demnach der Tiefenschichtenlinie
auffallend an (vgl. Tafel XVI). Es liegt also nahe, anzunehmen, dass diese
Thäler vor Ablagerung der Dyas und Trias durch Erosion der Carbonoberfläche entstanden sind, und dass die genannten Formationen bei ihrer

späteren Zerstörung in den Thälern vor der Erosion der Festlandszeit und der Abrasion der Cenomanzeit geschützt wurden.

»Die Neigungen der Carbonoberfläche sind unschwer festzustellen, da ihnen das Einfallen der auflagernden Zechsteinschichten in etwas angepasst und dieses Einfallen bei der dünnbankigen Schichtung eines Teils des Zechsteins leicht zu ermitteln ist. Wo dieses Einfallen unmittelbar über dem Steinkohlengebirge ein steiles ist, zeigen die Bohrkerne nach oben hin ein Verflachen, ein Zeichen, dass es sich nicht um Faltung, sondern um Absatz auf geneigter Fläche handelt.« (Hundt.)

Am deutlichsten ausgeprägt ist diese Buchtenlandschaft der Carbonoberfläche beiderseits vom Rhein in der Gegend von Alpen, Rheinberg, Dinslaken und Walsum. Den Verlauf der dortigen Tiefenschichten und der Grenzlinie des Zechsteins bezw. Buntsandsteins zeigt eine in Figur 24 dargestellte, von Herrn Bergassessor Stein dem Verfasser freundlichst überlassene Skizze.

III. Dyas und Buntsandstein.

Aus der Dyas sind beide Glieder, das Rotliegende und die Zechsteinformation, im Deckgebirge des Ruhrbezirks nachgewiesen. Von der Trias kennt man in nennenswerter Verbreitung bisher erst den Buntsandstein.

1. Das Rotliegende.

Das Vorkommen von Rotliegendem ist bisher nur in einem einzigen Falle und zwar durch G. Müller auf Zeche Preussen II bei Preussen[*]) bekannt geworden. Hier lagert zwischen dem Essener Grünsand und dem Steinkohlengebirge von 356,20 m bis 370,18 m Teufe eine rd. 14 m mächtige Schichtenfolge des sogenannten roten Gebirges und zwar

von 356,20 m bis 364,90 m gelbbraunes, oben sandiges Gebirge; z. T. Schieferthon mit Pflanzenresten;

bis 366,10 m Konglomerat mit grossen, bis 0,10 m im Durchmesser messenden Gesteinsbrocken, die dem Carbon entstammen. Die Oberfläche eines noch erhaltenen Geschiebes ist vollkommen flach geschliffen. Die Schliffffläche zeigt parallele Schrammen und Ritzen, wodurch das Geschiebe eine auffallende Aehnlichkeit mit den Geschieben diluvialer Grundmoränen erhält;

bis 368,94 m hellgrauer, lockerer Sandstein mit thonigem Bindemittel;

---

*) G. Müller, Zur Kenntnis der Dyas- und Triasablagerungen im Ruhrkohlenrevier, Z. f. p. G. 1901 S. 385 ff.

bis 370,18 m Konglomerat, dem ersten ganz analog; es lagert auf einem abgeschliffenen und mit deutlichen Schrammen versehenen Thonschiefer carbonischen Alters, der Gas- oder Gasflammkohlenpartie angehörig.

Das Vorkommen der beiden Konglomerate spricht dafür, dass zwischen der Ablagerung der Steinkohlenformation und der jener pflanzenführenden hangenden Schichten ein sehr langer Zeitraum liegen muss.

In den pflanzenführenden Schichten fand G. Müller Cordaites sp. und Asterophyllites equisetiformis. Letztere Art findet sich am häufigsten im Rotliegenden. Nach Weiss kommt sie allerdings von den unteren Saarbrücker Schichten ab vor. Da aber zwischen der Ablagerungszeit der Saarbrücker Schichten (= Fett-, Gas- und z. T. Gasflammkohlenpartie) und der jener pflanzenführenden Schieferthone eine ausserordentlich lange Zeit liegen muss, wie aus der Einschaltung der Konglomerate hervorgeht, so folgert G. Müller, dass die pflanzenführenden Schichten dem Rotliegenden angehören.

Hervorragendes Interesse bieten auch die Konglomerate. Sie werden von G. Müller, der sich eine endgültige Stellungnahme zu der Frage ihrer Entstehung noch vorbehält, vorläufig als »versteinerte Grundmoräne« einer dyassischen Vergletscherung angesprochen und in Parallele mit dem südafrikanischen Dwyka-Konglomerat gestellt.

Es ist möglich, dass auch die eigenartigen roten Schichten von Menden dem Rotliegenden angehören (vgl. Tafel II). Diese Schichten, die v. Dechen und Lepsius auf ihren geologischen Karten mit Buntsandsteinfarbe bezeichnen, waren schon lange Zeit zweifelhaft, wie aus v. Dechens geologischer und paläontologischer Uebersicht hervorgeht. Es handelt sich hier um rote Sandsteine und Kalkcarbonate, die am Rotenberge, Laarberge und Gr. Haarberge auftreten und die Schichtenköpfe des flötzleeren Sandsteins diskordant und fast horizontal überlagern. Die Kalkgeschiebe der Konglomerate sollen aus mitteldevonischem Kalkstein stammen, der oberhalb Menden von der Hönne durchschnitten wird.

2. Die Zechsteinformation.

Während man im weitaus grössten Teile des Ruhrbeckens im Hangenden des Carbons unmittelbar die obere Kreideformation als Deckgebirge kennt, fand man in zahlreichen Bohrlöchern, die in den letzten drei Jahrzehnten am Niederrhein gestossen wurden, über der Steinkohlenformation eine Schichtenfolge von Gesteinen, deren Alter zunächst nicht sicher bestimmbar war. Es waren zum grossen Teil rot gefärbte Sandsteine, rote und graue Letten, ferner Dolomite, Anhydrit, Gyps und Steinsalz. Man fasste diese Schichten daher vorläufig unter dem Namen »rotes

Gebirge« zusammen und glaubte sie bald dem Rotliegenden, bald dem Keuper oder auch wohl der Kreide zurechnen zu müssen. Ihre genauere Kenntnis hat erst die ausgedehnte Bohrthätigkeit ermöglicht, die sich in den letzten Jahren in der Gegend von Holten, Dinslaken, Kirchhellen und Wulfen entwickelte. Dazu kamen in jüngster Zeit Grubenaufschlüsse auf den Zechen Gladbeck und Graf Moltke.

Schon im Mai 1898 sprach sich Leo Cremer in einem Vortrag*) dahin aus, dass man mit den Bohrungen wahrscheinlich die Zechsteinformation durchsunken habe, obwohl die unbedingt sichere Bestimmung des Alters aus Mangel an Versteinerungsfunden noch nicht möglich sei.

Dreiviertel Jahre später deutete Holzapfel in einem Vortrage vor der Deutschen Geologischen Gesellschaft*) die 300 bis 400 m mächtigen, in der Gegend von Wesel über dem Carbon erbohrten Schichten als Trias und Zechstein, oder genauer als unteren Buntsandstein und oberen Zechstein. Da auch damals noch keine Organismenreste in dem besprochenen Gebirge entdeckt worden waren, dienten lediglich petrographische Merkmale als Anhalt.

Den ersten bestimmbaren organischen Rest fand im Oktober 1899 Leo Cremer in dem Bohrloch Frischgewagt II bei Wulfen, wo in einer Teufe von 745 bis 775 m ein Zechsteinriff durchsunken wurde. Die Belegstücke, die in der Sammlung der Westfälischen Berggewerkschaftskasse aufbewahrt werden, zeigen den typischen, grauen, zelligen Riffdolomit mit zahlreichen wohlerhaltenen Resten von Fenestella retiformis und weniger gut erhaltenen Brachiopoden. Die letzteren sind z. T. hohl und mit kleinen Kalkspatkrystallen ausgekleidet. Auch Spuren von Kupferkies sind darin zu bemerken.

Der untere Zechstein, insbesondere das Aequivalent des Kupferschiefers, wurde zuerst durch Middelschulte in den Schächten der Zeche Ver. Gladbeck festgestellt.***)

In den schwarzen Mergelschiefern des Schachtes II von Gladbeck fand G. Müller Leitversteinerungen des Kupferschiefers, besonders Palaeoniscus Freieslebeni, wodurch endgültig der Beweis für das Vorhandensein eines Kupferschieferäquivalents im Ruhrbezirk erbracht wurde.

Die Entwickelung des Zechsteins auf den Schächten I und II der Zeche Gladbeck ist folgende:

---

*) V. d. n. V. 1898, Bd. 55, S. 63 ff.

**) Vgl. das Referat über diesen Vortrag in der Z. f. p. G. 1899, S. 50 ff.

***) Ueber die Deckgebirgsschichten des Ruhrkohlenbeckens. Nach Dr. Middelschulte. Gl. 1901, S. 301 ff. und

Middelschulte, Ueber die Deckgebirgsschichten des Ruhrkohlenbeckens und deren Wasserführung, Min. Ztschr. 1902, S. 320 ff. Dieser Abhandlung ist eine grosse Anzahl der unten folgenden Angaben entnommen.

Das Steinkohlengebirge (hier ein rot gefärbter Kohlensandstein) wird von einem 0,6 m mächtigen schwarzen bis dunkelgrauen Mergelschiefer überdeckt, der mit etwa 5° nach Norden einfällt. Das Gestein ist leicht und ebenflächig spaltbar. Häufig findet man auf den Spaltflächen die Reste von Ullmannia Bronni Göpp. und Voltzia Liebeana H. B. Geinitz. Fischreste, namentlich einzelne oder mehrere zusammenhängende Schuppen, ferner Flossen und Kopf von Palaeoniscus Freieslebeni sind seltener.

Einen Erzgehalt wies der Mergelschiefer nicht auf. Es liegt demnach hier die gleiche Entwickelungsform des Kupferschiefers vor wie in England.

Ueber dem Mergelschiefer folgt in 6,50 m Mächtigkeit deutlich geschichteter, z. T. poröser Zechsteinkalk von graubrauner Farbe (vgl. Tafel XVII), die untersten Bänke sind versteinerungsreich. Sie führen nach Middelschulte vorwiegend Fenestella retiformis, daneben Camarophoria multiplicata King., Nautilus (Freiesleben ?), Cyathocrinus ramosus Schloth. (Säulenglieder), ferner undeutliche Abdrücke eines Spirifer, einer Koralle und einer kleinen, gewöhnlich als Turbonilla bezeichneten Schnecke. In den Poren dieser untersten Lage findet sich häufig Malachit, seltener Kupferlasur und Kupferkies als Auskleidung.

Die oberen Bänke des Zechsteins enthalten hin und wieder noch Ullmannia Bronni.

Der Zechsteinkalk wird überlagert von einer rd. 1 m mächtigen Schicht von Anhydrit von dunkelgrauer Farbe, der in dünne Bänke abgesondert ist und Gyps eingesprengt enthält. Er dürfte schon zum oberen Zechstein zu rechnen sein.

Die darüberliegenden Sandsteine und Konglomerate gehören dem Buntsandstein an.

Auf Schacht I der Zeche Ver. Gladbeck steht die Zechsteinformation in einer Teufe von 436 bis 444 m an, besitzt also eine Gesamtmächtigkeit von 8 m.

Aehnlich liegen die Verhältnisse auf der rd. 3 km südlich liegenden Schachtanlage III. Hier reicht die Formation von 312 bis 318 m Teufe und besteht aus dem 0,5 m mächtigen Mergelschiefer, der bei etwas hellerer Farbe ebenfalls erzleer ist und ebenso wie der von Schacht I/II Ullmannia führt, sowie dem Zechsteinkalk, der 5,5 m mächtig ist und unmittelbar unter dem Buntsandstein liegt.

Der dritte Aufschluss des Zechsteins — gleichfalls in der Gegend von Gladbeck — ist in den Bauen der Zeche Graf Moltke gemacht worden*).

---

*) Vgl. Kircher, Ein Beitrag zur Kenntnis der Deckgebirgsschichten des Ruhrkohlenbeckens, Glückauf 1901, S. 893 ff.

Additional information of this book

(Geologie, Markscheidewesen; 978-3-642-90159-1; 978-3-642-90159-1_OSFO8) is provided:

http://Extras.Springer.com

Im Ostfelde der genannten Zeche werden die rotgefärbten Schichtenköpfe der mit 45° nach Süden einfallenden Steinkohlenformation (der Gaskohlenpartie) überlagert von grobkörnigen Sandsteinen und Konglomeraten des Zechsteins, die ein nördliches Einfallen von 1 bis 3° zeigen.

Das liegendste Schichtenglied ist hier ein grobkörniger, mattrot gefärbter Sandstein, der 0,40 m Mächtigkeit erreicht, stellenweise aber auch ganz auskeilt. Darüber liegt eine 0,20 bis 1 m starke Konglomeratbank aus abgerundeten Stücken von Quarz, Kalkspat, Thoneisenstein, mit einem sandig-kieseligen Bindemittel. Bleiglanz und Schwefelkies kommen eingesprengt vor.

Das Konglomerat wird überlagert von einer 2,20 m mächtigen Mergelschieferbank, dem Aequivalent des Kupferschiefers, deren untere Schichten fast schwarz sind, während nach oben hin die Farbe heller wird und in Grau übergeht. Der Schiefer ist leicht und ebenflächig spaltbar. Er enthält Palaeoniscus Freieslebeni ziemlich häufig. Durch eine im Laboratorium der Westfälischen Berggewerkschaftskasse von Professor Dr. Broockmann ausgeführte Analyse wurde festgestellt, dass auch dieser Mergelschiefer keine dem Mansfelder Vorkommen entsprechende Erzimprägnation besitzt. Ganz vereinzelt wurde vom Verfasser ein im Mergelschiefer eingewachsener Bleiglanzwürfel gefunden. Weiter im Hangenden folgt Zechsteinkalk, der bis zu einer Mächtigkeit von 8 m aufgeschlossen ist. Er ist dicht, in Bänke abgesondert, von grauer, nach oben zu heller werdender Farbe und enthält stellenweise ziemlich viel Organismenreste einer Rifffacies, so Fenestella retiformis, Camarophoria Schlotheimi, Productus horridus und Spirifer sp.

Sehr zahlreich sind die Aufschlüsse des Zechsteins in Tiefbohrungen und zwar sowohl links- wie rechtsrheinisch.

Es ergiebt sich daraus, dass die Zechsteinformation (und mit ihr der Buntsandstein) sich von Norden her in das Gebiet des Münsterschen Beckens und der Kölner Bucht hineinerstreckt und dass er auf der Linie Kamp-Walsum-Gladbeck-Dorsten-Marl-Wulfen nach Süden hin auskeilt (vergl. Tafel XVI). Man sieht daraus, dass die besprochenen Grubenaufschlüsse von Gladbeck und Graf Moltke hart an der Grenze des Zechsteingebietes liegen. Weiter westlich und im Innern dieses Gebietes gestalten sich die Verhältnisse erheblich anders. Hier ist der Zechstein in viel mächtigerer Ablagerung vorhanden und durch Einschaltung von gewaltigen Steinsalzlagern und stellenweise auch von Kalisalzen ausgezeichnet.

Besonderes Interesse bietet die linksrheinische Gegend von Rheinberg wegen der Beziehungen der dortigen Carbonoberfläche (vergl. S. 165) zur Ausbildung des Zechsteins. Die näheren Angaben darüber verdankt der

Verfasser Herrn Bergassessor Stein, der ihm seine Abhandlung über diese
Gegend freundlichst zur Verfügung stellte*).

Als unterstes Glied des Zechsteins wurde in den linksrheinischen Tiefbohrungen (vergl. Tafel XVIII) meist eine Breccie aus eckigen Bruchstücken von Schieferthon und Sandstein sowie abgerundeten Körnern von
rotem und braunem Thoneisenstein mit thonigkalkigem Bindemittel durchsunken. In den Bohrregistern wird diese Schicht als »Konglomerat« bezeichnet. Die Bruchstücke von Schieferthon und Sandstein sowie die
Thoneisensteingerölle lassen auf Abstammung von dem unmittelbar darunter
liegenden Steinkohlengebirge schliessen.

Ueber dieser Breccie — oder auch unmittelbar auf den Schichtenköpfen des Carbons, wo die Breccie fehlt — liegt eine 10—20 m mächtige
Schichtenfolge aus dichten, grauen Mergelschiefern von wechselnder Zusammensetzung, deren liegendste Bänke in der Regel als Kupferschiefer
anzusprechen sein dürften.

In einem Bohrloch bei Issum, dessen Kerne der Verfasser zu untersuchen Gelegenheit hatte, lag über dem in seinen oberen Schichten rotgefärbten Steinkohlengebirge das Aequivalent des Kupferschiefers, ein
schwarzbrauner, eben und dünnschiefrig spaltbarer Mergelschiefer mit
Fischschuppen. Auf schmalen Spalten im Gestein zeigten sich Spuren
von Bleiglanz. Petrographisch ist der Schiefer von dem Gladbecker Vorkommen nicht zu unterscheiden. Er besitzt eine Mächtigkeit von rund
1 m, darüber fanden sich 15 m eines grauen, milden, thonigen Kalkes, der
in einzelnen Kernen in versteinerungsreichen Zechsteinkalk überging.
Diese Schichten sind als unterer Zechstein anzusehen. Das Hangende bildet
eine Schichtenfolge von Letten mit vorherrschendem Anhydrit und Gyps
(oberer Zechstein).

Der Anhydrit erreicht in einzelnen Bohrlöchern eine Mächtigkeit von
70 m. Er ist fest, gleichmässig krystallinisch, körnig und von blaugrauer
Farbe, lässt sich leicht bohren und liefert gewöhnlich vorzügliche Kerne.
Auch Gyps ist in dieser Stufe häufig.

Besondere Beachtung verdienen die Steinsalzlager des oberen Zechsteins. Das Salz ist grobkrystallinisch, farblos bis grau und rötlich und abgesehen von Schnüren, die durch Thon und Anhydrit verunreinigt sind,
sehr rein.

Die Steinsalzkerne aus einer Bohrung, die 130 m Steinsalz durchsunken hatte, wurden analysiert und ergaben in 3 verschiedenen Proben
folgende Zusammensetzung:

---

*) Vergl. auch Hundt, Die Steinkohlenablagerung des Ruhrkohlenbeckens
a. a. O. S. 20 ff.

Additional information of this book

http://Extras.Springer.com

(Geologie, Markscheidewesen; 978-3-642-90159-1; 978-3-642-90159-1_OSFO9) is provided:

Tabelle 3.

Teufe im Salzlager	37,5 m	77,5 m	113,5 m
Na Cl	99,551	99,678	98,565
Ca SO$_4$	1,197	0,165	0,796
Mg SO$_4$	0,079	0,063	—
Ca Cl$_2$	—	—	0,016
Mg Cl$_2$	—	—	0,166
Na SO$_4$	0,017	0,012	—
H$_2$O	0,150	0,050	0,440
Rückstand	0,007	0,032	0,017

An den Rändern des Zechsteingebietes keilt sich das Salzlager aus, nach dem Innern zu (für die Gegend von Rheinberg demnach in nördlicher Richtung) nimmt es an Mächtigkeit zu. Doch spielt hierbei die Oberflächengestalt des Carbons insofern eine Rolle, als sich das Steinsalzlager immer nur in den Thälern der Carbonoberfläche findet, niemals aber auf den Höhenrücken angetroffen worden ist. Bei Rheinberg beträgt die höchste erbohrte Mächtigkeit 140 m, während in einem Bohrloch bei Menzelen, 4 km nördlich von Alpen, 300 m im Steinsalz gebohrt worden sind, ohne dass das Liegende erreicht wurde.

Kalisalze wurden bei Rheinberg nicht erbohrt.

Ueber dem Steinsalz liegt eine wenige Meter mächtige Schicht Salzthon von graugrüner oder rötlicher Farbe mit Einschlüssen von Steinsalz und Anhydrit.

Dann folgen stellenweise starke Anhydrit- und Gypsbänke, stellenweise aber statt deren eine Schichtengruppe, die aus Kalk- und Dolomitbänken wechsellagernd mit Letten besteht. Diese Schichten enthalten ebenfalls stets Gyps und Anhydrit und erreichen eine Mächtigkeit bis zu 50 m. Der Dolomit dieser Gruppe (Stinkdolomit) entwickelt beim Anschlagen einen unangenehmen Geruch. Eine Probe des Gesteins aus dem Bohrloch N. 7 bei Rheinberg in 430 m Teufe entnommen ergab bei der Analyse

$$51,1\,\% \quad Ca\,CO_3$$
$$45,3\,\% \quad Mg\,CO_3$$
$$3,6\,\% \quad \text{Thon und organische Stoffe.}$$
$$\overline{100,0\,\%}$$

Nach Stein sind die bis hierher beschriebenen Schichtenglieder der Gegend von Rheinberg zur Zechsteinformation zu zählen, während die hangenderen Schichten — vorwiegend rote Sandsteine und Thone — dem Buntsandstein angehören. Andere als petrographische Gesichtspunkte können

dafür bisher nicht geltend gemacht werden, da Organismenreste nicht
gefunden worden sind.

Die Formation, deren Ausbildung in der linksrheinischen Gegend
von Rheinberg im Vorstehenden eingehender geschildert wurde, setzt sich
in ähnlichem Aufbau rechtsrheinisch fort. Von ihrer Ausbildung an der Grenze
— bei Gladbeck — ist schon oben die Rede gewesen (vergl. S. 167 und 168).
Nach dem Innern der Ablagerung hin, d. h. in nördlicher und nordwestlicher Richtung von Gladbeck aus, nimmt ihre Mächtigkeit zuweilen durch
Anschwellen der wechsellagernden Anhydrit- und Lettenbänke und besonders durch das Auftreten des schon erwähnten Salzlagers erheblich zu.

In den Bohrtabellen der rechtsrheinischen Bohrungen finden sich
häufig »Gerölle« eingetragen, die sehr wahrscheinlich der Zechsteinformation angehören und gewöhnlich an deren Basis liegen. In einigen
Bohrungen wurde dagegen noch im Liegenden von Geröllschichten Anhydrit und Gyps durchsunken. In diesem Falle hat man es wahrscheinlich
mit Konglomeraten des unteren Buntsandsteins zu thun. Die Geröllschichten
sind als Konglomerate mit sehr lockerem Bindemittel anzusehen, das durch
die Arbeit der Bohrkrone und durch die Spülung leicht zerstört wird. An
anderen Stellen wieder ist das Bindemittel so widerstandsfähig, dass das
Gestein im Bohrkern einem Beton täuschend ähnlich wird.

In den Bohrkernen der Bohrung Springsfeld XVII in der Kirchheller
Haide stellte G. Müller mächtige Zechsteindolomite fest, die von 428 bis
503 m Teufe durchsunken wurden.*) Die untersten 70 m dieser Schichtenfolge, die unmittelbar im Hangenden des teilweise rot gefärbten carbonischen
Schiefers liegen, bestehen aus weissem Dolomit bezw. dolomitischem Kalk,
der Productus horridus in zahlreichen Exemplaren enthält und zum unteren
Zechstein zu rechnen ist. Darüber findet sich in 4 bis 5 m Mächtigkeit
poröser typischer Riffkalk, in welchem sich Fenestella retiformis, Arca
striata und Acanthocladia sp. fand. Die Gypsausfüllung der Hohlräume in
den obersten Schichten lässt darauf schliessen, dass früher über dem Riffkalk der obere Zechstein vorhanden gewesen ist.

Ein Bohrloch bei Hervest-Dorsten traf nach G. Müller**) nur unteren
Zechstein in 7 m Mächtigkeit an, der rotgefärbte Carbonschichten über-
lagerte und seinerseits von Essener Grünsand bedeckt war. Die Schichtenfolge bestand dort aus einem wenig mächtigen Konglomerat, das einen geringen Erzgehalt aufwies, und aus Kupferschiefer, der völlig frei von Erzen
war, dagegen Palaeoniscus Freieslebeni enthielt.

Einem Zechsteinaufschluss, der vorzüglich die mit 35—40° geneigte
Lage der Schichten über der verhältnismässig steil einfallenden Carbon-

---

*) Vergl. Z. f. p. G. 1901 S. 385 f.
**) Ztschr. d. d. g. G. 1902, II. S. 111.

oberfläche zeigt, hat Hundt unter Beigabe der folgenden Skizze veröffentlicht.*)

Der Zechstein besteht hier aus:

6,3 m Anhydrit mit roten, salzhaltigen Letten,

24,4 » Kalk und Dolomit mit Gypseinschlüssen, wechselnd mit bunten Letten,

8,2 » Anhydrit mit roten Letten,

0,8 » Schieferthon,

8,6 » Anhydrit,

7 » Anhydrit mit grauen Thonbänken,

5,6 » Kalk (Mergelschiefer z. T.?),

13,4 » Konglomerat,

74,3 m

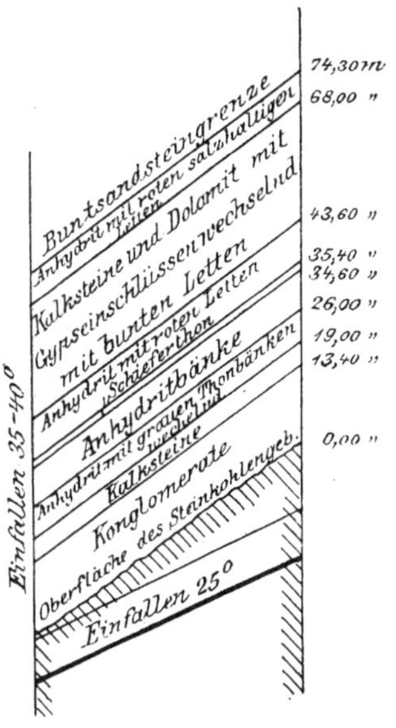

Fig. 25.

Profil einer Bohrung bei Holthausen.

Nur oberer Zechstein wurde im Bohrloch Trier VI bei Schermbeck überbohrt. Hier lagern unter dem Buntsandstein, der mit 24° einfällt und bis 796 m Teufe hinabgeht, Letten des oberen Zechsteins mit Anhydrit und Gyps (796—827 m), darunter bis 891 m fester Anhydrit, der unmittelbar über Kohlensandstein liegt. Kupferschiefer, Zechstein- und Riffkalke fehlen also völlig und es scheint eine Transgression des oberen Zechsteins vorzuliegen.

*) A. a. O. S. 24.

Bei Wesel wurde von der Tiefbohraktiengesellschaft vorm. Lubisch der Zechstein in 245 m Gesamtmächtigkeit durchsunken. An seiner Basis fand sich 0,50 m Kupferschiefer mit Palaeoniscus cf. Freieslebeni und Ullmannia Bronni. Die hervorragende Wichtigkeit dieses Aufschlusses liegt in dem Fund einer Kalisalzlagerstätte. Das Vorkommen dieser Salze ist damit zum ersten Male auf der rechten Seite des Niederrheins festgestellt worden, nachdem es linksrheinisch bereits aus früheren Funden bekannt war. Im ganzen wurden 63 m Kalisalze überbohrt *) Ein aus 1139,50 m Teufe stammender Kern der Bohrung Hugoshall zeigt fleischrote Carnallitschichten.

Auch der am weitesten in nördlicher Richtung vorgeschobene Bohrversuch bei Vreden hat den Zechstein erreicht, wenn auch leider nicht bis zu seinem Liegenden durchsunken. Die Schichten gehören hier**) bis zu 960 m Teufe jüngeren Formationen einschliesslich des Buntsandsteins an. Darunter ist der Zechstein in folgender Ausbildung aufgeschlossen:

bis	965	m Anhydrit mit Schnüren von Letten,
»	978,8	» Steinsalz,
»	999	» Dolomit, bituminös,
»	1005	» Anhydrit mit Salzschnüren,
»	1018	» » » Lettenlagen,
»	1020,20	» Steinsalz,
»	1026	» » mit Anhydrit,
»	1074	» dichter Anhydrit,
»	1174	» Steinsalz,
»	1229,6	» Anhydrit.

Bei dieser Teufe wurde die Bohrung eingestellt.

Eine Zusammenstellung der Teufe und Mächtigkeit des Zechsteins in verschiedenen Aufschlüssen ist in Gegenüberstellung mit den entsprechenden Zahlen des Buntsandsteins in Tabelle V auf S. 180 gegeben.

3. Der Buntsandstein.

In der Regel tritt der Buntsandstein im Deckgebirge des Ruhrkohlenbeckens in der Gesellschaft des Zechsteins auf. Der Fall, dass Zechsteinschichten ohne Buntsandsteinüberlagerung angetroffen worden wären, ist bisher nicht bekannt geworden. Umgekehrt wurde auch selten Buntsandstein ohne Zechstein aufgeschlossen. Die Fälle, in denen nach den Bohrtabellen als unterste Deckgebirgsschicht rote Sandsteine oder rote Letten

---

*) Die Angaben entstammen einem Vortrage von G. Müller, vergl. Ref. in Z. f. p. G. 1902 S. 215.
**) Vergl. G. Müller, Z. f. p. G. 1902. S. 215.

durchsunken wurden, Gesteine, die als Buntsandstein zu deuten naheliegt, sind noch nicht völlig geklärt. Es mag sich dabei vielleicht gar nicht um Buntsandstein, sondern um Rotliegendes ähnlich dem von Zeche Preussen II handeln (vergl. S. 165 und 166). Andererseits ist die Möglichkeit nicht ausgeschlossen, dass an den betreffenden Punkten der Zechstein vor Ablagerung des Buntsandsteins zerstört worden ist oder dass eine Transgression des Buntsandsteins vorliegt. Zu diesen bisher noch nicht sicher gedeuteten Vorkommen gehören die in den Bohrregistern als »Keuper«, »roter Keuperthon«, »Keupersandstein« und unter ähnlichen Bezeichnungen angeführten Schichten aus Tiefbohrungen bei Lenklar (zwischen Werne und Lünen) und bei Kirchdinker. Nach Hundt*) betrug die Mächtigkeit dieser roten Schichten bei Lenklar 3,5 m, bei Kirchdinker 0,6 m. Ausserdem sollen auf der Schachtanlage Grimberg auf der Zeche Monopol rot gefärbte Gesteine mit einem Aufbruch angefahren worden sein, der aus der Wettersohle ins Deckgebirge vorgetrieben wurde.

Nach Huyssen**) wurde in einem Bohrloch bei Wassercourl rotgefärbter Schieferthon zwischen dem Mergel und dem Steinkohlengebirge angebohrt, den man anfangs als Keuper deuten zu müssen glaubte. Huyssen hielt dies allerdings sofort für einen Irrtum, da »eine genaue Untersuchung ergeben habe, dass man rotgefärbten Schieferthon der Kohlenformation vor sich hatte«. Da bei dem Bohrverfahren mit Meissel kaum organische Reste aus dem Bohrloch zu erkennen gewesen sein dürften, bleibt es immer noch unentschieden, ob nicht auch hier vielleicht Buntsandstein oder Zechstein vorgelegen hat.

Wenn diese Vorkommen wirklich dem Buntsandstein zuzurechnen sind, so können sie nur geringe Reste darstellen, die von der Erosion verschont geblieben sind. Im Gegensatz dazu ist die Formation im nordwestlichen Teil des Bezirks in vollständiger Ausbildung — in drei Stufen gegliedert — erhalten.

Wieder ist es die Zeche Gladbeck, die in ihren Schächten Gelegenheit zur Untersuchung der Formation geboten hat.

Nach Middelschulte***) sind die Verhältnisse daselbst folgende:

Gleichförmig über der Zechsteinformation liegt zunächst eine »Konglomeratzone«, die sich aus einzelnen Buntsandsteinbänken und dazwischen lagernden lockeren Konglomeraten aufbaut. Der Sandstein ist hell, fast weiss, sehr feinkörnig und nicht sehr fest. Sein Bindemittel besteht aus weissem, weichen Thon.

---

*) a. a. O. S. 20.

**) Z. d. d. g. G. 1855. S. 32.

***) Middelschulte, Ueber die Deckgebirgsschichten u. s. w. Min. Ztschr. 1902. S. 322 ff.

Die Konglomerate enthalten die verschiedenartigsten Gerölle aus der Zechsteinformation (und zwar nicht nur aus den bei Gladbeck selbst bekannten Schichten): Anhydrit, dolomitische Kalke, graue Stinkkalke, hellgraue bis gelbe, zellige Stinkdolomite, poröse und dichte Dolomite von dunkler und heller Färbung. Die Grösse der Gerölle war besonders bei dem harten Dolomit derartig, dass sie nicht in den Abteufkübel zu bringen waren, sondern auf der Schachtsohle zersprengt werden mussten. Andererseits geht die Grösse herab bis zu der einer Haselnuss. Namentlich ist der körnige Anhydrit nur in faust- oder eigrossen Stücken erhalten, die stets rund geschliffen sind. Die grossen Dolomitblöcke sind nur an den Kanten abgerundet, zeigen aber noch die ursprüngliche Schichtung. Das Bindemittel des Konglomerates ist ein hellgrauer oder weisser, sandiger Letten.

Die untere Zone steht im Schacht I mit 19 m (von 417 bis 436 m), im Schacht III mit 12 m (von 300 bis 312 m) an.

Darüber folgt eine Schichtengruppe von mächtigeren dunkelroten, sehr feinkörnigen Sandsteinbänken und schwächeren, ebenfalls rot gefärbten Thonschichten in Wechsellagerung. Die Schichtung der Sandsteine ist unten dickbänkig, nach oben hin nimmt die Stärke der Bänke ab. Wie das Profil (Tafel XVII) zeigt, ist der Wechsel der Schichten sehr regelmässig. Die Stärke der Schichten schwankt zwischen 0,15 und 2,60 m.

Eine Analyse des Sandsteins ergab

$$2 \text{ }^0/_0 \text{ Eisen,}$$
$$70 \text{ » Kieselsäure,}$$
$$\text{rd. } 26 \text{ » Thonerde.}$$

Ausgezeichnet ist dieser Sandstein durch Wellenfurchen auf den Schichtflächen, wie sie vom Buntsandstein Mitteldeutschlands bekannt sind. Er besitzt nicht die Festigkeit des weissen Sandsteins in der Konglomeratzone. Auf der Halde zerfällt er rasch.

Beide Abteilungen des Buntsandsteins sind sehr versteinerungsarm.

Da die Konglomeratzone unmittelbar und konkordant über dem Zechstein liegt, hat man sie als unteren Buntsandstein (oder als transgredierenden mittleren Buntsandstein*)?) anzusprechen, während die Schichtenfolge der roten Sandsteine mit Wellenfurchen wechsellagernd mit dünnen Thonschichten dem mittleren Buntsandstein gleichzustellen ist.

Ueber die Teufe und Mächtigkeit der Schichten in den beiden Schachtanlagen von Gladbeck giebt die folgende Zusammenstellung Auskunft:

*) Z. f. p. G. 1903. S. 243.

Tabelle 4.

	Gladbeck I/II		Gladbeck III	
	Teufe bis m	Mächtigkeit m	Teufe bis m	Mächtigkeit m
Mergel	309	309	271	271
mittl. Buntsandstein	417	108	300	29
unterer »	436	19	312	12
Zechstein	444	8	318	6

Auf der Zeche Graf Moltke sind die Strecken, die den Zechstein anfuhren, nicht weit genug ins Hangende vorgedrungen, um über den Buntsandstein Aufklärung geben zu können.

Bei Schermbeck hat der Buntsandstein eine Mächtigkeit von 234 m (562 bis 796 m) im Bohrloch gemessen bei einem Einfallwinkel, der bis 24° beträgt. Auch hier sind mehrere Stufen zu unterscheiden: das liegendste den Zechsteinletten unmittelbar bedeckende Schichteglied ist grauer Sandstein mit Konglomeraten; darüber lagert grauer Sandstein, wechsellagernd mit rothen Sandstein- und Schieferthonbänken; schliesslich folgt oben dünnbänkiger, roter Sandstein mit Thonschichten.

Ferner ist die Ausbildung von Konglomeraten im Buntsandstein bekannt aus der Gegend von Wesel (Bohrung Holthausen II bei Spellen, wo nach der Bohrtabelle eine Zone von 30 m Mächtigkeit mit Geröllen durchbohrt ist), Holthausen III in Vörde, Springsfeld II bei Dorsten. Hundt giebt die Mächtigkeit des Gerölllagers an zu 3 m (Bohrung Hiesfeld 16), 6 m (Bohrung Hiesfeld 17), 12 m (Bohrung Hiesfeld 12). Es mag dahingestellt bleiben, ob alle diese Vorkommen der unteren oder etwa der mittleren Abteilung der Formation angehören.

Oberer Buntsandstein wurde von G. Müller in einem Bohrloch bei Wesel und in dem schon oben erwähnten Bohrloch bei Vreden nachgewiesen. Das Profil des Buntsandsteins in der erstgenannten Bohrung war folgendes:[*]

54 m blaue und rote Letten,
 5 » harte, weisse Kalkmergel,
 3 » Kalksteine, wechsellagernd mit roten Letten,
42,5 » sandige Kalke, kalkige Schiefer und helle Sandsteine mit Gypsknollen und Gypsadern,

104,5 m

[*] Hundt, a. a. O. S. 27.

104,5 m

 43 » helle Mergel und Schieferthone mit Gypsadern, enthaltend Lingula
    tenuissima und Myophoria vulgaris,

 7,5 » roter Thon mit Gypseinschlüssen,

 40 » rote, bläuliche und grünliche Letten mit Gypsadern,

260 » rote Sandsteine und Thone, teilweise stark glimmerhaltig,

 19 » rote und weisse Sandsteine, an der Basis mit Anhydrit und
    bunten Letten, mit 30 bis 40° Einfallen.

____

474 m

Darunter folgte Zechstein.

Aus dem Vorkommen von Lingula tenuissima und Myophoria vulgaris
sowie den petrographischen Eigenschaften der durchsunkenen Gesteine ergiebt sich die Zugehörigkeit der versteinerungsführenden Schichtenfolge
zum Röth (oberen Buntsandstein).

Die Bohrung bei Vreden hat gleichfalls das Röth durchsunken und
in dieser Stufe ein Steinsalzlager aufgeschlossen. Das Profil des Buntsandsteins ist hier nach G. Müller*) folgendes:

Hangendes (bis 211 m) Muschelkalk,

bis 392 m bunte Mergel, Letten mit Gypsschnüren,

 » 417 » Steinsalz mit 1,17 m mächtiger Einlagerung von bunten Letten
    und Gyps,

 » 680 » mittlerer Buntsandstein mit bis zu 4 m mächtigen groben
    Sandsteinbänken und Lettenlagen,

 » 960 » unterer Buntsandstein mit Einsprengungen von Anhydrit; an
    der Basis grobkörnige Sandsteine mit Anhydritlinsen,

Liegendes: Zechstein (vgl. S. 174).

Die Gesamtmächtigkeit des Buntsandsteins beträgt sonach bei Vreden
749 m.

Ebenso wie auf der rechten Seite des Rheines ist auch linksrheinisch
der Buntsandstein über dem Zechstein angetroffen worden.

In der Gegend von Rheinberg und Alpen ist eine Konglomeratzone nicht zur Ablagerung gelangt. Die Trennung des Buntsandsteins
vom Zechstein kann daher nicht mit gleicher Schärfe durchgeführt werden
wie in dem rechtsrheinischen Randgebiet des Buntsandsteins. Ueber den
von Gypsschnüren und Anhydritschichten durchzogenen oberen Zechsteinletten folgt eine Schichtengruppe von gelb- bis braunroten, feinkörnigen

____

*) Z. f. p. G. 1902 S. 215.

Sandsteinen und Thonbänken. Ein festes Bindemittel besitzt der Sandstein nur in einzelnen Lagen. Häufig kam daher bei der Bohrung in diesen Schichten statt der Kerne nur loser Sand mit der Spülung zu Tage. Der zwischen den Sandsteinschichten liegende Thon ist braunrot oder graugrün, weich und fett. Die Mächtigkeit dieser Schichtenfolge schwankt zwischen 100 bis 250 m. Sie wird vom Tertiär der Cölner Bucht überlagert.

Am Rande der Buntsandsteinablagerung bei Kamp ist Buntsandstein in konglomeratartiger Ausbildung entwickelt.

Von der Grenze der Zechstein- und Buntsandsteinformation, soweit sie im Münsterschen Becken auftreten, ist bis jetzt nur ein kurzes Stück bekannt. Sieht man von den obenerwähnten Vorkommen roter Schichten auf Monopol, bei Lenklar u. s. w. ab, die wahrscheinlich inselförmige Reste vorstellen, so lässt sich die fortlaufende Süd- bezw. Ostgrenze der grossen zusammenhängenden Dyas- und Triaseinlagerung aus der Gegend von Wulfen bis an den Rhein unterstrom von Walsum verfolgen. Sie läuft nahezu parallel den Tiefenschichtenlinien der Carbonoberfläche, da der Zechstein und Buntsandstein die Thäler oder Buchten in der Oberfläche des Steinkohlengebirges ausfüllt. Wie Tafel XVI zeigt, wird der Verlauf der Grenze nach unserer gegenwärtigen Kenntnis durch die folgenden Orte bestimmt: Wulfen, Hervest, Dorsten, Holsterhausen, Feldhausen, Gladbeck, Ellinghorst, Königshardt, Holten, nördlich Walsum. Hier überschreitet die Grenze den Rhein, um sich wiederum in Kurven über Eversael, westlich Budberg, Vierbaum, südlich Rheinkamp, nördlich Kamp in die Gegend von Issum zu ziehen. Ueber den weiteren Verlauf nach Westen ist auf eine weite Strecke hin nichts bekannt. Erst in der Nähe der Maas bei Maseyck sind wieder Triasschichten erbohrt worden.

Ueber die Teufe und Mächtigkeit des Zechsteins und Buntsandsteins an den einzelnen besprochenen Punkten giebt die umstehende Tabelle 5 Auskunft.

Eine besondere Bedeutung für den Bergbau besitzen die Buntsandstein- und Zechsteinschichten durch ihre Wasserführung. Einerseits hat sich nämlich beim Abteufen der Gladbeckschächte herausgestellt, dass im Buntsandstein grosse Wassermengen vorhanden sind, die dem Schachtabteufen verhängnisvoll werden können, andererseits hat sich der Zechstein (und vielleicht auch der Buntsandstein?) als dasjenige Gebirgsglied erwiesen, dem die meisten der zahlreichen Soolquellen, die in den Gruben des Ruhrbezirks erschroten worden sind, ihren Ursprung verdanken. Es wird später im Zusammenhang auf diese Verhältnisse zurückzukommen sein.

Tabelle 5.

Bohrloch bei:	Issum[1]	Issum	Kamp[1]	Alpen[1]	Millin-gen[1]	Rhein-berg[1]	Budberg[1]
	bis m	bis m	bis m	bis m	bis m	bis m	bis m
Jüngeres Deckgebirge (Kreide bezw. Tertiär)	244	295	276	325	304	305	203
Buntsandstein	397?	409	418	537	538	407	404
Zechstein	403	500	646	598	664	610	500

Bohrloch bei:	Eversael[1]	Ossenberg[1]	Wesel[2]	Holthausen III[3] in Vörde	Holthausen I[3] i. Holthaus.	Holthausen II[3] bei Spellen
	bis m	bis m	bis m	bis m	bis m	bis m
Jüngeres Deckgebirge (Kreide bezw. Tertiär)	220	291	242	300	380	253
Buntsandstein	423	510	984	686	722	647
Zechstein	487	615	1 229	773	788	957[4]

Bohrloch bezw. Zeche:	Holthausen IV[3] Bucholt	Trier IV[3] Schermbeck	Gladbeck I/II[3]	Gladbeck III[3]	Gr. Moltke	Vreden[2]
	bis m	bis m	bis m	bis m	bis m	bis m
Jüngeres Deckgebirge (Kreide bezw. Tertiär)	303	562	309	271	—	173
Muschelkalk	—	—	—	—	—	211
Buntsandstein	745	796	436	312	—	960
Zechstein	804	890	444	318	353	1 229,60 (undurch-bohrt)

[1]) nach Stein.
[2]) nach P. Müller.
[3]) nach Middelschulte.
[4]) von den 310 m Mächtigkeit des Zechsteins werden 277 m von dem Steinsalzlager des oberen Zechsteins eingenommen.

IV. Schichten vom Alter des Muschelkalkes bis zur unteren Kreide.

Die jüngeren Glieder der Triasformation, Muschelkalk und Keuper, sowie Jura und untere Kreide sind bisher im Ruhrbezirk noch nicht aufgeschlossen worden.

Dass aber auch sie von Norden her bis weit in das Münstersche Becken hineinragen, lassen die Schichten erkennen, die man auf der Linie Bocholt—Stadtlohn—Ahaus—Ochtrup—Rheine angetroffen hat. Die tektonischen Verhältnisse, die das Heraustreten dieser Mittelstufen zwischen Buntsandstein und oberer Kreide veranlasst haben, bedürfen noch näherer Unter-

suchung. Bei Ochtrup liegt zweifellos eine ostwestlich streichende Sattel-
erhebung vor. Andere Vorkommen sollen nach Angaben der Litteratur
söhlig liegen.

Das schon mehrfach erwähnte Bohrloch Vreden hat nach G. Müllers
Untersuchungen von 173 bis 211 m Teufe Muschelkalk durchsunken.

Schichten der Trias, des Jura und der unteren Kreide sind in der
erwähnten Zone vielfach aufgefunden und von verschiedenen Autoren verschieden bestimmt worden. Die Untersuchungen über jene Schichten sind
fast alle in den Verhandlungen des naturhistorischen Vereins für Rheinland und Westfalen sowie in der Zeitschrift der deutschen geologischen
Gesellschaft niedergelegt, grösstenteils auch in der geologischen und
paläontologischen Uebersicht der Rheinprovinz und der Provinz Westfalen
von v. Dechen benutzt. Ebenso sind die betreffenden Vorkommen auf
der v. Dechenschen geologischen Karte angegeben.

Verfolgt man die Aufschlüsse der genannten Gesteine, die etwa in
der nordwestlichen Verlängerung des Teutoburger beginnen, nach der
Karte, so begegnet man zuerst nördlich von Rheine Lias-, Wealden- und
Gaultschichten (Römer, Die Kreidebildungen Westfalens. V. d. n. V.
1854, S. 32 ff.), desgleichen dem Wealden südlich und östlich von Salzbergen
(ebenda S. 35).

Bei Ochtrup und Bentheim treten Schichten des Wealden und Neocom
in einer flachen Mulde mit nördlich daran anschliessendem Sattel auf. Im
oberen Neocom (nach G. Müller) liegen hier die Eisensteinlager der
Brechte, auf deren Schmelzwürdigkeit Kosmann wiederholt hingewiesen
hat. Der Eisengehalt beträgt jedoch nur 35 bis 38 % (vergl. auch
Römer a. a. O.; Hosius, Beiträge zur Geognosie Westfalens, ebenda
1860, S. 275 ff.; Heine, Geognostische Untersuchungen der Umgegend
von Ibbenbüren, ebenda 1862, S. 198; v. Dechen, Geol. u. p. Uebers.
S. 462; G. Müller, Referat über einen Vortrag, Glückauf 1903, S. 89).

Wealden ist ferner westlich und südlich von Gronau bekannt, Port-
land, Wealden und Hils in der Bauerschaft Lünten und an der Aa, Wealden
und Hils in mehreren Aufschlüssen zwischen Ottenstein, Vreden und Stadtlohn, Keuper nördlich Oeding, Lias (Gault?) aus einer Bohrung bei Wesecke.

Ein Vorkommen von Lias erwähnt Schlüter aus einem Bohrloch in
der Bauerschaft Lünten, wo in einer Teufe von 500 bis 600 Fuss Schichten
mit Ammonites angulatus durchbohrt wurden.

Der am weitesten nach Süden vorgeschobene Punkt, an dem Spuren
dieser Gesteine mittleren Alters gefunden worden sind, ist eine Bohrung
bei Hünxe an der Lippe. v. Dechen schreibt darüber*) wörtlich:

»Am südlichen Rande des Kreidebeckens ist an der Oberfläche keine

---

*) Geologische und paläontologische Uebersicht. S. 462 ff.

Spur des Gault vorhanden, aber bei Hünxe an der Lippe, 10 km östlich von Wesel und 24 km nördlich von der Auflagerung des Cenoman auf dem Steinkohlengebirge ist dessen unterste Schicht, der Grünsand von Essen mit 222 m durchbohrt und darunter ein dunkler Thon erreicht worden. Aus demselben ist das Fragment eines Belemniten erhalten worden, welcher nur auf B. minimus Lsr., und eines Ammoniten, welcher nur auf A. Deshayesi Lmr. bezogen werden kann. In diesen Schichten ist noch 21 m tief gebohrt und damit das Steinkohlengebirge an dieser Stelle nicht erreicht worden. Immerhin nähern sich die Fundpunkte des Gault am südlichen und westlichen Rande des Beckens zwischen Wesecke und Hünxe bis auf 30 km.«

V. Die obere Kreideformation.

In der oberen Kreide tritt uns das Gebirge entgegen, das als Bedeckung des Carbons im Münsterschen Becken von jeher neben dem Steinkohlengebirge selbst für den Bergbau die grösste Wichtigkeit besessen hat. Bis in die Mitte des vorigen Jahrhunderts hinein hat es die Industrie vom Vordringen nach Süden zurückgehalten und sie auf die Zone des Ausgehenden beschränkt. Aber auch später, als man die Scheu, den Mergel zu durchteufen, notgedrungen längst überwunden hatte, sind durch die ungünstige Gebirgsbeschaffenheit und grosse Wasserzuflüsse dem Schachtabteufen im Mergel enorme Hindernisse bereitet worden.

Petrographisch stellen sich diese Schichten zum grössten Teil als innige Gemenge von Thon und Kalk, also als typische Mergel dar, ein Name, der von alters her im Ruhrkohlenbezirk auch in die Stratigraphie übertragen worden ist und die obere Kreide des Münsterschen Beckens bezeichnet. Je weiter man ins Innere des Beckens — d. h. ins Hangende — vorgeht, desto weniger trifft freilich der Name Mergel für die dortigen Gesteine zu. Während nämlich das Cenoman, das Turon und der Emscher im mittleren und östlichen Teile des Bezirks wenigstens fast ausschliesslich aus Mergeln aufgebaut sind, besteht das Senon zum grossen Teil aus losen Sanden.

In manchen Schichten sind dem Mergel Quarz- und Glaukonitkörnchen in grosser Menge eingestreut, sodass »Grünsand« oder, wenn das Gestein grössere Festigkeit zeigt, grüne Sandsteine entstehen. Im übrigen wird bei der Beschreibung der einzelnen Stufen auf deren petrographische Eigentümlichkeiten zurückzukommen sein.

Seit den dreissiger Jahren des vergangenen Jahrhunderts ist das Münstersche Becken, die grösste zusammenhängende Ablagerung der Kreide in Deutschland, Gegenstand reger Forscherthätigkeit gewesen. Die Grundlagen der Kenntnis gab Fr. Hoffmann durch Angabe der Verbreitungsgrenzen auf seiner Karte des nordwestlichen Deutschlands, ohne sich jedoch auf eine andere Gliederung einzulassen, als sie petrographische Merkmale zuliessen. Er schied daher nur die sandigen von den kalkig-thonigen Gesteinen.

Ihm folgte im Jahre 1840 A. Roemer, der in seiner umfassenden Monographie der deutschen Kreide*) zuerst eine auf paläontologischer Grundlage aufgebaute Gliederung gab. Er kannte im Münsterschen Becken bereits vier Stufen, nämlich (von unten noch oben gerechnet):

1. den »Grünsand«, der sowohl den Grünsand von Essen wie den von Werl umfasst,

2. den »Pläner«, worunter er den »weichen, zerreiblichen, hellgrauen, ins Bräunliche ziehenden und oft durch Eisenoxyd gefärbten Mergel« verstand, »der aber bisweilen mit härteren Bänken wechsellagert und nach unten allmählich in den Grünsand übergeht«, also im wesentlichen die Schichten von der Varians-Stufe aufwärts bis zum Emscher-Mergel;

3. die »untere Kreide«, aus der er unteren Kreidemergel von Osterfeld und Coesfeld hervorhebt, und schliesslich

4. die »obere Kreide« mit dem oberen Kreidemergel von Dülmen.

Dieser noch vielfach auf Missverständnis beruhenden Gliederung folgte nur vier Jahre später eine Arbeit des Professors Becks in Münster, die einen bedeutenden Fortschritt in der Kenntniss des Cenomans und Turons beweist, sowie kurz darauf ein Bericht des Markscheiders Heinrich in Essen an das Essen-Werdensche Bergamt. Grosse Verdienste um die Erforschung des Gebietes im einzelnen hat sich weiter Ferdinand Roemer, der Bruder des oben Genannten, erworben**).

Eine spätere Bearbeitung geschah durch v. Strombeck***). Endlich wurde im Jahre 1874 von Schlüter†) die jetzt noch allgemein angenommene Gliederung aufgestellt.

Auf die Einzelheiten der genannten Bearbeitungen einzugehen, dürfte überflüssig sein, dagegen wird die folgende schematische Uebersicht in Tabelle 6 die Entwickelung unserer Kenntnis vom Mergel zeigen und gleichzeitig das Zurechtfinden in den älteren Arbeiten erleichtern.

In neuester Zeit hat der Mergel, soweit er für den Bergbau in Betracht

---

*) A. Roemer, Die Versteinerungen des norddeutschen Kreidegebirges, Hannover 1840.

**) F. Roemer, Die Kreidebildungen Westfalens, V. d. n. V. 1845 S. 29 ff.

***) v. Strombeck, Beitrag zur Kenntnis des Pläners über der westfälischen Steinkohlenformation, Z. d. d. g. G. 1859.

†) Schlüter, Der Emscher Mergel, Z. d. d. g. G. 1874, S. 775 ff.

		Adolf Roemer, 1840	Becks, 1844	Heinrich, 1851
Senon	Ober-Senon	—	—	—
Senon	Unter-Senon	I. Obere Kreide. (Mergel von Dülmen) II. Untere Kreide (Mergel von Osterfeld u. Coesfeld)	Sandsteinhügel der Haardt	—
Emscher			Jüngere Kreidemergel	Unterer Kreidemergel
Turon		Pläner (z. T. Grünsand)	dritte Gründsandlage oberer Pläner zweite Gründsandlage unterer Pläner	dritte Gründsandlage oberer Pläner Grünsand von Salkenberg — graulichgrüner bläulichgrauer grünlichweisser weisser u. weisslich-gelber verhärteter } unterer Pläner
Cenoman.		Grünsand	erster Grünsand	—

kommt, durch Middelschulte eine umfassende Bearbeitung *) erfahren, in welcher die jüngsten, durch Schachtaufschlüsse und Tiefbohrungen gewonnenen Erfahrungen niedergelegt worden sind. Diese neueste Abhandlung wird daher in den folgenden Ausführungen vorzugsweise berücksichtigt werden.

Von der Begrenzung der oberen Kreide im Münsterschen Becken ist besonders die Südgrenze wichtig; denn sie durchschneidet das bisher erschlossene Gebiet des Ruhrkohlenbeckens in seiner ganzen Länge und bedingt seine Teilung in zwei Abschnitte, einen südlichen, in dem das

---

*) Middelschulte, Ueber die Deckgebirgsschichten des Ruhrkohlengebirges und deren Wasserführung. Min. Ztschr. 1902, S. 327 ff.

Tabelle 6.

Ferdinand Roemer 1854	v. Strombeck 1859	C. Schlüter, 1874/76
obere sandige untere thonigkalkige Abteilung des Senon	Kreide mit Belemnitella quadrata	Obere Mucronaten - Kreide, Zone des Heteroceras polyplocum. Untere Mucronaten -Kreide, Zone des Ammonites Coesfeldiensis. Obere Quadraten-Kreide, Zone der Becksia Soekelandi. Kalkig-sandige Gesteine von Dülmen mit Scaphites binodosus. Quarzige Gesteine von Haltern mit Pecten muricatus. Sandmergel von Recklinghausen mit Marsupites ornatus.
Pläner mit eingelagerten Grünsandlagen	graue Mergel	Emscher.
	oberer Grünsand weisser Mergel	Cuvieri - Pläner, Zone des Inoceramus Cuvieri. Scaphiten-Pläner, Zone des Heteroceras Reussianum. Brongniarti-Pläner, Zone des Inoceramus Brongniarti. Mytiloides-Pläner, Zone des Inoceramus labiatus. Zone des Actinocamax plenus.
	Mergel mit Inoceramus mytiloides	
Grünsand von Essen (=Tourtia)	unterer Grünsand ohne Brauneisensteinkörner desgl. mit solchen	Rhotomagensis-Pläner, Zone des Ammonites Rhotomagensis. Varians - Pläner, Zone des Ammonites Varians. Tourtia, Zone des Pecten asper.

Steinkohlengebirge zu Tage ausgeht, und einen nördlichen, in dem das Ausgehende überdeckt ist.

Diese Südgrenze beginnt im Westen unweit Speldorf, streicht über Mülheim nach Frohnhausen und Essen, berührt bei Steele die Ruhr und setzt sich südlich von Bochum über Langendreer nach Somborn, Stockum, Barop, Hörde, Aplerbeck, Billmerich und Strickherdicke (südlich von Unna) fort. Hier tritt sie aus dem Ruhrkohlengebiet im engeren Sinne heraus, indem bei ihrem weiteren Fortstreichen nicht mehr wie bisher das produktive Steinkohlengebirge sondern der flötzleere Sandstein das Liegende der Kreide bildet (vergl. Tafel I und II). Von Strickherdicke lässt sich die Grenze dann weiter über Bausenhagen, Waldringsen, Bremen, Stockum südlich von Soest, Beleke, Rüthen, Fürstenberg verfolgen. Bei diesem

Orte verschwindet der Essener Grünsand, der fast auf der ganzen genannten Linie eine vorzüglich erkennbare Südgrenze abgegeben hatte. Die Grenze biegt sich nunmehr bei Meerhoff in nördliche Richtung um und zieht östlich an Lichtenau vorbei über Altenbecken bis westlich Horn; hier ändert sie abermals ihre Richtung und streicht nun dem Zuge des Teutoburger Waldes parallel nordwestlich über Brackwede, Halle, Borgholzhausen, Iburg und Bevergern bis Rheine, wo sie ihren nördlichsten Punkt erreicht. Die westliche Begrenzung des Münsterschen Beckens ist nicht mit gleicher Deutlichkeit ausgebildet. Die Grenze der oberen Kreide verläuft hier — grösstenteils durch jüngeres Gebirge verdeckt — längs der oben erwähnten Zone von Rheine über Ochtrup, Ahaus, Stadtlohn, Südlohn und Raesfeld.

In dem vorstehend begrenzten Becken dienen sehr verschiedene Formationen als Auflagerungsfläche für die obere Kreide. Im Ruhrkohlengebiet von Mühlheim bis Strickherdicke sind es die produktiven Schichten des Carbons, von da bis Fürstenberg der flötzleere Sandstein (mit einer kurzen Unterbrechung durch Culm), an der Umbiegung nach Norden bei Essentho und Meerhoff Zechstein und Buntsandstein, schliesslich am Ost-, Nordost- und Nordwestrand die ältere Kreide. Dass sich im nordwestlichen Teil des Ruhrbezirks unterirdisch wieder Buntsandstein und Zechstein unter die obere Kreide einschieben, ist oben bereits des näheren ausgeführt worden. Wie weit im übrigen, durch bergmännische Arbeiten noch nicht untersuchten Gebiet des Münsterschen Beckens die untere Kreide, die Jura- und Triasformation sich unter der oberen Kreide nach Süden ins Innere des Beckens erstreckt, ist noch völlig unbekannt.

Den älteren Formationen — Carbon, Dyas, Trias — ist die obere Kreide durchweg diskordant aufgelagert. Nur zwischen unterer und oberer Kreide besteht Konkordanz.

1. Cenoman (unterer Pläner).

Das Cenoman gliedert sich in:

a) den Essener Grünsand, die Tourtia oder Zone des Pecten asper und Catopygus carinatus,

b) die Zone des Ammonites varians und Hemiaster Griepenkerli und

c) die Zone des Ammonites Rhotomagensis und Holaster subglobosus.

a) Die Zone des Pecten asper und Catopygus carinatus

(Tourtia, Essener Grünsand z. T.).

Dieses liegendste Glied der Kreide im Ruhrkohlenbecken besteht in der Regel aus Grünsand, d. h. einem Mergel, der ausserordentlich zahlreiche Glaukonitkörner sowie Quarzkörner eingestreut enthält. Durch den Glaukonit wird die grüne Farbe bedingt, die dem Gestein den Namen gegeben hat. Die Farbe des frischen Gesteins, wie es sich in Bohrkernen darstellt, geht von dunkelblaugrün durch alle Schattierungen von grün bis hellbraun, je nach der Zahl der beigemengten Glaukonitkörner. In der Regel geht der Glaukonitgehalt nach oben hin bis in die Varianszone und nimmt dabei allmählich ab. Schwarze papierdünne Schlieren durchziehen den Grünsand häufig. Ferner finden sich hellere rötlich-braune Partien in der Form unregelmässiger Körner von Phosphorit in dem grünen Gestein. Sie zeichnen sich durch grössere Festigkeit aus und enthalten nur einzelne Glaukonitkörnchen eingesprengt. Die Zusammensetzung einer aus einer Tiefbohrung bei Haus Sandfort unweit Selm stammenden Probe ist nach der von Professor Dr. Broockmann im berggewerkschaftlichen Laboratorium angefertigten Analyse die folgende:

$$71\,\% \;\; 3\,CaO \cdot P_2O_5$$
$$29\,\% \;\; CaCO_3$$
$$\overline{100\,\%}$$

Man hat diese Phosphoritknollen als Koprolithen gedeutet.

Die für den Bergbau wichtigste Eigenschaft des Grünsandes ist, dass er in der Regel plastisch und mächtig genug ist, um die Wasser zu tragen.

Kieselsäurekonkretionen, von Spongien herrührend, sind im Grünsande nicht selten.

Unmittelbar am Liegenden ist das Gestein oft konglomeratartig ausgebildet, so zwar, dass die grüne Mergelmasse Bruchstücke von Kohlensandstein, Schieferthon, ja selbst Kohle, besonders aber Gerölle von thonigem Brauneisenstein und abgerollte Quarzbrocken umschliesst. Es sind die auf der Brandungsterrasse liegen gebliebenen Reste des Steinkohlengebirges, das durch die Brandung des Cenoman-Meeres abradiert wurde. Die Brauneisensteingerölle wechseln von Erbsen- bis Kopfgrösse und sind häufig durch natürliche Aufbereitung so angereichert, dass ein »Bohnerzlager« entsteht. So liegt z. B. auf Minister Achenbach ein $3^1/_2$ m mächtiges Bohnerzlager unmittelbar über dem Carbon. Andere Fundorte für mehr oder minder typisches Bohnerz sind die Kohlensandsteinbrüche bei Frohnhausen (Fig. 26), in denen der Grünsand den Abraum bildet und daher vorzüglich aufgeschlossen ist, ferner die Zechen Prosper II, Ewald III/IV u. a. m.

Bei Hörde und Bausenhagen wurden die Bohnerze zeitweise ausgebeutet, gewaschen und im Hochofenprozess zugesetzt.

Sehr gut aufgeschlossen ist die Auflagerung des Mergels auf dem Carbon in der Wettersohle der Zeche General Blumenthal III/IV. Hier

(Fig. 27) liegt der Grünsand söhlig auf den Schichtenköpfen des sehr flach einfallenden Steinkohlengebirges. Die Flötze sind bis in die äusserste Spitze
unzerstört erhalten. Mehrfach sind hier grosse scharfkantige Kohlen-

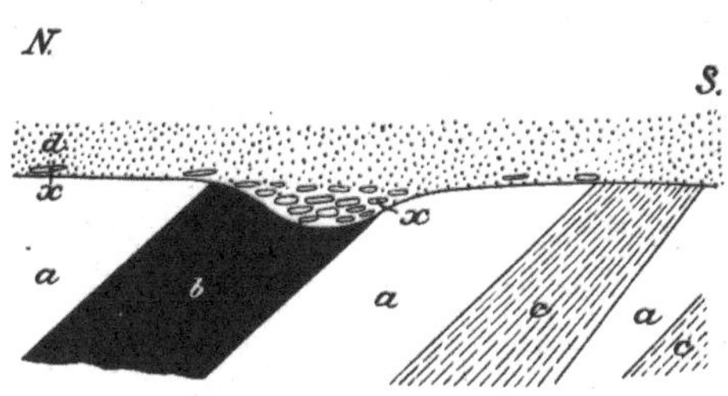

Fig. 26.

Profil aus dem Kruppschen Steinbruch in Frohnhausen.

a. Sandstein,   ⎫
b. Kohlenflötz, ⎬ Steinkohlenformation.
c. Schieferthon, ⎭
d. Essener Grünsand.
x. Gerölle von Kohlensandstein und Bohnerz im Grünsand.

bruchstücke im Grünsand eingebettet gefunden worden. Aehnliche Notizen
liegen auch von anderen Zechen vor.

Profil eines Streckenstosses auf Zeche General Blumenthal.

In einem Bohrloch bei Sinsen glückte es, dass man unmittelbar unter
dem Konglomerat des Grünsandes ein Kohlenflötz erbohrte und einen
2 cm starken Kern daraus mit dem Kernrohr aufholte. Das eigenartige
Belegstück, das Grünsand und Kohle in einem Kern vereinigt zeigt, wird
in der Sammlung der Bergschule zu Bochum aufbewahrt.

Stellenweise haben sich in den Kohlensandsteingeröllen, die oft beträchtliche Grösse erreichen, auf dem Boden des Kreidemeeres ganze
Kolonien von Bohrmuscheln angesiedelt, die ihre Löcher in den Stein
gruben. Nach dem Absterben des Tieres wurde das Loch mit Grünsand
ausgefüllt. Derartige Blöcke hat man beim Abteufen vielfach, z. B. auf
Schlägel und Eisen V/VI, Fröhliche Morgensonne, Mont Cenis, Alstaden und
Engelsburg gefunden.

Die Zone ist sehr versteinerungsreich. An manchen Punkten, so besonders bei Frohnhausen und Mülheim, sind darin ausserordentlich viele Organismenreste, sowohl was Menge der Individuen als Zahl der Arten betrifft, aufgespeichert. Ausführliche Verzeichnisse der in dieser wie in den übrigen Stufen der Kreideformation aufgefundenen Tierreste finden sich in v. Dechens oft erwähnter geologischen und paläontologischen Uebersicht.

Die Mächtigkeit der untersten Zone — wie auch der darüber liegenden Zone des Ammonites varians — ist sehr verschieden, da sich diese Schichten in alle Einsenkungen des Untergrundes ausgleichend einlegen. Sie folgen dabei im allgemeinen der Abdachung ihrer Auflagerungsfläche nach Norden und haben demnach ein schwaches nördliches Einfallen von 1 bis 3°.

Häufig gemessene Mächtigkeiten des »unteren Grünsandes« sind 4 bis 13 m. Bisweilen schwillt die Zone bis zu 20 m an. In einem Bohrloch, das auf der Zeche Schlägel und Eisen V/VI in einer Richtstrecke der 2. Tiefbausohle gesetzt wurde, um den hier unerwartet angefahrenen Mergel zu untersuchen, durchstiess man 20 m in dem Gestein, ohne sein Liegendes zu erreichen (vgl. S. 159 und 160). Bei einer Tiefbohrung bei Sinsen wurden 23,4 m im Grünsand gebohrt. Dabei ist jedoch zu beachten, dass in den Schachtprofilen und Bohrtabellen in der Mehrzahl der Fälle wohl die Zone des Ammonites varians ganz oder wenigstens zum Teil unter der Bezeichnung »Grünsand« mit einbegriffen ist.

Thatsächlich betrug die Mächtigkeit der Zone des Pecten asper z. B. auf Schacht Preussen I nur 1 m, auf Massener Tiefbau III und Königsborn II 2 m, auf Grimberg 1,5 m, auf Schlägel und Eisen V ebenfalls 2 m, auf Minister Achenbach 3,5 m, auf Königsborn III und Gladbeck I 5 m, schliesslich auf Gladbeck III 6 m (nach Middelschulte).

Mitunter nimmt die Mächtigkeit bis zum gänzlichen Verschwinden der Schicht ab und zwar nicht nur in der Nähe der Grenze ihrer Verbreitung. In dem Bohrloch Hohenzollern XXXIII in der Bauerschaft Bockum bei Datteln fand sich überhaupt kein Grünsand, ebenso ganz allgemein in den Bohrlöchern der Gegend von Ahlen und Dolberg nordöstlich von Hamm. Die Zone ist hier nicht glaukonitisch-sandig, sondern mergelig ausgebildet. Bei Beckum ist dagegen wieder 2 m mächtiger Grünsand durchbohrt worden.

Mehrfach wurde ein zapfenartiges Eingreifen des Grünsandes in das Steinkohlengebirge beobachtet. Es handelt sich dabei wohl um Auswaschungen, welche die Oberfläche des Carbons an besonders wenig widerstandsfähigen Stellen — Klüften, Störungszonen — durchschneiden und die später bei Ablagerung des Grünsandes von diesem ausgefüllt wurden (vgl. das nachstehende Profil aus dem neuen Schacht der Anlage Hannibal I).

Die Discordanz mit dem unterlagernden Steinkohlengebirge ist in vielen Fällen ausgezeichnet aufgeschlossen (vgl. Fig. 26).

Verfolgt man die Tourtia weiter nach Osten, so verschwindet ihre typische Ausbildung mehr und mehr. Die Anzahl der Versteinerungen nimmt ab, die Mächtigkeit der Schicht wird geringer und statt des Grün-

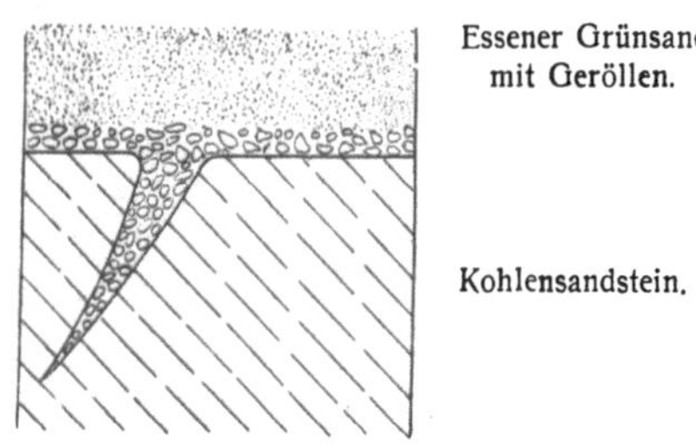

Fig. 28.

Skizze der Carbonoberfläche im neuen Schacht der Zeche Hannibal I.

sandes tritt ein kalkiges Konglomerat oder eine Breccie von gelbbrauner Färbung auf. Auch Glaukonitkörner finden sich nur spärlich eingestreut. Aufschlüsse dieses Gesteins beschreibt schon F. Roemer aus einem Steinbruch bei Bilmerich südlich von Unna, wo einzelne Schollen davon die

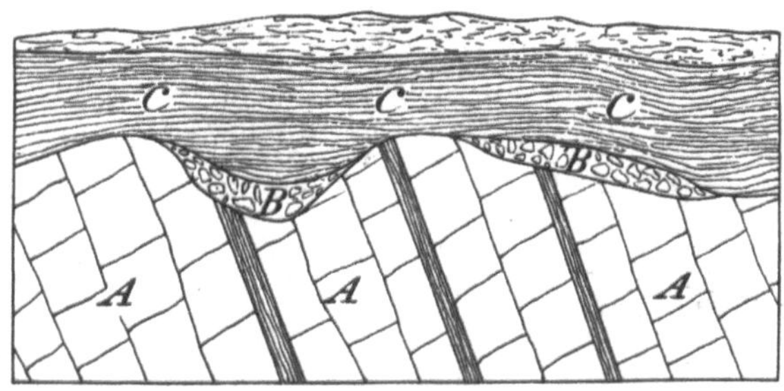

Fig. 29.

Profil des Essener Grünsandes bei Bilmerich (nach F. Roemer).

A. Kohlensandstein mit schieferigen und kohligen Zwischenlagen.
B. Kalkiges Conglomerat mit grünen Punkten und einzelnen Geröllen von Kohlensandstein.
C. Weisser dünngeschichteter Kalkmergel mit Inoceramus labiatus.

Unebenheiten des darunter liegenden Kohlensandsteins ausgleichen. Roemer giebt von dem Vorkommen das vorstehende Profil und hebt ausdrücklich hervor, dass das breccienartige Gestein sich trotz seiner abweichenden petrographischen Beschaffenheit durch seine Versteinerungen als Tourtia charakterisiert.

Die Ausbildung der Zone in ihrer östlichen Fortsetzung interessiert in der vorliegenden Betrachtung nicht mehr, da der Grünsand in der Nähe von Bilmerich die Grenze der flötzführenden Carbonschichten überschreitet und auf das Gebiet des flötzleeren Sandsteins übertritt.

Ueber die heutige Südgrenze des Essener Grünsandes hinaus hat sich das Cenoman-Meer wahrscheinlich nicht (oder nur wenig) erstreckt. Schon in der Gegend der Zeche Vorwärts südlich von Dortmund zeigt sich eine Transgression des Turons, das hier das Steinkohlengebirge unmittelbar überlagert.*) Südlich der Linie Speldorf—Bilmerich sind keine inselförmigen Reste von oberer Kreide auf carbonischem Untergrund bekannt. Erst weiter im Osten — bei Warstein, sowie zwischen Brilon, Nehden und Bleiwäsche finden sich Ueberreste eines, wie es scheint, der Tourtia entsprechenden Sandsteins auf mitteldevonischem Massenkalk (v. Dechen, Geol. u. p. Uebers. S. 470).

b) Zone des Ammonites varians und Hemiaster Griepenkerli (Essener Grünsand z. T.).

Die zweite Zone ist petrographisch in der Regel nicht scharf von der ersten geschieden. Sie besteht bald aus grauen, weichen, nur wenig glaukonitischen Mergeln, die in Bänken abgesondert sind, meistens aber aus typischem Grünsand mit mehr oder weniger Mergelsubstanz. Entscheidend für die Abgrenzung der Zone sind ausschliesslich die Organismenreste. Es ist dabei jedoch zu beachten, dass nur die wenigsten Reste der Varians-Zone allein angehören, vielmehr ein Teil der ersten und zweiten Zone, ein anderer Teil der zweiten und dritten Zone gemeinsam ist; ja eine Anzahl geht sogar von der ersten bis zur dritten Stufe durch.

Die Mächtigkeit des Varians-Pläners ist fast durchweg grösser als die der Tourtia. Wie bereits oben bemerkt, geben aber weder die Schachtprofile noch die Bohrtabellen einen sicheren Anhalt für die Grenze beider Zonen, da die petrographische Beschaffenheit nicht ausschlaggebend ist. Dagegen hat Middelschulte aus einer Anzahl Einzelbeobachtungen die Grenze festgestellt und die folgenden Zahlen für die Mächtigkeit der Zone ermittelt:

Preussen I 13 m (grüne sandige Mergel, stellenweise fast ausschliesslich
        aus Glaukonitkörnern bestehend),
Preussen II 12 m,
Königsborn II 11 m,

*) Festgestellt gelegentlich der Kartierungsarbeiten durch Krusch, vergl. Kraeber, Der erste geologische Kartierungskursus für Markscheider. Mitteilungen aus dem Markscheiderwesen, 1903. Heft 5, S. 9 ff.

Königsborn III 5 m (dunkelgrüner, glaukonitischer Kalkmergel, erheblich
    fester als auf den Schächten am Südwestrand des Kreide-
    beckens),
Massener Tiefbau III 7,75 m,
Minister Stein: die Varianszone scheint zu fehlen,
Scharnhorst 3 m,
Minister Achenbach 9 m,
Schlägel u. Eisen 8 m,
Gladbeck I 3 m,
Gladbeck III 5 m.

In den genannten Aufschlüssen schwankt hiernach die Mächtigkeit
von 0 bis 13 m (vergl. die Zusammenstellung auf S. 199).

c) Zone des Ammonites Rhotomagensis und Holaster subglobosus.

Diese Zone ist gerade in dem hier in Betracht kommenden Abschnitt
des Münsterschen Beckens von Speldorf bis Unna nicht zur Entwickelung
gelangt, während man sie anderswo überall längs des Beckenrandes erkannt hat. So liegen Aufschlüsse der Zone am Westrande bei Oeding,
am Nordrande bei Rheine, nordöstlich bei Lengerich, am Südrande bei
Büren.

2. Turon, oberer Pläner.

Nach der von Schlüter gegebenen Einteilung gliedert sich das
Turon in die

    a) Zone des Actinocamax plenus,
    b) » » Inoceramus labiatus und Ammonites nodosoides,
    c) » » Inoceramus Brongniarti und Ammonites Woolgari,
    d) » » Heteroceras Reussianum und Spondylus spinosus,
    e) » » Inoceramus Cuvieri und Epiaster brevis.

Das Turon umfasst im wesentlichen die hellen, festen, deutlich ge-
schichteten Gesteine, die der westfälische Bergmann unter dem Namen
»der weisse Mergel« zusammenfasst. Wo der Variuspläner nicht glaukonitisch ausgebildet ist, fällt er naturgemäss auch unter diesen Begriff.
Die oben unter 3 und 4 genannten Zonen des Inoceramus Brongniarti
sowie des Heteroceras Reussianum sind in einem Teil des Ruhrbezirks als
Grünsande ausgebildet und erscheinen dann in den Schachtprofilen und
Bohrtabellen als »oberer Grünsand«.

Als Leitschichten für den ganzen Bezirk können die Grünsandbänke
nicht dienen. Ein Vergleich der Bohrlochs- und Schachtprofile aus allen
Teilen des Ruhrgebietes zeigt vielmehr, dass der Glaukonitgehalt der

Mergeldecke von Osten nach Westen stetig zunimmt. Diese Beobachtung gilt nicht nur vom Turon, sondern auch vom Cenoman und Emscher. Während man in der Gegend von Hamm und Ahlen in manchen Bohrungen überhaupt keine glaukonitführende Schicht angetroffen hat — nicht einmal den »Essener Grünsand« — kennt man aus der Gegend von Dortmund, Bochum und Essen zwei typische Grünsandlagen nebst einigen anderen, mehr oder weniger mit Glaukonit vermischten Mergelbänken und findet schliesslich im Osten des Bezirks bei Oberhausen und Meiderich, Osterfeld, Sterkrade und Holten fast die ganze Schichtenfolge des Kreidemergels in glaukonitischer Ausbildung. Der Glaukonitgehalt ist stets mit sandiger Facies des Mergels verbunden, die glaukonitfreien Schichten sind vorwiegend kalkig - thonig. Es liegt demnach in den Deckgebirgsschichten des Ruhrkohlengebirges ein allmählicher Uebergang von der kalkig-thonigen Ausbildung der oberen Kreide am Teutoburger Wald zu der vorwiegend sandig-glaukonitischen der Gegend von Aachen vor. Wo auf der Westseite der Cölner Bucht — wie neuerdings bei Kevelaer — wieder Kreideschichten erbohrt sind, zeigen sich diese, wie G. Müller nachgewiesen hat,[*] fast sämtlich glaukonitisch, sie sind also, wie von vornherein zu erwarten war, ähnlich wie bei Oberhausen, Sterkrade u. s. w. ausgebildet.

Auch in nordsüdlicher Richtung ist im Turon ein Wechsel des Glaukonitgehaltes zu beobachten. Während die Schächte der Gegend von Bochum, Herne, Gelsenkirchen, Essen, Recklinghausen den »oberen Grünsand« durchteuft haben, fehlt er in den nördlich davon gelegenen Bohrlöchern bei Sinsen, Haltern, Olfen und Selm.

a) Zone des Actinocamax plenus.

Die Zone ist nach v. Dechen am Südrande des Kreidebeckens entlang von Mülheim bis in die Gegend von Dortmund zur Entwickelung gelangt und soll sich auch in den vorliegenden Schächten gezeigt haben. Sie wird als ein lockerer Mergel mit grossen Glaukonitkörnern beschrieben, der Actinocamax (Belemnites) plenus und eine zweifelhafte Serpula amphisbaena Goldf. führt.

Um eine verschiedenartige Ausbildung der Rhotomagensiszone kann es sich dabei nicht handeln, da nach anderweitigen — nordfranzösischen — Aufschlüssen beide Stufen in derselben Schichtenfolge auftreten können, wobei dann die Zone des Actinocamax plenus den Rhotomagensispläner überlagert. An anderen Punkten hat man dagegen die Zone nach zuverlässigen Beobachtungen nicht ausgebildet gefunden, so in den von Middelschulte untersuchten Schächten Gladbeck I und III, Schlägel und Eisen V/VI,

[*] Z. f. p. G. 1903 S. 243.

General Blumenthal, Achenbach, Preussen, Königsborn. In den westlichen
Schächten ist allerdings ein glaukonitischer lockerer Mergel im Hangenden
des Varians-Pläners vorhanden, in dem jedoch Actinocamax nicht gefunden werden konnte. Auf den östlichen (den drei letztgenannten) Anlagen ist von einer entsprechenden Zone nichts zu entdecken gewesen.

b) Zone des Inoceramus labiatus und Ammonites nodosoides.

Im Gegensatz zu den beiden vorgenannten Zonen ist der Labiatus-
Pläner im ganzen Ruhrkohlenbezirk, wo überhaupt das Turon aufgeschlossen
ist, zur Entwickelung gelangt und nicht zu verkennen.

Seine Schichten bestehen aus weissen bis hellgrauen, im frischen
Anbruch festen Mergeln. Durch zwischengeschaltete hellgrüne, mattrote,
schwarze oder graue Lagen thoniger Substanz wird in der Regel eine
deutliche Schichtung hervorgebracht. Diese Lagen bilden vielfach keine
ebene Fläche, sondern verlaufen wellenförmig. In der Gegend von Hamm
und Dolberg sind die Schichtfugen vollständig runzelig, und die beiden
durch die Fuge getrennten Bänke greifen mit fester Verzahnung in einander ein. In Bohrkernen zeigt dann die Schichtfuge genau die Form
einer Schädelnaht. Man hat es hier offenbar mit einer Druckerscheinung
zu thun, die wohl so zu erklären ist, dass der senkrecht wirkende Druck
der überlagernden Schichten in den noch nicht völlig verfestigten Mergelbänken verschieden grossen Widerstand fand. Eine sehr feine Streifung,
die auf den Zapfen zuweilen sichtbar ist und von oben nach unten verläuft, bestätigt diese Ansicht.

Eine Probe einer solchen intensiv schwarzen Zwischenlage, die der
Verfasser von einem Kern der Bohrung Westfalen VII bei Dolberg aus
762 m Teufe nahm, wurde von Professor Dr. Broockmann im berg-
gewerkschaftlichen Laboratorium zu Bochum untersucht. Sie bestand aus
Schieferthon, der bei Erhitzung unter Luftabschluss ein brenzlig riechendes,
Ammoniak enthaltendes Destillat lieferte. Mit Aether liess sich aus dem
Schiefer eine Spur (0,1 %) Kohlenwasserstoff ausziehen.

Die Zone enthält einen ungeheuren Reichtum an Versteinerungen,
aber nur, was Menge der Individuen, nicht was Zahl der Arten betrifft.
Es ist fast nur die Leitversteinerung Inoceramus labiatus Schlt. (= Inoceramus Mytiloides Mtl.), die uns entgegentritt. Schlüter, der die Verbreitung der Gattung Inoceramus zum Gegenstand eingehender Untersuchung gemacht hat*), stellt fest, dass diese merkwürdige Form, von der
einzelne Schichten der Zone wahre Massengräber enthalten, weder höher
noch tiefer vorkommt. Sie ist daher ein Leitfossil, wie es besser nicht
gedacht werden kann. Gewöhnlich ist der Erhaltungszustand der Muschel

---

*) Z. d. d. g. G. 1877 S. 738.

allerdings nicht gut, da die Schalen häufig zerdrückt sind. Andere Inoceramen treten in der Zone nicht auf.

In einem durch einen Tagesbruch geschaffenen vorzüglichen Aufschluss westlich der Zeche Fröhliche Morgensonne liegen stellenweise Knollen eines sehr weichen, gelbroten, thonigen Brauneisensteins im Mergel eingebettet, die durch die Verwitterung von Schwefelkiesknollen entstanden sein mögen.

In den östlichen und nordöstlichen Aufschlüssen lässt sich die Schichtenfolge des Labiatuspläners petrographisch in drei Unterabteilungen gliedern: der hangende Teil baut sich aus weichen, grüngrauen oder schwach fleischroten, viel Thon enthaltenden Mergeln auf und umschliesst zahlreiche Versteinerungen; darunter folgen weisse oder gelbgraue harte Mergelbänke, die durch die oben erwähnten schwarzen oder grünlichen Lagen getrennt und an ihrer Schichtfläche wie durch Zapfen oder Verzahnung miteinander in Verband liegen. Schliesslich folgt als liegendes Glied ein schwarzgrauer, fester Mergel mit wenig Versteinerungen.

Die Zone des Inoceramus labiatus ist in allen Tagesaufschlüssen, Schächten und Bohrlöchern, die das Turon überhaupt angeschnitten haben, festgestellt worden. Ihre Mächtigkeit ist je nach der geographischen Lage der Aufschlüsse sehr ungleich. Sie schwankt nicht wie diejenige des Cenomans je nach den Erhebungen oder Einsenkungen des Liegenden, sondern nimmt von Westen nach Osten ziemlich regelmässig zu. Weniger gleichmässig und augenfällig ist das Anwachsen der Mächtigkeit in nördlicher Richtung. Die Zusammenstellung einer Anzahl von Schächten, in denen die Mächtigkeit der Zone gemessen wurde, ist auf S. 199 ff. zu finden.*)

Die Zone wächst von der geringen Mächtigkeit von 3 m im Schachte Gladbeck III an in östlicher Richtung bis zu 79 m im Bohrloch Maximilian I in Mark.

c) Zone des Inoceramus Brongniarti und Ammonites Woolgari (mittlerer Grünsand z. T.).

Die Zone ist gleichfalls überall im Deckgebirge des Ruhrkohlenbeckens zur Entwickelung gelangt. Sie besteht aus ziemlich festen, hellgrau bis weiss gefärbten, häufig sandigen Mergelbänken. Glaukonitkörner finden sich spärlich eingesprengt oder fehlen vollständig. Nur im Osten des Bezirks sind typische Grünsandbänke in der Zone entwickelt (mittlerer Grünsand).

Versteinerungen sind erheblich seltener als in der Labiatus-Zone. In erster Linie ist der häufig in sehr grossen Exemplaren vorkommende Inoceramus Brongniarti zu nennen.

---

*) Middelschulte a. a. O. S. 329.

Die Brongniarti-Zone zeigt innerhalb des Münsterschen Beckens eine Ausbildung in zwei verschiedenen Facies. Während sie nämlich am Süd-, Ost- und Nordrande des Beckens aus den erwähnten, gelblich-grauen dickgeschichteten, milden Mergeln besteht (Brongniarti-Schichten im engeren Sinne), setzt sie sich am Westrande bei Ahaus und Wessum aus vornehmlich Galerites führenden, weissen, der Schreibkreide ähnlichen Kalken zusammen (Galeriten-Schichten).

Die Mächtigkeit der Zone ist im Ruhrbezirk dem gleichen Wechsel unterworfen, wie die des Labiatus-Pläners. Sie wächst von 4 m in den westlichsten Aufschlüssen bis über 60 m in den Schächten bezw. Bohrlöchern der Gegend von Unna und Hamm.

d) Zone des Heteroceras Reussianum und Spondylus spinosus (oberer Grünsand, Scaphiten-Pläner.)

Diese Zone ist im Kreidebecken von Münster gleichfalls verschiedenartig ausgebildet, nämlich als

1. Scaphiten-Pläner im engeren Sinne, gelblich-weisse, dickgeschichtete, milde Mergel am Nordostrande des Beckens südöstlich von Bielefeld bis etwa Neuenbeken.
2. Grünsand von Soest oder Werl, glaukonitischer sandiger Mergel oder grüner Sandstein, am Südrande des Beckens etwa bei Neuenbeken mit einem noch wenig glaukonitischen Uebergangsgestein beginnend und in westlicher Richtung bis Bochum zu Tage ausgehend.
3. Grünsand der Timmeregge, unreiner, oft konglomeratartiger Grünsand an mehreren Punkten nordöstlich von Bielefeld aufgeschlossen.

Für den Ruhrbezirk kommt demnach lediglich die Facies des Grünsandes von Soest (nach Schlüter) oder Werl (nach F. Roemer) in Betracht. Zum Unterschied von dem Essener Grünsand des Cenomans und dem Grünsand der Brongniarti-Zone wird er auch als oberer Grünsand bezeichnet.

Das Ausgehende der Zone lässt sich aus der Gegend von Paderborn über Soest (südlich davon), Werl, Unna, Dortmund, Marten und Werne bis nach Bochum verfolgen. In westlicher Richtung ist es über Tage anstehend nicht mehr zu finden, doch ist die Zone in Schächten und Bohrlöchern noch bis Bottrop festgestellt.

In der Regel ist das Gestein ein sandiger, lockerer Mergel, durch zahlreich beigemengte Glaukonitkörner grün oder in frischem Zustand blaugrün gefärbt. Vielfach ist er von kalkig-thonigen, wurmförmigen Hieroglyphen hellerer Farbe durchzogen. In der Gegend von Soest ist das Gestein bereits ganz zum festen Sandstein geworden, der Werksteine für Kirchen- und Häuserbau, Bordsteine u. dergl. liefert. Im nordöstlichen Teil des Ruhrkohlenbezirks — in der Gegend von Hamm — nimmt das Gestein die Beschaffenheit des Scaphitenpläners vom Teutoburger Wald an. Es wird sehr fest, hellgrau und zeigt nur noch wenig eingesprengte Glaukonitkörner.

In den Bohrlöchern der Gegend von Selm, Olfen, Datteln, Haltern und weiter westlich konnte der obere Grünsand nicht nachgewiesen werden. Für die bei Recklinghausen, Dorsten und weiter westlich gestossenen Löcher erklärt Middelschulte diese Thatsache daraus, dass sämtliche turonen Schichten von der Zone des Spondylus spinosus an bis zum unteren Grünsand glaukonitisch entwickelt sind und gleichzeitig nur geringe Mächtigkeit besitzen. In den Bohrtabellen sind daher diese Schichten als »unterer Grünsand« zusammengefasst. Daher wird dessen Mächtigkeit auf 20 m und darüber angegeben. Bei Haltern, Datteln, Olfen und Selm liegen die Verhältnisse anders: hier nimmt der Glaukonitgehalt schon im Varians-Pläner ab, Labiatus- und Brongniarti-Pläner sind glaukonitfrei. Darüber liegen feste, helle, in nichts an Grünsand erinnernde Mergel, in denen charakteristische Versteinerungen aufzufinden bisher nicht gelang. Im oberen Grünsand muss schon die Ausbildung der Zone als fester Mergel ohne Glaukonit vorliegen. Auch in der Gegend von Hamm und Beckum tritt die Spondylus-Zone als fester, glaukonitarmer Mergel auf.

Organismenreste sind im oberen Grünsand stellenweise sehr häufig, doch sind nur verhältnismässig wenig verschiedene Arten vertreten.

In der älteren Litteratur wird die Mächtigkeit des oberen Grünsandes gewöhnlich als recht erheblich angegeben. v. Dechen verzeichnet für 10 untersuchte Schächte die folgenden Zahlen:

Tabelle 7.

	Teufe bis auf den oberen Grünsand m	Mächtigkeit des oberen Grünsandes m
Friedrich Ernestine bei Stoppenberg . . .	51,01	27,95
Schacht Emscher bei Altenessen	88,75	11,50
Neuessen bei Altenessen.	73,11	33,57 *)
Prosper II bei Bottrop	161,10	32,00
Pluto bei Gelsenkirchen	103,72	25,10
Friedrich der Grosse bei Herne	169,00	9,00
Ewald bei Herten.	251,07	27,19
Schlägel und Eisen bei Herten	316,00	13,00
General Blumenthal bei Recklinghausen .	336,00	6,00
Hugo bei Buer.	250,65	16,73

*) Einschliesslich einer oberen grauen Sandlage von 12,55 m.

Mindestens einige dieser Angaben dürften aber so zu verstehen sein, dass sie den ganzen petrographisch als Grünsand ausgebildeten Horizont im Hangenden des Brongniarti-Pläners umfassen, von dem die Zone des Spondylus spinosus stellenweise nur den liegenden Teil bildet. Die nächst höhere Schichtengruppe, der Cuvieri-Pläner, ist nämlich in seinen unteren Bänken in der Regel noch stark glaukonitisch und daher ohne Hülfe paläontologischer Merkmale schwer von der Spondylus-Zone zu trennen.

Viel geringere Werte haben dagegen die neueren Untersuchungen von Middelschulte ergeben, vergl. Tabelle 8. Sie schwanken zwischen 2 und 10 m. Die Mächtigkeit von 10 m wird nur auf Schlägel und Eisen V/VI erreicht, während die meisten Aufschlüsse Werte unter 5 m ergeben.

e) Zone des Inoceramus Cuvieri und Epiaster brevis.

Das Gestein ist in der Regel ein fester, heller Mergel, häufig etwas sandig und stellenweise stark glaukonitisch. Der Glaukonit ist namentlich in den unteren Schichten angereichert; die Grenze gegen den Spondylus-Grünsand wird daher häufig undeutlich gemacht. An manchen Punkten, z. B. auf Scharnhorst, ist die ganze Schichtenfolge glaukonitisch.

Aehnlich wie bei der zuletzt besprochenen Zone vollzieht sich auch beim Cuvieri-Pläner ein Wechsel der Gesteinsbeschaffenheit in den östlich und nordöstlich liegenden Aufschlüssen: bei Unna, Hamm, Soest setzen sich die Schichten aus festen, hellen, nicht glaukonitischen Mergelkalken mit zahlreich eingelagerten Schwefelkiesknollen zusammen. Denselben Charakter zeigt die Zone in den nach Norden vorgeschobenen Bohrlöchern bei Selm und Haltern, während in den gleichfalls verhältnismässig weit nördlich liegenden Schächten Schlägel und Eisen V/VI und Minister Achenbach das Gestein zwar auch fest, hell und schwefelkieshaltig ist, dabei aber noch einen geringen Glaukonitgehalt zeigt.

Versteinerungen sind in der Zone häufig, aber fast lediglich auf die beiden Arten beschränkt, die ihr den Namen gegeben haben:

Inoceramus Cuvieri Sw. und

Epiaster brevis Dsr. (= Epiaster Schlüteri Cqd.).

Die Mächtigkeit des Cuvieri-Pläners ist zwar auch Schwankungen unterworfen, die jedoch nicht so bedeutend sind, wie etwa die der Labiatus-Schichten. In der Regel sind es 50 bis 60 m.

Teufe und Mächtigkeit des Cenomans und Turons in verschiedenen Aufschlüssen.

(1, 3 und 9—14 nach Middelschulte.)

Tabelle 8.

	1		2		3		4		5	
	Gladbeck III		Gladbeck I		Schlägel und Eisen V/VI		B. Haltern VI		B. Hohenzollern 30	
	m	bis m	m	bis m	m	bis m	m	bis m	m	bis m
Emscher-Mergel bis		210		228		306		557		552
Zone des:										
Inoceramus Cuvieri	37	247	56	284	81	387				
Spondylus spinosus . . .	3	250	5	289	10	397	170	727	161	713
Inocer. Brongniarti	6	256	5	294						
Inocer. labiatus	4	260	3	297	9	406				
Ammonites varians	5	265	7	304	4	410				
Pecten asper . .	6	271	5	309	2	412	23	750	11	724

	6		7		8		9		10	
	B. Hohenzollern 34		B. Friedrich V		B. Friedrich I,		Minister Achenbach		Preussen I	
	m	bis m	m	bis m	m	bis m	m	bis m	m	bis m
Emscher-Mergel bis		550		624		650		246		250
Zone des:										
Inoceramus Cuvieri							74	320	58	288
Spondylus spinosus . . .	144	694	184	808	161	811	5	325	4	292
Inocer. Brongniarti							15	340	22	314
Inocer. labiatus							18	358	20	334
Ammonites varians							9	367	13	347
Pecten asper . .	9	703	3	811	12	823	4	370	1	348

| | 11 | | 12 | | 13 | | 14 | |
| | Königsborn II | | Königsborn III | | Grimberg | | B. Max. I bei Hamm | |
	m	bis m	m	bis m	m	bis m	m	bis m
Emscher-Mergel bis		72		160		280		448
Zone des: Inoceramus Cuvieri	61	139	58	218	} 93	372	{ 65	513
Spondylus spinosus . . .	4	143	2	220			2	515
Inocer. Brongniarti	} 65	208	{ 35	255	} 78,5	451,5	{ 60	575
Inocer. labiatus			35	290			79	654
Ammonites varians	11	219	5	295	} 1,5	453	{ 1,5	655,5
Pecten asper . .	2	221	5	300			0,7	656,2

3. Emscher-Mergel.

Zone des Ammonites Margae und Inoceramus digitatus,

(grauer oder blauer Mergel z. T.).

Trotz seiner grossen Mächtigkeit ist der Emscher-Mergel als selbständige Stufe lange Zeit unerkannt geblieben. Der Grund hierfür ist in der petrographischen Beschaffenheit der Schichten zu suchen, die so weich sind, dass sie der Erosion nur äusserst geringen Widerstand entgegensetzen können. Ihr breiter, meist in der Emscher-Niederung liegender Ausstrich ist daher zum grössten Teil durch diluviale und alluviale Bildungen wieder überdeckt. An andern Stellen liegt der Emscher-Mergel unter senonen Schichten verborgen, wie z. B. in der Haard nördlich von Recklinghausen und östlich von Hamm bei Dolberg und Beckum. Erst als der Bergbau so weit nach Norden vorgedrungen war, dass die Schächte die charakteristischen grauen Mergel der Zone in erheblicher Mächtigkeit zu durchsinken hatten, konnte es nicht fehlen, dass auch deren Selbständigkeit nach paläontologischen Gesichtspunkten festgestellt wurde. Die Aufschlüsse, die sich in dieser Zone auf König Ludwig, Recklinghausen I, v. d. Heydt, Graf Schwerin, Victor, Hardenberg, Scharnhorst und Grillo zeigten, bestimmten anfangs der siebziger Jahre Schlüter, die Schichtenfolge als selbständige Zone anzusprechen. Schon in der grundlegenden Abhandlung von 1874*) sprach er die Ansicht aus, dass der von ihm als Emscher-Mergel oder Zone des Ammonites Margae bezeichneten Schichtenfolge die Bedeutung einer selbständigen, zwischen Turon und Senon liegenden Etage zukomme. Diese Ansicht ist vielfach angenommen worden, während von anderen Autoren der Emscher als unterstes Senon behandelt wird. Petrographisch stellt er sich als ein milder, grau oder graubraun gefärbter Mergel ohne die im Turon so häufige Zerklüftung dar. Vielfach fühlt er sich sandig an; auch echte Grünsandlagen sind an einzelnen Punkten aufgeschlossen. In den Tiefbohrungen wird er gewöhnlich noch seiner weichen Beschaffenheit wegen mit dem Meissel durchstossen, weshalb seine Mächtigkeit und Teufe in Bohrlöchern nur selten mit Sicherheit festzustellen ist.

Im Anbruch über Tage oder auf der Schachthalde verwittert das Gestein sehr leicht und zerfällt in eine sandige oder schlammige Masse von grauer Farbe.

Auf den Schachtprofilen und Bohrtabellen ist der Emscher in der Regel als »grauer Mergel« bezeichnet.

Aehnlich den vorher beschriebenen Zonen verändert auch der Emscher seine petrographische Beschaffenheit im Streichen. Während er im Westen des Ruhrbezirks sandig und glaukonitisch auftritt, überwiegt im Osten der thonige Bestandteil des Gesteins.

Von hervorragendster Wichtigkeit für den Bergbau ist der Umstand, dass der »graue Mergel« infolge seiner milden weichen Beschaffenheit und kluftlosen, in sich geschlossenen Ausbildung nicht nur beim Abteufen trocken zu sein pflegt, sondern dass er auch die in den hangenden Sanden des Senons zusitzenden Wasser nach unten zu abschliesst.

Mit Sicherheit ist die Zone bisher im ganzen südlichen Teile des Kreidebeckens bekannt, wo ihr Ausstreichen — wenngleich oft nur mühsam durch Bohrungen — von Ruhrort und Alstaden bis in die Gegend von Paderborn zu verfolgen ist. Sehr wahrscheinlich ist es, dass er auch am nordöstlichen und nordwestlichen Rande vorhanden ist, da bei Schlangen in der Senne einerseits und bei Wessum unweit Ahaus andererseits Gesteine anstehen, die teils nach paläontologischen, teils nach petrographischen Merkmalen zu schliessen, dem Emscher angehören dürften.**)

An Versteinerungen ist die Zone des Emscher-Mergels sehr reich.

Ausserordentlich artenreich sind besonders die Cephalopoden und die Gattung Inoceramus vertreten. Die letztgenannte Gattung erreicht in der Zone ihren Höhepunkt.

Der »graue Mergel« ist bei weitem das mächtigste Glied der Kreide-

---

*) Schlüter, Der Emscher-Mergel, Z. d. d. g. G. 1874 S. 775 ff.
**) v. Dechen, Geol. u. p. Uebers. S. 445.

formation, das für den Bergmann in Frage kommt. Der flach geneigten Ablagerung der Deckgebirgschichten entsprechend muss er im Ausgehenden einen viel breiteren Streifen Landes einnehmen als die anderen Zonen, insbesondere als die vorbesprochenen, meist viel weniger mächtigen Glieder des Turons und Cenomans. Je nachdem nun Schächte und Bohrlöcher näher oder ferner von der Südgrenze des Ausstriches angesetzt werden, treffen sie den Emscher-Mergel in geringerer oder grösserer Mächtigkeit an. Verfolgt man z. B. die Aufschlüsse von Constantin VI, Graf Schwerin und König Ludwig IV, so findet man die entsprechenden Werte für die Mächtigkeit des Emschers zu 58 m, 107 m und 320 m. Von einem der Bohrlöcher Emscher-Lippe (bei Löringhof unfern Datteln) giebt v. Dechen an, dass die Unterlage des Emscher, der weisse Cuvieri-Mergel, erst bei 495 m erreicht worden ist. Bei dieser Angabe werden einige wenige Meter für jüngeres Deckgebirge abzuziehen sein, sodass aber immer noch etwa 480 m für den Emscher übrig bleiben. Auch weiter nach Norden nimmt die Mächtigkeit des Emschers unter der Bedeckung durch Senon noch zu, soweit die Bohraufschlüsse gegenwärtig reichen. Die Mächtigkeit von 690 m ist bereits erreicht worden.

Die schon oben an einigen turonen Zonen nachgewiesene Eigenschaft, im Streichen nach Osten zu anzuschwellen, zeigt auch der Emscher. Zwei zum Vergleich geeignete Punkte giebt Middelschulte an: Die Bohrung Elfriede IX bei Bahnhof Sinsen und die Bohrung in Horst zwischen Werne und Hamm. Beide liegen etwa im Streichen des Deckgebirges und zeigen den Emscher unter senonen Schichten anstehend, so dass eine Verminderung seiner Mächtigkeit durch Erosion nicht stattgefunden haben kann. Es wurde durchsunken:

	in der Bohrung Elfriede IX	in der Bohrung Horst
Diluvium und Senon . .	bis 170 m	bis 64 m
Emscher-Mergel	» 530 »	» 536 »
Turon	» 681 »	» 780 »

Es betrug also die Mächtigkeit:

	in der Bohrung Elfriede IX	in der Bohrung Horst
des Emschers	360 m	472 m
des Turons	151 »	244 »

4. Senon.

Von der gesamten Schichtenfolge des Senons kommt für den Bergbau im Ruhrbezirk gegenwärtig nur die untere Abteilung, das Unter-senon in Betracht, während das Obersenon (die Cöloptychien-Kreide) im Münsterschen Becken erst weiter nördlich zu finden ist. Die von Schlüter angegebene Gliederung des Senons ist in Tabelle 6 auf S. 184 und 185 mit aufgeführt.

Je weiter der Bergbau nach Norden vordringt, um so mehr wird er naturgemäss auch den senonen Schichten begegnen und desto jüngere Zonen wird er zu durchteufen haben. Gegenwärtig stehen die am weitesten ins Hangende vorgeschobenen Schächte Graf Waldersee bei Erkenschwyck, Auguste Viktoria bei Sinsen, Hugo bei Holten, Sterkrade bei Sterkrade, Schlägel und Eisen V und VI bei Disteln, Blumenthal III und IV bei Recklinghausen und Waltrop I und II bei Waltrop noch in der untersten Zone des Untersenons, den Recklinghäuser Sandmergeln. Bohrarbeiten haben allerdings schon mehrfach höhere Zonen, die Sande von Haltern sowie den Beckumer Kalk durchsunken.

Zone des Marsupites ornatus, Recklinghäuser Sandmergel.

Die Sandmergel zeichnen sich durch eine Wechsellagerung von lockeren Sanden und festen, kalkreichen Mergelbänken aus. Die ersteren übertreffen die letzteren an Mächtigkeit; sie sind 1 bis 2 m stark, während die festen Kalkmergel nur 0,1 bis 0,3 m starke Bänke zwischen den Sanden bilden. In den Bohrtabellen findet man daher die Zone in der Regel als »Sand mit festen Zwischenlagen« bezeichnet. Da die unteren Schichten gewöhnlich fester sind als die oberen und die Kalkmergel in diesen unteren Schichten verschwinden, ist ein allmählicher Uebergang zum Emscher geschaffen.

Das Leitfossil Marsupites ornatus kommt im Münsterschen Becken in keiner andern Zone vor. Für die untersten Schichten ist Inoceramus cardissoides charakteristisch.

Während der Emscher»Mergel infolge seiner durchweg weichen Beschaffenheit in der Niederung des Emscher-Flusses meist unter jüngerer Bedeckung durch Alluvium und Diluvium liegt, bilden die Sandmergel eine niedrige Terrasse von 3 bis 7 km Breite nördlich vom Emscher-Bruch. Nördlich von dieser Terrasse wiederum erheben sich zwei Hügelgruppen, die Haardt und — durch die Lippe getrennt — die Hohe Mark bei Haltern. Beide bestehen aus höheren Schichten des Untersenons, den Sanden von Haltern oder der Zone des Pecten muricatus nach Schlüter.

Die Mächtigkeit der Recklinghäuser Sande wächst wie die der übrigen Kreidezonen nach Norden. Während die Schachtanlage General Blumenthal I und II noch ausserhalb der Zone liegt, hat die nur 2,4 km nördlich davon dicht am Bahnhof Recklinghausen befindliche Anlage III und IV schon 14 m Sandmergel. Ein Bohrloch 2 km nördlich Oer erschloss unter 39 m Halterner Sanden die Recklinghäuser Sande mit 124 m Mächtigkeit. Auf Ewald Fortsetzung beträgt die Mächtigkeit 95 m, auf Auguste Victoria rund 125 m.

Im östlichen Teil des Ruhrbeckens hat nur eine einzige Schacht-anlage, Preussen II, untersenone Mergel durchteuft; das Gestein ist ein hellerer, härterer und kalkreicherer Mergel als der Emscher und enthält Inoceramus lobatus.

Die zahlreichen Bohrlöcher, die zwischen Waltrop und Werne nördlich der Lippe gestossen sind, haben jedoch sämtlich senone Schichten ange-troffen.

Die untersten Schichten der Marsupites - Zone unterscheiden sich durch das Fehlen von festen Einlagerungen und durch das Vorherrschen von schwach glaukonitischen Mergeln mit Inoceramus cardissoides und In. Cripsii von den typischen Recklinghäuser Sanden. Wie Dr. G. Müller dem Verfasser freundlichst mitteilte, findet sich eine diesen Schichten ent-sprechende Zone auch in der Kreide des nördlichen Harzrandes.

Die höheren Zonen des Senons, die Sande von Haltern mit Pecten muricatus, die kalkig-sandigen Gesteine von Dülmen mit Scaphites bino-dosus, die sandigen Mergel mit Becksia Soekelandi, die Kalkmergel und Kalksteine mit Ammonites Coesfeldiensis und Lepidospongia rugosa (untere Mucronatenschichten) sowie schliesslich die Schichten mit Heteroceras polyplocum (obere Mucronatenschichten) kommen vorläufig nur für Bohr-arbeiten in Betracht. Schächte sind in ihnen wenigstens im Dienste des Steinkohlenbergbaues noch nicht niedergebracht worden. Eine gewisse Bedeutung beanspruchen aber die Kalke der untereren Mucronatenkreide von Beckum und Drensteinfurt als Heimat des Strontianitbergbaus und Grundlage der Cement- und Kalkindustrie des Münsterlandes.

VI. Das Tertiär.

Die mit tertiären Schichten ausgefüllte »Kölner Bucht« greift zu einem geringen Teil noch über die rechtsrheinische Steinkohlenablagerung des Ruhrbezirkes über. Infolgedessen treten hier stellenweise Glieder der Tertiärformation als Deckgebirge auf.

Auf der rechten Seite des Rheins ist es allerdings nur ein schmaler Streifen längs des Stromes, der in Betracht kommt; rechnet man dagegen, wie es in einer geologischen Betrachtung notwendig ist, das angrenzende linksrheinische Gebiet mit zum Ruhrkohlenbecken, so gewinnt das Tertiär als Deckgebirge hohe Bedeutung, nicht allein wegen seiner Mächtigkeit, sondern vor allem wegen der Schwierigkeiten, die es dem Schachtabteufen entgegengesetzt hat und noch stets von neuem entgegensetzt. Die Schächte der Zeche Rheinpreussen haben ja gerade durch die ungeheuren Hinder-nisse, die sie im Tertiär fanden, ihre in der Geschichte des Bergbaus einzig dastehende Bedeutung erlangt.

Die Kölner Bucht hat die Gestalt eines nach Südosten gerichteten Keiles, dessen Spitze in der Gegend von Remagen liegt. Während die südliche (bezw. südwestliche) Begrenzung über Euskirchen, Düren und Maastricht verläuft, wird die Bucht östlich in grossen Zügen von einer Linie Siegburg, Bergisch-Gladbach, Erkrath (östlich von Düsseldorf), Lintorf, Ruhrort, Schermbeck, Borken und Vreden begrenzt. Das tertiäre Gebiet schiebt sich demnach trennend zwischen devonische, karbonische und kretacëische Bezirke ein. Südlich und westlich davon liegen die Eifel und die Berge der Aachener Gegend, östlich das Sauerland und die Ruhrberge sowie das Münstersche Kreidebecken.

Die Untersuchungen über das Tertiär der Kölner Bucht sind noch nicht als abgeschlossen zu betrachten, und besonders bedarf der das Steinkohlengebirge überlagernde Teil trotz vieler Bohrungen und mehrerer darin niedergebrachter Schächte noch durchaus eingehenderer Erforschung. Leider ist das Bohrgut der Tiefbohrungen, die im Tertiär angesetzt werden, zur Untersuchung wenig geeignet, weil die hier besprochenen Schichten mit der Schappe oder dem Meissel durchsunken werden. Ihre Versteinerungen kommen daher meist nur zertrümmert zu Tage.

Die Gliederung des Tertiärs im östlichen Teile der Kölner Bucht ist folgende:

Miocän	Miocäne Meeressande von Bocholt.
	Untermiocäne Braunkohlenformation.
Oligocän	Oberoligocäne Meeressande von Grafenberg.
	Mitteloligocäner Septarienthon von Ratingen.

Die wichtigste Schichtengruppe dieser Tabelle ist die untermiocäne Braunkohlenformation, die am Vorgebirge bei Brühl, Horrem usw. ein ausgedehntes und mächtiges Braunkohlenflötz enthält und die Heimat der rheinischen Braunkohlenindustrie ist. Gerade dieses Glied der Tertiärformation scheint im Ruhrgebiet zu fehlen, während der Septarienthon, die oberoligocänen Meeressande von Grafenberg und die miocänen Meeressande von Bocholt vorhanden sind.

Die ältesten tertiären Schichten des Bezirks treten unweit Düsseldorf auf. Sie bestehen aus dunkelgrauem, fetten Thon, der Septarien von dichtem Kalkstein sowie Gypskrystalle enthält und sich, wo die letzteren fehlen, vorzüglich zur Töpferei eignet. Von Organismenresten enthält er nur Dentalien, wodurch er sich aber hinlänglich als Meeresbildung ausweist. Aufgeschlossen ist diese Schicht in einer grösseren zusammenhängenden Partie südlich von Ratingen, ferner nördlich von demselben Orte und an drei Punkten in der Umgegend von Lintorf. Nördlich von Ratingen bildet der Kohlenkalk die Unterlage des Septarienthones, bei Lintorf an einer Stelle der Culm.

Über dem Septarienthon liegen, wie östlich von Ratingen an der Strasse nach Wülfrath zu beobachten ist, oberoligocäne Meeressande, die sog. Sande von Grafenberg. Sie bilden von Ratingen aus südlich über Grafenberg bis südlich von Erkrath verfolgbar, eine niedrige Terrasse zwischen dem Rheinthal und dem Gebirge. Die Schichten bestehen aus wechsellagernden, weissen und gelben Quarzsanden mit festen Einlagerungen von eisenschüssigen Bänken, die in kieseliges Brauneisenerz übergehen. Durch ihre Fauna sind diese Sande als marines Oberoligocän gekennzeichnet.

Während über Tage der Septarienthon in nördlicher Richtung nur bis zum Drufter Kalkofen zwischen Lintorf und Grossenbaum, die Grafenberger Sande nur bis Ratingen zu verfolgen sind, hat man ihre unterirdische Verbreitung in Schächten und Bohrlöchern viel weiter nördlich feststellen können. Mit Sicherheit haben sich in den meisten Fällen nur die Meeressande erkennen lassen, während man über das Vorhandensein des Septarienthons nicht gleich einwandfreie Nachrichten hat. Die Ausführung der Bohrarbeit mit dem Meissel gestattet keine so sicheren Schlüsse wie die Kernbohrung. In einer Anzahl von Fällen steht nicht einmal fest, ob die durchbohrten Schichten dem Tertiär oder der Kreide angehören.

Bemerkenswert ist, dass die Sande, welche angetroffen wurden, häufig echte »Grünsande« waren, d. h. Glaukonitkörner beigemengt enthielten, ein Umstand, der die gelbe Eisenfärbung der Grafenberger Sande an der Erdoberfläche erklärt.

Die nachfolgenden Bohrergebnisse sind zum grossen Teil v. Dechens geologischer und paläontologischer Übersicht und dem schon oben (S. 170) erwähnten Aufsatz von Stein entnommen:

Es wurden überbohrt im Bohrloch:

1. am südlichen Ende von Grossenbaum, östlich von der Eisenbahn:
   bis 23,8 m Ablagerungen des Rheinthals,
   bis 47,5 m Tertiär,
       darunter ältere Schichten (Culm?);

2. am nördlichen Ende von Grossenbaum (Cohinur) westlich von der Eisenbahn:
   bis 23,3 m Ablagerungen des Rheinthals,
   bis 41,0 m Tertiär,
       darunter ältere Schichten (Culm?);

3. zwischen Grossenbaum und Huckingen, nahe westlich vom vorhergehenden Bohrloch (Ferdinand):
   bis 18,6 m Ablagerungen des Rheinthals,
   bis 47,2 Tertiär,
       darunter Flötzleerer (?Culm?);

4. südlich von Duisburg, westlich von den älteren Bahnhöfen, gegenüber Rheinhausen (Medio-Rhein):
>   bis 17,6 m Alluvium,
>   bis 58,0 m Tertiär,
>   darunter Steinkohlengebirge;

5. westlich von Duisburg, nahe südlich von Neuenkamp (König von
Preussen):
>   bis 18,2 m Alluvium,
>   bis 111,6 m Tertiär,
>   darunter Steinkohlengebirge;

6. 300 m nördlich vom vorhergehenden (Java):
>   bis 20,1 m Alluvium,
>   bis 94,3 m Tertiär (+ Kreide?),
>   darunter Steinkohlengebirge;

7. nordöstlich dicht bei Duisburg am Wege nach Oberhausen (Silistria):
>   bis 27,2 m Alluvium,
>   bis 56,4 m Tertiär,
>   darunter Steinkohlengebirge;

8. Zeche Deutscher Kaiser bei Hamborn (nach v. Dechen; die Angaben bedürfen einer Nachprüfung):
>   bis 25 m Diluvium,
>   bis 165 m Tertiär + Kreide,
>   darunter Steinkohlengebirge.

Weiter giebt v. Dechen an, dass die Bohrlöcher nordöstlich von Hamborn, bei Sterkrade, Holten, Königshaardt und Dinslaken gleichfalls das
Oligocän und die Kreide durchsunken haben, ohne dass aber die Grenze
zwischen beiden festzustellen gewesen sei. »Die Bohrlöcher der Gruben
Sterkrade II bis VIII und Neu-Düppel liegen 30,5 bis 33,1 m ü. d. M. und
haben die Oberfläche des Steinkohlengebirges in Tiefen von 214,2 bis 257,5 m
u. d. M. erreicht. Das Bohrloch N. VII, dicht am Bahnhof Sterkrade, 50,52 m
ü. d. M., hat das Kohlengebirge in 219,4 m Tiefe u. d. M. erreicht, Sterkrade
N. VI, dicht südlich von Holten, 33,1 m ü. d. M. an der Oberfläche, hat das
Kohlengebirge in 244,2 m u. d. M. erreicht.«

»Das Bohrloch von Königshardt I liegt 8,5 km nordwestlich von Hamborn entfernt, 64,6 m ü. d. M. und hat die Oberfläche des Steinkohlengebirges in 418,9 m Tiefe u. d. M. erreicht.«

»Das Bohrloch der Grube Dinslaken I liegt nahe nördlich 7,8 km von
Hamborn und westlich ebensoweit von Königshardt entfernt, 64,6 m ü. d. M.
und hat die Oberfläche des Steinkohlengebirges in 397,1 m u. d. M. erreicht.«

Inzwischen hat sich gezeigt, dass die als Tertiär angesprochenen
wasserreichen Schichten der Schachtanlagen Hugo bei Holten und Sterk-

rade nicht dieser Formation sondern der Kreide und zwar dem Senon angehören. Nach Hundt sind von der Königlichen Geologischen Landesanstalt in diesen Schichten Ananchytes ovata Lam., Ostrea diluviana Lin., Spondylus spinosus Sow., Mutiella coarctata Zill., Nautilus Westfalicus Schlr., Belemnites quadratus Bl., Ostrea semiplana Sow. und Gryphaea vesicularis Lam. festgestellt worden.

Die östliche Grenze des Tertiärs ist demnach noch nicht mit genügender Zuverlässigkeit festgestellt. Es scheint, dass es sich östlich über Sterkrade hinaus nicht mehr weit erstreckt. Der am weitesten nach Osten vorgeschobene Aufschluss liegt am Sammelbahnhof Osterfeld, wo nach Mädge tertiäre Formsande in 10 bis 12 m Mächtigkeit die Kreideschichten bedecken.

Auf der linken Rheinseite liegen gleichfalls zahlreiche unterirdische Aufschlüsse der oberoligocänen Meeressande vor. Es wurden hier überbohrt:

9. bei Kaldenhausen zwischen Uerdingen und Friemersheim an der Rumeler Windmühle:

    bis 17,3 m Sand und Geschiebe,
    » 18,6 » Sand fliessend (Alluvium?),
    » 89,3 » Tertiär;

10. bei Bahnhof Trompet:

    bis 20,4 m Sand und Geschiebe (Alluvium),
    » 170,7 » Tertiär (unterste Schichten Thon),
        darunter Steinkohlengebirge;

11. am Dreier, nördlich von Lauersfort:

    bis 15,7 m Alluvium,
    » 181,6 » Tertiär,
        darunter Flötzleerer;

12. bei Rheinhausen, nördlich der Eisenbahnbrücke über den Rhein am Wege von Atrop:

    bis 25,1 m Alluvium,
    » 68,0 » Tertiär,
        darunter Steinkohlengebirge;

13. zwischen Werthausen und Essenberg, dicht am Rheinufer, auf dem Werthauser Ward:

    bis 21,0 m Alluvium,
    » 79,6 » Tertiär,
        darunter Steinkohlengebirge;

14. bei Asterlagen, 700 m westlich von dem vorhergehenden:

    bis 21,7 m Alluvium,
    » 88,9 m Tertiär;

15. bei Oestrum, dicht an der Eisenbahn, 2,3 km südwestlich vom vorhergehenden:

    bis 21,9 m Alluvium,

    » 70,9 » Tertiär;

16. zwischen Essenberg und Homberg bei Rheinpreussen:

    bis 20,4 m Alluvium,

    » 156,9 » Tertiär,

        darunter Steinkohlengebirge;

17. Rheinpreussen, Schächte I und II:

    bis 7,8 m Rheinsand,

    » 21,3 » kleinere und grobe Geschiebe } Alluvium,

    » 131,8 » Tertiär,

        darunter Steinkohlengebirge;

18. am Fünderich, 1,2 km nördlich von Mörs, dicht an der Strasse nach Rheinberg:

    bis 17,7 m Alluvium,

    » 167,7 » Tertiär,

        darunter Steinkohlengebirge;

19. bei Hasshof an der Strasse von Mörs nach Rheinberg, 5,8 km nördlich vom vorhergehenden:

    bis 23,5 m Alluvium,

    » 267,6 » Tertiär,

Liegendes nicht erreicht. Das Tertiär setzt hier demnach mehr als 100 m weiter in die Teufe als in dem Bohrloch am Fünderich;

20. bei Budberg zwischen Orsoy und Rheinberg:

    bis 17,7 m Alluvium,

    » 203 » Tertiär,

        darunter Trias;

21. nordöstlich von Camp an der Strasse nach Rheinberg:

    bis 17,50 m Alluvium,

    » 255,0 » Tertiär,

        darunter Trias;

22. südöstlich von Alpen:

    bis 26,4 m Alluvium,

    » 304,1 » Tertiär,

        darunter Trias;

23. nordwestlich von Alpen:

    bis 40,0 m Alluvium (?),

    » 325,0 » Tertiär,

        darunter Trias;

24. bei Hoschen (Bohrgesellschaft Sirius);
     bis 12,5 m Alluvium,
    » 233,1 » Tertiär,
        darunter Steinkohlengebirge;

25. bei Vluyn westlich von Mörs an der Strasse nach Aldekerk:
     bis 28,3 m Alluvium,
    » 237,3 » Tertiär,
        darunter Steinkohlengebirge;

26. im Hochwald bei Issum:
     bis 33 m Alluvium und Diluvium,
    » 261 » Tertiär,
        darunter Zechstein.

Die tertiären Schichten aller dieser Aufschlüsse setzen sich aus wechsellagernden grauen oder grünen Mergeln, feldspatfreien Quarzsanden und Thon zusammen.

Die untermiocäne Braunkohlenformation, die am Vorgebirge westlich und südlich von Köln so grossartig entwickelt ist, fehlt in dem bisher besprochenen Gebiet vollständig. Sie erstreckt sich vom Vorgebirge aus in nördlicher Richtung, ohne jedoch östlich bis an den Rhein heranzutreten. Erst rund 25 km westlich von Düsseldorf ist sie zwischen München-Gladbach und Viersen bei Helenabrunn aufgeschlossen. Unter Sand und Geschieben liegt hier erdige Braunkohle, sog. Klei, in 3,7 bis 5 m Mächtigkeit. In der untersten Schicht findet sich 0,16 m starker Sphärosiderit mit Abdrücken von dikotyledonen Blättern. Der darunter liegende weisse und schwarze Sand, ersterer 1,2, letzterer 5 m mächtig, dürfte schon dem Oligocän angehören. In derselben Gegend sind auch die tieferen Schichten durch ein Bohrloch bis 108,49 m Teufe untersucht worden. Es fanden sich gelbe und grüne Sande, schwarze oder bläuliche Thone, Schwimmsand und zwei feste Schichten (»Feuersteinschichten«), über deren Alter sich Genaues nicht feststellen lässt. Mindestens der obere Teil der durchbohrten Schichtengruppe gehört sehr wahrscheinlich dem Oberoligocän an.

Andere Bohrlochsaufschlüsse des untermiocänean Braunkohlenvorkommens liegen bei Tönisberg, Nieukerk und im Stadtwald von Cleve. Keiner von ihnen ragt daher östlich bis in den Ruhrkohlenbezirk oder in das Münstersche Becken hinein.

Marines Miocän, die jüngste Tertiärbildung am Niederrhein tritt an zahlreichen Punkten am Westrand des Münsterschen Beckens auf. Der erste, durch Hosius bekannt*) gewordene Aufschluss liegt bei Dingden südlich von Bocholt und zeigt eine Schicht schwarzen, sehr feinen Sandes,

---

*) V. d. n. V. Bd. 9, S. 605 ff.

bestehend aus kleinen abgerundeten Quarzkörnern und beigemengten Glimmerblättchen mit einer artenreichen Fauna. Weiter nördlich finden sich dieselben Schichten aus diluvialer und alluvialer Bedeckung herausragend bei Rhede, Winterswyk, Zwillbrock und Rekken, z. T. schon auf holländischem Gebiet. Sie treten hier an der Westseite des oben besprochenen Zuges von Gesteinen der unteren Kreideformation auf, der sich von Borken über Stadtlohn nach Ochtrup und Bentheim erstreckt.

In den miocänen Bildungen haben wir die jüngsten Tertiärschichten unseres Gebietes vor uns. Im letzten Abschnitte der Tertiärzeit ist das Gebiet Festland gewesen. Statt dass sich in dieser Zeit weitere mächtige Schichten aus dem Meere niederschlagen konnten, fand vielmehr der umgekehrte Vorgang, eine allmähliche Zerstörung und Abtragung der Schichten statt, wie es stets auf dem Festlande der Fall ist.

Während also in einer Zeit, die als Pliocän bezeichnet wird, in anderen Ländern, England, Frankreich, Italien, Griechenland u. s. w., sich marine oder fluviatile Schichten bildeten, sind in Norddeutschland Ablagerungen aus jener Zeit nur spärlich — z. B. im Mainzer Becken und in Thüringen — vorhanden. Im Ruhrgebiet und im Becken von Münster fehlen sie ganz.

VII. Das Quartär.

Alluviale und diluviale Bildungen sind im ganzen Gebiete des Ruhrkohlenbergbaus vorhanden. Obwohl aber diese Schichten am nächsten der Erdoberfläche liegen, ja sogar diese Oberfläche zum Teil selbst bilden, ist ihre geologische Untersuchung und Deutung bei weitem noch nicht so weit fortgeschritten, wie die der älteren Formationen oder auch die Untersuchung des Quartärs im östlichen Norddeutschland, woselbst die Durchforschung und Kartierung des Flachlandes Jahr für Jahr zahlreiche Geologen beschäftigt.

Unter dem Alluvium versteht man die jüngsten Gesteinsbildungen, die sich in den Thälern finden, weil in unserem Gebiet nur das fliessende Wasser als Ablagerungen bildendes Element in Frage kommt. Alles, was älter ist als diese neuzeitlichen Thalbildungen, aber jünger als das Tertiär, wird als Diluvium zusammengefasst. Besonders sind hierzu also mit Sicherheit alle die Bildungen zu rechnen, die durch Vereisung des Landes entstanden, umgelagert oder herangebracht worden sind.

Während sich das Steinkohlengebirge an seinem Ausgehenden in gebirgige oder wenigstens hügelige Formen gliedert, neigt der Mergel aus petrographischen Gründen dazu, grosse flache Senken (»Dellen«) zu bilden. Das ausgezeichnetste Beispiel dafür bildet die langgestreckte Einsenkung, welche über dem Ausgehenden des Emscher-Mergels liegt. Es ist leicht

einzusehen, dass gerade auf diesem breiten Streifen weichen Gesteins die
Erosion in der jüngeren Tertiärzeit, als das Münstersche Becken Festland
war, am tiefsten gehen konnte, und dass später, als im Diluvium wieder
Ablagerungen gebildet wurden, gerade diese Mulde, weil sie am tiefsten
lag, von neuem ausgefüllt wurde. Dies schliesst jedoch nicht aus, dass
diluviale Bildungen, besonders Lehm, auch auf den Höhen vorkommen.

In petrographischer Hinsicht setzt sich das Diluvium des Münsterschen Beckens aus Granden, Sanden, Geschiebemergel und gelbem Löss-
lehm zusammen. Auch glaukonitischer Sand kommt gelegentlich vor. Er
verdankt wahrscheinlich einer Umlagerung glaukonitischer Kreideschichten
seine Entstehung.

Als eine Besonderheit des Diluviums tritt das nordische Material
auf, das teils mit einheimischem gemischt in den Granden und Sanden
liegt, teils auch in grossen erratischen Blöcken nach allen Richtungen hin
bis zu einer gewissen Südgrenze verstreut ist.

Vollständig geklärt sind die Lagerungsverhältnisse des Diluviums und
ihre Beziehungen zur Vereisung des norddeutschen Flachlandes noch nicht,
obgleich sie schon mehrfach zum Gegenstand eingehender Forschung
gemacht worden sind.*) Die letzte derartige Untersuchung wurde im
Auftrage der geologischen Landesanstalt durch G. Müller während der
Arbeiten am Dortmund-Ems-Kanal ausgeführt, sodass die grossartigen, bei
der Ausschachtung entblössten Profile der Wissenschaft zu gute kamen.**)

Von einer Regelmässigkeit der Ablagerung kann im Diluvium nicht
mehr die Rede sein. Die zerstörenden und die aufbauenden Kräfte des
Wassers und Eises wechseln in ihren Wirkungen so mannigfach mit einander, dass man als Endergebnis eine sehr wechselnde, stark von einander
verschiedene Ausbildung der Diluvialschichten erhält.

Als ältestes Glied ist mehrfach eine Sandschicht angetroffen worden,
welche die höheren diluvialen Schichten vom Mergel trennt. Sie ist als ein
Absatz aus den Wassermassen anzusehen, die dem Rande des abschmel-
zenden Inlandeises entströmten, als dieses noch im Vordringen nach Süden
begriffen war.

Das Inlandeis hat man sich als eine mächtige zusammenhängende
Eisdecke vorzustellen, die sich von ihrem Mittelpunkt in Skandinavien aus
nach allen Himmelsrichtungen hin ausbreitete. Die zentrale Mächtigkeit

---

*) Becks, Geognostische Bemerkungen über das Münsterland, Karst.
Arch. VIII.

v. d. Marck, Die Diluvial- und Alluvialablagerungen des Kreidebeckens
von Münster, V. d. n. V. f. Rh. u. W., XV.

Klockmann, Die südliche Verbreitungsgrenze des oberen Geschiebemergels,
J. d. g. L., 1883.

**) G. Müller, Das Diluvium im Bereich des Kanals von Dortmund nach
den Emshäfen, J. d. g. L., 1895, S. 40 ff.

der Eismasse wird auf 4000 m geschätzt. Ihre Bewegung vollzog sich ähnlich wie die der Gletscher und beruhte auf dem Bestreben der höher gelegenen Eismassen im Ausgangspunkt der Vereisung nach den niedriger gelegenen am Rande abzufliessen. Daher strömte das Inlandeis zuerst in das Becken der Ostsee und der Nordsee, überschritt diese Einsenkungen, indem es sich auf dem Meeresgrunde fortschob und das Wasser verdrängte und stieg schliesslich auf der südlichen Seite landeinwärts, bis zur völligen Bedeckung von grossen Teilen von Russland, von ganz Dänemark und Norddeutschland und einem Teil der Niederlande. Im westlichen Deutschland bildet etwa der Harz, der Solling, das Sauerland und die Ruhrberge die südliche Grenze, bis zu der das Inlandeis vorgedrungen ist. Während man in der norddeutschen Tiefebene die Spuren mehrerer — mindestens dreier — Vereisungen verfolgen kann, die durch Rückzugsperioden des Eises von einander getrennt waren, liegen im Münsterschen Becken nur Anzeichen für eine einmalige Eiszeit vor.

Durch den Druck der mächtigen, sich vorwärts schiebenden Eisdecke wurden die darunter liegenden Gebirgsschichten, wenn sie wenig widerstandsfähig waren, wie z. B. der Emscher, vollständig umgelagert. In die zerriebene Masse wurden Geschiebe fremder Gesteine hineingeknetet, die der Gletscher mit sich führte. Die auf diese Weise entstandene schichtungslose Grundmoräne nennt man Geschiebemergel. Die Geschiebe sind teils nordischen, teils einheimischen Ursprungs. Wenn sie aus der Nachbarschaft des Grundmoränenaufschlusses stammt, so spricht man von einer Lokalmoräne.

Boten die anstehenden Gebirgsschichten dem Eise grösseren Widerstand, so wurden sie mehr oder weniger zertrümmert und in Falten zusammengestaucht. Man kann diese teilweise Zerstörung und Stauchung vorzüglich in den Beckumer Kalkbrüchen beobachten. Die Kalk- und Mergelschichten liegen hier im unteren Teil des Bruches fast söhlig und völlig ungestört, während sie bis zu 2—3 m Tiefe in kleine Stücke zerbrochen und zu faltenförmigen Biegungen zusammengeschoben sind.

Noch festere Schichten wurden durch das darüberhinströmende mit Geschieben versetzte Eis nur oberflächlich geglättet und geschrammt. Solche Gletscherschliffe sind z. B. am Steinkohlengebirge auf der Höhe des Piesbergs bei Osnabrück zu beobachten.

Auch die Geschiebe zeigen häufig Schrammen.

Alle vom Eise mitgebrachten Gesteine finden sich nördlich von ihren jetzigen Fundpunkten anstehend.

Das Auftreten des Geschiebemergels hat hier und da Veranlassung zu irrtümlichen Ansichten über das Alter der Schichten gegeben. · So fand man bei einem Bohrloch, das in der Nähe der Schächte von Waltrop gestossen wurde, unter dem 1,5 m mächtigen gelben Lehm thonigen Mergel, den man für Kreidemergel hielt. Beim Abteufen stellte sich jedoch heraus, dass man es mit Geschiebemergel zu thun hat, der Gerölle nordischen und besonders zahlreich solche einheimischen Ursprungs enthält. Unter ihm folgt noch grauer bis weisser feiner Fliess, der gleichfalls noch dem Diluvium zuzurechnen ist. Seine Mächtigkeit ist in hohem Grade schwankend: während in dem Bohrloch nur 90 cm angetroffen wurde, musste man ihn in den nur 200 m entfernten Schächten mit 3,5 bis 5 m (Schacht II) bezw. mit 8 m (Schacht I) durchsinken (Fig. 30). Erst in seinem Liegenden stiess man auf den Kreidemergel und zwar auf unterstes Senon mit Inoceramus cardissoides und Inoceramus Cripsii.

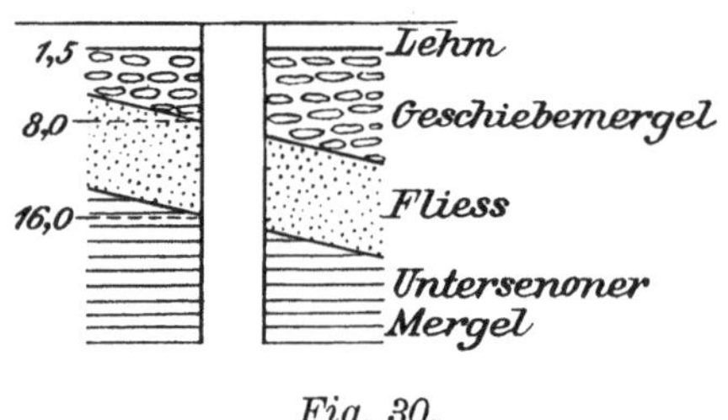

Fig. 30.

Profil des Diluviums im Schacht I der Schachtanlage Waltrop.

Die vom Inlandeise mitgeführten Blöcke nordischen Gesteinsmaterials, die beim Rückzug der Eisdecke im Münsterschen Becken liegen blieben, haben häufig eine beträchtliche Grösse. Einige dieser »erratischen Blöcke« sind zu besonderer Berühmtheit gelangt, wie der schon in alten Bochumer Chroniken erwähnte Brunstein, der im Brunsteinshof in Wiemelhausen bei Bochum zwischen Haus und Hofmauer lag, bis er im Jahre 1902 vor der Bochumer Bergschule aufgestellt wurde. Der Stein hatte seinen Namen von seiner durch die Verwitterung entstandenen braunen Farbe erhalten, und dieser Name war auf den Hof des Besitzers übergegangen. In der Gestalt zeigt der Block noch die wollsackähnliche Form, in die sich Granitfelsen bei der Verwitterung abzusondern pflegen.

Andere erratische Blöcke von bedeutender Grösse liegen z. B. bei Hattingen und Witten.

Die südliche Grenze der Verbreitung nordischer Blöcke im Münsterschen Becken bildet nach v. Dechen eine Linie, die von Detmold kommend über Büren, Werl, Unna, Hörde, Witten, Hattingen, Kettwig streicht und bei Ehingen, 7 km südlich von Duisburg, den Rhein überschreitet.

Diese Verbreitungsgrenze nordischer Geschiebe giebt gleichzeitig in grossen Zügen diejenige Linie an, bis zu welcher das Inlandeis in südlicher Richtung vorgedrungen ist.

Wenn der Rand des Inlandeises längere Zeit an derselben Stelle blieb, sodass sich Vorwärtsbewegung und Abschmelzen das Gleichgewicht hielt, so musste in dieser Zone eine Anhäufung aller der Gerölle entstehen, die das Eis mit sich führte, die sogenannte Endmoräne. Im norddeutschen Tiefland sind diese Gebilde, die sich in der Regel als langgestreckte Hügel in der Landschaft markieren, längst bekannt. Im Münsterschen Becken ist jedoch erst in jüngster Zeit die Endmoräne gelegentlich der Kartierungsarbeiten durch G. Müller festgestellt worden. Einen Teil davon bildet nach freundlicher Mitteilung des genannten Herrn an den Verfasser insbesondere der Höhenzug südlich von Langendreer.

Beim allmählichen Zurückweichen des Inlandeises infolge stärkeren Abschmelzens wurde das Münstersche Becken wieder von den Wassermassen überflutet, die dem Eisrand entströmten. Diese zerstörten einen Teil der Grundmoräne und setzten das mitgerissene Gesteinsmaterial in ihrem weiteren Lauf aufbereitet wieder ab. Je nach der Stromgeschwindigkeit bildeten sich auf diese Weise geschichtete Ablagerungen von Kies (Grand), Sand oder Lehm. Die diluvialen Sande verraten den Anteil nordischen Materials an ihrer Zusammensetzung in der Regel durch einen leicht erkennbaren Feldspatgehalt und unterscheiden sich dadurch von den reinen Quarz- oder Glimmersanden des Tertiärs.

Kiesablagerungen sind z. B. nördlich von Dortmund an der Zeche Bruchstrasse bei Langendreer und auf den Höhen bei Grumme nördlich von Bochum aufgeschlossen; zu den diluvialen Sanden gehört das in der Gegend von Baukau und Bruch zwischen Herne und Recklinghausen durchschnittlich 10 m mächtige Fliesslager des Emscher-Bruches.

Das oberste Glied des Diluviums ist ein gelber oder brauner, auch wohl streifenweise hell und dunkel gezeichneter Lehm. Er ist in der Regel kalkfrei und plastisch und unterscheidet sich hierdurch von dem Löss der Gegend von Magdeburg und Halle; auch besitzt er nicht die feinen röhrenförmigen Kanäle, die das letztgenannte Gestein nach allen Richtungen hin durchziehen. Der Lehm tritt in weiter Verbreitung nicht nur in den Thälern, sondern auch auf den Höhen auf, wo er in der Regel die oberste Schicht an der Tagesoberfläche bildet. Seine Mächtigkeit wechselt auf kurze Entfernung sehr schnell. Sie beträgt z. B. in Aufschlüssen bei Bochum 1 bis 4 m, bei Recklinghausen 8 m. Das Verbreitungsgebiet des Lehms reicht weiter nach Süden als das der übrigen diluvialen Ablagerungen. Er überlagert bald die Sande oder Kiese des Diluviums, bald Schichten der Kreideformation oder schliesslich im südlichen Teile des Bezirks unmittelbar die Schichtenköpfe des Steinkohlengebirges.

Vielfach wird der diluviale Lehm zur Ziegelei verwendet.

Die Ansichten über die Bildungsweise des Lehms sind noch geteilt. Nach Analogie des mitteldeutschen Lösses hat man ihm eine äolische oder subaërische Entstehung zugeschrieben und ihn für eine Anhäufung von feinsten Lehmteilchen gehalten, die vom Wind aus dem Geschiebemergel weggeführt und an anderer Stelle zusammengeweht worden sind. Grössere Wahrscheinlichkeit hat die Annahme, dass er einen Absatz feinsten, im Wasser mitgeführten Schlammes darstellt.

Vielfach wurden diluviale Säugetierreste, Geweihe, Knochen und Zähne, im Fliess und besonders zahlreich im »Höhenlehm« der Massenkalkhöhlen gefunden. Es finden sich darunter Reste des Cervus tarandus (Renntier), Cervus alces (Elch), Elephas primigenius (Mammut), Rhinoceros tichorhinus, Mastodon giganteus und Ursus spelaeus (Höhlenbär). Schliesslich gehört hierher der berühmte Fund eines diluvialen Menschenschädels aus einer Höhle des Neanderthales bei Erkrath.

Unter den Bildungen des Alluviums ist vorzugsweise der Flusssand zu nennen, der von den Flüssen in ihrem Lauf mitgebracht und an beliebiger Stelle abgesetzt nunmehr das Flussbett bildet.

Torf kommt erst weit nördlich im Inneren des Münsterschen Beckens in der Davert südlich von Münster sowie im Thale des Heubaches westlich von Dülmen vor. Moorerde, eine braune, verfilzte Masse organischen Ursprungs, findet sich bei Soest und Camen.

Marschboden, aus den äusserst feinen Thonteilchen entstanden, die im Wasser schwimmend von den Flüssen mitgeführt werden, begleitet die Ufer, soweit das Ueberschwemmungsgebiet reicht. Er gilt als der fruchtbarste Boden. Ein breiter Streifen Marschboden zieht sich im besonderen längs der Lippe hin.

Ein Vorkommen, das in früheren Zeiten grosse volkswirtschaftliche Wichtigkeit besass, ist das Raseneisenerz, das in Wiesen, in der Heide oder in Sümpfen nur wenig unter der Erdoberfläche gefunden wird. Es bildet in der Regel einzelne Stücke, Körner oder zusammenhängende poröse Schichten von 15 bis 30 cm Stärke. In der Gegend von Dülmen, Wesel, Schermbeck, Holten, Dinslaken, Marl und Wiedenbrück wurde es gewonnen, um auf der Gutehoffnungshütte zu Sterkrade, der Prinz Rudolfshütte zu Dülmen, der Eisenhütte Westphalia zu Lünen und auf einigen anderen Werken verschmolzen zu werden. Auch im Emscherbruch findet es sich vielfach in unbedeutender Menge im Hangenden des Fliesslagers.

11. Kapitel: Vorkommen einzelner Mineralien auf Sprüngen des Steinkohlengebirges sowie seines Liegenden und Hangenden mit besonderer Berücksichtigung der Erzlagerstätten.

Von Bergassessor Hans Mentzel.

Die Störungen des Gebirges und zwar vorzugsweise die querschlägig verlaufenden, also die echten Sprünge, zeigen alle Eigenschaften der Gänge sowohl in ihrem Verlauf — sie zertrümern sich, scharen sich, zeigen Diagonal- und Bogentrümer, keilen sich aus u. s. w. — wie auch in ihrer Ausfüllung. In der Regel sind sie taub (Lettenklüfte oder Gesteinsscheiden), vielfach auch mit Gangarten oder Erzen ausgefüllt.

Ausser den Störungen sind aber auch andere Hohlräume die Heimat von Mineralien, so besonders die eigenartigen Höhlen im devonischen Massenkalk, die Austrocknungsklüfte des weissen Mergels, Hohlräume in den Konglomeraten des Steinkohlengebirges und schliesslich Spalten in manchen Sphärosideritconcretionen.

Während das produktive Steinkohlengebirge recht arm an Mineralvorkommen ist, besitzt das Devon, der Kohlenkalk und der Culm eine Anzahl abbauwürdiger reicher Erzlagerstätten und der Mergel umschliesst in einem allerdings vorläufig noch abseits vom Kohlenbezirk liegenden Gebiet wertvolle Strontianitgänge.

Es empfiehlt sich daher, die auftretenden Mineralien nach ihrem Vorkommen in den liegenden Schichten (Devon bis Culm), im produktiven Steinkohlengebirge und in den hangenden Schichten (Kreidemergel) zu betrachten. Andere als die genannten Formationen kommen bis jetzt nicht in Betracht.

I. Mineralführung der liegenden Schichten.

(Devon bis Culm.)

1. Metasomatische Erzvorkommen im Mitteldevon.

Auf dem Zuge des Massenkalkes zwischen Barmen und dem Hönnethal sind eine ganze Anzahl von Erzvorkommen bekannt geworden, die zum Teil abgebaut werden, zum Teil auch schon völlig ausgebeutet sind. Von Osten angefangen sind es zuerst zwei unbedeutende Lagerstätten, der Galmeistock von Deilinghofen und das Schwefelkiesvorkommen von Oese, sodann die Eisensteingänge des Felsenmeeres bei Sundwig, ferner

die Zinkerzlagerstätten von Iserlohn, die von Westig bis in die Gegend
der Dechenhöhle ausgebeutet wurden, schliesslich nach einer bedeutenden
Unterbrechung die Erzlagerstätten von Schwelm und Langerfeld bei
Barmen.

Die weiter im Liegenden innerhalb des Lenneschiefers gelegenen
Lagerstätten (Plettenberger Zinkgewerkschaft, nördlich von Plettenberg,
Erzgebirge II, nördlich von Altena, Olga, westlich von Plettenberg) haben
es nicht zu grösserer Bedeutung gebracht und sollen daher nur vorübergehend erwähnt werden.*)

a) Die Erzlagerstätten von Iserlohn.

Die »Iserlohner Galmeigruben« wurden bis vor wenigen Jahren
vom Märkisch-Westfälischen Bergwerksverein ausgebeutet; gegenwärtig
ist der Betrieb nach dem Verhiebe sämtlicher bekannter Erzmittel gänzlich eingestellt. Es waren 14 selbständige Lagerstätten vorhanden, die
fast sämtlich an der unteren Grenze des Massenkalkes unmittelbar am
Lenneschiefer oder doch dicht über ihm auftreten.**)

Der Massenkalk hat in der Gegend von Iserlohn eine Mächtigkeit von
1000 bis 1200 m; sein Einfallen ist überall nördlich, bei Letmathe beträgt
es 65°, bei Iserlohn 35° und bei Deilinghofen 20 bis 25°. Die Erze finden
sich in eige tümlichen »stockartigen Lagern«, die sich mit halbkreis-
förmigem oder dreieckigem Querschnitt von Tage her längs der Scheide
gegen den Lenneschiefer in den Massenkalk einsenken. Die grösste Tiefe,
in der bis zum Jahre 1896 der Bergbau Erzmittel aufgeschlossen hatte,
beträgt 205 m. Die liegende Begrenzung wird durch den Lenneschiefer
oder eine Schichtfuge des Massenkalkes gebildet und ist deutlich ausgeprägt; nicht so die Grenze gegen den hangenden Massenkalk. Diese
verläuft äusserst unregelmässig, bald zieht sich das Erz weit in den Kalk
hinein, bald ragt wieder der Kalk tief in das Erzmittel oder es finden sich
wohl auch zahlreiche grosse und kleine Kalkbrocken mitten im Erzmittel
liegend und rings von diesem umschlossen. Die Masse des Kalkes ist an
der Grenze gegen das Erz stark verändert, mürbe geworden, sodass die
eingeschlossenen Korallen wie bei der Verwitterung über Tage herauspräpariert erscheinen. Nach der Tiefe zu verengen sich die Erzmittel,
indem sich das Erz immer mehr nach der liegenden Grenzfläche zu-

---

*) Vergl. Stockfleth, Der südlichste Teil des Oberbergamtsbezirks Dort-
mund, S. 57.

**) Eine ausführlichere Darstellung enthält: Stockfleth, Der südlichste Teil
des Oberbergamtsbezirks Dortmund, und L. Hoffmann, Das Zinkerzvorkommen
von Iserlohn, Z. f. p. G. 1896, S. 45 ff. Diese Abhandlung ist im Folgenden vorzugsweise benutzt worden.

sammenzieht ; schliesslich keilen sie sich ganz aus und endigen, wie zuweilen beobachtet worden ist, in eine wasserführende Kluft. Oefters sind die Lager durch schmale, sich gelegentlich auskeilende Kalkbänke in mehrere Teile (hangende und liegende Trümer) geschieden.

Einige Lager haben gegenüber einer nur kurzen Ausdehnung im Streichen des Kalkes eine erhebliche Erstreckung nach dem Hangenden zu; sie nähern sich dadurch — freilich rein äusserlich betrachtet — der Gangform.

Die Erze sind vorwiegend Galmei (Zinkcarbonat), Zinkblende und Schwefelkies; untergeordnet brechen Kieselzinkerz, Brauneisenerz, Bleiglanz, Weiss- und Grünbleierz ein. Ausserdem kommt Kalkspat häufig, Quarz selten vor. Vielfach, namentlich in Verbindung mit den oxydischen Erzen, treten grosse Lettenmassen auf.

Der Galmei bildet öfters prächtige Pseudomorphosen nach Kalkspat; Blende und Schwefelkies in konzentrischen Lagen, oder wohl auch jedes für sich allein, zeigen hie und da die Gestalt von Korallen, augenscheinlich gleichfalls infolge einer pseudomorphen Bildung nach Kalkspat.

In der Reihenfolge von Osten nach Westen sind folgende Erzmittel bekannt geworden:

1. Das Mittel von Deilinghofen. Es lag nahe der Grenze gegen den Lenneschiefer, war 0,2 m mächtig, 40 m im Streichen lang und setzte bis 26 m Teufe nieder. Die Erzführung bestand aus Blöcken von Galmei, Weiss- und Grünbleierz, die in weissen Letten eingebettet lagen.

2. Das Mittel auf dem Barloh. Zelliger Galmei und Letten durchsetzt in querschlägiger Richtung 25 m lang und 1 m mächtig den Massenkalk; es ist nicht bauwürdig.

3. Das Mittel vom »Tiefbau Westig«. Galmei- und lettenerfüllte Klüfte durchschwärmen netzartig den Kalk; in der Teufe liegen die Erzmassen am Lenneschiefer, am Ausgehenden sind sie durch ein Kalksteinmittel davon getrennt. Die streichende Ausdehnung beträgt 60, die Mächtigkeit 24 m.

4. Das Mittel »südlicher Rosenbusch«. Ein 50 m langes, 28 m mächtiges Lager von grauem Galmei und Letten lag unmittelbar auf Lenneschiefer und setzte bis zu 32 m Teufe erzführend nieder.

5. Das Mittel »nördlicher Rosenbusch«. 250 m nördlich von dem vorgenannten, also mitten im Massenkalk eingelagert, lag ein 40 m im Durchmesser grosses, nestförmiges Lager von Galmei (stückig und in Sandform) und Letten, das bis 15 m in die Tiefe setzte.

6. Das Mittel Callerbruch, abgebaut durch die Anlage »Tiefbau Krug von Nidda«. Es bestand aus einem 140 m langen und bis

22 m mächtigen Hauptkörper, der auf Lenneschiefer auflag und
sich keilförmig nach der Teufe hin zuspitzte; bei 40 m sendete er
östlich, bei 125 m westlich einen bandförmigen Ausläufer aus
(vergl. Fig. 31). Das Vorkommen hatte einen eisernen Hut, auf
den in der Teufe zunächst Blende mit Schwefelkies, dann Galmei,
schliesslich wieder Blende folgte. Die hangende Zone bestand
abgesehen von der tiefsten Partie aus Galmei und Kieselzinkerz;
wo das letztere auftrat, lagen mächtige Bänke von Quarz im Erzmittel.

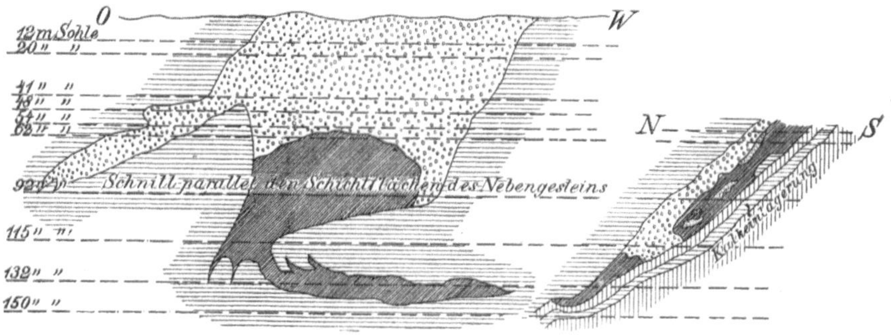

Fig. 31.

Galmeilager von Callerbruch bei Iserlohn (nach L. Hoffmann).

7. Das Mittel: I. Kluft, mit den drei folgenden gemeinsam von der
Schachtanlage »Tiefbau von Hövel« in Iserlohn abgebaut. Die
Ausdehnung der Lagerstätte in der Richtung des Schichten-
streichens ist geringer als senkrecht zu dieser Richtung. Bei 73 m
Teufe betrug das erstere Mass 3, das letztere 25 m. Im allgemeinen schwankt die Mächtigkeit von 20 bis 30 m. Die Erze
sind durch mehrere sich auskeilende und wieder anlegende Kalksteinbänke getrennt, sodass nur das liegendste Trum den Lenneschiefer berührt. Bei 205 m Teufe ist das Erzmittel noch 3 m
mächtig und 15 m im Streichen lang. Es nimmt demnach nach
der Teufe im Streichen zu. Die hangendste Partie bestand aus
zelligem Galmei, das übrige aus Blende und Schwefelkies mit
wenig Bleiglanz und Galmei. Kalkspat ist in der Lagerstätte weit
verbreitet.

8. Das Mittel II. Kluft. Das im Streichen nur 5 m lange, 10 m
mächtige Mittel liegt — gleichfalls unmittelbar am Lenneschiefer
— 25 m westlich der I. Kluft. Es führte wie das vorher Genannte
am Hangenden Galmei, am Liegenden Blende und Schwefelkies
und war bis 94 m bauwürdig.

9. Das Mittel Stahlschmiede. Es waren zwei durch eine Kalkbank getrennte Erzlager vorhanden, von denen das liegende dem Lenneschiefer auflag und nicht bis zu Tage, sondern nur bis 62 m unter Tage hinaufging. Das hangende Lager war durch eine sich von unten her einschiebende Kalkbank seinerseits wieder geteilt. Die höchste Mächtigkeit der im Querschnitt halbkreisförmigen erzführenden Partie betrug 30 m, die Ausdehnung im Streichen 55 m, das Niedersetzen mehr als 205 m. Das hangende Lager zeigte am Ausgehenden Galmei, im übrigen bestand die Erzführung aus Schwefelkies, Blende und wenig Bleiglanz.

10. Das Mittel Hermann. Es besitzt im grossen und ganzen die Gestalt eines der Achse nach halbierten, mit der Spitze nach unten gerichteten Kegels, dessen Halbierungsfläche auf dem Lenneschiefer aufliegt. Die Mächtigkeit betrug bis zu 35 m bei einer strechenden Ausdehnung von 100 m. Von oben nach unten bestand die Ausfüllung des Lagers aus Brauneisenstein (eiserner Hut), Schwefelkies (am Hangenden von Galmei überlagert), der mit Blende verwachsen ist und von 73 m Teufe ab von der letzteren ganz verdrängt wird. Von 100 m Teufe an abwärts tritt an die Stelle der Blende Galmei. Wo Blende vorhanden ist, besitzt das Lager eine Decke von Letten; wo Galmei auftritt, fehlt diese.

11. Das östliche Mittel der Altegrube. Ein Netzwerk von Klüften, ausgefüllt mit Galmei, Letten und Kalkbrocken durchzieht den Massenkalk, berührt aber nur in den oberen Teufen den Lenneschiefer. Die Mächtigkeit betrug bis 50 m bei einer streichenden Erstreckung von 160 m. Das Lager setzte — ebenso wie das folgende — bis zu 80 m Teufe nieder.

12. Das westliche Mittel der Altegrube. Es besass 40 m Mächtigkeit und 20 m streichende Länge. Im übrigen gilt von ihm das Gleiche, wie von dem östlichen Lager. Beide Lager wurden von der Tiefbauanlage Altegrube und dem Adlerstolln aus gelöst.

13. Das Mittel Hermanns Mutwille ist ein kleines, nördlich von Altegrube dicht am Hangenden des Massenkalkes aufgefundenes Lager von sandigem Galmei mit viel Letten.

14. Das Mittel Kupferberg liegt unter allen Iserlohner Vorkommen am meisten westlich, nämlich südwestlich von der Dechenhöhle und südöstlich der Stadt Letmathe. Seine Form ist die eines die Gebirgsschichten senkrecht durchkreuzenden Ganges von 24 m Länge und 0,5 m Breite. Es berührt die Scheide zwischen Massenkalk und Lenneschiefer nicht. Vorwiegend tritt Kalkspat auf, der spärlich Galmei einschliesst.

Die Entstehung der Iserlohner Erzlagerstätten ist nach Hoffmann wahrscheinlich so zu erklären, dass die Metalle (Zink, Eisen, Blei) in der Form von Bicarbonaten gelöst durch Spalten in den Massenkalk eindrangen, den kohlensauren Kalk in Lösung wegführten und sich selbst an seine Stelle setzten. Gleichzeitig eindringender Schwefelwasserstoff wandelte dann die Karbonate in Sulfide um. Die oxydischen Erze sollen durch Einwirkung der Atmosphärilien aus den geschwefelten entstanden sein. Stockfleth*), der sich auf eine Deutung des chemischen Vorganges bei der Erzbildung nicht einlässt, hebt hervor, dass im allgemeinen zuerst Schwefelkies, dann Blende, zuletzt Kalkspat abgesetzt worden ist, und glaubt, dass die Bildung der Lager jünger als die »ersten grossen Dislokationen« (die Faltung des niederrheinisch - westfälischen Devon - Karbon-Gebirges) sei und erst in die Zeit nach Ablagerung des Rotliegenden falle.

Es unterliegt daher keinem Zweifel mehr, dass die Erzvorkommen von Iserlohn zu den sogenannten metasomatischen Lagerstätten gehören.

b) Die Erzlagerstätten von Schwelm.

In dem von Schwelm in südwestlicher Richtung sich nach Barmen und Elberfeld hinziehenden Thal tritt der Massenkalk in der Thalsohle auf, während der parallele Höhenrücken im Südosten aus Lenneschiefer besteht. Wie aus den Tagesaufschlüssen beider Gesteine am Bahnhof Langerfeld hervorgeht, liegt der Massenkalk nicht in regelmässiger Schichtenfolge über dem Lenneschiefer, sondern die Grenze wird durch eine Verwerfungsspalte gebildet. Das Erzvorkommen von Schwelm ist überall an diese Spalte gebunden. Der Massenkalk zeigt sich nämlich in der Nähe des Lenneschiefers ausserordentlich zerklüftet und bildet unregelmässige Taschen und Schlotten, die mit mulmigem, braunen Galmei oder mulmigem Brauneisenerz und fettem Thon, seltener auch Sand, ausgefüllt sind. Zellengalmei kommt nur untergeordnet vor. Der mulmige Galmei, der Thon und der Sand sind mehr oder weniger geschichtet. Der Thon sowohl wie der an den Galmei angrenzende Massenkalk sind zinkhaltig.

Das Vorkommen wird von der Stollberger Aktiengesellschaft für Bergbau-, Blei- und Zinkfabrikation bei Langerfeld, Beieröhde und Oehde im Tagebau abgebaut. Das jetzt ganz abgebaute Vorkommen der Grube Carl bei Langerfeld war im Streichen gemessen 350 m lang, 8 bis 35 m mächtig und setzte bis 30 m in die Teufe.

Ein schematisches Längsprofil durch das jetzt noch im Abbau befindliche Lager von Oehde zeigt Fig. 32. Es wurde vom Verfasser bei Gelegenheit einer Exkursion aufgenommen, die er unter freundlicher Führung des

---

*) A. a. O. S. 67 ff.

in der dortigen Gegend mit der geologischen Landesaufnahme betrauten Bezirksgeologen Dr. Krusch ausführte.

Eine ähnliche Lagerstätte ist die des Roten Berges nordöstlich von Schwelm. Hier kommt jedoch der Galmei nur untergeordnet vor, während mulmiges Brauneisenerz und Schwefelkies vorherrschen. Gegenwärtig wird nur noch das Brauneisenerz durch Gräberei gewonnen.

Die Vorkommen erinnern lebhaft an diejenigen von Iserlohn, mit denen zweifellos auch ein genetischer Zusammenhang besteht. Die Ent-

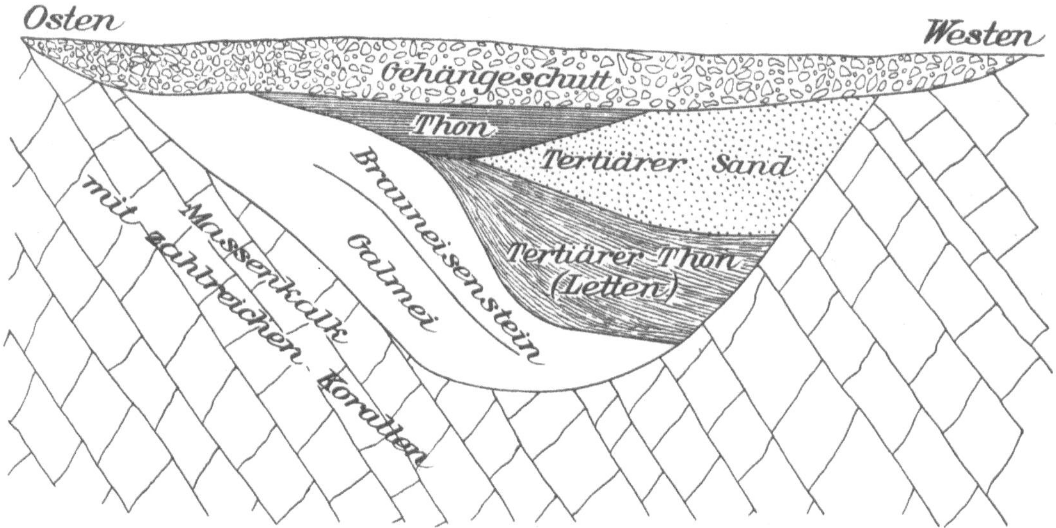

Fig. 32.

Galmei-Tagebau bei Oehde.

stehung der Lager wird von Krusch*) folgendermassen gedeutet: Aus Lösungen, die auf der Grenze des Massenkalkes gegen den Lenneschiefer zirkulierten, schlug sich zunächst Schalenblende und Schwefeleisen nieder. Diese wurden durch eindringende atmosphärische Wasser in Zellengalmei und Brauneisenerz umgewandelt. Zur Zeit des Tertiärs wurden die Erze dann umgelagert, wobei Sand- und Thonschichten inmitten der Lager und als deren Decke abgesetzt wurden.

2. Erzgänge im Devon, Kohlenkalk und Culm.

Im Gegensatz zu den grösstenteils metasomatischen Erzlagerstätten des Massenkalks sind die Vorkommen der hangenderen Schichten durch-

---

*) Referat im Gl. 1903, S. 116.

weg echte Gänge. Das Gebiet, in dem sie auftreten, ist der südwestlichste
Teil des Oberbergamtsbezirks Dortmund, das Bergrevier Werden.

Ein Teil setzt in der Sattelaufwölbung von Neviges und Velbert auf,
in jenem weit in das produktive Karbon vorspringenden Gebiet von devonischen und unterkarbonischen Schichten, das dem Stockumer Sattel und
den Spezialfalten der Wittener Mulde südwestlich vorgelagert ist. Hierher
gehören die Gänge von Glückauf bei Neviges, der Gangzug der Prinz
Wilhelm-Grube bei Velbert, die Gänge von Emanuel, Wilhelm II., Eisenberg und Ferdinande bei Velbert, und Benthausen bei Metzhausen unweit
Mettmann; weiter westlich nach dem Rhein zu liegen die Gangzüge von
Selbeck und Lintorf.

Im Betrieb stehen von diesen Gruben gegenwärtig nur Prinz Wilhelm
(der Gewerkschaft Erzbergwerk Glückauf gehörend), Wilhelm II., Benthausen und Selbeck.

Das Streichen dieser Vorkommen folgt gewöhnlich h 11, ist also der
Richtung vieler Querverwerfungen im Steinkohlengebirge parallel. Der
Gang der alten Grube Glückauf bei Neviges hat ein abweichendes, nordöstlich gerichtetes Streichen. Das Einfallen ist sehr steil, oft stehen die
Gänge seiger; die Richtung des Einfallens ist bei den einzelnen Gängen
verschieden, bei manchen nach Osten, bei anderen nach Westen. Süd-
östliches Einfallen zeigt der Gang von Glückauf.

Es kann keinem Zweifel unterliegen, dass die Gangspalten durch
Gebirgsbewegungen hervorgebracht worden sind; manche von ihnen sind
erwiesenermassen Verwerfer, wie an der Streifung der Salbänder und dem
Höhenunterschiede des Hangenden und des Liegenden zu erkennen ist.
So hat z. B. einer der Lintorfer Gänge nach von Groddeck einen Verwurf
von mindestens 20 bis 25 m hervorgebracht.

Bei den meisten Gängen ist es jedoch noch nicht gelungen, einen
Höhenunterschied in den Nebengesteinsschichten festzustellen; es bleibt
also dahingestellt, ob ein solcher von erheblichem Ausmass vorliegt, oder
ob die Spalten etwa Begleittrümer von grösseren Verwerfungsspalten
sind, für sich aber keinen oder nur einen sehr geringen Verwurf bewirken.

In der Regel treten mehrere benachbarte Gänge auf, die bald einander
parallel streichen, bald sich scharen. Diagonal- und Bogentrümer sind
häufig, ebenso hangende und liegende Seitentrümer.

Gewöhnlich ist wenigstens ein deutliches Salband vorhanden, das
jedoch nicht immer einen Lettenbesteg zu zeigen braucht.

Die Mächtigkeit ist sehr verschieden; meist beträgt sie nicht unter
1 m, geht aber bis zu 20 m hinauf.

Die Ausfüllung der Gänge besteht vorwiegend aus Nebengestein,
das oft in grossen zusammenhängenden Partien im Gang auftritt, vielfach

aber auch eine typische Gangbreccie von haselnuss- bis kopfgrossen Bruchstücken darstellt, die durch Gangart verkittet sind.

Von Gangarten kommen Quarz und Kalkspat in Betracht, Schwerspat ist nur auf den Gängen von Selbeck bekannt.

Die Erze sind Blei-, Zink- und Kupfererze; dazu kommt noch Schwefelkies und in einem einzigen Falle Rotnickelkies. Fast durchweg ist die Erzführung sulfidisch und besteht dann aus Bleiglanz, Zinkblende, Kupferkies, Buntkupferkies und Schwefelkies (nebst Markasit); oxydische Erze kommen nur im Hut vor und sind verhältnismässig selten. Bisher wurde das Auftreten von Weissbleierz (Cerussit), Grünbleierz (Pyromorphit), Malachit und Ziegelerz sowie in einem Falle von Eisen-Mangan-Zinkspat, beobachtet.

Der Gang der ursprünglich »Grube Glückauf« genannten Berechtsame setzt nördlich von Neviges am östlichen Gehänge des Thales in devonischem Thonschiefer auf. Er streicht in h 2 bis 3 und fällt südöstlich ein. Das Erzmittel besteht aus Bleiglanz. Der Betrieb auf dem daselbst angesetzten Clemensstollen wurde 1897 eingestellt.

Rd. 2 km östlich von Velbert setzt der Gangzug der Prinz Wilhelm Grube (jetzt gleichfalls der Gewerkschaft Erzbergwerk Glückauf gehörend) auf. Er besteht aus dem hangenden (sog. Helener) Gang, der in einem grossen Kohlenkalkbruch östlich des Hofes Sondern aufgeschlossen ist, dem Hauptgang des alten Bleiberges, auf dem der alte Schacht Bleiberg, der Schacht I und der Schacht II der Prinz Wilhelm-Grube liegen, sowie zwei Gängen, die im Schacht III aufgeschlossen sind. Ausserdem sind noch mehrere Gangtrümer innerhalb des Zuges bekannt. Alle diese Gänge streichen in h 10 bis 11.

Die Aufschlüsse liegen grösstenteils im Oberdevon, bei dem Helener Gang aber auch im Kohlenkalk.

Dieser Gang ist 180 m streichend überfahren, fällt seiger ein und besitzt eine Mächtigkeit von 1 bis 2 m. Die Erzführung besteht aus unregelmässig verteilten Bleiglanzeinsprengungen; die Gangart ist Quarz und Kalkspat. Der Gang ist schon den Alten bekannt gewesen und durch einen Pingenzug über Tage erkennbar.

Das Gleiche gilt in noch höherem Masse von dem Hauptgang, der 180 m westlich vom Helener Gang im Oberdevon aufsetzt und mit 75° östlich einfällt. Er ist bis 20 m mächtig. Abgesehen von Nebengesteinsbruchstücken besteht die Ausfüllung aus dunklem Quarz am Liegenden, der nach dem Hangenden zu in helleren Quarz übergeht. Noch weiter nach dem Hangenden zu stellt sich Kalkspat und Erzführung ein. Bleierze waren fast nur in den oberen, von den Alten gebauten Teufen vorhanden; die Mittel unter der Stollensohle bestehen grösstenteils aus Blende; nur in mittlerer Teufe brach im Nordfelde auch Kupferkies ein. Im ganzen bildet die Erzführung einen Adelsvorschub (Erzfall), der in 300 m streichender Länge mit 45° nach Süden einschiebt.

Im Schacht II hat sich der Gang bei den bisherigen Aufschlussarbeiten »rauher« als im Schacht I gezeigt, scheint aber nach der Teufe zu, wo sich neben Quarz auch Kalkspat als Gangart einstellt, edler zu werden. Die Erzführung besteht hier aus Bleiglanz und Blende.

Zwei kleine Trümer, die rd. 150 m westlich von Schacht II mit einem Stollen durchfahren wurden, führen Schwefelkies und Kupferkies. Weitere zwei Gänge werden durch den Schacht III gelöst, der 400 m westlich von Schacht II liegt. Sie fallen sehr steil westlich ein und führen nur Bleiglanz neben Quarz und Kalkspat.

Der östliche von ihnen, Gang I genannt, ist in 40 m Teufe unter Stollensohle 75 m streichend bauwürdig überfahren, in der 80 m-Sohle entsprechend 90 m. Das Mittel schiebt seiger ein.

Gang III, 30 m westlich von Gang I, ist auf der 40 m-Sohle in 125 m streichender Länge durchfahren, die gleiche Länge dürfte das Mittel auf der 80 m-Sohle aufweisen; es schiebt nach den bisherigen Aufschlüssen steil südlich ein.

Der Bleiglanz zieht sich in den Mitteln gewöhnlich als fortlaufende Schnur (im Aufschluss einer Strecke oder eines Firstenbaues) von 5 bis 15 cm Mächtigkeit am Liegenden oder Hangenden, oder auch in zwei Trümern hin.

Denkt man sich die Gänge der Prinz Wilhelm-Grube nach Norden verlängert, so trifft man auf die Störungen des Steinkohlengebirges in der Altendorfer Mulde, die in den Feldern Wenneswald und Wilhelmine bei Werden aufgeschlossen sind.

Der nächste Gangzug setzt 1,5 km westlich von Velbert gleichfalls im oberdevonischen Thonschiefer auf und wird von der Gewerkschaft Erzbergwerk Wilhelm II gebaut.

Der Hauptgang (Gang I) streicht in h 11 bis 12 und fällt mit 60 bis 65° östlich ein. Er sendet mehrere Bogentrümer aus und schart sich ausserdem mit dem liegenden Gang II. Die gesamte Gangmächtigkeit beträgt 0,5 bis 9 m; die Hauptausfüllungsmasse ist Thonschiefer des Nebengesteins, die Gangart Quarz und etwas Kalkspat, der in der Teufe zunimmt.

Von Erzen tritt in den oberen Teufen bis zur 75 m-Sohle vorherrschend Bleiglanz auf, daneben als sekundäre Bildung im Hut Grünbleierz. Auf der 128 m-Sohle überwiegt dagegen schon Blende. Kupferkies kommt untergeordnet mit Blende zusammen vor; dagegen ist Schwefelkies häufig. Ein gelbbraunes, nichtmetallisches, fein-krystallinisch-körniges Mineral, das auf Zinkblende aufsitzt, erwies sich bei der im berggewerkschaftlichen Laboratorium ausgeführten Analyse als ein Zinkeisenmanganspat mit 30 % Eisencarbonat, 50 % Zinkcarbonat und 20 % Mangancarbonat (nebst einer Spur Kalkcarbonat).

Die Mittel bilden Erzfälle, die mit etwa 45° nach Süden einschieben und durch taube Zonen getrennt sind. Bogentrümer und ablaufende Trümer haben sich als besonders edel erwiesen.

Der (liegende) Gang II schart sich mit dem Hauptgang; an der Scharungsstelle beginnt für beide Gänge die Erzführung. Gang II und der noch weiter im Liegenden aufsetzende Gang III fallen gleichfalls östlich ein. Der letztgenannte Gang führt vorwiegend derben Bleiglanz.

Auf der nördlichen Fortsetzung des Gangzuges von Wilhelm II liegen die Berechtsame der Gewerkschaft Eisenberg, deren Betrieb gegen Ende des Jahres 1902 eingestellt wurde. Die Gänge gehörten gleichfalls noch dem Oberdevon an, führen Quarz und Kalkspat als Gangart und von Erzen Bleiglanz, Grün- und Weissbleierz, Zinkblende, Kupferkies und Schwefelkies.

Früher soll innerhalb der Berechtsame von Eisenberg da, wo die Gänge die Scheide zwischen Kohlenkalk und Culm erreichen, Bergbau auf Eisenstein und Bleierz umgegangen sein.

Südöstlich von den Schachtanlagen der Gewerkschaft Wilhelm II, wahrscheinlich auf der Fortsetzung des gleichen Zuges oder auf einem benachbarten Parallelzug setzen unweit von Wülfrath am Gehänge des Angerbachthales im mitteldevonischen Stringocephalenkalk die Gänge des Erzbergwerks Emanuel (jetzt nicht im Betrieb) auf.

In einem noch tieferen Horizont, dem mitteldevonischen Lenneschiefer, liegen die Gänge der Grube Benthausen bei Metzhausen unweit Mettmann. Es sind hier zwei, in h 9 bis 11 streichende Gänge aufgeschlossen, die von einer Anzahl Trümer in h 1 bis 2 durchkreuzt werden. Die Erzführung besteht fast ausschliesslich aus Bleiglanz.

Auf weitere im oberdevonischem Thonschiefer aufsetzende Gänge sind die Berechtsame der Gruben Ferdinande östlich und Thalburg westlich von Heiligenhaus verliehen.

Wo sich westlich des Ruhrlaufes zwischen Kettwig und Mülheim die Bochumer und die Essener Mulde ausheben und der Wattenscheider Sattel immer breiter und mit Spezialfalten verbunden zu Tage tritt, da erstrecken sich quer durch diese Falten verlaufend die Gangzüge von Selbeck und Lintorf.

Der Selbecker Gangzug wird von der Gewerkschaft Selbecker Bergwerksverein in Köln in der Schachtanlage Neu-Diepenbrock III abgebaut. Er durchsetzt den im Kern des Amsterdamer Sattels aufgeschlossenen Culm und streicht im allgemeinen parallel den Sprüngen des Ruhrbeckens. Auf dem Scheitel des Sattels schwenken die Gänge in die Nordsüdrichtung um. Es sind eine ganze Anzahl verschiedener Trümer vorhanden, die als

Hauptgang, hangendes, liegendes Trum, Blende und Bleierzmittel und unter
verschiedenen andern Bezeichnungen unterschieden werden. Das Einfallen
ist durchweg sehr steil, bald östlich, bald westlich, vielfach seiger. Wegen
der ausserordentlichen Zertrümmerung entzieht sich die Breite des Zuges
zuverlässiger Berechnung; Stockfleth schätzt sie auf mehr als 100 m. Die
einzelnen Trümer sind 0,5 bis 10 m mächtig. Sie haben gewöhnlich einen
Lettenbesteg, der sich am Hangenden oder Liegenden hinzieht; in vereinzelten Fällen durchsetzt eine Lettenkluft die Gangausfüllung.

Die Erzführung verteilt sich auf Zinkblende, Kupferkies und Bleiglanz. Das Haupterz ist die Blende; sie bricht gewöhnlich derb, in grob-
spätigen, sehr reinen Massen, die nicht mit Kupferkies durchwachsen sind.
Der in der Menge gegen die Blende zurücktretende Kupferkies tritt stets
in der Gesellschaft von Quarz auf. Bleiglanzmittel sind nur selten angetroffen und nie auf grössere Erstreckung überfahren worden.

Sehr bemerkenswert ist der vor kurzem im Haufwerk der Auf-
bereitung gemachte Fund von derbem Rothnickelkies mit feindrusiger
Oberfläche, dessen Vorkommen aller Wahrscheinlichkeit nach in enger
Beziehung zu dem auf den westfälischen Sprüngen häufig beobachteten
Haarkies (Millerit) steht.

Die Erzführung ist in hohem Grade abhängig vom Nebengestein. Das
letztere besteht, soweit die Aufschlüsse reichen, von unten nach oben aus
Alaunschiefer, Thonschiefer und Sandstein. Hiervon ist der Thonschiefer
das ungünstigste Nebengestein, wahrscheinlich weil sich die Spalten in
ihm überhaupt nicht haben offen halten können. Er gilt als erzleer. Im
Sandstein bildet das Erz in der Regel Erzfälle, die mit etwa 45° gegen den
Horizont einschieben. Anders ist die Verteilung in der liegendsten Schicht,
dem Alaunschiefer. Hier bildet das Erzmittel ein Band, das, soweit die
Aufschlüsse reichen, stets die Grenze gegen den Thonschiefer begleitet.
Welche Breite dieses Band besitzt, ist mangels genügend tiefer Aufschlüsse
bisher nicht festzustellen.

Die Gangart besteht aus Quarz, Kalkspat und Schwerspat; der letztgenannte ist z. T. schön krystallisiert, in kugeligen Gruppen als sogenannter
Hahnenkammspat vorgekommen.

Nebengesteinsbruchstücke bilden die überwiegende Menge der Gangausfüllung.

Eigentümlicherweise haben sich an mehreren Stellen in der Gang-
masse nahe dem Hangenden bis hühnereigrosse, abgerundete Sandstein-
brocken gefunden, die vermutlich die Rolle von Mahlsteinen in riesentopf-
ähnlichen Vertiefungen gespielt haben.

Die Gangspalten führen auf der jeweilig tiefsten Sohle sehr erhebliche
Wassermengen, die verschiedenen Ursprung haben müssen, da sie teils
salzhaltig, teils süss sind.

Einen Zusammenhang mit den Sprüngen des produktiven Steinkohlengebirges hat man durch die Thatsache festgestellt, dass beim Sümpfen der Selbecker Grubenbaue der Druck hinter den Dammthüren der nördlich gelegenen Zeche Ruhr und Rhein bei Ruhrort vermindert wurde.

Der Gangzug von Lintorf streicht parallel mit dem von Selbeck, aber rd. 3 km in westlicher Richtung von diesem entfernt. Die Aufschlüsse liegen grösstenteils auf zwei in h 4 streichenden Sätteln, die den Kohlenkalk herausheben; das Gebiet zwischen ihnen ist durch Bohrlöcher untersucht. Südlich reichen die Spuren des Erzvorkommens bis in die Kalksteinbrüche bei Ratingen (vgl. das 4. Kapitel).

Die Sättel werden in querschlägiger Richtung von zwei parallelen Verwerfungsspalten durchschnitten, die in einem Abstand von rd. 600 m von einander der Richtung der westfälischen Sprünge, also h 9 bis 10 folgen. Beide fallen östlich mit 60 bis 80° ein und bewirken demgemäss ein stufenförmiges Absinken des Gebirges nach Osten hin. Die Verwerfungen sind als reiche Erzgänge ausgebildet und enthalten namentlich Bleiglanz, Blende und Schwefelkies.

Die Nebengesteine der Gänge — Kohlenkalk und Kulm innerhalb der Grubenbaue — sind infolge des Vorwurfs gegeneinander verschoben, sodass man die Gänge zuerst irrtümlich für Kontaktlager hielt.*)

v. Groddeck schätzt das Ausmass des Verwurfs auf mindestens 20—25 m.

In den oberen Teufen tritt im Hangenden ein Letten statt des sonst vorhandenen Culmschiefers auf.

Die Gangart besteht aus Kalkspat, Quarz und wenig Braunspat. Von Erzen überwiegt der Markasit; daneben kommt Bleiglanz und Blende häufig, Kupferkies nur sehr untergeordnet vor.

Nach v. Groddeck besteht ein wesentlicher Bestandteil der Ausfüllung aus einem schwarzen, bis 22 % Kohlenstoff enthaltenden Mulm, der alle Klüfte in den Gängen ausfüllt, ausserdem aber auch in selbständigen Partieen auftritt und Bruchstücke von Erzen und Gangarten einschliesst.

Von den Hauptgängen laufen eine Anzahl Trümer ab, die gleichfalls erzführend ausgebildet sind.

Es scheint, als ob auf den Gangspalten zu verschiedenen Zeiten Bewegungen stattgefunden haben: wenn nämlich anzunehmen ist, dass die Verwerfungen denen des Ruhrbeckens gleichzustellen sind, so muss als Zeit ihrer Entstehung mit einiger Wahrscheinlichkeit die Zeit vor Ablagerung der jüngeren Kreide angesehen werden. Nun scheint aber der im Hangenden der Gänge in der oberen Teufe auftretende Letten

---

*) v. Groddeck, Ueber die Erzgänge bei Lintorf. Min. Z. 1881 S. 201 ff.

tertiärer Thon zu sein, der gleichfalls verworfen ist. Demnach musste also
auf eine zweite — tertiäre oder nachtertiäre — Bewegung geschlossen werden.
Diese Annahme wird durch das Vorhandensein von Rutschflächen (Spiegeln)
auf dem Markasit in der Erzführung noch unterstützt. Vielleicht ist auch
der mulmige Teil der Gangausfüllung bei der zweiten Bewegung entstanden.*)

Der Abbau des östlichen Ganges geschah auf dem südlichen Sattel
vom Schacht Friedrich, auf dem nördlichen vom Schacht Diepenbrock aus.
Den westlichen Gang löste auf dem Südsattel Schacht Georg, auf dem
Nordsattel Schacht Drucht.

Der Betrieb des Lintorfer Werkes wurde im Jahre 1902 wegen über-
mässiger Wasserzuflüsse eingestellt, nachdem er schon früher zu wieder-
holten Malen aufgenommen und wieder unterbrochen worden war.

II. Mineralführung der flötzreichen Schichten des Stein-
kohlengebirges.

In den produktiven Schichten sind es gleichfalls hauptsächlich die
Störungen, die mit dem Vorkommen bemerkenswerter Mineralien verknüpft
sind. Vielfach geht aus den Belegstücken allerdings auch hervor, dass
Klüfte in der Kohle selbst oder Hohlräume in einer Konglomeratbank mit
Erzen oder andern Mineralien erfüllt sind. In den allermeisten Fällen
dürften diese Vorkommen aber räumlich und ursächlich mit Störungen in
Verbindung stehen.

Bisher wurden von Erzen Schwefelkies, Markasit, Bleiglanz, Zinkblende und Haarkies, von Gangarten Quarz, Kalkspat, Dolomit, Eisenspat,
Schwerspat sowie ein kaolinähnliches Mineral beobachtet. Als Neubildung
tritt dazu noch Haarsalz. Schliesslich wurden in zwei Fällen Erdölimpräg-
nationen festgestellt.

Schwefelkies (Pyrit, Eisenkies) FeS_2 ist neben Markasit, von dem
er sich durch das Krystallsystem unterscheidet, das häufigste Erz in den
produktiven Schichten. Seine Krystallform ist in der Regel $\infty O \infty . O$,
seltener $O . \infty O \infty$ (mit vorwiegendem Oktaeder), so z. B. von Zeche
Constantin der Grosse. $\infty O \infty$, der Würfel ohne Kombination mit anderen
Flächen, ist gleichfalls sehr häufig (z. B. von Wiehndahlsbank, Centrum u. a.),
die Form $\infty O \infty . 2 O 2$ wurde an einer von Zeche Hannover stammenden
Stufe beobachtet.

Rundum ausgebildete, in Schieferthon eingewachsene Krystalle der
Zeche Prinz Wilhelm bei Kupferdreh zeigten die auch anderwärts be-

---

*) v. Groddeck a. a. O.

obachtete Kombination $\frac{\infty O 2}{2}.\infty O \infty$. Auch derb kommt er häufig vor. Zuweilen durchdringt er die Kohle in Form von dünnen Ueberzügen auf den feinen Absonderungsflächen so innig, dass ganze Flötze dadurch minderwertig und unbauwürdig werden. Beispiele dafür bilden auf manchen Zechen die Flötze Dreckbank und Catharina.

Markasit (Binarkies, Speerkies, Kammkies, fälschlich oft Schwefelkies genannt), FeS_2, also chemisch dem Schwefelkies gleich, aber durch rhombische Krystallform von dem regulären Schwefelkies unterschieden. Einfache tafelförmige Krystalle der Form $\frac{1}{3} \breve{P} \infty.\breve{P} \infty.0P.\infty P$ sind seltener zu beobachten als die Zwillinge nach ∞P (Speerkies), so von den Zechen Maria Anna und Steinbank, Ver. Charlotte, Friederika, Lothringen und zahlreichen andern. Auch kammförmige Gruppen krummflächiger Krystalle (Kammkies) kommen vor, so auf Zeche Bonifacius und in ausgezeichneter Schönheit auf Zeche Präsident.

Umhüllungspseudomorphosen nach Kalkspat sind auf Dannenbaum gefunden worden.

Ausser in diesen krystallisierten oder pseudomorphen Formen findet sich der Markasit derb, in kugeligen, traubigen, schaumigen oder »zerfressenen« Aggregaten.

Die Verwitterung und Umwandlung in Eisenvitriol geht bei dem derben Markasit ausserordentlich schnell vor sich, sodass sogar Handstücke in den Sammlungen in kurzer Zeit zerfallen können. Der Schwefelkies zeigt übrigens die gleiche Erscheinung, wenn auch nicht in dem Masse wie der Markasit.

Bleiglanz, PbS; die bisher wohl allein beobachteten Formen sind der Würfel, $\infty O \infty$, und seine Kombination mit dem Oktaëder, $\infty O \infty . O$, u. a. von Friederika, Pluto, Lothringen, Mansfeld, Constantin der Grosse sowie ein altes Vorkommen auf Kohleneisenstein von Dreckbank bei Werden. Rundum ausgebildete kleine Krystalle der Form $\infty O \infty . O$, verzwillingt nach der Oktaëderfläche, sind in einem Hohlraume des Konglomerates unter Fl. Sonnenschein auf der Zeche Lothringen gefunden worden. Häufig sind die Krystallflächen oberflächlich angeätzt (Zeche Pluto, wo sich auf den geätzten Flächen kleine Schwefelkieskrystalle angesiedelt haben). In einem Krystall von Zeche Constantin der Grosse ist im Inneren eine parallel der Würfelfläche verlaufende Zone stark zerfressen, ein anderer grosser von Zeche Mansfeld stammender Krystall ist gleichfalls innen zerfressen und in dem dadurch gebildeten Hohlraum hat sich Schwefelkies, mit Blende überkrustet, angesiedelt.

»Geflossene« Krystalle mit unebenen Flächen, die lebhaft an das bekannte Vorkommen von Gonderbach bei Laasphe erinnern, wurden auf Zeche Consolidation gefunden.

Auch in grobkrystallinischer Form tritt das Erz auf den Sprungklüften häufig auf.

Ausser den oben erwähnten Fundorten mögen noch folgende Zechen genannt werden: Deutscher Kaiser, Siebenplaneten, Hannover, Schürbank, Ver. Maria Anna und Steinbank, Hundsnocken bei Werden und Backwinkler Erbstolln bei Wiemelhausen, letztere drei nach Lottner. An dem letztgenannten Fundort soll man früher den Bleiglanz, der etwas Silber enthielt, versuchsweise abgebaut haben; die Gewinnung wurde jedoch wegen zu geringer Mächtigkeit des Ganges und weil das Erzvorkommen nicht auf grössere Erstreckung aushielt, wieder eingestellt. Einige weitere auf Bleiglanz verliehene Berechtsame, die Stollnbetriebe Stiepel und Silberkuhle, liegen unweit der Ruhr bei Stiepel. Das Erz soll hier auf Klüften des Sandsteins im Liegenden von Fl. Sonnenschein vorgekommen sein.

Kupferkies, $Cu_2 S + Fe_2 S_3$, ist sehr viel seltener als die vorgenannten Erze und kommt stets — soweit darüber Beobachtungen vorliegen — nur in kleinen aufgewachsenen Kryställchen, Zwillingskrystallen, meist in der Gesellschaft von Markasit, Bleiglanz und Kalkspat vor, so auf den Zechen Concordia, Hasenwinkel, Hannover, Westfalia, Rheinpreussen.

Haarkies (Millerit), $Ni S$, ist an vielen Punkten in Störungsklüften gefunden worden; wahrscheinlich ist er allerdings an noch zahlreicheren Stellen seiner geringen Menge und zarten Beschaffenheit wegen übersehen worden. Er bildet stern- oder büschelförmige oder auch verworrenfaserige Aggregate von Krystallnadeln, die gewöhnlich äusserst dünn, zuweilen auch bis 1 mm dick sind. Die Farbe der dickeren Krystalle ist speis- bis messinggelb, die der dünnsten (infolge von Anlauffarben) dunkelgrün mit metallischem Schimmer. Bekannte Fundorte sind die Zechen Praesident, Holland, Königin Elisabeth, Minister Stein, Germania, Vollmond, Westfalia.

Im Zusammenhange mit dem Vorkommen von Millerit auf den Sprüngen der produktiven Schichten ist das neuerdings beobachtete Einbrechen von Rotnickelkies auf der Grube Selbeck bemerkenswert.

Zinkblende (Blende), $Zn S$. Auch dieses Erz wurde innerhalb des produktiven Steinkohlengebirges mehrfach, aber nirgends in grösserer Menge gefunden. Die schönsten Vorkommen, kleine flächenreiche Krystalle, stets in Form von Zwillingen, stammen aus Klüften im Kohleneisenstein von Zeche Dreckbank bei Werden, andere von den Zechen Dannenbaum, Hasenwinkel und Westfalia, sowie aus Klüften im Sandstein von Hitzberg a. d. Ruhr und von Constantin der Grosse (Sandstein im Hangenden von Fl. Sonnenschein).

Quarz (Bergkrystall, Rauchtopas, gemeiner Quarz, Chalcedon), $Si O_2$. Krystallisierter gemeiner Quarz und Chalcedon kommen in der Ausfüllungsmasse der Klüfte häufig vor. Bergkrystall und Rauchtopas (z. T. in beiderseits ausgebildeten Krystallen der gewöhnlichen Form $\infty P . P$) fanden sich in Hohlräumen von kleinen Sphärosideritknollen auf Zeche Carolinenglück, Praesident und Dannenbaum II.

Ein Bergkrystall mit angeätzten Pyramidenflächen aus der Bochumer Bergschulsammlung stammt von Zeche Altendorf.

Auch als Versteinerungsmittel von Holz ist der Quarz beobachtet worden, so auf Zeche Lothringen.

Kalkspat, $Ca\,CO_3$, ist die gewöhnlichste Gangart und kommt mannigfach krystallisiert sowie in derben, grobkrystallinischen Massen vor. Das dem Verfasser vorliegende Material zeigt die folgenden Krystallformen:

R; aus kleinen Individuen derselben Form aufgebaut; Dannenbaum II;

$-\frac{1}{2}R$; Maria Anna und Steinbank sowie von unbekanntem Fundort;

$-\frac{1}{2}R . \infty P\,2$; Germania, desgleichen, ringsum ausgebildete Krystalle aus Letten von Lothringen;

$\infty R . -\frac{1}{2}R$; Tremonia; dieselbe Form, unmittelbar auf Kohle aufgewachsen, von unbekanntem Fundort;

$4R . -\frac{1}{2}R$; Dahlbusch;

R3; Zollverein, Dahlbusch, desgl. die Krystalle auf einer Seite dunkelrauchgrau (durch eingeschlossene Kohlensubstanz?) gefärbt, auf Kohle aufsitzend, Julia;

desgl., von Schwefelkies einseitig inkrustiert, auf Sandstein aufgewachsen, Constantin d. G.;

desgl. die Spitze der Krystalle besteht aus einem Büschel von Individuen derselben Form, Dahlbusch;

R3 . R; Fundort unbekannt;

4 R; Hagenbeck;

Dolomit (Braunspat), $Ca\,CO_3 . Mg\,CO_3$. Er ist seltener als Kalkspat; Krystalle des Grundrhomboëders R mit Schwefelkies und Kupferkies vergesellschaftet, stammen von Zeche Charlotte.

In der Regel lassen sich die Dolomitkrystalle der hiesigen Funde vom Kalkspat durch ihre krummen Flächen unterscheiden. Mit Salzsäure brausen sie im Gegensatz zum Kalkspat nur schwach oder gar nicht.

Ueber den Dolomit als Versteinerungsmittel der pflanzenführenden Concretionen von Fl. Catharina vergl. oben S. 68.

Eisenspat (Spateisenstein), $Fe\,CO_3$. Es kommt an dieser Stelle lediglich der als Gangart auftretende Eisenspat in Betracht, nicht der Sphärosiderit, der innerhalb der produktiven Schichten zahlreiche Lagen aus dicht aneinander gereihten Knollen oder Concretionen bildet. Er ist als Gangart recht selten. Krystalle in der Form des Grundrhomboëders R fanden sich auf Zeche Maria Anna und Steinbank.

Schwerspat (Baryt) $BaSO_4$, findet sich in den produktiven Schichten häufig krystallisiert als Gangausfüllung.

Die Belegstücke der Bochumer Bergschulsammlung zeigen die folgenden Formen (nach Naumannscher Aufstellung, wobei die Fläche der besten Spaltbarkeit als Brachypinakoid $\infty \breve{P} \infty$ und die der weniger vollkommenen Spaltbarkeit als Makrodoma $\bar{P} \infty$ erscheint):

$\infty \breve{P} \infty . P \infty$ von unbekanntem Fundort;

$\infty \breve{P}2 . \infty \breve{P} \infty . \breve{P} \infty$; von Humboldt, Gottessegen, Königin Elisabeth, Maria Anna und Steinbank, Concordia, Helene Amalie, Gladbeck III;

$\infty \breve{P}2 . \infty \breve{P} \infty . \breve{P} \infty . P \infty$; Humboldt;

$\infty \breve{P}2 . \breve{P} \infty . P \infty . P$; unmittelbar auf Kohle aufgewachsen, Hercules;

$\infty \breve{P} \infty . \infty \breve{P}2 . \infty \breve{P}4 . \breve{P} \infty$; auf Sandstein, Deutscher Kaiser;

$\infty \breve{P} \infty . \infty \breve{P}2 . \infty \breve{P}4 . P \infty$; auf einer schmalen Kluft in einem Konglomerat der Zeche Zollverein.

Die Krystalle sind teilweise sehr schön ausgebildet, bis daumendick, farblos, weiss oder gelblich.

Haarsalz, $Al_2 (SO_4)_3 + 18 H_2O$, das auch anderwärts hier und da im Steinkohlengebirge angetroffen worden ist, zeigte sich in kurzfaserigen, meergrün gefärbten, krystallinischen Aggregaten auf der Zeche Carolinenglück (Fl. Schleswig, IV. Tiefbausohle, 2. und 3. Bauabteilung).

Aeusserst selten sind im Steinkohlengebirge Spuren von Erdöl gefunden worden: in einer Störung des Flötzes Gustav auf Zeche Rheinelbe III lagen Schieferthonbruchstücke, die teilweise mit Kalkspat überzogen und von Petroleum durchtränkt waren. Es liegt nahe, die Entstehung des Petroleums mit den zahlreichen Tierresten jenes Horizontes in Beziehung zu bringen. Auch von einem Bohrloch der Gegend von Ahlen wird das Vorkommen ölgetränkter Schichten berichtet.

Es muss hier noch einer äusserst merkwürdigen Bildung gedacht werden, die in ihrer Eigenart einzig dasteht und deren Natur lange Zeit ein Rätsel war. Es ist dies ein Kohlensandsteinbruchstück aus einem Querschlage von Zeche Pluto, auf dessen einer ziemlich ebenen Fläche ein dunkler Stern auf hellerem Grunde sichtbar ist, der etwa die Form eines grossen Ordenssternes besitzt. Bei näherer Untersuchung ergiebt sich, dass die ganze Fläche, die zweifellos an einer Haarspalte lag, von einer sehr dünnen Schicht eines weissgrauen Minerals, vermutlich Schwerspat überzogen ist, während auf dem Raum, auf dem der eigenartige Stern erscheint, diese Bedeckung fehlt. Es dürfte daher ursprünglich eine sternförmige Dendritenbildung eines unbekannten Minerals vorgelegen haben, die später von Schwerspat umhüllt wurde. Nachher wurde die Dendritenmasse weggelöst, während der Schwerspat erhalten blieb. Das Stück wird in der Sammlung der Bochumer Bergschule aufbewahrt.

Die Vergesellschaftung (Assoziation) der Mineralien und die Reihenfolge ihrer Bildung, die Paragenesis, ist bisher noch nicht Gegenstand eingehender Untersuchung gewesen. Die folgende Aufstellung bezieht sich daher nur auf das dem Verfasser vorliegende Material der Bochumer Sammlung und bedarf noch sehr der Vervollständigung. Es wurden folgende Paragenesen beobachtet:

1. Kalkspat { Schwefelkies, Kupferkies, } Fundort unbekannt;
2. Schwefelkies, Kalkspat, auf Sandstein; Julius Philipp;
3. Bleiglanz, Markasit, auf Sandstein; Bonifacius;
4. Speerkies, Blende, auf Kohleneisenstein; Friederika;
5. Schwefelkies, Speerkies; Lothringen;
6. Kalkspat, Schwefelkies, Haarkies, auf Sandstein; Praesident;
7. Kalkspat, Haarkies, auf Sandstein; Vollmond;
8. Kalkspat, Kupferkies, Blende, auf Sandstein; Minister Stein;
9. Quarz, Bleiglanz, Blende, Markasit, auf Sandstein; Dannenbaum;
10. Kupferkies, Bleiglanz; Concordia;
11. Kalkspat, Kupferkies, Blende, auf Sandstein; Hasenwinkel;
12. Kalkspat, Kupferkies, auf Sandstein; Hannover;
13. Schwefelkies, Bleiglanz, auf Kohleneisenstein; Friederika;
14. Bleiglanz, Schwefelkies; Pluto;
15. Bleiglanz, Kalkspat; Siebenplaneten;
16. Kalkspat, Bleiglanz, Kupferkies, Speerkies; Mansfeld;
17. Bleiglanz, Schwefelkies, Blende, auf Sandstein; ebendaher;
18. Bleiglanz, Markasit; Hannover;
19. Bleiglanz, Markasit, Kalkspat; Schürbank;
20. Bleiglanz, Blende, auf Kohleneisenstein; Dreckbank;
21. Bleiglanz, Kupferkies, Kalkspat, auf Kohle; Fundort unbekannt;
22. Kalkspat, Kupferkies, auf Sandstein; Germania, Hasenwinkel;
23. Kalkspat, Schwerspat; Fundort unbekannt;
24. Quarz (Bergkrystall), Kalkspat; Concordia;
25. Schwerspat, Markasit; Concordia;
26. Kalkspat, Schwefelkies, auf Sandstein; Constantin der Grosse;
27. Kalkspat, Markasit, auf Sandstein; Zollverein;
28. Dolomit { Schwefelkies, Kupferkies, } Charlotte;

29. Kalkspat, Eisenspat, Markasit, auf Schieferthon; Maria Anna und
   Steinbank;
30. Kalkspat, Blende, Kupferkies, Haarkies, auf Schieferthon; Westfalia.

III. Mineralführung des Mergels.

Auf das Vorkommen von Bohnerzen und Phosphorit im Essener
Grünsand ist schon oben hingewiesen worden, ebenso auf die häufigen
Einsprengungen von Schwefelkies besonders in den Schichten des »weissen
Mergels« und auf die Ausfüllung der Klüfte in diesem Mergel durch
Kalkspat.

Es sollen daher an dieser Stelle nur kurz noch die eigenartigen
Strontianitlagerstätten der Umgegend von Hamm erwähnt werden.*)
Das Gebiet, in dem sie auftreten, liegt zwischen den Orten Ascheberg,
Drensteinfurt, Ahlen, Beckum, Stromberg, Telgte und Altenberge (nörd-
lich von Münster). Es ist also vom Steinkohlenbergbau bisher noch nicht
berührt, wohl aber von der Bohrthätigkeit.

Der Strontianit (Sr CO$_3$) bildet hier mit Kalkspat zusammen die Ausfüllung von Gängen, die in den senonen Kalkmergeln mit Ammonites Coes-
feldensis und Lepidospongia rugosa und zum Teil auch noch in den
Schichten mit Heteroceras polyplocum aufsetzen.

Für das Streichen der Gänge hat sich noch keine Gesetzmässigkeit
finden lassen. Das Einfallen ist stets steil. Die Mächtigkeit geht bis zu
2,50 m hinauf, beträgt aber in der Regel nur 0,3 m. Der Kalkspat ist das
ältere Mineral und findet sich daher bei symmetrischer Anordnung der
Gangausfüllung an den Salbändern. Die Mittel von Strontianit halten in
der Regel weder im Streichen noch im Einfallen über die ganze Erstreckung des Ganges an, sondern keilen sich an einer Stelle aus, um sich
an einer andern wieder anzulegen.

Die Gänge gehen zu Tage aus, sind aber in den obersten Teufen
häufig sehr gestört. Es mag das mit der Umlagerung zusammen hängen,
die der Mergel in seinen obersten Schichten in diluvialer Zeit erfahren
hat. Grosse Teufen hat der mit einfachsten Mitteln betriebene Bergbau
nirgends erreicht, doch sind die Gänge hin und wieder schon 30, ja sogar
60 m tief verfolgt und strontianitführend aufgeschlossen worden.

---

*) v. Dechen, G. u. p. Ueb., S. 490.
   Menzel, Beschreibung des Strontianitvorkommens in der Gegend von Dren-
steinfurt. J. d. g. L. 1881. S. 125 ff.
   Venator, Ueber das Vorkommen und Gewinnung von Strontianit in West-
falen. B. u. hüttenm. Z. 1882, S. 1 ff.
   Gante, Die Entwicklung des Strontianitbergbaues u. s. w., Min. Z. 1888.
S. 210 ff.

Der Strontianit tritt in büschelförmigen Krystallgruppen des rhombischen Systems auf, deren freie Enden gewöhnlich die spiessförmige Kombination spitzer Pyramiden mit den zugehörigen (hexagonalen Typus vortäuschenden) Brachydomen erkennen lassen. Er enthält stets etwas Calciumcarbonat, nach Analysen von v. d. Marck und Redicker 5,2 bis 8,6 %.

An Gangstücken von Beckum wurden zierliche Schwefelkieskrystalle beobachtet, die auf den Spitzen der Strontianitkrystalle sitzen.

Vereinzelt fand sich auf einem Strontianitgang der Gegend von Drensteinfurt ein Vorkommen von Erdpech.

IV. Mineralniederschläge aus Grubenwassern.

Besonderes Interesse verdienen die Niederschläge aus Grubenwassern, da in ihnen Neubildungen von Mineralien vorliegen, deren Bildungsvorgänge sich deutlich verfolgen lassen.

Die meisten derartigen Bildungen bestehen aus kohlensaurem Kalk, der sich in Geflutern, Wasserlutten oder Röhren niedergeschlagen hat. Er ist grau oder graubraun, auch durch einen Eisengehalt gelbbraun gefärbt und konzentrisch schalig aufgebaut.

Ein hervorragend schönes Stück eines solchen Kalkspat-Absatzes aus einer Holzlutte von der Zeche Hibernia wird in der Sammlung der Bochumer Bergschule aufbewahrt. Es hat rechteckigen Querschnitt von 11/16 cm, eine Länge von 2 m und eine Wandstärke von 5 mm. Der Kalkspat hat die Zeichnung des Holzes, Maserung, Astlöcher und Harzrinnen täuschend nachgebildet, sodass man auf den ersten Blick eine Holzlutte vor sich zu sehen glaubt.

Andere Kalkcarbonatabsätze stammen von den Zechen Graf Schwerin, Constantin der Grosse und Königsborn.

Auf den Zechen Gladbeck und Graf Moltke sind ganz ähnliche Neubildungen in Holzlutten vorgekommen. Sie bestehen hier aber vorwiegend aus Baryumsulfat, also Schwerspat. Die Farbe ist hellgelb bis braun, in konzentrischer Streifung abwechselnd. Die Bildung ist ohne Zweifel dadurch zu erklären, dass schwefelsaure Wasser mit anderen Wassern zusammentreffen, die Baryumsalze (Chlorbaryum oder Baryumcarbonat) enthalten. Bei der Reaktion entsteht Baryumsulfat als Niederschlag. Aus dem Vorkommen auf den beiden genannten Zechen ist zu schliessen, dass mindestens die baryumhaltigen Wasser aus dem Zechstein (oder Buntsandstein) stammen, eine Annahme, die durch das weitverbreitete Vorkommen von Schwerspat im Zechstein in anderen Teilen Deutschlands unterstützt wird.

Auf Gladbeck bildeten sich die Absätze mit auffallender Geschwindigkeit: Luttentouren von 85.135 qmm lichtem Durchmesser wurden innerhalb zwei Monate auf 25.75 qmm verengt, sodass sie ausgewechselt werden mussten.

Eine von Professor Dr. Broockmann im berggewerkschaftlichen Laboratorium ausgeführte Analyse des Schwerspatabsatzes von Zeche Gladbeck I ergab folgende Zusammensetzung:

$$94,3 \ Ba \ SO_4$$
$$0,1 \ Sr \ SO_4$$
$$0,2 \ Ca \ SO_4$$
$$5,0 \ Ca \ CO_3$$
$$0,4 \ Fe_2 \ O_3$$
$$\overline{100,0.}$$

Gyps bildete sich als Cement des Bergeversatzes im Flötz Dreibänke des Piesberges bei Osnabrück als Niederschlag aus Grubenwassern, die reichlich freie schweflige Säure enthielten.*)

Auf Zeche Courl fand man ein neugebildetes Mineral, das nach der Analyse von Muck**) eine Verbindung von Aluminit, Allophan und Hydrargillit vorstellt. Das Anteilsverhältnis ist folgendes:

$$2 \ \underbrace{(Al_2 \ O_3, \ SO_3, \ 9\,H_2 \ O)}_{\text{Aluminit}} + \underbrace{Al_2 \ O_3, \ Si \ O_2, \ 6\,H_2 \ O}_{\text{Allophan}} + 7 \ \underbrace{(Al_2 \ O_3, \ 3\,H_2 \ O)}_{\text{Hydrargillit}}$$

Das Mineral bildete eine 0,5 m dicke Lage rein weissen Schlammes auf der Sohle eines Querschlags, der fast ein Jahr unter Wasser gestanden hatte. Schliesslich ist noch eine von Tillmann***) beschriebene Bildung zu erwähnen. Sie bestand aus einer nach Farbe und Bruch dem Kolophonium ähnlichen Kruste von 3 bis 4 cm Dicke auf der Sohle einer verlassenen Vorrichtungsstrecke von Zeche Präsident und ergab bei der Analyse die Zusammensetzung einer Verbindung von schwefelsaurem und basisch-phosphorsaurem Eisenoxyd mit

$$32,25 \ H_2 \ O$$
$$36,79 \ Fe_2 \ O_3$$
$$8,82 \ SO_3$$
$$22,18 \ P_2 \ O_5$$
$$\overline{100,04.}$$

---

*) Nach einer freundlichen Mitteilung des Herren Markscheiders Zimmermann zu Homberg an den Verfasser. Schöne Krystalle des Vorkommens sind in den Besitz des naturwissenschaftlichen Museums zu Osnabrück gekommen.

**) Min. Z. 1880, S. 352.

***) Gl. 1870, No. 8.

12. Kapitel. Die Wasserführung des Gebirges.

Von Bergassessor Hans Mentzel.

In der geologischen Skizze des niederrheinisch-westfälischen Bergbaubezirks darf eine Erwähnung der Wasser nicht fehlen. Spielen sie
doch gerade im hiesigen Bezirk nach zwei Seiten hin eine hervorragende
Rolle: einmal als höchst unwillkommene Zuflüsse in den Grubenbauen,
andererseits aber in der Gestalt von Soolquellen als Grundlage der bedeutenden westfälischen Salineninindustrie.

I. Liegende Schichten.

Die Wasserführung der liegenden Schichten kann hier nur kurz berührt werden.

Bei Werdol a. d. Lenne war bis zum Jahre 1789 eine Saline in Betrieb, deren Soole aus den mitteldevonischen Grauwacken im Lennethal zu
Tage trat.*)

Auf die Thätigkeit der im devonischen Massenkalk umlaufenden
Wasser bei Entstehung der gewaltigen Höhlen jenes Kalkzuges, bei Bildung
des Sundwiger Felsenmeeres und bei der Ablagerung der Iserlohner und
Schwelmer Erzvorkommen ist schon an anderer Stelle hingewiesen worden.

Aus dem Culm mögen die von v. Dechen**) erwähnten »Mineral-
wasser« von Schwelm, Eppenhausen, Rehe und Menden stammen, deren
feste Bestandteile wohl dem dortigen »vitriolisch-alaunigten Schieferthon-
flötze« entzogen worden sind.

Im flötzleeren Sandstein entspringen längs des Möhnethales bei Mühlheim, Völlinghausen und Belecke Soolquellen.***)

II. Flötzführende Schichten.

Die im Steinkohlengebirge auftretenden und in Grubenbauen oder
Bohrlöchern erschrotenen Wasser laufen dem Gebirge zum Teil unmittelbar

---

*) Huyssen, Die Soolquellen des westfälischen Kreidegebirges. V. d. n. V.
1855 S. 594.

**) v. Dechen, Ueber die Schichten im Liegenden u. s. w. V. d. n. V.
1850 S. 187.

***) Huyssen, a. a. O.

von Tage aus zu oder sie gelangen auf längeren Umwegen durch andere Gebirgsschichten hinein. Der erstgenannte Fall trifft für die Gruben zu, die nicht unter der Mergeldecke, sondern in dem zu Tage ausgehenden Carbon bauen. Ebenso fangen auch die im Steinkohlengebirge gegrabenen Brunnen das auf den Schichtfugen und in Klüften von Tage aus dem Carbon zusitzende Wasser ab.

Um zu den unter der Mergeldecke umgehenden Bauen zu gelangen, müssen die Wasser einen längeren Weg zurücklegen, wenn nicht etwa das Deckgebirge durch Tagebrüche völlig zerrissen und in seinem Zusammenhang gestört ist, ein Fall, der bei einigermassen erheblicher Mächtigkeit des Kreidemergels — 50 bis 70 m -- kaum mehr vorkommt. Der Grund für den Schutz, den die Mergeldecke bietet, liegt, wie erwähnt, in der Beschaffenheit seiner untersten Schichten, des Essener Grünsandes, der in der Regel einen genügenden Thongehalt und genügende Plastizität besitzt, um wassertragend zu sein. Die unter der Mergeldecke im Steinkohlengebirge umlaufenden Wasser dürften daher fast ausschliesslich solche Tagewasser sein, die dem Gebirge ausserhalb der Mergeldecke auf irgend einer beliebigen Seite zugeströmt sind. Ihre Zuführungskanäle, die sicher ein weitverzweigtes Netz bilden, kennen wir im einzelnen nicht. Es ist aber sehr wahrscheinlich, dass hier vorzugsweise die Querverwerfungen eine grosse Rolle spielen, während die Ueberschiebungen und die Schichtfugen, wegen ihrer mannigfachen Faltungen, besonders wegen der Sättel, die ja Wasserscheiden bilden müssen, keine gleich vorzüglichen Wasserwege vorstellen können.

Was die Grösse der Wasserzuflüsse betrifft, so muss hier Bezug genommen werden auf das, was im Bd. IV, S. 113 ff. dieses Werkes darüber gesagt ist. Weitere Angaben über die Verhältnisse einzelner Gruben sind in der folgenden tabellarischen Uebersicht enthalten.

Ihrer Zusammensetzung nach sind die Wasser theils Süsswasser, zum Teil aber auch Soolen. Manche dieser Soolquellen haben Veranlassung zur Einrichtung von Soolbädern gegeben, so die von Centrum, Pluto, König Ludwig und General Blumenthal.

Als Beispiel mag eine Quelle dienen, die auf der Zeche König Ludwig im Jahre 1900 auf der 527 m-Sohle in der 2. westlichen Abteilung im Flötz Sonnenschein nahe einer Störung (der zweiten südlichen Hauptstörung) erschroten wurde. Sie fliesst seit ihrer Erschliessung mit etwa 0,5 cbm Ergiebigkeit aus und enthält 77,4 g Salz im Liter. Ihre Temperatur beträgt 28° C.

Ueber zahlreiche andere Zuflüsse, deren Ergiebigkeit, Salzgehalt und Temperatur giebt Tabelle 9 näheren Aufschluss:

Tabelle 9.

Laufende Nummer	Name der Schachtanlage	Salzhaltige Zuflüsse			Warme Quellen		
		cbm	%	Ort des Auftretens	cbm	Temperatur C°	Ort des Auftretens
1.	Alstaden I	1,50	7	im südöstl. u. südwestl. Felde im Jahre 1875.	—	—	—
2.	Alstaden II	1,60	10	in südl. Querschlag, Flötz 2 (Finefrau) 5. Sohle, 1899; im nördl. Querschlag Fl. Eugen (Stein u. Königsbank) 5. Sohle, im Jahre 1900.	—	—	—
3.	Centrum II	0,20	6	im Hangenden des Flötz Finefrau 1895.	—	—	—
4.	Christian Levin . .	1,20	7,8	im Flötz Riekenbank auf der 300 m-Sohle im Jahre 1880; in den Flötzen Dickebank u. Fettlappen auf der 430 m-Sohle in den Jahren 1892, 1893 u. 1894; im Flötz Beckstädt 1898.	1,2	32	im Fl. Riekenbank auf der 300 m-Sohle im Jahre 1880; in den Flötzen Dickebank und Fettlappen 1892, 1893 und 1894 und im Fl. Beckstädt 1898.
5.	Consolidation II . .	0,06	7	VI. Sohle südl. Hauptquerschlag im Hangenden von Flötz Präsident im Mai 1895.	0,06	33	VI. Sohle südl. Hauptquerschlag im Hangenden von Fl. Präsident im Mai 1895.
6.	Consolidation III/IV	0,005	10	VI. Sohle südl. Hauptquerschl., Sattelkopf von Flötz *II* im November 1897.	0,005	33	VI. Sohle südl. Hauptquerschlag, Sattelkopf von Fl. *II* im November 1897.
7.	Consolidation I/VI .	0,40	5	die sämtl. Zuflüsse	—	—	—
8.	Deutscher Kaiser I	0,75	2	» » »	—	—	—
9.	» » II	2,00	3	» » »	—	—	—
10.	» » III	0,60	2	» » »	—	—	—
11.	Dahlbusch III/IV .	0,30	7,25	auf allen Sohlen	—	—	—
12.	Eiberg	0,33	1,8	auf der III. (337 m)-Sohle im südl. Hauptquerschlag im Jahre 1891.	—	—	—
13.	Erin Schacht I . .	6,717	0,187	die sämtl. Zuflüsse	—	—	—
14.	» » II . .	1,008	0,842	» » »	—	—	—
15.	Graf Schwerin . .	4,00	?	in dem Bergmittel zwischen den Flötzen Tom (Dickebank) und Sonnenschein und in den südl. Querschlägen der einzelnen Sohlen.	—	—	—

Laufende Nummer	Name der Schachtanlage	Salzhaltige Zuflüsse			Warme Quellen		
		cbm	°/₀	Ort des Auftretens	cbm	Temperatur C⁰	Ort des Auftretens
16.	Graf Bismarck II . .	1,7	5,16	im Sandstein über Fl. 2 Süden-Bismarck im Jahre 1898.	—	—	—
17.	Gneisenau I/II . .	14	0,5	1886, 87, 89, 92 u. 99	—	—	—
18.	Graf Beust	0,10	6	zwischen der 6. und 7. Sohle d. Schachtes I im Hangenden des Flötz Wiehagen 1899.	—	—	—
19.	Graf Moltke . . .	2	9—10	im nördl. Querschl. I. Abt. 1882 im nördl. Querschl. II. Abt. nach Osten im Jahre 1890.	2 —	34,6 35,5	I. Abt. 1882 bezw. 1890 II. Abt.
20.	Hercules	0,2	?	Fl. Finefrau 1897, Mausegatt 99	—	—	—
21	Hamburg Franziska	0,24	3	500 m Teufe, 800 m nördl. vom Förderschacht, Juli 1898.	—	—	—
22	Hörder Kohlenwerk Schleswig	0,45	3,76	die sämtl. Zuflüsse	—	—	—
23.	Holland	3,20	0,55	»　　　»　　　»	—	—	—
24.	Johann Deimelsberg	0,50	5	beim Ausrichten einer tieferen Sohle (auf allen Sohlen, Quelle).	—	—	—
25.	König Ludwig I/II .	2,885	2,99	sämtliche Grubenwasser . .	0,60	29	Schacht II, bei Durchörterung der II. südl. Hauptverwerfung aus Flötz Sonnenschein, im Januar 1899
26.	Königsborn I . . .	2	1	allmählich mit dem Abbau .	—	—	—
27.	»　　II . . .	4,5	1	»　　»　　»　　» .	—	—	—
28.	Langenbrahm . . .	—	0,9164	—	—	—	—
29.	Monopol, Grillo . .	3	6,41	in der 8. östl. Abt. des Flötzes No. 10 der 467 m-Sohle . .	—	—	—
30.	»　　Grimberg	0,005	8	Gesamt-Grubenwasser . . .	—	—	—
31.	Oberhausen, Osterfeld	0,5011	7	—	—	—	—
32.	Oberhausen I/II . .	0,5541	12,5	-	—	—	—
33.	Pluto, Thies . . .	0,20	8	1891 auf der 505 m-Sohle im Muldenquerschlag nach Schacht Wilhelm.	0,48	33	1895 auf der 495 m-Sohle des Schachtes Wilhelm.
34.	»　　» . . .	0,3 bezw. 0,2	—	die erste Quelle im Sommer 1892 im sog. Muldenquerschlag der 505 m-Sohle, die andere im nördl. Hauptquerschlag der 606 m Sohle in dem Sandstein-Hangenden des Fl. 8 Norden, Sattelnordflügel	0,3 bezw. 0,2	33 bezw. 35,75	wie nebenstehend.

Laufende Nummer	Name der Schachtanlage	Salzhaltige Zuflüsse			Warme Quellen		
		ebm	%o	Ort des Auftretens	ebm	Temperatur C°	Ort des Auftretens
35.	» , Wilhelm . .	—	—	—	0,2	33	in der IV. westl. Abt. der 495 m-Sohle 1895
36.	Prinz Regent . . .	0,7	1	in d. Magerkohlenpartie i. J. 1895	—	—	—
37.	Prosper II	0,02	7—8	in 436 m Teufe im Jahre 1898	—	—	—
38.	Recklinghausen I .	0,115	—	in verschiedenen Klüften und Flötzen.	—	—	—
39.	» II .	0,45	2	auf den einzelnen Sohlen seit 1884.	—	—	—
40.	Rheinpreussen I/II .	5,33	2—3	beim Ansetzen der Sohlen .	—	—	—
41.	» III .	2,25	2—3	» » » » .	—	—	—
42.	Schlägel u. Eisen I/II	1,47	5	auf der 402-Sohle seit 1895 .	—	—	—
				» » 472 » » 1898 .	—	—	—
43.	Shamrock I/II . . .	1,989	2,76	—	0,40	32	im Februar 1895 beim Durchfahren einer Konglomerat- schicht auf der IV. Tiefbausohle (568 m) im südl. Hauptquerschlag
44.	» III/IV . . .	0,65	0,39	hauptsächlich im südl. Feldes- teile in der Gaskohlenpartie	—	—	—
45.	Fürst Hardenberg .	0,15	2,79	im Westfelde 1881	—	—	—
46.	Victor	7,6	1,059	1894 in Fl. Marie Westen, 1899 Fl. Sonnenschein Norden, 1900 Fl. Bertha Nordosten.	—	—	—
47.	Westende I/II. . .	3	1,6	auf der 280 m-Sohle bei Durch- fahrungen von Störungen im Südfeld.	—	—	—
48.	Wilhelmine Victoria II/III	0,5	8	unbestimmt	—	—	—

III. Deckgebirge.

Die Wasser des Deckgebirges sind in neuester Zeit durch Middel-
schulte einer umfassenden und auf die neuesten Erfahrungen aufgebauten
Untersuchung unterzogen worden, der die folgenden Angaben zum grossen
Teil entnommen sind.*) Die ältere Litteratur enthält nur zerstreute Be-

*) Min. Z. 1902, S. 320 ff.

merkungen darüber. Die eingehendste Abhandlung aus früheren Jahren über diesen Gegenstand — allerdings nur die Soolquellen berücksichtigend — findet sich in dem Aufsatz von Huyssen, »Die Soolquellen des westfälischen Kreidegebirges, ihr Vorkommen und mutmasslicher Ursprung.*)

Erfahrungen über die Wasserführung der Zechstein- und Buntsandsteinschichten liegen von der Zeche Gladbeck vor, wo nach dem Durchteufen des Mergels noch innerhalb der unteren Grünsandschichten die Wasser aus dem darunterliegenden Buntsandstein mit gewaltigem Druck hereinbrachen und den Schacht vorübergehend ersaufen liessen. Der durchschnittliche Wasserzufluss betrug nach Wiederaufnahme des Betriebes im Buntsandstein und Zechstein 1,7 cbm in der Minute.

Die stark salzigen Wasser — sie enthielten 2,55 % Na Cl, nebst Spuren von Eisen, Ammoniak und Schwefelsäure — führten grosse Mengen mechanisch mitgerissenen Gesteinsmaterials mit sich, die sich beim Klären oder Filtrieren in Gestalt von feinem Schlamme absetzten. Nach dem Trocknen zeigte der Schlamm die folgende Zusammensetzung:

$$7,21 \ Fe_2 \ O_3$$
$$22,49 \ Al_2 \ O_3$$
$$64,70 \ Si \ O_2$$
$$3,35 \ Na \ Cl.$$

Das im Schacht III derselben Zeche erschrotene Wasser ergab nach der Analyse im berggewerkschaftlichen Laboratorium in 1 l

$$17,896 \ g \ Na \ Cl$$
$$1,982 \ ,, \ Ca \ Cl_2$$
$$0,551 \ ,, \ Mg \ Cl_2$$
$$0,309 \ ,, \ Mg \ SO_4$$
$$0,023 \ ,, \ Mg \ CO_3$$
$$0,030 \ ,, \ Si \ O_2.$$

Auf Zeche Graf Moltke sind die Zechsteinschichten, die dort auf der Wettersohle in Querschlägen und Richtstrecken angefahren worden sind, vollständig trocken. Innerhalb des Steinkohlengebirges traten aber aus Verwerfungsspalten heisse, salzhaltige Zuflüsse hervor, die offenbar ihren Weg durch die benachbarte Zechstein- und Buntsandsteinformation genommen haben.

Auch in einer grossen Anzahl von Bohrlöchern wurde Soole gefunden, so in den unweit südlich von Wesel bei Uferhof, Vörde und Bucholtwelmen angesetzten Bohrungen Holthausen II, III und IV, die sämtlich schwach aus dem Bohrloch zu Tage ausliefen. Die im berggewerkschaftlichen

*) Z. d. d. g. G. 1855 S. 17 ff.

Laboratorium angefertigten Analysen ergaben folgenden Gehalt fester
Bestandteile auf 1 l:

	Holthausen II	III	IV
Na Cl	30,8 g	27,12 g	42,816 g
$Mg\ Cl_2$	34,1 „	—	—
$Ca\ Cl_2$	4,5 „	0,24 „	1,147 „
$Na_2\ SO_4$	2,1 „	—	—
$K_2\ SO_4$	1,6 „	—	—
$Ca\ SO_4$	—	2,62 „	5,264 „
$Mg\ SO_4$	—	0,38 „	0,087 „
$Mg\ CO_3$	—	0,63 „	1,593 „
$Si\ O_2$	—	—	0,040 „
$Fe_2\ O_3$	—	—	0,040 „
Organ. Subst.	—	—	0,333 „

Der Kreidemergel ist, so lange man ihn überhaupt schon mit
Schächten durchteuft hat, wegen seiner Wasser gefürchtet gewesen. Zwar
sind die Fälle nicht selten, in denen die Schächte ohne nennenswerte Zuflüsse bis auf das Steinkohlengebirge gebracht werden konnten, andererseits
aber sind zahlreiche Schächte durch gewaltige Wassereinbrüche in Schwierigkeiten geraten, die unüberwindlich schienen. Eine grosse Anzahl dieser
wasserreichen Zechen wurde zum Abbohren gezwungen, bei anderen
wurde das Abteufen auf unbestimmte Zeit ganz aufgegeben.

Der Wasserzufluss in den verschiedenen Stufen des Kreidemergels
ist sehr verschieden und zwar sind im allgemeinen das Cenoman (der
Essener Grünsand) und der Emscher-Mergel (grauer oder blauer Mergel)
wasserarm, das Senon (die Sande mit festen Zwischenlagen) wasserreich;
das Turon (der weisse Mergel) ist bald sehr wasserreich, bald wasserarm.
Der Grund für dieses Verhalten liegt in der petrographischen Beschaffenheit der einzelnen Stufen. Der Essener Grünsand und der Emscher-Mergel
sind in der Regel so thonreich und plastisch, dass sich weder Klüfte darin
offen halten, noch von oben zusitzende Wasser durchfiltrieren können.
Andererseits ist der harte, feste Mergel des Turons an vielen Stellen von
einem Netzwerk von offenstehenden Austrocknungsklüften durchzogen, die
zu Wasseransammlungen wie geschaffen sind, und den Recklinghäuser
Sanden des Senons geht infolge ihres lockeren Gefüges und Mangels
thoniger Bestandteile die Fähigkeit ab, sich gegen die von Tage her eindringenden Wasser abzuschliessen.

Als Belag für die oben aufgestellte Regel mögen die folgenden Thatsachen dienen:

Der Essener Grünsand gilt überall da, wo er in typischer Ausbildung vorhanden ist, als wasserabschliessende Schicht.

In fast allen Fällen, in denen grosse Wassereinbrüche beim Schacht-abteufen stattgefunden haben, sind diese im Turon zu verzeichnen gewesen.

So betrugen nach Middelschulte die Zuflüsse auf Adolf von Hanse-mann zeitweise 42 cbm, auf Victor, Schacht II 21 cbm (im Cuvieri-Mergel); die Schächte Scharnhorst I und Preussen I waren durch Einbrüche im Turon, ersterer im Labiatus-, letzterer im Cuvieri-Mergel, ersoffen und zeitweise aufgegeben. Andere Anlagen mit mehr oder minder bedeutenden Zuflüssen im Turon sind Massen III (1,2 cbm im Labiatus-Mergel), Scharn-horst II (2,5 cbm), Hansa, wo die bei 80 m Teufe im Abteufen angehauenen Wasser nach Verlauf von 12 Stunden die Hängebank erreichten und dort artesisch ausflossen, Holland, Rhein-Elbe, Roland u. a. m.

Im Emscher-Mergel ist bisher nirgends Wasser in erheblicher oder nur nennenswerter Menge erschroten worden.

In den Recklinghäuser Sanden des Senons hatte die Zeche General Blumenthal, Schacht IV, bis 14 cbm Wasserzufluss, die Zeche Ewald Fort-setzung bis 9 cbm, während die Schachtanlage Schlägel und Eisen V/VI nur 0,085 cbm in der Minute zu bewältigen hatte. Auf Schacht Sterkrade und Hugo bei Holten hat man die Zone mit Senkarbeit in toten Wassern durchteuft. Die Zeche Auguste Victoria sah sich gezwungen, in diesen Sanden ihre Schächte mittelst des Gefrierverfahrens niederzubringen.

Da die Wasserverhältnisse sich ganz nach der petrographischen Be-schaffenheit der Schächte richten, ist es klar, dass dort Ausnahmen von der Regel vorkommen, wo die Gesteinsbeschaffenheit eine ungewöhn-liche ist.

Der im Nordosten des Bezirks immer deutlicher hervortretende Aufbau des Cenomans aus festen, kalkigen Schichten giebt die Veranlassung dazu, dass auch in dieser untersten Stufe hin und wieder Wasser angetroffen werden, so im Bohrloch Mansfeld V, nordöstlich von Hamm bei 748 m Teufe eine Soolquelle im unteren Grünsand, im Schacht II der Zeche Scharnhorst ein starker Wasserzufluss (2,2 cbm) aus einer Kluft im Varians-Mergel.

Andererseits ist das Turon in der Mehrzahl von Fällen ohne erhebliche Wassermengen durchteuft worden und zwar zunächst selbstverständlich überall da, wo die Spalten durch nachträgliche Ausfüllung mit krystalli-schem Kalkspat sich wieder geschlossen haben, ausserdem aber auch in bestimmten Gegenden, wo zwar offene Klüfte im Mergel, aber keine Wasser vorhanden sind. Aus einem Ueberblick über die Schächte, die am meisten unter Wassereinbrüchen gelitten haben, ergiebt sich nämlich, dass sie nicht über den ganzen Bezirk zerstreut, sondern innerhalb eines verhältnismässig kleinen Gebietes liegen, welches die Felder Victor, Erin, Hansa, Adolf v. Hanse-mann, Westhausen, Gneisenau, Scharnhorst, Preussen, Massen, Courl und

Königsborn umfasst. In den südlich und westlich davon liegenden Teilen
des Bezirks sind derartig grosse Wasserzuflüsse im Turon unbekannt, ebenso
in den wenigen nördlich davon liegenden Zechen, insbesondere auf den
neuen Anlagen von Minister Achenbach, Werne und de Wendel. Wasser-

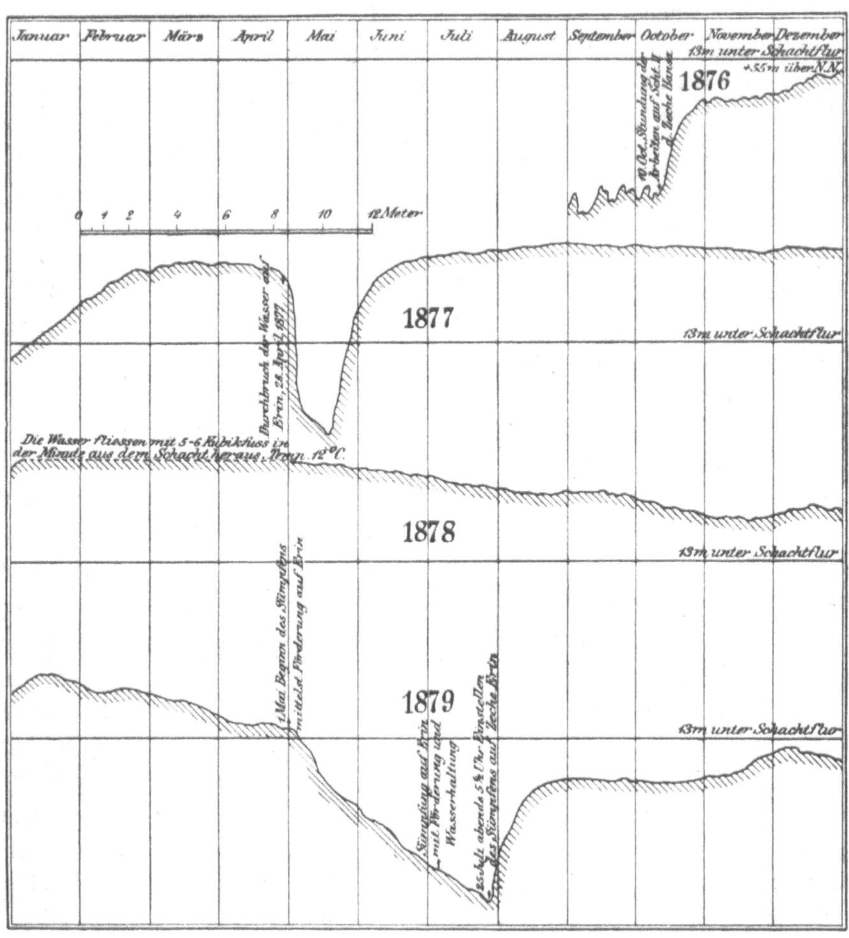

Fig. 33.

Zeichnerische Darstellung des Wasserstandes im ersoffenen Schacht I der Zeche
Adolf von Hansemann.

reich ist ferner der Mergel in der Gegend von Wattenscheid und
Oberhausen.

Die grosse Menge des auf einmal eindringenden Wassers erklärt sich
dadurch, dass das Spaltensystem im Turon einen geräumigen zusammenhängenden Sammelbehälter vorstellt, der sich beim Anhauen einer Kluft

sehr schnell in den im Abteufen begriffenen Schacht ergiesst. Der Zusammenhang der einzelnen Spalten untereinander geht mit unverkennbarer
Deutlichkeit aus einer zeichnerischen Darstellung des Wasserstandes in dem
ersoffenen Schachte I der Zeche Adolf v. Hansemann hervor, in der gleichzeitig die Angaben über plötzliche Veränderungen in den Wasserverhält-
nissen der Zechen Erin und Hansa (5,5 bezw. 4,5 km von Hansemann
entfernt) eingetragen sind*) (Fig. 33).

In einzelnen Fällen gelang es, auf Schachtanlagen, deren erster
Schacht grosse Zuflüsse erschroten hatte, mit dem Zwillingsschacht durch
den Mergel zu kommen, ohne wasserführende Spalten anzutreffen, so auf
Adolf von Hansemann und Preussen I.

Die im Vorhergehenden besprochenen Wasser sind grösstenteils
Süsswasser, daneben ist jedoch das Turon auch überaus reich an Soolen;
zwischen beiden kommen alle denkbaren Uebergänge vor. Auch im
Liegenden des Turon, z. B. mehrfach im Gault, treten Soolquellen auf.
Dass die schon oben erwähnten salzhaltigen Zuflüsse der Trias-, Zechstein-
und Carbonschichten genetisch von den Soolen der Kreideformation
nicht zu trennen sind, unterliegt heute kaum einem Zweifel mehr.

Im Senon ist bisher noch nie eine Soolquelle entdeckt worden; der
Emscher-Mergel bildet daher für das Münstersche Becken die hangende
Begrenzung des Soole führenden Gebirges. Es ist demnach einleuchtend,
dass man Soolquellen nur an den Rändern des Beckens — am Ausgehenden
des Turons und soweit Bohrlöcher diese durchsunken haben — kennt.

Zu diesen auf der Randzone liegenden Soolquellen gehören ausserhalb des Steinkohlenbezirks die Vorkommen vom Rothenberg zwischen
Ochtrup und Wetteringen und von der Saline Gottesgabe bei Rheine
(beide im Gault entspringend), ferner von Salzesch nördlich Bevergern,
von Brachterbeck nordwestlich von Lengerich, von Rothenfelde und Halle
am Nordostrande des Beckens. Eine viel dichtere Kette von Soolquellen
zieht sich aber am ganzen Südrande von Oberhausen bis Salzkotten entlang und gehört in ihrem westlichen Teile von Oberhausen bis Königsborn
und Hamm teils dem Deckgebirge des flötzführenden Carbons, teils diesem
selbst an. Oestlich von Königsborn und Hamm entspringen die Quellen
sämtlich dem Deckgebirge.

Dem ganzen Zuge hat man den bezeichnenden Namen »Soolquellen
des Hellweges« gegeben.

Schon im Jahre 1855 sind die Soolquellen, soweit sie damals bekannt
waren, von Huyssen zum Gegenstand einer eingehenden Untersuchung
gemacht worden; spätere Nachrichten sind in der Litteratur bis auf den

---

*) Entworfen von Bergwerksdirektor Russell, Zeche Germania, mitgeteilt
von Hundt, a. a. O. S. 17.

schon mehrfach erwähnten Aufsatz von Middelschulte selten. Auf die genannten beiden Abhandlungen ist demnach im folgenden vorzugsweise Rücksicht genommen.

Während die Soolen der Gegend westlich von Wattenscheid sämtlich im Carbon selbst entspringen, sind aus der Bochumer Gegend Nachrichten erhalten, die auf kochsalzhaltige Quellen im Mergel schliessen lassen; so soll nach G. von Dolffs im 17. Jahrhundert eine halbe Stunde westlich von der Stadt Bochum auf Hennekens Wiese (am Kabeisenbach zwischen Bochum und Wattenscheid?) ein Salzwerk betrieben worden sein. Ein später in der Nähe dieses alten Werkes gestossenes Bohrloch soll 2proz., zu Tage ausfliessende Soole erschroten haben. Andere Bohrlöcher derselben Gegend fanden nur geringeren Salzgehalt.

Beim Abteufen der ersten Schächte der Zechen Constantin der Grosse und Hannibal traf man im klüftigen weissen Mergel salzhaltige Wasser; stärkeren Salzgehalt wiesen auf beiden Zechen die im Carbon angefahrenen Quellen auf. Huyssen kannte schon 1855 eine ganze Anzahl von Bohrungen, die gleichfalls im »Plänermergel«, d. h. im Turon, schwache Soolen angetroffen hatten, so z. B. bei Herne, bei Haus Bladenhorst, an der Rappeschen Lohmühle $\frac{1}{2}$ Stunde nördlich der Stadt Dortmund, am Fredenbaum und bei Reckerdings Mühle zwischen Afferde und Niedermassen.

Bei Recklinghausen wurde im Pläner die Quelle des Grullbades erbohrt, die nach Bischofs Analyse folgende Zusammensetzung hatte.*)

In 10 000 Teilen Wasser sind enthalten:

Chlornatrium	153,223
Chlorkalium	3,445
Chlormagnesium	13,765
Chlorcalcium	12,258
Chlorbaryum	0,811
Brommagnesium	0,117
Kohlensaurer Kalk	0,629
Kohlensaures Eisenoxydul	0,161
Thonerde	0,032
Kieselsäure	0,230
Strontian	Spur
Phosphorsaure Salze	Spur
lösliche Bestandteile =	183,619
unlösliche » =	1,052
	184,761

*) Lottner a. a. O. S. 44.

Hierzu kommen noch 4,6 % gasförmige Bestandteile (Kohlenwasserstoffe mit 1,75 % Kohlensäure) vergl. S. 258.

Der weitaus bedeutendste Bezirk in der Kette der Hellweger Soolquellen ist der von Königsborn. Die Quellen drängen sich hier am engsten zusammen, sodass Huyssen im Jahre 1855 deren schon 61 kannte und beschrieb. Sie liegen in vier Gruppen verteilt, nämlich

    1. im oberen oder alten Soolfeld unmittelbar nördlich am Fusse der Unnaer Anhöhe um die alten Cocturhöfe und Gradierwerke herum,
    2. im mittleren Soolfeld, das sich nördlich an das vorige anschliesst und von »in den Kämpen« bis Kösterland reicht,
    3. im unteren oder tiefen Soolfeld von der Unnaer Heide bis Höinghausen,
    4. zwischen der Saline und der südcamenschen Anhöhe und
    5. nördlich der südcamenschen Anhöhe.

    Diese letzte Gruppe liegt schon ausserhalb des HellwegBezirks.

Im unteren Soolfeld liegt der Königsborner »Hauptbrunnen«, ein bis auf den oberen Grünsand heruntergebrachter Schacht, auf dessen Sohle ein Bohrloch bis ins Steinkohlengebirge gestossen worden ist. In den oberen Teufen bis auf den ersten Grünsand hinab traf man nur schwache Soolen von 2 bis 4,5 % Salzgehalt. Erst bei 50 m fand man eine Quelle mit 6,75 bis 7 %. Gleich darunter wurde der obere Grünsand in 4 m Mächtigkeit durchteuft. In dieser Schicht traten ergiebige und immer noch ziemlich hochprozentige Quellen auf. Sie flossen mit 0,28 cbm aus und wiesen einen Gehalt von 5,6 bis 5,9 % auf. In dem weissen Mergel zwischen der oberen und der zweiten (mittleren) Grünsandlage wurden Quellen von 6,2 bis 6,4 % Salzgehalt erschroten. Der mittlere Grünsand, der von 95 bis 102 m Teufe im Bohrloch ansteht, erwies sich als soolenleer. Darunter fand man ebenfalls nur ärmere Soolen mit 6,3 bis 6,6 %. Bei 118 m wurde der Essener Grünsand, 8 m tiefer das Steinkohlengebirge erbohrt.

Durch den Hauptbrunnen sind nach Huyssens Schätzung bis zum Jahre 1855 im ganzen rd. 188 000 000 kg Salz zu Tage gelangt.

Eine grosse Anzahl soolfündiger Bohrlöcher liegen nördlich von Königsborn, bei Heeren, Rottum, Pelkum, Hamm, bis nach Ahlen und Vorhelm hin, so die schon von Huyssen erwähnten Bohrlöcher Königsborn 16 (der sogen. Rollmannsbrunnen) und 17 noch südlich der Seseke, die Quellen bei Wischeloh (auf dem Widei), bei Bönen (auf dem Bülingschen Hofe), bei Westerbönen (auf dem Hof Rüsche Schmidt), bei Peddinghausen, bei Rhynern (im Hofe Im Kump), Königsborn N. 19 bei Rottum. In der Gegend von Pelkum gab es schon 1855 5 Soolquellen, gegenwärtig ist ihre

Zahl durch die vielen neuen dort angesetzten Tiefbohrungen noch erheblich vergrössert. Das Gleiche gilt von der Umgegend von Hamm. 5 km nordöstlich von dieser Stadt liegt bei Haus Werries die im Jahre 1876 erbohrte Werries-Quelle, die aus 687 m Teufe eine fast 8prozentige Soole von 32,9° C. Temperatur lieferte. Sie floss anfangs in einer Stärke von 0,9 cbm aus. Ihr Kohlensäuregehalt beträgt 386 ccm in 1 l Soole. Aus dieser Quelle wird gegenwärtig die Saline Königsborn mit Soole versorgt.

Zu den nördlichen Soolquellen gehören ferner die folgenden von Middelschulte (a. a. O. S. 338 ff.) erwähnten Vorkommen: die Bohrung Anton I in Dolberg traf bei 646, 659 und 688 m schwache, bei 712 m eine starke Quelle; letztere mit hohem Gehalt an freier Kohlensäure, liegt auf der Grenze zwischen Cenoman und Turon. Ihre im berggewerkschaftlichen Laboratorium zu Bochum ausgeführte Analyse ergab im Liter:

$$
\begin{aligned}
&95,60 \text{ g} \quad Na\,Cl \\
&1,30 \text{ »} \quad K\,Cl \\
&1,83 \text{ »} \quad Ca\,Cl_2 \\
&1,92 \text{ »} \quad Ca\,SO_4 \\
&1,93 \text{ »} \quad Ca\,CO_3 \\
&1,20 \text{ »} \quad Mg\,CO_3 \\
&0,04 \text{ »} \quad Si\,O_2 \\
&0,18 \text{ »} \quad Fe_2\,O_3.
\end{aligned}
$$

Weitere Soolquellen wurden im Turon aufgeschlossen durch die Bohrung Anton II in Elker bei Dolberg, Maximilian I in Mark bei Hamm (bei 490 m im Cuvieri-Pläner schwache, bei 634 m im Labiatus-Pläner starke Quelle), die Bohrungen »Therese« und »Helene« in Mark, durch die Bohrung der Gesellschaft Aurora bei Nateln an der Aase im Cuvieri-Pläner, die Bohrung «Richard I« östlich von Rhynern, die Bohrung »Wambeln« bei Wambeln im Cuvieri-Pläner, durch das Bohrloch des Gahmer Brunnens in Gahmen bei Lünen im Brongniarti-Pläner, durch den Lüner Brunnen bei Lippoldshausen im Cuvieri-Pläner, im Schacht Preussen I im Cuvieri-Pläner, im Schacht I der Zeche General Blumenthal in demselben Gestein.

Die östlich von Königsborn auftretenden Soolquellen liegen zum grössten Teil schon nicht mehr über den flötzführenden Schichten des Steinkohlengebirges, deren liegende Begrenzung ja, wie oben erwähnt, in nordöstlicher Richtung unter der Mergeldecke verläuft.

Dieser von Königsborn bis Salzkotten ohne bedeutende Zwischenräume verfolgbare Soolquellenzug umfasst die Vorkommen von Werl, Neuwerk, Höppe, Sassendorf, Erwitte, Westernkotten, Geseke und Salzkotten.

Ueberblickt man die Ergebnisse der Soolbohrungen, so findet man, dass im Emscher-Mergel und den darüber liegenden Schichten keine salzhaltigen Quellen vorhanden sind, dass darunter jedoch — vom Turon ab-

wärts bis in das Devon hinein, vorzüglich aber im Turon selbst — Soolquellen z. T. in weiter Verbreitung und grosser Zahl bekannt geworden
sind. Südlich von der Emscher-Mergeldecke vermisst man eine gesetz-
mässige Verteilung von Soolen und Süsswassern innerhalb des Gebirges.
Es lässt sich nicht behaupten, dass in einem bestimmt umschriebenen
Bezirk nur Soolquellen und keine Süsswasser auftreten oder dass etwa lediglich ganz bestimmte Gebirgshorizonte soolführend sind. Unter Bedeckung
durch Emscher-Mergel, also im Innern des Münsterschen Beckens, sind die
Quellen sämtlich (wenigstens schwach) salzhaltig.

Der Umstand, dass am Ausgehenden des Turons häufig von benachbarten Bohrlöchern das eine Soole, das andere Süsswasser aufschliesst,
spricht dafür, dass die Quellen aus Kluftsystemen (nicht aus Schichtfugen)
gespeist werden, die zuweilen trotz grosser Nähe nicht mit einander in
Verbindung stehen. An anderen Stellen ist im scharfen Gegensatz hierzu
erwiesen, dass weit von einander abgelegene Bohrungen in Verbindung
stehen.

Die Ergiebigkeit aller Soolquellen ist Veränderungen unterworfen.
Sie ist am höchsten unmittelbar nach Erschürfung der Quelle, nimmt dann
aber früher oder später je nach Grösse des unterirdischen Soolbehälters,
den das System offener Klüfte bildet, bis zu der Menge ab, die dem
jeweiligen Zufluss entspricht. Erhebliche periodische Schwankungen in
der Ergiebigkeit sind nach Huyssen von der Menge der atmosphärischen
Niederschläge abhängig. Allmähliche Abnahme der mittleren Ergiebigkeit
durch Verstopfung der Zuführungsklüfte, Abziehen der Soolen in andere
Quellen und sonstige ungewöhnliche Ursachen sind nur hie und da beobachtet worden.

Der Salzgehalt ist bei sämtlichen Quellen des Münsterschen Beckens
nur gering; er übersteigt nirgends*) 9,3 %. Quellen von 7- bis 8-prozentiger
Soole gehören zu den Seltenheiten. Viele erreichen nicht einmal den
Gehalt des Meerwassers. Zwischen Süsswasser und Soole kommen alle
möglichen Uebergänge vor.

Mehrere in demselben Bohrloch aufgeschlossene Zuflüsse haben häufig
verschiedenen Gehalt.

Die reichsten Soolen sind in der Regel am wenigsten ergiebig.

Auch der Salzgehalt der Quellen ist veränderlich; er ist am grössten,
wenn die Soole frisch erbohrt ist, lässt dann aber in der Regel — gleich wie
die Ergiebigkeit — schnell nach. Auch periodische Schwankungen kommen
vor, bei denen gewöhnlich eine Steigerung der Ergiebigkeit auch eine solche
der Lötigkeit mit sich bringt.

---

*) Huyssen a. a. O. S. 578.

Die Abnahme der Lötigkeit erfolgt um so schneller, je angestrengter die Quelle ausgebeutet wird.

An der chemischen Zusammensetzung der festen Bestandteile, die, wie oben bemerkt, 9,3 $^0/_0$ nie überstiegen haben, beteiligt sich Chlornatrium in der Regel mit 87 bis 95 $^0/_0$. Nächst ihm folgen Chlormagnesium und Chlorcalium sowie Calcium-Sulfat und -Carbonat; schliesslich enthalten die Analysen teilweise kleine Mengen von Magnesium-, Eisen-, Mangan- und Natron-Carbonat, Calciumphospat, Kieselsäure, Chlorkalium, Brom und Jod und organischen Stoffen. Die Mutterlaugen von einzelnen Vorkommen weisen einen kleinen Gehalt an Lithium auf.

Einige Soolen — aber auch Süsswasser — lassen einen Geruch nach Schwefelwasserstoff deutlich erkennen.

In den Bohrlöchern der Gegend von Hamm und Ahlen kann man häufig die Beobachtung machen, dass die Spülung beim Anbohren einer Soolquelle wie Selterswasser zu perlen beginnt. Die Soolen der dortigen Gegend sind grösstenteils reich an freier Kohlensäure. Es mag dahingestellt bleiben, ob diese noch als Produkt vulkanischer Thätigkeit aufzufassen und mit den Ausläufern des Habichtswaldes sowie den Quellen von Driburg in Beziehung zu bringen ist, oder ob sie durch anderweitige chemische Vorgänge aus den Kalken und Mergeln des Deckgebirges ausgeschieden worden ist.

Was den Ursprungsort des Salzgehaltes betrifft, so hat lange die — auch von Huyssen vertretene — Hypothese Glauben gefunden, dass die Kreideschichten selbst eine geringe Menge Chlornatrium schon bei ihrer Ablagerung eingeschlossen hätten, die nunmehr durch die auf Spalten umlaufenden Wasser ausgelaugt werde und zur Bildung von Soole Veranlassung gebe. Eine ganze Reihe von Thatsachen liess sich durch diese Hypothese einwandsfrei erklären; der stärkste Grund zu ihrer Annahme war aber wohl ein negativer, dass man nämlich Salzlagerstätten, die mit weniger Zwang die Herkunft der Soole erklären konnten, in der Nähe nicht kannte. Das hat sich in den letzten Jahren geändert. Die Tiefbohrungen zu beiden Seiten des Rheines haben gezeigt, dass die mittleren Formationen (Zechstein und Trias) Salzlager einschliessen und sich viel weiter nach Süden in das Münstersche Becken einschieben, als man bisher ahnte. Hat man in diesen Salzlagern für die Soolvorkommen des nordwestlichen Ruhrbezirks den Ursprungsort erkannt, so liegt kein Grund vor, für die übrigen eine andere Herkunft anzunehmen. Vielmehr ist es sehr wahrscheinlich, dass die genannten Formationen sich von Gladbeck und Dorsten, wo sie in Schächten oder Bohrlöchern angetroffen worden sind, mit ihrer Südgrenze in grossem Bogen durch das Münstersche Becken bis in die Gegend von Stadtberge ziehen, wo sie zuerst wieder aus den jüngeren Schichten des Beckens hervortauchen. Da Trias und Zechstein im Sattel des Teutoburger Waldes

vorhanden und infolge der Aufwölbung dieses Gebirges stellenweise bis
zu Tage herausgehoben worden sind, ist kein Grund vorhanden, ihre Fortsetzung ins Innere des Münsterschen Beckens hinein zu bezweifeln. Es
dürften daher auch die Soolvorkommen von Königsborn, Werl, Soest und
Salzkotten nicht so weit entfernt von salzlagerführenden Formationen liegen,
dass man den Ursprung des Salzgehaltes aller dieser Soolen auf die Kreideformation zurückzuführen genötigt wäre. Vielmehr mögen auch diese
Quellen ihr Salz aus permischen und triassischen Salzlagerstätten entnommen haben.

Die Wasser der Tertiärs, Diluviums und Alluviums sind stets
Süsswasser. Sie unterscheiden sich in ihrem Auftreten von den Wassern
des weissen Mergels und des Steinkohlengebirges durch die gleichmässige
Verteilung, in der sie die noch lockeren, unverfestigten Schichten durch-
dringen. Die Zuflüsse sind hier nicht, wie im Turon, an Austrocknungs-
spalten oder wie gewöhnlich im Carbon an Verwerfungsspalten gebunden,
sondern die Schichten sind, soweit sie überhaupt Wasser führen, in ihrer
ganzen Erstreckung von ihm durchtränkt, eine Eigenschaft, die auf der
petrographischen Beschaffenheit beruht. Das gleiche Verhalten zeigen
übrigens gelegentlich auch die Sandmergel von Recklinghausen. Während
nämlich die Carbonschichten und das Deckgebirge bis zum Emscher hinauf sich aus festen Gesteinen, sei es Schieferthon, Sandstein oder Mergel,
aufbauen, bestehen die wasserführenden Tertiär-, Diluvial- und Alluvial-
schichten aus lockeren Sanden oder Kiesschichten, also gewissermassen
Sandsteinen und Konglomeraten, denen noch das verfestigende Bindemittel
fehlt und die deshalb in den kleinen, zwischen den einzelnen Gesteins-
körnern befindlichen Hohlräumen Wasser aufnehmen können. Solche
Schichten haben häufig die Eigenschaft, dass sie — beim Schachtabteufen angeschnitten — in der Form eines mehr oder minder dünnflüssigen, wässerigen
Breies aus den Stössen in das Innere des Schachtes nachfliessen. Sie
werden im Ruhrbezirk als Fliess oder Schwimmsand bezeichnet und machen
besonders im Tertiär dem Schachtabteufen ausserordentliche Schwierigkeiten (Zeche Rheinpreussen).

Dem Kampf mit diesen Schichten ist vor allem die hohe Ausbildungs-
stufe zuzuschreiben, die das Senkschachtverfahren im niederrheinisch-westfälischen Bezirk erreicht hat.

Alluviale wasserführende Schichten sind z. B. die manche Flüsse be-
gleitenden, ausgedehnten Sand- und Kiesschichten, in denen sich unterirdische, mit dem Flusse kommunizierende Strömungen bemerkbar machen.
Das Wasser dieser Schichten (Grundwasser) ist, wenn es in genügender
Entfernung vom Flusse gehoben wird, auf natürliche Weise filtriert und
zur Wasserversorgung von Ortschaften geeignet. Thatsächlich wird solches
Wasser in ausgedehntem Masse z. B. aus dem Alluvium der Ruhr ge-

wonnen und zur Wasserversorgung des Industriebezirkes nutzbar gemacht. In kleinerem Massstabe dient auch der diluviale Kies, Sand bezw. Fliess zur Wasserversorgung, indem vielfach die Brunnen aus diesen Schichten gespeist werden.

Die Frage, ob Schwimmsandschichten durch Entziehung des Wassers an Volumen verlieren, spielt in der Beurteilung der Bergschäden eine grosse Rolle. Sie ist bis vor wenigen Jahren durchweg von den Gutachtern bejaht worden. Erst neuerdings hat sich aus Untersuchungen, die nach einer von Oberschlesien aus durch den Generaldirektor Bernhardi gegebenen Anregung für den hiesigen Bezirk Geheimer Bergrat Graeff angestellt hat, ergeben, dass in der Theorie Gründe für eine Volumenverminderung nicht vorliegen und dass thatsächlich eine solche nicht eintritt, sofern nur Wasser, keine festen Bestandteile, den schwimmenden Schichten entzogen werden*). Diese Ansicht stellt zweifellos einen bedeutenden Fortschritt in der Erkenntnis des Gebirgsverhaltens dar, und es ist mit Freuden zu begrüssen, dass sich ihr immer mehr Sachverständige in ihren Gutachten anschliessen.

13. Kapitel: Gasausbrüche im Deckgebirge.

Von Bergassessor Hans Mentzel.

Im Anschluss an die Wasserführung des Gebirges bedarf das Auftreten der Gase kurzer Erwähnung. Die im Steinkohlengebirge ausströmenden Schlagwetter sind bereits an anderer Stelle (Bd. VI, 1. Kapitel) ausführlich behandelt. Es bleibt daher nur das selten beobachtete Auftreten von Gasen im Deckgebirge zu schildern übrig.

In mehreren Fällen wurden beim Abteufen im Mergel Schlagwetter angetroffen, nämlich im Wetterschacht der Zeche König Ludwig, im Schacht Schürenberg der Zeche Ewald, Schachtanlage III/IV bei Resse, im Schacht III der Zeche Hugo und im Schacht der Zeche Ewald Fortsetzung. Der Ausbruch von Ewald III/IV ist durch die ausführliche Darstellung von von Velsen**) bekannt geworden und bereits im Band VI

---

*) Graeff, Verursacht der Bergbau Bodensenkungen durch die Entwässerung wasserführender diluvialer Gebirgsschichten? Gl. 1901, S. 601.

**) von Velsen, Auftreten von Schlagwettern beim Abteufen des Schachtes Schürenberg des Steinkohlenbergwerks Ewald bei Herten, Gl. 1888, S. 893 ff.

des vorliegenden Werkes behandelt. Es mag daher an dieser Stelle nur auf die dortigen Ausführungen (S. 100 f.) verwiesen werden.

Aehnliche Erscheinungen wie auf Ewald III/IV zeigten sich im ersten Schachte der Anlage Ewald-Fortsetzung.

Das Schachtprofil weist folgende Schichten nach:

Bis 1 m Muttererden,

    100 » gelber und blauer Sandmergel (Recklinghäuser Sand),
    424 » blauer und blaugrauer Mergel (Emscher),
    440 » hellgrauer Mergel, zum Teil schon Cuvieri-Schichten?
    525 » weisser Mergel, Cuvieri-Schichten,
    530 » oberer Grünsand,
    565 » weisser Mergel, Brongniarti- und Labiatus-Schichten,
    579 » unterer Grünsand.

Der Sandmergel brachte bis zu 42 m Teufe grosse Wassermengen (zeitweise 9 cbm i. d. M.).

In grösserer Teufe traten Klüfte auf, die mit Kalkspatrinden ausgekleidet waren und Spuren von Schlagwettern führten, so zuerst bei 331 m Teufe. Bei 335 m stellten sich schwache Bläser ein, die bald wieder verschwanden. Schliesslich fuhr man bei 525 m im weissen Mergel Klüfte an, denen grössere Mengen Schlagwetter entströmten.

Auch die Strontianitgruben weisen zum Teil Schlagwetter auf.

Ein weiterer Gasausbruch im Mergel geschah am 28. Juni 1902 im Bohrloch Friedrich X bei Haus Sandforth unweit Olfen. Die untere Grenze des Emscher-Mergels liegt hier etwa bei 620 m Teufe, darunter folgen festere, weisse Mergel des Turons. Bei etwa 805 m beginnt der untere Grünsand, der bis rd. 825 m anhält und vom Steinkohlengebirge unterlagert wird. Bei der besprochenen Bohrung war bis 640 m Teufe das Gebirge so mild, dass man die Meisselbohrung noch nicht durch Diamantbohrung ersetzt hatte, obwohl von 620 m an die Schichten anfingen fester zu werden. Es war demnach in jener Teufe der Uebergang vom Emscher zum Cuvieri-Pläner. Bei 640 m Teufe ereignete sich nun ein plötzlicher, sehr heftiger Gasausbruch, bei dem zunächst die im Bohrloch stehende Spülwassersäule emporgedrückt wurde, sodass die Bohrmannschaft zuerst glaubte, eine sehr starke Quelle erschroten zu haben. Nach Beseitigung des Wassers strömte das Gas aus dem Bohrloch aus und entzündete sich am Feuer der Betriebslokomobile. Es explodierte mit dumpfem Knall, riss die Verschalungsbretter vom Turm und brannte mit langer Flamme aus dem Bohrloch heraus. Die Hitze im Turm muss ausserordentlich gross gewesen sein. Alle Holzteile verbrannten, das Lagermetall floss aus den Lagern der Betriebsmaschine und alle Ventilklappen im Innern der Pumpe verkohlten.

Nach Berichten von Zeugen des Vorfalles hatte das ausströmende Gas einen intensiven Geruch nach Petroleum.

Das mitgerissene Wasser war trübe, es soll schwach salzig und etwas nach faulen Eiern geschmeckt haben. Der Absatz, der sich bald niederschlug, zeigte grünliche Färbung.

Leider gelang es nicht, Proben des Gases zu nehmen, da zuerst keine geeigneten Hülfsmittel dazu vorhanden waren und später, als diese beschafft waren, kein Ausbruch mehr erfolgte.

Der Ausbruch dauerte von $3^1/_2$ Uhr nachmittags bis 7 Uhr abends. Dann hörte die Gasausströmung auf und das Bohrloch füllte sich allmählich wieder mit Wasser aus einer schwachen, bei rd. 30 m Teufe angeschnittenen Quelle. Am zweitfolgenden Tage erfolgte noch einmal ein gleicher Ausbruch, der von abends $10^1/_2$ Uhr bis zum anderen Vormittag 10 Uhr andauerte. Ein auf das Gestänge aufgeschraubtes Manometer zeigte einen Gasdruck von 4 Atmosphären, während das Bohrloch selbst, d. h. der ringförmige Raum zwischen Gestänge und Verrohrung, noch mit Wasser gefüllt war. Es scheint also, dass dieser Raum durch Nachfall vielleicht infolge des ersten Ausbruchs verstopft war und dass die Gase daher zunächst nur in das Innere des Gestänges eintraten. Nach Erreichung der genannten Druckhöhe traten die Gase dann ausserhalb des Gestänges aus und der im Manometer gemessene Druck nahm ab. Der zunehmende Druck der Gase hatte also das im Bohrloch befindliche Hindernis beseitigt.

Im weiteren Verlauf der Bohrung haben keine Gasausbrüche mehr stattgefunden. Auch zwei unmittelbar benachbarte Bohrlöcher, von denen das eine älter, das andere jünger als Friedrich X ist, haben keine Gase angetroffen.

Wenn auch die Bohrtabellen in der kritischen Teufe über Klüfte im Mergel keine Auskunft geben, was sich durch das angewandte Meisselverfahren erklärt, so ist doch eine offene Spalte im Turon offenbar der Sitz der Gase gewesen. Nur so lässt es sich erklären, dass die beiden Nachbarlöcher, besonders das ältere, keine Gase erbohrt haben, was notwendig hätte der Fall sein müssen, wenn etwa eine Schichtfuge die Gase eingeschlossen hätte.

Ueber die Natur der Gase lässt sich Sicheres nicht mehr angeben. Jedenfalls spricht der intensive Petroleumgeruch dafür, dass Schlagwetter, wenigstens reines Grubengas, nicht vorlagen. Auch die in jener Gegend typische Ausbildung des Essener Grünsandes als kluftloser sandiger Mergel macht es unwahrscheinlich, dass die Gase in der Steinkohlenformation entstanden und in den hangenden Mergel hinein emporgestiegen seien.

Ob etwa die massenhaften Tierreste namentlich der Labiatus-Schichten zur Entstehung der Gase Veranlassung gegeben haben, bedarf erst näherer Untersuchung. Thatsächlich hat sich in einer schwarzen Schieferthonschicht der Labiatus-Zone, die auf Anregung des Verfassers im berggewerkschaftlichen Laboratorium untersucht wurde, eine Spur Kohlenwasserstoff gefunden.

An dieser Stelle soll schliesslich eine interessante, von Lottner*) gegebene Notiz nicht unerwähnt bleiben, die von dem Auftreten freier Kohlenwasserstoffe in der Quelle des Grullbades bei Recklinghausen berichtet. Die Quelle wurde im Turon erbohrt und enthielt ausser den festen Bestandteilen, über die schon oben (S. 250) berichtet ist, in 100 Teilen Wasser 4,6 Teile Kohlenwasserstoffgas (einschl. 1,75 $^0/_0$ Kohlensäure) oder 4,52 Teile Kohlenwasserstoff und 0,08 Teile Kohlensäure. Von diesen Gasen war ein Teil (4,06) absorbiert, ein anderer (0,54) strömte frei aus.

14. Kapitel.   Ueber die Bildung und Zusammensetzung der Steinkohle.

Von Professor Dr. Broockmann.

Die nachstehenden Ausführungen sollen im Anschluss an die vorhergehenden Kapitel dem Bergmanne die hauptsächlichsten Merkmale der fossilen Brennstoffe vorführen; sie sollen, obwohl auf chemischer Grundlage aufgebaut, nicht eigentlich eine chemische, sondern mehr eine physikalisch-morphologische Studie sein.

An die nebenstehende Tabelle 10, welche eine ideale Reihenfolge der auf der Erde vorkommenden fossilen Brennstoffe darstellt, sollen daher einige Bemerkungen angeknüpft werden.

Alles, was die Pflanzenwelt hervorbringt, hat mehr oder weniger eine der Holzsubstanz ähnelnde Zusammensetzung, und da das Holz selbst den weitaus grössten Teil der von den Pflanzen gelieferten Stoffe bildet und aus diesem die fossilen Brennstoffe entstanden sind, so kann das Holz als Ausgangspunkt für die Bildung der fossilen Brennstoffe angesehen werden.

Die Cellulose, die Hauptmenge des Holzes, ist ein Kohlehydrat, welchem die Formel $C_6 (H_2O)_5$ zukommt, aber nicht allein aus dieser Substanz, sondern noch aus mehreren anderen und zwar kohlenstoffreicheren Körpern setzt sich das Holz zusammen, welches durchschnittlich aus

*) A. a. O., S. 44.

Tabelle 10.

Klasse	Zusammensetzung			Wärmeeinheiten theoretisch	Verdampfung praktisch	Grubenfeuchtigkeit	Spez. Gew.	Koksausbeute	Beschaffenheit des Koks
	C	H	O						
Holz	50	6	44	4500	5.3	60	1.15	15	Struktur
Torf, Lignit, Braunkohle,	55	6	39	5000	5.9	50	—	30	Pulver
Torf, Lignit, Braunkohle,	60	5	35	5500	6.5	45	—	35	»
Torf, Lignit, Braunkohle,	65	5	30	6000	7.1	40	—	40	»
Torf, Lignit, Braunkohle,	70	5	25	6200	7.3	30	—	45	»
Torf, Lignit, Braunkohle,	72	5	23	6400	7,5	20	—	48	»
Torf, Lignit, Braunkohle,	74	5	2I	6800	8 0	10	—	50	Pulver od. gesintert
Torf, Lignit, Braunkohle,	76	5	19	7100	8.4	8	—	53	»
Flamm-Kohle	78	5	17	7400	8.7	6	1.20	55	»
Flamm-Kohle	80	5	15	7600	9.0	4	1.25	60	gesintert
Gas-kohle	82	5	13	7800	9.2	3	—	63	gebacken
Gas-kohle	84	5	11	8000	9.4	2	—	65	»
Kokskohle	86	5	9	8300	9.8	2	1.30	70	»
Kokskohle	88	5	7	8500	10.0	1	—	75	»
Mager-kohle	90	5	5	8800	10.4	1	1.35	78	»
Mager-kohle	92	4	4	8700	10.2	1	—	80	gesintert
Anthracit	94	3	3	8500	10.0	$\frac{1}{2}$	1.40	90	Pulver
Anthracit	96	2	2	8400	9.9	$\frac{1}{}$	—	95	»
Anthracit	98	1	1	8200	9.6	$\frac{1}{2}$	—	98	»
Graphit	100	—	—	8100	9.5	—	2.30	100	»

Vorkommen (linke Klammergruppen): Frankreich, Sachsen, Saarbrücken, England und Schottland, Oberschlesien, Niederschlesien, Rheinland und Westfalen, Nordamerika, Wurm u. Inde.

50 % C, 6 % H, 44 % O besteht; diese Zusammensetzung können wir als Ausgangspunkt für die Bildung aller fossilen Brennstoffe und als erstes Glied der vorstehenden Tabelle betrachten.

Die Stoffe, welche die Pflanze hervorbringt, sind derart entstanden, dass an den aus der CO_2 der Luft abgespalteten C Wasser angelagert worden ist, daher der Name Kohlenstoffhydrat = Kohlehydrat.

Vermodert nun irgend ein Pflanzenstoff an der Luft, so tritt der O der Luft an diese Verbindung und es bildet sich wieder CO_2 und H_2O, es entstehen die beiden Körper wieder, aus denen die Pflanze alle ihre Gebilde aufgebaut hat.

Vermodert jedoch das Holz bei Luftabschluss, so tritt eine innere Umlagerung, eine Molekularverschiebung, ein Atomenkampf ein, innere Vorgänge, welche hier kurz mit »Gärung« bezeichnet werden können.

Die Gründe, auf welche diese Kohlegärung zurückzuführen ist, kommen hier weniger in Betracht; es genügt, wenn wir uns an zwei Dinge halten, welche man leicht erkennen, analysieren und vergleichen kann, das sind einesteils die Gase, welche die Brennstoffe eingeschlossen enthalten, und anderenteils das, was bei der Gärung zurückbleibt: die Kohle.

Geradeso wie bei der gewöhnlichen Gärung verschiedene Stadien zu unterscheiden sind und es eine »Alkoholgärung«, »Essiggärung«, »Buttersäuregärung« u. s. w. giebt, ebenso kann man bei der Kohlegärung mehrere Stadien unterscheiden.

1. Wassergärung.

Zunächst bilden H und O der Holzsubstanz H_2O; das in den Brennstoffen enthaltene Wasser ist zum Teil dieses durch Gärung entstandene Wasser.

Die Wassergärung hält so lange an, wie noch H und O in der Kohlensubstanz vorhanden sind, und man hat an den im folgenden aufgeführten Wassergehalten (Grubenfeuchtigkeit) der frischen Förderkohle einen Anhaltspunkt, in welchem Masse diese Wassergärung nach und nach abnimmt; je älter ein fossiler Brennstoff ist, je weniger Wasser enthält er in frisch gefördertem Zustande.

Der Wassergehalt der frisch geförderten Brennstoffe ist äusserst charakteristisch für die Beurteilung einer Kohle; bei den Kohlen Rheinlands und Westfalens gestaltet sich dieses Verhältnis etwa folgendermassen:

$$
\begin{array}{lll}
\text{Gasflammkohle} & = \text{ bis } 4 \text{ \% } H_2O \\
\text{Gaskohle} & = \text{ » } 3 \text{ » » } \\
\text{Kokskohlen} & = \text{ » } 2 \text{ » » } \\
\text{Magerkohle} & = \text{ » } 1 \text{ » » } \\
\text{Anthracit} & = \text{ » } \tfrac{1}{2} \text{ » » }
\end{array}
$$

Auch die Hygroskopizität der getrockneten Brennstoffe — also die Fähigkeit, in feuchter Luft wiederum Wasser aufzunehmen — ist abhängig vom geologischen Alter bezw. der Gärungsepoche bezw. der chemischen Zusammensetzung; eine geologisch junge Kohle ist stets hygroskopischer als eine geologisch ältere Kohle; sehr unangenehm wirkt die geringe Hygroskopizität bei den Kohlen, welche man, um Kohlenstaubexplosionen zu verhüten, mit Wasser besprengt; das Wasser benetzt oft den Kohlenstaub garnicht, sondern bleibt, zu Kugeln geballt, im Kohlenstaub liegen.

2. Stickstoffgärung.

Ein anderes Stadium der Kohlegärung ist die Stickstoffgärung. In allen Brennstoffen ist eine geringe Menge N enthalten, welcher aus den Eiweisskörpern der Pflanzen stammt; bei der Zusammensetzung des Holzes sowohl wie bei der der Kohlen ist in der Tabelle der N-Gehalt vernachlässigt, da er gegen C, H und O sehr zurücktritt; dasselbe gilt für einen gewissen Teil des nie fehlenden Schwefels, welcher zur Kohlensubstanz gehört, N und S sind im O-Gehalte mit aufgeführt.

Alle fossilen Brennstoffe enthalten nun N, durchschnittlich 1—2 $^0/_0$, die geologisch jüngeren mehr, die geologisch älteren weniger; dieser Umstand ist ein Beweis, dass der N, welcher in den eingeschlossenen Gasen mancher Kohlen enthalten ist, ein Gärungsprodukt ist und nicht etwa aus Luft stammt, deren O durch Absorption durch Kohle verschwunden ist.

Häufig werden Chemiker aus den Kreisen der Bergwerksbesitzer damit beauftragt, das Ausbringen an Teer und Ammoniak irgend einer Kohle festzustellen. Seitens des berggewerkschaftlichen Laboratoriums sind diese Anträge stets mit der Begründung abgelehnt, dass es nicht möglich sei, durch Laboratoriumsversuch das Ausbringen an Teer und Ammoniak, wie es sich im Grossbetriebe ergibt und wie es allein für die Praxis Wert haben würde, festzustellen.

Die Gründe hierfür sind folgende:

Zunächst kann man den N-Gehalt einer Kohle mit grosser Genauigkeit feststellen, mit dieser Angabe ist jedoch sehr wenig genützt, da nur ein geringer Teil des in den Kohlen enthaltenen N bei der trocknen Destillation NH_3 liefert; man würde dann vielleicht einen Erfahrungskoëffizienten anwenden können und etwa den 7ten oder xten Teil des gefundenen N als denjenigen bezeichnen können, welcher als NH_3-bildend in Betracht kommen würde; abgesehen davon, dass eine derartige Angabe dann nicht mehr gefundene Werte ausdrücken würde, so wäre dieses deshalb auch nicht richtig, weil zwei verschiedene Kohlen mit gleichen N-Gehalten sehr verschiedene Mengen NH_3 liefern können. Man kennt eben die Bindungsform des N in der Kohle nicht.

Die niederschlesischen Kohlen z. B., welche mit den westfälischen Kokskohlen die grösste Aehnlichkeit bezüglich Zusammensetzung, N-Gehalt, Verkokung u. s. w. haben, liefern in denselben Oefen stets weniger NH_3 als die westfälischen Kohlen.

Selbst bei der Gewinnung von Teer und Ammoniak im Grossbetriebe spielen Ofengang und Konstruktion des Ofens, Länge, Durchmesser und Erhitzung der Rohrleitung, Lufttemperatur und künstliche Kühlung, Windrichtung, Wassergehalt und Korngrösse der Kohlen und noch 100 andere Dinge eine solch wesentliche Rolle, dass von ein und derselben Kohle oft sehr verschiedene Ausbeuten an Teer und Ammoniak erzielt werden.

Der Chemiker kann nun wohl den Destillationsvorgang des Koksofens oder der Gasretorte im kleinen nachahmen und aus einer Kohle sowohl Teer wie auch Ammoniak gewinnen, erfahrungsmässig erhält er hierbei aber stets mehr, als jemals in der Praxis gewonnen wird, und zwar das 4-, 5- und auch 6-fache!

Ebenso ist der Chemiker imstande, den Gehalt einer Kohle an Leuchtgas sowie dessen Leuchtkraft festzustellen, aber das Gas, welches der Chemiker feststellt, entspricht in keiner Hinsicht dem Gase, welches der Techniker im Grossbetriebe erhält.

Selbst die Koksausbeute, welche der Chemiker von einer Kohle erhält, entspricht der Koksausbeute im Grossbetriebe nicht; er erhält meistens einige Prozent mehr, weil beim Grossbetriebe ein Teil des Koks beim Löschen verbrennt.

Die Koksausbeute solcher Ofensysteme, bei welchen die Gase die Koksmasse wiederholt durchstreichen, fällt im Grossbetriebe höher aus, als der Befund des Chemikers ergibt.

Bei diesen Ofensystemen werden die Gase durch die Hitze gespalten, C wird abgeschieden, dieser mischt sich mit dem Koks und erhöht dadurch die Ausbeute.

3. Kohlensäure- und Kohlenoxydgärung.

Eine weitere Gärung liefert Kohlensäure und Kohlenoxydgas. Die in Braunkohlen eingeschlossenen Gase bestehen fast nur aus CO_2 neben kleineren Mengen CO; diese Gärungsepoche ist vom Vorhandensein des O abhängig, daher finden wir in Kohlen mit höheren O-Gehalten stets mehr CO_2 als in solchen mit niedrigen O-Gehalten.

Die Bildung von CO scheint nur bei jüngeren Kohlen und namentlich bei Braunkohlen vorzukommen.

Eine Gärung höherer Kohlenwasserstoffe ($C_x H_y$), wie z. B. Aethan, Propan, Butan u. s. w. würde an sich durchaus nichts Absonderliches sein, aber das Vorkommen höherer Kohlenwasserstoffe ist zunächst sehr selten und ausserdem ist es noch nicht genügend aufgeklärt, ob nicht hierbei tierische Verwesungsprodukte mitgewirkt haben, was wohl das Wahrscheinlichere ist.

Wasserstoff bildet sich bei der Kohlegärung nicht.

4. Methangärung.

Die letzte Periode der Gärung ist die Methangärung. Namentlich sind es die Kohlen mit mehr als $80\,^0/_0$ C., welche sich in dieser Gärung befinden.

Auch in einigen Braunkohlengruben kommt CH_4 vor; dieses stammt jedoch nicht aus der Braunkohlensubstanz selbst, sondern aus beigemengten tierischen Verwesungsprodukten. Aus solchen Braunkohlen hat Verf. durch Destillation im Wasserbade einen Kohlenwasserstoff erhalten, dessen Geruch sehr an Ichthyol erinnerte.

Die älteren Kohlen entwickeln fast nur CH_4 nebst verschwindend kleinen Mengen CO_2. Das Nähere über die eingeschlossenen Gase soll in einem besonderen Kapitel gebracht werden.

Die einzelnen Gärungsepochen mit in die Tabelle zu bringen, war anfangs Absicht des Verfassers, jedoch stellten sich soviele Widersprüche heraus, dass von einer schematischen Behandlung abgesehen werden musste; dasselbe ist auch der Fall mit der Angabe der geologischen Epochen, in welche die Kohlen eingereiht werden könnten. Einige Beispiele mögen genügen, um dieses Unterlassen zu begründen.

Die magersten Kohlen des Oberbergamtsbezirks Dortmund, die vom Piesberge bei Osnabrück mit $93{-}98\,^0/_0$ C, würden nach ihrer Zusammensetzung in eine sehr liegende Schicht des Carbons einzureihen sein, sie gehören aber geologisch zu einer sehr hangenden Partie des Carbons.

Die Kohlen des Deisters und von Obernkirchen gehören dem Wealden an, nach ihrer Zusammensetzung würden sie jedoch mitten in das Carbon einzureihen sein.

Einige tertiäre Braunkohlen haben gleiche Zusammensetzung wie Kohlen der hangenden Partien des Saarreviers wie auch Oberschlesiens. Es müssten daher zwei sehr verschiedene Formationen neben einander mit der gleichen Zusammensetzung gestellt werden.

Beide Erscheinungen — die Verschiedenheiten der Gärungsprodukte gleichaltriger Kohlen und die Verschiedenheiten in der Zusammensetzung gleichaltriger Kohlen — sind verwandte Dinge; man kann nicht erwarten, dass überall auf der Erde das Holz unter denselben Bedingungen vermodert ist; andere Bedingungen schaffen aber andere Erscheinungen und andere Gebilde.

Nach Abgabe der Gärungsprodukte — H_2O, N, CO_2, CO ($C_x H_y$), CH_4 — sind nun nach und nach die Körper entstanden, welche wir heute als fossile Brennstoffe im Schosse der Erde vorfinden; sie bilden eine ununterbrochene Reihe von Körpern, deren Gehalte an C relativ stets zunehmen und deren Gehalte an H und O dagegen abnehmen. Im allgemeinen kann man sagen, dass mit dem geologischen Alter der C-Gehalt der Kohlen zunimmt, weshalb auch der C-Gehalt in der Tabelle als bezeichnend für eine bestimmte Kohle anzusehen ist.

Zu der Zusammensetzung, welche sich stets auf reine Substanz bezieht, möge bemerkt werden, dass der Einfachheit und Uebersichtlichkeit halber nur ganze Zahlen gewählt und nur 20 Angaben — Typen — gemacht worden sind, zwischen welchen man leicht durch Interpolieren die Zusammensetzung eines Mittelgliedes berechnen kann.

Kohlen, welche unzweifelhaft tierische Verwesungsprodukte enthalten, wie z. B. Kännelkohle, Boghead, Plattel u. s. w., welche bei der Gasfabrikation als Zusatzkohlen verwendet werden, sind nicht in die gesetzmässig verlaufenden Umwandlungsphasen der sonstigen Kohlen unterzubringen. Sie sind, da sie im grossen und ganzen eine nur untergeordnete Rolle spielen, nicht mitaufgeführt worden.

Der Wasserstoffgehalt ist bei 13 Gliedern der ununterbrochenen Reihe zu 5 % angegeben und zwar ebenfalls lediglich der Uebersichtlichkeit halber; da die Natur nun aber keinen Sprung macht, so wird man auch hier einen allmählichen Uebergang als selbstverständlich annehmen; den H-Gehalt kann man bei diesen 13 Gliedern — um eine berühmt gewordene Zahlenangabe zu gebrauchen — »um 5 bis 6 % herum« annehmen; erst bei einer Kohle mit 90 % C ist 5 % H genau.

Der H-Gehalt weist nur geringe Verschiedenheiten auf, was sich aus seinem geringen spezifischen Gewicht erklärt; es werden daher, selbst wenn grössere Volumenmengen H in Form von Wasserdampf, $C_x H_y$, CH_4 entweichen, in der prozentischen Zusammensetzung bezüglich des H-Gehaltes nur geringe Verschiedenheiten hervorgerufen.

Neben der Zusammensetzung der Kohlen sind einige Reviere, in welchen die betreffenden Kohlen vorkommen, angegeben und zwar möglichst scharf begrenzt; es heisst z. B., dass man in Rheinland und Westfalen Kohlen antreffen wird, deren Zusammensetzungen schwanken von 79 % C, 5 % H, 16 % O bis 98 % C, 1 % H, 1 % O.

Aus den Wärmeeinheiten kann man die mit der jeweiligen Kohle zu erzielende Verdampfung (Wasser von 0° in Dampf von 100°) berechnen durch Division mit 637 und Multiplikation mit $\frac{3}{4}$ (Nutzeffekt); z. B. die Kohle mit 84 % C liefert 8000 W. E.; $\frac{8000}{637} \cdot \frac{3}{4} = 9{,}4$, d. h. 1 Kilo dieser Kohle verdampft bei guter Feuerungsanlage u. s. w. 9,4 Kilo Wasser.

Ueber die spezifischen Gewichte von Holz und Kohlen verlauten häufig merkwürdige Zahlen, wonach Holz meistens leichter als Wasser sein soll. Dies ist jedoch nicht der Fall, sondern Holz ist schwerer als Wasser; Holz mit Luft ist allerdings erheblich leichter als Wasser. Bei der Bestimmung des spezifischen Gewichtes einer Kohle spielt der Aschengehalt eine wichtige Rolle, man kann daher sicher annehmen, dass bei Angabe recht hoher spezifischer Gewichte für Kohlen recht aschenreiche Kohlen zur Bestimmung gedient haben. Die in der Tabelle angeführten spezifischen Gewichte beziehen sich auf möglichst reine Kohlen.

Von der chemischen Zusammensetzung ist eine wichtige Eigenschaft der Kohlen abhängig: die Verkokbarkeit.

Eine magere, anthrazitische, geologisch alte Kohle liefert beim Verkoken keinen festen Koks, sondern nur ein loses Pulver. Eine solche Kohle backt nicht; dazu ist das Gas, welches solche Kohlen in der Hitze ausgeben, kaum leuchtend, es besteht vorwiegend aus H.

Kohlen mit weniger C als erstere liefern schon einen lose zusammenhängenden Koks; das Gas ist leuchtend.

Kohlen mit wiederum abnehmendem C-Gehalte liefern einen fest gesinterten, gefritteten, dunkelen Koks; das Gas ist leuchtend und die Flamme russt schon etwas.

Kohlen mit etwa 90 % C liefern einen silberglänzenden Koks, die Kohle schmilzt zu einer dichten, zähen, für Gase undurchlässigen Masse zusammen, und die im Inneren des Koks sich bildenden Gase erlangen in der Hitze bald eine solche Spannkraft, dass sie den Koks zerreissen und unter Explosion die einzelnen Stücke auseinander schleudern; das Gas ist leuchtend und russend.

Die eigentlichen Kokskohlen, mit etwa 90 bis 85 % C — wenigstens für westfälische Kohlen geltend — liefern einen schön silberglänzenden, regelmässig geblähten, nicht eingefallenen Koks; das Gas leuchtet und russt.

Die Gaskohlen, etwa 85 bis 82 % C, liefern einen silberglänzenden, wenig geblähten, eingefallenen Koks; das Gas leuchtet und russt stark.

Die Kohlen, welche den Uebergang von Gaskohlen zu Gasflammkohlen bilden, geben einen festen, geschmolzenen, zerrissenen Koks ohne jede Blähung.

Die Gasflammkohlen, mit etwa 82 bis 79 % C verlieren nach und nach die Fähigkeit zu schmelzen, sie sintern oder fritten zu losem Koks zusammen, dessen Zusammenhang immer geringer wird, bis wieder — wie bei den Magerkohlen — nur loses Pulver als Koks zurückbleibt; das Gas leuchtet, ist aber dunkelrotgelb und scheidet sehr viel Russ ab, die Flamme ist sehr lang.

Jüngere als Carbonkohlen geben meistens nur pulverförmigen Koks und recht lange Flammen, welche nun entweder no ch russen, oder no ch leuchten, oder gar nur aus Wasserdampf bestehen.

Diese physikalischen Eigenschaften der Kohlen beim Erhitzen, also die Ausbeute an Koks und Gas, die Flamme, welche beim Erhitzen ent-steht — lang oder kurz, russend, leuchtend, nicht leuchtend — die Gestalt des Koks — geschmolzen oder nicht geschmolzen, silberglänzend oder dunkel, glatt oder rauh, gebläht, zerrissen u. s. w. — bilden Anhaltspunkte, um Kohlen zu klassifizieren.

Hier müssen wir jedoch daran erinnern,[*] dass Flötze, welche der Bergmann als ident erkannt hat, sehr verschieden in ihren chemischen und physikalischen Eigenschaften und Verhalten sein können. So schwanken z. B. Zusammensetzung und Gasgehalte der Leitflötze des rheinisch-west-fälischen Kohlenreviers

bei Flötz	Bismarck	von	82—84 % C	bezw.	36—39 %	Gas,
»	»	Catharina	»	84—86 % C	»	28—32 %	»
»	»	Röttgersbank	»	87—88 % C	»	26—30 %	»
»	»	Sonnenschein	»	90—92 % C	»	18—21 %	»
»	»	Mausegatt	»	91—92 % C	»	10—20 %	»

Im Osten des niederrheinisch-westfälischen Reviers sind idente Flötze gasreicher, fetter und verkokbarer als im Westen.

Untersucht man zwei vorliegende Kohlen, welche gute Durchschnitts-proben verschiedener Stellen eines Flötzes darstellen, so finden sich auch hier wesentliche Verschiedenheiten, da kein Flötz homogen ist, viel-mehr jedes Flötz aus verschiedenen Lagen verschiedener Kohlen-arten besteht, welche man bei näherer Betrachtung ohne Schwierigkeit sofort erkennen wird. Da wechseln pechschwarze, glänzende Streifen verschiedener Dicke mit matten, glanzlosen Streifen und mit dunkel-schwarzen, auskeilenden, dünneren Streifen:

Die Glanzkohle ist pechschwarz, glänzend, Bruch glatt, nicht ab-färbend, gasarm, wenig Asche, vorherrschend in der Magerkohle;

die Mattkohle ist grauschwarz, nicht glänzend, Bruch rauh, nicht abfärbend, gasreich und aschenreich; vorherrschend in den Gas- und Gasflammkohlen;

die Faserkohle (mineralische Holzkohle, Fimme, Russ, Russkohle, faseriger Anthracit) ist dunkelschwarz und besteht aus feinen Nädelchen, welche regellos durcheinander liegende Brocken bilden, deren Flächen

---

[*] S. S. 41 ff.

seidenglänzend sind; in dünnen Lagen, linsenförmig, auskeilend, selten über 5 mm dick, abfärbend, nicht verkokbar, gasarm, mit viel Asche, ist in allen Kohlen zu finden.

Obwohl die Faserkohle quantitativ sehr gegen die Glanzkohle und die Mattkohle zurücktritt, so spielt sie doch eine sehr wichtige und zwar überall höchst unangenehme Rolle: sie macht die Kohle »schmutzig«, weil sie allein von allen Kohlenarten abfärbt, sie wird durch die Kohlenwäschen leicht fortgeschwemmt und verschlämmt Bäche und Flüsse; sie macht die Kohlen gebräch und ist auf den Ablösungsflächen irgend eines Kohlenstücks fast immer zu finden. Auch macht sie den Koks minderwertig, da die zwischengelagerte, nicht verkokende Faserkohle den Koks undicht ausfallen lässt und ihm den Glanz raubt. Sie verschlechtert das Leuchtgas und ist wohl auch der Grund zur Selbstentzündung der Kohlen, weil sie vermöge ihrer losen Struktur der Luft den Zutritt zum Innern der Flötze gestattet.

Zu diesen 3 Hauptbestandteilen der meisten Flötze gesellen sich noch dann und wann Streifen, Bänder oder gar Packen anderer Kohlenarten wie z. B. Kännelkohle, Pseudokännelkohle, Brandschiefer, Pechsteinkohle, Grobkohle, Holzscheitkohle, Schieferkohle u. a. Diese Kohlenarten können hier füglich übergangen werden, da sie kein allgemeines Interesse bieten.

Die oben genannten Kohlenarten sind nun aber keineswegs feststehende, chemisch genau zu definierende Verbindungen, sodass man nach dem äusseren Bilde einer Kohle noch durchaus nicht auf ihre chemische oder physikalische Natur schliessen kann, wie z. B. bei einem Gestein, in welchem man die einzelnen Mineralien deutlich erkennen kann. Der Grund dafür ist auch hier in der allmählichen Verkohlung, der Gärungsepoche, in geologisch-dynamischen und anderen Erscheinungen zu suchen.

Was gerade die letzteren, die geologisch-dynamischen Erscheinungen anbetrifft, so haben diese auf die Umbildung, die Eigenschaften, die chemische Zusammensetzung u. s. w. der Kohlen den bedeutendsten Einfluss geübt. Wo ein bestimmtes Flötz in der ursprünglichen, horizontalen Lagerung angetroffen wird, da ist es bei sonst gleichen Verhältnissen stets gasreicher als dort, wo durch Hebungen und Senkungen Verwerfungen, Ueberschiebungen, Ueberkippungen, Sprünge, Risse, Klüfte u. s. w. im Gebirge entstanden sind, wodurch den Gasen freier Abzug gewährt worden ist.

Flötze in ungestörter Lagerung brechen in würfeligen Stücken; in gestörter Lagerung sind im Flötze durch Druckwirkungen — ähnlich wie bei der falschen Schieferung — zahllose Schlechten entstanden, das ganze Flötz besteht aus pyramidalen, keilförmigen, gestreiften Stücken, die scheinbar regellos durcheinander liegen und die Kohle im hohen Grade gebräch machen; das Flötz hat eine »ruptuelle Deformation« erlitten; in einem grösseren Kohlenstücke erkennt man den Parallelismus der durch die Deformation erzeugten Flächen, Kanten, Winkel u. s. w.

Wo nun gar Flötze bei steiler Aufrichtung mit der Atmosphäre in Verbindung stehen, da ist die Kohle vollständig entgast; der Ausbiss ist zu einem schwachen Streifen eines schwärzlichen Mulms zusammengeschrumpft.

Es ist bekannt, dass lange gelagerte Kohle nach und nach durch Entgasung und Sauerstoffaufnahme vollständig unbrauchbar wird.

Idente Flötze sind im zerklüfteten Alleghanygebirge Nordamerikas anthracitisch, dort, wo welliges Gelände vorherrscht, sind sie schon gasreicher und dort, wo die ursprüngliche, horizontale Lagerung angetroffen wird, sind sie gasreich.

Von Bedeutung ist bei diesen Verhältnissen die Beschaffenheit des Nebengesteins; ein Sandstein wird den Gasen eher den Abzug gestatten als ein Thongestein, ein Kalkstein wird sich anders verhalten wie ein Konglomerat u. s. w.

Ein interessantes Beispiel dieser Erscheinung bietet ein sehr gleichmässig gelagertes Flötz bei Obernkirchen (Bückeburg) dar, indem da, wo Sandstein das Deckgebirge bildet, das Flötz entgast und nicht verkokbar ist, dort aber, wo Thonschiefer das Flötz überlagert, es gasreich ist und sich verkoken lässt.

Auch die Nähe eruptiver Gesteine übt bekanntlich gewaltigen Einfluss auf die Kohle aus; jedoch sind diese Erscheinungen nur lokaler Natur und im niederrheinisch-westfälischen Revier nicht vertreten.

Endlich wirken die unterirdischen Wasserläufe in verschiedener Weise auf die Kohle ein: reine Wässer sind geeignet, ein Flötz zu veredeln, indem sie die anfänglich in den Flötzen enthaltenen Mineralien lösen, andererseits werden mit Salzen beladene Wässer die Flötze verunreinigen; durch den ersten Prozess, den Auslaugeprozess, entstehen die zur Lagerung senkrechten Schlechten, die Augenkohlen u. s. w., durch den zweiten Prozess, den Beladungsprozess, entstehen oft Kohlen, welche garnicht mehr schwarz aussehen. Sie erscheinen vielmehr je nach den ausgeschiedenen Mineralien weiss, gelb, rot u. s. w.

Die bunte (Regenbogenfarben) Farbe mancher Kohlen, namentlich der Magerkohlen und Anthracite, rührt von einem äusserst feinen Ueberzuge von Eisenoxyd her.

Der in den Kohlen ausgeschiedene Schwefelkies stammt aus löslichen schwefelsauren Eisensalzen, welche durch Kohlensubstanz reduziert, Schwefelkies abgeschieden haben.

Oft enthalten Flötze an trockenen Stellen sehr viel Schwefelkies (»Eiserne Heinrich«, »Goldberg« u. a.), an feuchten Stellen hat sich der Schwefelkies jedoch zersetzt und ist aus dem Flötze verschwunden.

Die Produkte der Zersetzung des Schwefelkieses finden sich im hiesigen Bezirk recht häufig, so z. B. ganze Nester chemisch reinen schwefelsauren Eisenoxyduls (Fe SO_4 + 7 aq.) oder Haarsalz ([Al Fe]$_2$ $(SO_4)_3$ + 18 aq.).

Fasst man das vorstehend Gesagte zusammen, so ist es verständlich, weshalb ein Flötz selbst von einer Zeche oder gar von benachbarten Stellen oft so sehr verschieden ausfallen kann und weshalb geologisch sehr verschiedene Kohlen gleichartig und geologisch gleiche Kohlen ungleichartig in ihrer chemischen Zusammensetzung sein können.

15. Kapitel: Geologische und mineralogische Litteratur des niederrheinisch-westfälischen Steinkohlenbezirks sowie der Steinkohlenvorkommen von Osnabrück

nebst einem Verzeichnis der bergmännischen und geologischen Karten des Bezirks.

Zusammengestellt von Bergassessor Hans Mentzel.

Es wurde angestrebt, die Litteratur über das niederrheinisch-westfälische Steinkohlengebirge möglichst vollständig aufzuführen. Von den Schriften über das Liegende und Hangende der carbonischen Schichten wurden nur die wichtigeren in das Verzeichnis aufgenommen. Insbesondere schien eine vollständige Aufzählung der paläontologischen Litteratur im vorliegenden »Sammelwerk« nicht angebracht. Abhandlungen, in denen die geologischen Verhältnisse des Ruhrbezirks und Münsterschen Beckens nur gestreift werden, ohne den besonderen Gegenstand der Besprechung zu bilden, wurden gleichfalls nur in beschränkter Auswahl in das Verzeichnis eingereiht. Hierher gehören hauptsächlich einige paläophytologische Aufsätze und solche über die Entstehung der Kohlenflötze. Besprechungen und Zeitungsmeldungen wurden in einzelnen Fällen berücksichtigt. Durch Benutzung des Verzeichnisses der geologischen und mineralogischen Litteratur der Rheinprovinz und der Provinz Westfalen von von Dechen und Rauff*) (fortgesetzt durch E. Kaiser**)) wurde die Bearbeitung

*) Verhandlungen des naturhistorischen Vereins der preussischen Rheinlande, Westfalens und des Regierungsbezirks Osnabrück, Bd. 44, 1887, 181 ff.
**) Ebenda Bd. 59, Beiheft.

wesentlich erleichtert. Das Verzeichnis ist zeitlich und innerhalb der Jahre alphabetisch geordnet.*)

1806.

Friedr. von Hövel. Geognostische Bemerkungen über die Gebirge in der Grafschaft Mark; nebst einem Durchschnitte der Gebirgslagen, welche das dortige Kohlengebirge mit der Grauwacke verbinden. Hannover.

1819.

Heron de Villefosse. De la richesse minérale Paris (der Bergbau in der Grafschaft Mark). II, Teil II.

1822.

v. Dechen (anonym). Bemerkungen über das Liegende des Steinkohlengebirges in der Grafschaft Mark. Rh. W. 1, 1 ff.

von Hövel. Anmerkung zu dem vorhergehenden Aufsatz. Ebenda. 1, 17 ff.

1823.

v. Dechen. Geognostische Bemerkungen über den nördlichen Abfall des niederrheinisch-westfälischen Gebirges. Rh. W. 2, 1 ff.

1824.

Buff. Geognostische Bemerkungen über das Kreidegebirge in der Grafschaft Mark und im Herzogtum Westfalen und über dessen Soolführung. Rh. W. 3, 42 ff.

Fürst zu Salm-Horstmar. Geognostischer Reisebericht über einen Teil des Herzogtums Westfalen. Rh. W. 3, 1 ff.

1826.

Egen. Beitrag zur Naturgeschichte der westfälischen Soolquellen. Karstens Archiv. 13, 283 ff.

Hoffmann. Ueber die geognostischen Verhältnisse der Gegend von Ibbenbüren und Osnabrück. Karstens Archiv. 12, 264 ff. 13, 3 ff.

---

*) Abkürzungen:

Berg- und hüttenm. Z. = Berg- und hüttenmännische Zeitung, Clausthal.

Gl. = Glückauf, berg- und hüttenmännische Wochenschrift, Essen.

Jahrb. d. g. L. = Jahrbuch der Kgl. preussischen geologischen Landesanstalt, Berlin.

Min. Z. = Zeitschrift für Berg-, Hütten- und Salinenwesen, Berlin.

N. J. = Neues Jahrbuch für Mineralogie, Geognosie, Geologie und Petrefaktenkunde (später: für Mineralogie, Geologie und Paläontologie), Stuttgart.

N. W. = Naturwissenschaftliche Wochenschrift, Jena.

Rh. W. = Das Gebirge in Rheinland-Westfalen, nach mineralogischem und chemischem Bezuge, herausgegeben von J. J. Noeggerath, Bonn 1822—26.

V. d. n. V. = Verhandlungen des naturhistorischen Vereins der preussischen Rheinlande, Westfalens und des Regierungsbezirks Osnabrück, Bonn.

C. = Correspondenzblatt.

S. = Sitzungsbericht.

Z. d. d. g. G. = Zeitschrift der deutschen geologischen Gesellschaft, Berlin.

Z. d. V. d. Ing. = Zeitschrift des Vereins deutscher Ingenieure, Berlin.

Z. f. p. G. = Zeitschrift für praktische Geologie, Berlin.

Hoffmann. Untersuchungen über die Pflanzenreste des Kohlengebirges von Ibbenbüren und vom Piesberge bei Osnabrück. Karstens Archiv. 13, 266 ff.

Untersuchung über die kohligen Substanzen des Mineralreichs überhaupt und über die Zusammensetzung der in der Preussischen Monarchie vorkommenden Steinkohle insbesondere. (VII. Die Steinkohlenniederlage in der Grafschaft Mark.) Karstens Archiv. 12, 3 ff.

1828.

Brongniart. Histoire des végétaux fossiles, Paris.

Buff. Bemerkungen über das Vorhandensein eines Steinsalzlagers in Westfalen. Karstens Archiv. 17, 97 ff.

Goldfuss. Ausführliche Erläuterung des naturhistorischen Atlas. Düsseldorf. (Hierin: Durchschnitt des niederrheinisch-westfälischen Steinkohlengebirges durch den Schwelmer Brunnen bis Altenbochum.)

1830.

Fr. Hoffmann. Uebersicht der orographischen und geognostischen Verhältnisse vom nordwestlichen Deutschland. Leipzig.

1831.

von Dolffs. Ueber die zwischen Unna und Werl 1804 bis 1806 vorgenommenen Bohrversuche. Karstens Archiv. 20, 217 ff.

von Dolffs. Die Salzbrunnen von Bochum. Karstens Archiv. 20, 95 ff.

1835.

Becks. Geognostische Bemerkungen über einige Teile des Münsterlandes mit besonderer Rücksicht auf das Steinsalzlager, welches die westfälischen Soolen erzeugt. Karstens Archiv. 8, 275 ff.

1840.

Becks. Ein neues Vorkommen von kohlensaurem Strontian in Westfalen. Karstens Archiv. 14, 576 ff.

Becks. Ueber das Schwefelwasserstoffgas der artesischen Brunnen in Westfalen. Poggendorffs Annalen. 50, 546 ff.

Hädenkamp, G. Rose und **Becks.** Ueber den bei Hamm gefundenen Strontianit. Poggendorffs Annalen. 50, 189 ff.

A. Roemer. Versteinerungen des norddeutschen Kreidegebirges. Hannover.

1843.

Becks. Bemerkungen über die Gebilde, welche sich in den Ruhrgegenden an das Kohlengebirge anlegen und es zum Teil bedecken. Bericht an die preussische Bergbehörde, 1843, auszüglich mitgeteilt von H. B. Geinitz im »Quadersandsteingebirge«.

1844.

Heinrich. Bemerkungen über die unteren Schichten der norddeutschen Kreideablagerung, welche im nördlichen Teil des Essen-Werdenschen Bergamtsbezirks auftretend, das ältere Steinkohlengebirge überlagern. Bericht an die preussische Bergbehörde, auszüglich mitgeteilt von H. B. Geinitz im »Quadersandsteingebirge«, Freiberg 1849.

F. Roemer. Das rheinische Uebergangsgebirge, Hannover.

1846.

Goeppert. Ueber die zur Untersuchung der fossilen Flora unternommene Reise in die Rheinprovinz und Westfalen. Kölner Zeitung N. 315, 11. Nov.

1849.

Hess. Analyse eines an Kohle und kohlensaurem Eisenoxydul reichhaltigen Schiefers aus einem Steinkohlenlager bei Bochum. Poggendorffs Annalen. 76, 113 ff.

van Laer. Ueber eigentümliche konzentrische Ringe in Steinkohle von der Ruhr. Amtlicher Bericht über die 25. Versammlung deutscher Naturforscher und Aerzte in Aachen 1847. Aachen 1849.

v. d. Marck. Analyse des Grünsandsteins, des Strontianites und des strontianit-führenden Kreidemergels aus der Gegend von Hamm. V. d. n. V. 6, 269 ff.

Schnabel. Analyse des Strontianites von Hamm an der Lippe. V. d. n. V. 6, 31f.

1850.

v. Dechen. Ueber die Schichten im Liegenden des Steinkohlengebirges an der Ruhr. V. d. n. V. 7, 186 ff.

Göppert. Bericht über eine im Auftrage des Ministeriums für Handel u. s. w. im August und September in dem Westfälischen Hauptbergdistrikt unternommene Reise. Karstens und v. Dechens Archiv 1850. 23, 3 ff. und V. d. n. V. 1854. 11, 225 ff.

Schnabel. Analyse verschiedener Kohleneisensteine aus der Steinkohlenablagerung an der Ruhr. V. d. n. V. 7, 209 ff.

1852.

Herold. Kohleneisenstein im Steinkohlengebirge an der Ruhr und feuerfester Thon daselbst. V. d. n. V. 9, 606.

Hosius. Tertiär-Versteinerungen von Dingden bei Bocholt. V. d. n. V. 9, 604 ff.

Ponson. Traité de l'exploitation des mines de houille. Lüttich und Paris, 1852/54.

Die Blackbandflötze in Westfalen. Berg- und hüttenm. Z. 11, 74.

1853.

Castendyk. Geognostische Skizze aus dem nordwestlichen Deutschland (Ibbenbüren und Hüggel). N. J. 1853. 31 ff.

F. Römer. Tertiärlager von Dingden, Winterswyk und Bersenbrück. Z. d. d. g. G. 5, 494 ff.

F. Römer. Geognostische Uebersichtskarte der Kreidebildungen Westfalens. V. d. n. V. 10, 456.

Ueber den Kohleneisenstein in der Grafschaft Mark. Berg- u. hüttenm. Z. 12, 780.

1854.

Göppert. Stigmaria ficoides. V. d. n. V. 11. 221.

Jacob. Ueberlagerung der westfälischen Steinkohlenformation durch Kreidemergel. V. d. n. V. 11. 452.

v. d. Marck. Chemische Untersuchungen von Gebirgsarten der westfälischen Kreide. V. d. n. V. 11, 449.

Noeggerath. Kohleneisenstein der Zeche Argus bei Brüninghausen. N. J. 1854. 91 f.

F. Römer. Die Kreidebildungen Westfalens. Z. d. d. g. G. 6, 99 ff. und V. d. n. V. 11, 29 ff.

1855.

Beyrich. Ueber die Verbreitung tertiärer Ablagerungen in der Gegend von Düsseldorf. Z. d. d. g. G. 7, 451; 8, 51.

v. Dechen. Geognostische Uebersicht des Regierungsbezirks Arnsberg. V. d. n. V. 12, 117 ff.

Huyssen. Die Soolquellen des westfälischen Kreidegebirges, ihr Vorkommen und mutmasslicher Ursprung. Z. d. d. g. G. 7, 17 ff.

Jacob. Flötzkarte von der Steinkohlenformation an der Ruhr. V. d. n. V. 12, 301 f.

v. d. Marck. Chemische Untersuchung von Gesteinen der oberen westfälischen Kreide. V. d. n. V. 12, 263 ff.

Noeggerath. Stigmaria ficoides von der Grube Praesident bei Bochum. V. d. n. V. 12. S. 56 f.

1856.

v. Dechen. Der Teutoburger Wald, eine geognostische Skizze. V. d. n. V. 13, 331 ff.

v. Dechen. Ueber den Zusammenhang der Steinkohlenreviere von Aachen und an der Ruhr. Min. Z. 3, 1 ff.

v. Dechen. Die Sektionen Wesel, Dortmund, Soest und Lüdenscheid der geologischen Karte von Rheinland und Westfalen i. M. 1 : 80 000. V. d. n. V. 13. S. 22 f. und S. 52.

Ehrenberg. Ueber den Grünsand und seine Erläuterung des organischen Lebens. Berlin.

Küper. Geognostisch-bergmännische Flötzkarte des westfälischen Steinkohlengebirges, angefertigt für die Industrieausstellung zu Paris. V. d. n. V. 13. C. 56 ff.

Noeggerath. Gefurchte Rutschflächen im Kohleneisenstein an der Ruhr. V. d. n. V. 13. S. 37.

Ueber den Kohlenreichtum des Essen-Werdenschen Bergamtsbezirks. Berggeist, 1, 225.

1857.

Banning. De Hueggelo Guestphaliae monte inter oppida Monasterium Osnabrugumque sito. Breslau.

v. Dechen. Die Sektionen Ochtrup, Cleve, Bielefeld, Geldern und Crefeld der geologischen Karte von Rheinland und Westfalen i. M. 1 : 80 000, V. d. n. V. 14. S. 1.

Goeppert. Einige allgemeine Resultate über die Verhältnisse der Steinkohle besonders im westfälisch-märkischen Steinkohlenreviere. Abhandlungen der schlesischen Gesellschaft für vaterländische Kultur. 40 ff.

v. d. Marck. Thon- und Sandmergel der westfälischen Kreide. V. d. n. V. 14. C. 45.

v. d. Marck. Die Schichten des westfälischen Kreidegebirges, sowie der westfälischen Diluvial- und Alluvialablagerungen, chemisch untersucht und auf

Veranlassung des landwirtschaftlichen Provinzialvereins für Westfalen unter
Berücksichtigung ihrer Verbreitung und technischen Verwendung zusammengestellt. Hamm.

Peters. Ueber den Spateisenstein der westfälischen Steinkohlenformation. Z. d.
V. d. Ing. 1857, 155 ff. und 170 ff. 1858, 90 ff.

1858.

v. Dechen. Flötzkarte der Steinkohlenformation in Westfalen i. M. 1:51 200,
Verlag von Bädeker, Iserlohn. V. d. n. V. 15. S. 109 ff.

v. Dechen. Die Sektionen Köln, Warburg, Düsseldorf, Höxter der geologischen
Karte von Rheinland und Westfalen. V. d. n. V. 15. S. 19 ff. C. 43.

v. Dücker. Alluvium und Diluvium der Schächte bei Duisburg. V. d. n. V. 15.
C. 50 ff.

Fuhlrott. Erratische Blöcke bei Dilldorf a. d. Ruhr. Jahresbericht des naturwissenschaftlichen Vereins von Elberfeld und Barmen. Heft 3, 8.

Hosius. Kreidebildungen Westfalens. V. d. n. V. 15. C. 49.

Lottner. Die Flötzkarte des westfälischen Steinkohlengebirges. V. d. n. V. 15.
C. 46 ff.

v. d. Mark. Phosphorsäurehaltige Gebirgsarten der Kreide und des Steinkohlengebirges in Westfalen. — Bohrproben von Winterswyk. — Plattenkalke von
Sendenhorst. — V. d. n. V. 15. C. 44 ff.

v. d. Marck. Die Diluvial- und Alluvialablagerungen im Inneren des Kreidebeckens von Münster. V. d. n. V. 15, 1 ff.

1859.

v. Dechen. Die Sektionen Coesfeld, Berleburg und Lübbecke der geologischen
Karte von Rheinland und Westfalen i. M. 1:80 000. V. d. n. V. 16. S. 7 u. 110.

Lottner. Geognostische Skizze des westfälischen Steinkohlengebirges. Erläuternder Text zur Flötzkarte des westfälischen Steinkohlengebirges
Iserlohn.

Ludwig. Mollusken des Meeres und des süssen Wassers aus der westfälischen
Steinkohlenformation. Notizblatt des Vereins für Erdkunde und verwandte
Wissenschaften zu Darmstadt und des mittelrheinischen geologischen Vereines.
28, 60 ff.

Ludwig. Die Najaden der rheinisch-westfälischen Steinkohlenformation. Palaeontographica, Bd. 8. Lief. 1, 2, 31 ff.

v. d. Marck. Chemische Untersuchung westfälischer Kreidegesteine. 2. Reihe.
V. d. n. V. 16, 1 ff.

v. Strombeck. Beiträge zur Kenntnis des Pläners über der westfälischen Steinkohlenformation. Z. d. d. g. G. 11, 27 ff. und V. d. n. V. 16, 162 ff.

Zusammenstellung der neuesten Aufschlüsse über Lagerung und Flötzreichtum
der hangenden Gaskohlenpartie in dem Essen-Werdenschen und Märkischen
Bergamtsbezirke. Berggeist. 4, 403 und 411.

1860.

Cossmann. Einige Beiträge zur Kenntnis der Kohlenflötze des Essen-Werdenschen Bergamtsbezirks. Berggeist. 5, 43 u. 57.

Hosius. Beiträge zur Geognosie Westfalens. Z. d. d. g. G. 12, 48 ff. und
V. d. n. V. 17, 274.'

Ludwig. Animalische Reste aus der westfälischen Steinkohlenformation. Notizblatt des Vereins für Erdkunde und verwandte Wissenschaften zu Darmstadt
und des mittelrheinischen geologischen Vereins. 42, 10 f.

Noeggerath. Sphärosiderite von Hörde. V. d. n. V. 17. C. 64.

Noeggerath. Höhlen und Erdfälle. V. d. n. V. 17. C. 41.

Schlüter. Geognostische Aphorismen aus Westfalen. V. d. n. V. 17, 13 ff.

Schlüter. Vorkommen von Belemnitella quadrata und Belemnitella mucronata
in den Kreidebildungen in Westfalen. Z. d. d. g. G. 12, 367.

Trainer. Das Vorkommen des Galmeis im devonischen Kalkstein bei Iserlohn.
V. d. n. V. 17, 261 ff.

1861.

Andrä. Goniatiten aus der Steinkohlenformation von Bochum. V. d. n. V. 18.
S. 81 ff.

Heine. Geognostische Untersuchung der Umgegend von Ibbenbüren. Z. d. d.
g. G. 1861. 13, 149. V. d. n. V. 1862. 19, 107 ff.

Heymann. Entstehung von Thoneisensteinnieren. V. d. n. V. 18. C. 91 ff.

Ludwig. Süsswasserbewohner aus der westfälischen Steinkohlenformation.
Palaeontographica, Bd. 8, Lief. 6, 182 ff.

Ludwig. Calamitenfrüchte aus Spateisenstein von Hattingen an der Ruhr.
Palaeontographica, Bd. 10, Lief. 1, 11.

v. Roehl. Nickelkies im Westfälischen Steinkohlengebirge. N. J. 673 f.

1862.

Andrä. Neue Pflanzen aus dem Rheinischen Steinkohlengebirge. V. d. n. V.
19. C. 87 ff.

Goeppert. Neuere Untersuchungen über Stigmaria ficoides. Z. d. d. g. G. 14. 555 ff.

Noeggerath. Geschiebe aus einem Steinkohlenflötz der Grube Frischauf bei
Witten. V. d. n. V. 19. S. 24.

Schlüter. Die makruren Dekapoden der Senon- und Cenomanbildungen Westfalens. Z. d. d. g. G. 14, 702 ff.

1863.

Heymann. Mineralvorkommen auf Drusen im Kohlenkalk von Ratingen und
Lintorf. V. d. n. V. 20. S. 107 ff.

Lottner. Vorkommen von Haarkies im Steinkohlengebirge bei Dortmund und
Bochum. Z. d. d. g. G. 15, 242.

Ludwig. Meer-Conchylien aus der produktiven Steinkohlenformation an der
Ruhr. Palaeontographica. 10, Lief. 6, 276 ff.

F. Römer. Marine Fossilien im Steinkohlengebirge. V. d. n. V. 20. C. 108 f.

1864.

Andrä. Die Gattung Lonchopteris. V. d. n. V. C. 94 f.

v. Dücker. Marine Reste aus der westfälischen Steinkohlenformation. V. d. n. V.
C. 51.

v. Roehl. Pflanzenreste der westfälischen Steinkohlenformation. V. d. n. V. C. 42.

1865.

Andrä. Vorweltliche Pflanzen aus dem Steinkohlengebirge der preussischen Rheinlande und Westfalens. Bonn.

Bardeleben. Ueber den Salzgehalt der Grubenwässer des Steinkohlengebirges. V. d. n. V. 22. C. 79.

Geinitz, Fleck und Hartwig. Die Steinkohlen Deutschlands und anderer Länder Europas. München.

von Koenen. Ueber Tierreste aus den Gruben Westfalia, Graf Beust und Hannibal. Z. d. d. g. G. 17, 269 ff.

Schlüter. Die geognostische Karte der Kreidebildungen zwischen Rhein und Weser. V. d. n. V. 22. S. 125 f.

Der Kohlenreichtum des Ruhrbeckens. Gl. 1, No. 6 u. 11.

Die Stoppenberger Mulde. Gl. 1, No. 45.

Die Bochumer Flötzkarte. Gl. 1865, 1, No. 42, 48. 1866, 2, No. 36.

1866.

Lagerungsverhältnisse von Zeche Holland. Gl. 2, No. 3.

1867.

Andrä. Steinkohlenpflanzen vom Piesberg bei Osnabrück. V. d. n. V. 24. S. 80 f.

Küper. Reichtum und Zukunft des westfälischen Steinkohlengebirges. Gl. 3, No. 8.

v. d. Marck. Untersuchung chlorbaryumhaltiger Wasser von der Zeche Johann bei Steele. V. d. n. V. 24. C. 86.

Schlüter. Beitrag zur Kenntnis der jüngsten Ammoneen Norddeutschlands. Bonn.

Schlüter. Fische aus der Kreide Westfalens. V. d. n. V. 24. S. 20 f.

v. Sparre. Bohrungen in der Gegend von Sterkrade. V. d. n. V. 24. C. 56 ff.

v. Sparre. Ueber das Nachbrechen von Schichten des Steinkohlengebirges. Gl. 3, No. 21—28.

Die Heisinger Mulde. Gl. 3, 12.

Bleiglanz-Vorkommen auf Zeche Johann Friedrich bei Hattingen und Constantin der Grosse. Gl. 3, No. 49.

Geognostische Uebersichts- und Flötzkarte des westfälischen Steinkohlengebirges. M. 1 : 64 000. Gl. 3, No. 26.

1868.

Bäumler. Mitteilungen über die Identifikation der westfälischen Steinkohlenflötze. Gl. 4, No. 47.

v. Dechen. Das »Holtwicker Ei.« V. d. n. V. 25, S. 80.

Heising. Ueber das Nachbrechen der Schichten des Steinkohlengebirges. Berggeist. N. 78. Beilage.

v. Roehl. Fossile Flora der Steinkohlenformation Westfalens einschl. Piesberg bei Osnabrück. Palaeontographica 18. 1868. Lief. 2, 3 und 6.

Schlüter. Ueber die jüngsten Schichten der unteren Senonbildungen und deren Verbreitung und über Becksia Saekelandi. V. d. n. V. 25, S. 92 f.

1869.

Bäumler. Ueber das Vorkommen der Eisensteine im westfälischen Steinkohlengebirge. Min. Z. 17. B. 426 ff. V. d. n. V. 1870. 27. 158 ff.

v. d. Marck. Die nutzbaren Mineralien des westfälischen Kreidegebirges. V. d. n. V. 26. C. 19 f.

Schlüter. Fossile Echinodermen des nördlichen Deutschlands. V. d. n. V. 26. 223 ff.

Simmersbach. Die Flötzlagerung im Bergrevier Dortmund. Gl. 5. No. 33—36 und 42, 44.

Ein neu konsolidiertes Werk (Helene Tiefbau). Gl. 5. No. 26.

Die Heizkraft westfälischer und anderer Kohlen. Min. Z. 17. Abh. 26 ff. Gl. 5. No. 39, 40.

1870.

Andrä. Die Neuropteriden. V. d. n. V. 27, S. 141 f.

v. Dechen. Erläuterungen zur geologischen Karte der Rheinprovinz und der Provinz Westfalen sowie einiger angrenzenden Gegenden. Bd. 1. Bonn. (Orographische und hydrographische Uebersicht).

Müller. Flötzstörungen im westfälischen Steinkohlengebirge. Gl. 6. No. 13.

Schlüter. Fossile Echiniden und Riesenammoniten. V. d. n. V. 27. S. 132 f.

Schlüter. Ueber Spongitarienbänke. V. d. n. V. 27. S. 139 ff.

Tilmann. Mineralbildung auf Zeche Präsident. Gl. 6. No. 8.

1871.

v. Dechen. Des affaissements du sol, observés dans la ville et les environs d'Essen. Revue universelle des mines. 1re série, XXVIII. 197.

v. Dechen. Erratischer Granitblock am Wege von Wullen nach Witten und Herdecke. V. d. n. V. 28. S. 89 f.

Schlüter. Ammonites Guadaloupae Röm. V. d. n. V. 28. S. 37 ff.

Schlüter. Cephalopoden der oberen deutschen Kreide. I. Palaeontographica 21. Lief. 1—5. (II. 24. Lief. 1—4). V. d. n. V. 29. C. 91 f.

1872.

Andrä. Dictyopteris und Neuropteris. V. d. n. V. 29. S. 127 f.

v. Dechen. Geologische und mineralogische Litteratur der Rheinprovinz und der Provinz Westfalen sowie einiger angrenzenden Gegenden. Festschrift zur Hauptversammlung der deutschen geolog. Ges. zu Bonn. Bonn.

v. Dechen. Erläuterungen zur geologischen Karte der Rheinprovinz und der Provinz Westfalen sowie einiger angrenzenden Gegenden. II. Bd. 1. Teil. Geologische und mineralogische Litteratur. Bonn.

Hosius. Beiträge zur Kenntnis der diluvialen und alluvialen Bildungen der Ebene des Münsterschen Beckens. V. d. n. V. 29. 97 ff.

v. d. Marck. Phosphorgehalt der Steinkohlenasche aus dem Ruhrbezirk. V. d. n. V. 29. C. 88.

Schlüter. Die Spongitarienbänke der oberen Quadraten- und Mukronatenschichten des Münsterlandes. Festschrift zur 20. Hauptversammlung der deutschen geologischen Gesellschaft zu Bonn. Bonn.

Schlüter. Cephalopoden der oberen deutschen Kreide. V. d. n. V. 29. C. 91 f.

»Ueber das Quellen des Liegenden bei dem Steinkohlenbergbau« und »Ueber die Aeusserung der Bodenbewegungen infolge des Steinkohlenbergbaues im Oberbergamtsbezirk Dortmund«. Gl. 8. No. 52.

1873.

v. Dechen. Die Uebersichtskarte der Berg- und Hüttenwerke im Oberbergamtsbezirk Dortmund, von Sievers. V. d. n. V. 30. S. 163 f.

v. Dechen. Die nutzbaren Mineralien und Gebirgsarten im Deutschen Reich nebst einer physiographischen und geognostischen Uebersicht des Gebietes. Berlin.

Hilt. Ueber Eigenschaften und Zusammensetzung der Steinkohle. Gl. 9. No. 14, 15.

Muck. Chemische Aphorismen über Steinkohlen. Mitteilungen aus dem chemischen Laboratorium der westfälischen Berggewerkschaftskasse zu Bochum. Bochum.

Schlüter. Das Vorkommen der Belemnitella mucronata in echten Quadratenschichten bei Osterfeld. V. d. n. V. 30. S. 226 ff.

Schlüter. Ueber Pygurus rostratus A. Röm. aus den quarzigen Gesteinen von Haltern. V. d. n. V. 30. S. 53 ff.

Sievers. Die Flötzlagerung in der Stoppenberger und Horster Mulde. Min. Z. Abh. 206 ff.

1874.

von Brunn. Mitteilungen über die Bodensenkungen bei Essen. Zeitschrift für Bergrecht. 10. No. 10.

v. Dechen. Das Vorkommen von Eisenstein und Eisenkies auf der Zeche Schwelm. V. d. n. V. 31. S. 108 ff.

Schlüter. Der Emscher-Mergel. Z. d. d. g. G. 26. 775 ff.

Schlüter. Der Emscher-Mergel, ein mächtiges Gebirgsglied zwischen Cuvieri- und Quadraten-Kreide an dem Nordrande des Ruhrsteinkohlengebirges. V. d. n. V. 31. 89 ff.

Schlüter. Das Vorkommen von unterem Lias an der preussisch-holländischen Grenze in der Bauerschaft Lünten nordwestlich von Ahaus. V. d. n. V. 31. S. 229.

Schlüter. Die Auffindung tertiärer Schichten über der westfälischen Steinkohlenformation. V. d. n. V. 31. S. 230 f.

Schlüter. Glaukonitlager im Diluvium, westl. von Broich bei Mülheim. V. d. n. V. 31. S. 231.

Schlüter. Vorkommen von Belemnitella mucronata in der Quadratenkreide von Osterfeld. V. d. n. V. 31. S. 257 f.

Schlüter. Belemnites Westfalicus. V. d. n. V. 31. S. 259.

Volger. Das Strontianitvorkommen in Westfalen. V. d. n. V. 31. C. 98 ff.

E. Weiss. Ueber Walchia aus Westfalen. Z. d. d. g. G. S. 373 f.

1875.

Bölsche. Ueber die Gattung Prestwichia H. Woodw. und ihr Vorkommen in der Steinkohlenformation des Piesberges bei Osnabrück. 2. Jahresbericht d. naturwissensch. Vereins von Osnabrück. 1875. S. 50 ff.

Donndorf. Ein Gesteinsvorkommen auf der Zeche Courl. Gl. 11, No. 1.

Haniel. Die Schachtbohrarbeiten im schwimmenden Gebirge bei Schacht II des Konzessionsfeldes Rheinpreussen bei Homberg. Min. Z. 1875. Abh. 236 ff.

Geologische Verhältnisse auf der linken Seite des Niederrheins. Gl. 11, No. 3.

1876.

Deicke. Die Tourtia in der Umgegend von Mülheim a. d. Ruhr. Mülheim 1876.

Laspeyres. Ueber Strontianitkrystalle von Hamm in Westfalen. Naturwissenschaftl. Ges. zu Aachen. Sitzung v. 14. Febr. 1876.

Laspeyres. Die Krystallform des Strontianits von Hamm in Westfalen. V. d. n. V. 33, 308 ff.

v. d. Marck. Ueber den Strontianit bei Drensteinfurth. V. d. n. V. 33, C. 82.

Muck. Chemische Beiträge zur Kenntnis der Steinkohlen. V. d. n. V. 33, 267 ff.

Schlüter. Die Cephalopoden der oberen deutschen Kreide. (I. Palaeontographica 21. Lief. 1—5. 1871.) II. ebenda 24. Lief. 1—4. 1876.

Schlüter. Verbreitung der Cephalopoden in der oberen Kreide Norddeutschlands. Z. d. d. g. G. 28, 457 ff. V. d. n. V. 33, 330 ff.

Schondorff. Bemerkungen zu F. Mucks „chemischen Beiträgen zur Kenntnis der Steinkohlen«. V. d. n. V. 33, C. 138 ff.

E. Weiss. Ueber Abdrücke aus den Steinkohlenschichten des Piesbergs bei Osnabrück. Z. d. d. g. G. 28, 435.

E. Weiss. Ueber die Fructificationsweise der Steinkohlen-Calamarien. Z. d. d. g. G. 28, 164 ff. 435 ff.

E. Weiss. Ueber Calamariengattungen der Steinkohlenformation. Z. d. d. g. G. 28, 419 ff.

E. Weiss. Steinkohlen-Calamarien. Abhandlungen zur geologischen Spezialkarte von Preussen und den Thüringischen Staaten. Bd. II, Heft 1, 1876, und Bd. V, Heft 2, 1884.

Die Erdbewegungen bei Iserlohn und Oberhausen. Gl. 12, No. 17, 18, 21, 23, 27, 28, 47—53.

1877.

Fresenius. Chemische Analyse der warmen Soolquelle zu Werne in Westfalen. Wiesbaden.

Schlüter. Uintacrinus Westfalicus aus norddeutschem Senon. V. d. n. V. 34, S. 330.

Schlüter. Kreidebivalven. Zur Gattung Inoceramus. Palaeontographica. 24. Lief. 6, 249 ff.

Schlüter. Ueber die geognostische Verbreitung der Gattung Inoceramus. Z. d. d. g. G. 29, 735 ff. V. d. n. V. 34, S. 283 ff.

Prinz Schönaich-Carolath. Die durch den Bergwerksbetrieb und Schürfarbeiten während der letzten Jahre gewonnenen Aufschlüsse über die weitere Verbreitung der älteren Steinkohlenformation in der Richtung vom Ruhrthal nach Norden hin unter den überlagernden Schichten der Kreideformation. V. d. n. V. 34, C. 42.

Schlesische und westfälische Kohlen. Gl. 13, No. 57, 76.

Die Gasanstalt Berlin und die westfälische Gaskohle. Gl. 1877. 13, No. 67, 72, 82.

Die englische Presse und die deutsche Kohle. Gl. 13, No. 70.

1878.

v. d. Marck. Chemische Untersuchungen westfälischer und rheinischer Gebirgsarten und Mineralien. V. d. n. V. 35, 237 ff.

Rive. Entwicklung und Bedeutung des Steinkohlenbergbaus Rheinlands und Westfalens in geognostischer, technischer, merkantiler und wirtschaftlicher Beziehung. V. d. n. V. 35. C. 60 ff.

Schlüter. Einige neue Funde von Cephalopoden der norddeutschen Kreide. V. d. n. V. 35, S. 35 ff.

Die neue Auflage der westfälischen Flötzkarte. Gl. 14, No. 43.

1879.

v. Dechen. Nordische Geschiebe in Rheinland und Westfalen. V. d. n. V. 36, C. 82 ff.

v. d. Marck. Die Soolquelle von Werries bei Hamm in geologischer, balneologischer und hygienischer Beziehung. V. d. n. V. 36, C. 79.

Tillmann. Ergebnisse der Schachtbohrung auf Königsborn. V. d. n. V. 36, C. 63.

1880.

Achepohl. Das Niederrheinisch-Westfälische Steinkohlengebirge. Atlas der fossilen Fauna und Flora. Oberhausen und Leipzig.

Achepohl. Ueber Identifizierung von Flötzen nach ihren fossilen Einschlüssen. V. d. n. V. 37, C. 142 ff.

Andrä. Ueber Sphenopteris rotundifolia und Hymenophyllites sp. von Zeche Mont Cenis. V. d. n. V. 37, C. 142.

Deicke. Ueber das Vorkommen und die Bildung der Tourtia bei Essen und Mülheim a. d. Ruhr. V. d. n. V. 37, C. 68 ff.

Haniel. Die Flötzlagerung in der Stoppenberger und Horst-Hertener Mulde. Essen.

Köhler. Ueber die Störungen im westfälischen Steinkohlengebirge und deren Entstehung. Min. Z. Abh. 195 ff.

Muck. Ueber zwei neue Mineralvorkommen auf der Grube Schwelm. (Erdiges Eisencarbonat und Sulfatallophan.) Min. Z. Abh. 188 ff.

Muck. Ueber ein Mineralvorkommen auf der Zeche Courl in Westfalen. Min. Z. Abh. 352 ff.

v. Roehl. Ueber Sigillaria Brasserti n. sp. Haniel. V. d. n. V. 37, S. 289.

Schrader. Das Bleierzvorkommen bei Lintorf. V. d. n. V. 37, C. 60 ff.

1881.

v. Groddeck. Ueber die Erzgänge bei Lintorf. Min. Z. Abh. 211 ff.

Haniel. Ueber Sigillaria Brasserti Han. Z. d. d. g. G. 33, 338 f.

Kayser. Beiträge zur Kenntnis von Oberdevon und Culm am Nordrande des rheinischen Schiefergebirges. Jahrb. d. g. L. 1881. 51 ff.

Menzel. Beschreibung des Strontianitvorkommens in der Gegend von Drensteinfurt sowie des daselbst betriebenen Bergbaues. Jahrb. d g. L. 1881, 125 ff.

Schlüter. Die vertikale Verbreitung der fossilen Diadematiden und Echiniden im nördlichen Deutschland. V. d. n. V. 38. S. 213 ff.

Trenkner. Die geognostischen Verhältnisse der Umgegend von Osnabrück. Osnabrück.

Venator. Ueber das Vorkommen und die Gewinnung von Strontianit in Westfalen. V. d. n. V. 38. C. 183 ff. Berg. und hüttenm. Z. 1882, 1 ff.

E. Weiss. Die vertikale Verbreitung von Steinkohlenpflanzen. Z. d. d. g. G. 33, 176 ff.

E. Weiss. Lomatophloios macrolepidotus Goldb. von Grube Vollmond bei Langendreer. Z. d. d. g. G. 33, S. 354 ff.

1882.

Gurlt. Genetischer Zusammenhang der Steinkohlenbecken Nordfrankreichs, Belgiens und Rheinland-Westfalens. Gl. 18, No. 45. V. d. n. V. 39. C. 61 ff.

v. Dücker. Löss in Westfalen. V. d. n. V. 39, 234 ff.

v. d. Marck. Ueber den Strontianit in Westfalen. V. d. n. V. 39. C. 82 ff.

Sachse. Ueber die Entstehung der Gesteinsmittel zwischen Steinkohlenflötzen. Min. Z. Abh. 271 ff.

1883.

Bölsche. Zur Geognosie und Paläontologie der Umgebung von Osnabrück. 5. Jahresber. des naturwissensch. Vereins von Osnabrück. 141 ff.

Gümbel. Beiträge zur Kenntnis der Texturverhältnisse der Mineralkohlen. Sitzungsbericht der Kgl. bairischen Akademie der Wissenschaften. 111 ff.

Klockmann. Die südliche Verbreitungsgrenze des oberen Geschiebemergels und deren Beziehung zu dem Vorkommen der Seen und des Lösses in Norddeutschland. Jahrb. d. g. L. 1883. 338 ff.

Schlüter. Die regulären Echiniden der norddeutschen Kreide. I. Glyphostoma. Abhdl. z. geol. Spezialkarte von Preussen. 4. Heft, 1.

1884.

v. Dechen. Geologische und paläontologische Uebersicht der Rheinprovinz und der Provinz Westfalen. Bonn. (2. Bd. der Erläuterungen zur geologischen Karte von Rheinland und Westfalen.)

Deicke. Ueber die jüngere Kreide und des Diluvium von Mülheim. V. d. n. V. 41, C. 36 ff.

Schlüter, Neue Ostreen aus der Tourtia von Essen. V. d. n. V. 41. C. 79 ff.

Schrader. Ueber die Selbecker Erzbergwerke. V. d. n. V. 41. C. 59 ff.

Wedekind. Fossille Hölzer im Gebiet des westfälischen Steinkohlengebirges. V. d. n. V. 41, 181 ff.

E. Weiss. Einige Carbonate aus der Steinkohlenformation (Dolomitknollen von Fl. Catharina). Jahrb. d. g. L. 1884. 113 ff.

1885.

Felix. Struktur zeigende Pflanzenreste aus der oberen Steinkohlenformation Westfalens. Bericht der naturforschend. Gesellsch. zu Leipzig f. 1885. 7 ff.

Halfmann. Vorkommen und Gewinnung der Kännelkohle auf Zeche Consolidation. Gl. 21. No. 83.

Köhler. Verschiebungen von Lagerstätten und Gesteinsschichten. Min. Z. Abh. 87 ff.

v. Rennesse. Bergbau und Hüttenindustrie bei Osnabrück. Festschrift im 6. Jahresbericht des naturwiss. Vereins zu Osnabrück. 46 ff.

Temme. Der Piesberger Bergbau von seinen Anfängen bis zur Jetztzeit. Festschrift im 6. Jahresbericht des naturwiss. Vereins zu Osnabrück. 54 ff.

Temme. Das Steinkohlenvorkommen am Piesberg und die dasselbe umlagernden Gebirgschichten. 6. Jahresber. des naturwiss. Vereins zu Osnabrück. 260 ff.

Temme. Der am Piesberg gefundene und aufgestellte fossile Wurzelstock einer Sigillaria. 6. Jahresber. d. naturw. Vereins zu Osnabrück. 266 f.

de Vaux. Note sur l'asséchement de terrains affaissés par suite de l'exploitation souterraine en Westphalie. Revue universelle des mines. 2. série, XVII. 124.

E. Weiss. Stammreste aus der Steinkohlenformation Westfalens. Z. d. d. g. G. 37, 815.

E. Weiss. Gerölle in und auf der Kohle von Steinkohlenflötzen, besonders in Oberschlesien. Jahrb. d. g. L. 1885. 242 ff.

1886.

Dannenberg. Ueber das Verhältnis der seitlichen Verschiebung zur Sprunghöhe bei Spaltenverwerfungen. Min. Z. Abh. 35.

v. Dechen. Erratische Blöcke in Westfalen. V. d. n. V. 43, 58 f.

Felix. Untersuchungen über den inneren Bau westfälischer Carbonpflanzen. Abhandlungen zur geologischen Spezialkarte von Preussen und den Thüringischen Staaten, Bd. VII, Heft 3. Berlin.

v. Schwarze. Die Selbecker Erzbergwerke bei Mintard. Zur Erinnerung an den 3. allg. deutschen Bergmannstag in Düsseldorf, 1. bis 5. September 1886. Düsseldorf.

v. Schwarze. Zinkblende und Bleierzvorkommen zu Selbeck. Vortrag. V. d. n. V. 43. C. 75 ff.

E. Weiss. Die Sigillarien der preussischen Steinkohlengebiete. Abhandlungen zur geologischen Spezialkarte von Preussen und den Thüringischen Staaten. Bd. VII. Heft 3. Berlin.

1887.

v. Dechen und **Rauff.** Geologische und mineralogische Litteratur der Rheinprovinz und der Provinz Westfalen sowie einiger angrenzenden Gegenden. V. d. n. V. 1844, 181 ff.

Hilger. Die Ablagerung der produktiven Steinkohlenformation in der Horst-Recklinghausener Mulde des niederrheinisch-westfälischen Steinkohlenbeckens unter besonderer Berücksichtigung der neusten Aufschlüsse der Zechen Schlägel und Eisen, Ewald, Graf Bismarck, General Blumenthal und König Ludwig. Min. Z. Abh. 30 ff.

Hosius. Ueber den Septarienthon von Schermbeck. V. d. n. V. 44, 1 ff.

Hosius. Ueber die Verbreitung des Septarienthons auf der westlichen Grenze der westfälischen Kreideformation. V. d. n. V. 44. C. 37.

Hosius. Ueber die tertiären Ablagerungen zwischen Vreden und Zwillbrock. V. d. n. V. 44. C. 38.

Jüttner. Ueber die Soolquellen im Münsterschen Kreidebecken und den westfälischen Steinkohlengruben. V. d. n. V. 44. C. 41 ff.

Lepsius. Geologie von Deutschland. 1. Teil. Das westliche und südliche Deutschland. Stuttgart 1887/92.

Muck. Elementarbuch der Steinkohlenchemie für Praktiker. Essen.

Muck. Die Pseudo-Kännelkohle verglichen mit den übrigen Kohlenarten. Der Bergbau. 1887/88. 1, No. 13.

Nasse. Die Lagerungsverhältnisse pflanzenführender Dolomitkonkretionen im westfälischen Steinkohlengebirge. Gl. und V. d. n. V. 44. C. 59.

Stur. Ueber den neuentdeckten Fundort und die Lagerungsverhältnisse der pflanzenführenden Dolomitkonkretionen im westfälischen Steinkohlengebirge. Verhandlungen der k. k. geolog. Reichsanstalt Wien. 237 ff.

Stur. Beiträge zur Kenntnis der Flora der Vorwelt. Bd. 2, Abt. 2. Die Carbonflora der Schatzlarer Schichten. Abt. 2. Die Calamarien der Carbonflora der Schatzlarer Schichten. Abhandl. der k. k. geolog. Reichsanstalt. Wien, 11. 2. Abt. 240 S.

Das westfälische Steinkohlenbecken. Der Bergbau. 1887/88. 1, No. 1, 2, 3, 6, 8.

1888.

Achepohl. Das rheinisch‑westfälische Bergwerksindustriegebiet. Essen und Leipzig.

Eichhorn. Die Zinkerzlager bei Iserlohn. Min. Z. 36, Abh. 142 ff.

Gante. Die Entwickelung des Strontianit-Bergbaus im Zentrum des westfälischen Kreidebeckens. Min. Z. 36, Abh. 210 ff.

Muck. Die westfälische Pseudo-Kännelkohle und ihre Beziehung zu der echten Kännelkohle und den übrigen Kohlenarten. Min. Z. Abh. 90. Gl. 24, No. 16 bis 21.

Ueber die Einwirkungen des Abbaues. Der Bergbau. 1888/89. 2, 17—20, 24, 25, 27, 29, 30.

1889.

Götting. Das Strontianitvorkommen in Westfalen. Oesterreichische Zeitschrift für Berg- und Hüttenwesen. Wien. 37, 113 ff.

Hundhausen. Ueber die Erbohrung der Steinkohle in Hamm und das dadurch aufgeschlossene geologische Profil. V. d. n. V. 46. C. 41 ff.

Lenz. Die Steinkohlenablagerung in der Duisburg-Recklinghauser Hauptmulde. Der Bergbau. 3, No. 14, 15, 17.

v. d. Marck. Ueber den Strontianit und die Kreidefische Westfalens. V. d. n. V. 46. C. 37 f.

Potonié. Ueber einige Carbonfarne (Renaultia microcarpa von Zeche Friedrich-Ernestine). Jahrb. d. g. L. 1889. 21 ff.

Trompeter. Ueber Entwässerungsanlagen im Gelsenkirchen-Schalker Revier. Der Bergbau. 1889/90. 2, No. 40. 1891/92. 5, No. 10.

Vrba. Strontianit von Altahlen. Zeitschrift für Krystallographie. Leipzig. 15, 449 ff.

Wedekind. Die fossile Flora des westfälischen Steinkohlengebirges. Der Bergbau. 1889/90. 3, No. 10, 11.

Störungen. Der Bergbau. 1889/90. 3, No. 16—21, 23.

1890.

Hosius. Geognostische Skizze von Westfalen mit besonderer Berücksichtigung der für prähistorische Fundstellen wichtigen Formationsglieder. Correspond.-Blatt der deutschen Gesellschaft für Anthropologie. 21, 86 ff.

Jaeckel. Oracanthus Bochumensis n. sp., eine Trachyacanthide des deutschen Kohlengebirges. Z. d. d. g. G. 42, 753 f.

1891.

Kohlmorgen. Das Erzvorkommen auf der Steinkohlenzeche Deutscher Kaiser bei Hamborn (Bergrevier Duisburg). Berg- und hüttenm. Z. 50, 303. Der Bergbau. 1890/91. 4, No. 47.

Lenz. Zur Kenntnis der Schichtenstellung im niederrheinisch-westfälischen Steinkohlengebirge. Gl. 1891. 27, 789. 1892. 28, 909. 1893. 29, 953.

List. Westfälische Kohlenformation. Hamburg.

Muck. Die Chemie der Steinkohle. Leipzig.

Schlüter. Verbreitung der regulären Echiniden in der Kreide Norddeutschlands. Z. d. d. g. G. 43, 236 ff.

Siepmann. Beiträge zur Kenntnis der harzartigen (löslichen) Bestandteile der Steinkohlen. Min. Z. 39, Abh. 26 ff.

1892.

Jansen. Steinkohlen in eigentümlicher Absonderung von der Zeche Blankenburg bei Dortmund. Mitteilungen des naturwissensch. Vereins zu Düsseldorf. 2, 51 f.

Küppers. Die Erzlagerstätten im Bergrevier Werden. Mitteilungen aus dem Markscheiderwesen; herausgegeben von H. Werneke. Freiberg i. S. Hft. 6, 28 ff.

Küppers. Das Steinkohlenvorkommen bei Erkelenz. Mitteilungen aus dem Markscheiderwesen. Hft. 6, 1 ff.

Lenz. Zur Kenntnis der Schichtenstellung im niederrheinisch-westfälischen Steinkohlengebirge. Gl. 909 ff.

Ochsenius. Die Bildung von Kohlenflötzen. Z. d. d. g. G. 44, 84 ff.

Potonié. Das grösste carbonische Pflanzenfossil des europäischen Continents. N. W. 337 ff.

Runge. Das Ruhrsteinkohlenbecken. Berlin.

Schaefer. Das Abteufen des Schachtes II der Zeche Westende bei Meiderich. Gl. 543 ff.

Schlüter. Die regulären Echiniden der norddeutschen Kreide II. Cidaridae. Salenidae. Abhandl. z. geol. Spezialkarte von Preussen. N. F. 5.

Verbrauchswert der amerikanischen und englischen Anthracitkohle, sowie westfälischer Magerkohle (von Zeche Heinrich). Gl. 140.

1893.

L. Cremer. Fossile Farne des westfälischen Carbons. Inauguraldissertation.

L. Cremer. Die Ausdehnung der westfälischen Steinkohlenablagerung nach Osten. Gl. 819.

L. Cremer. Die Geologie auf der bergmännischen Ausstellung in Gelsenkirchen. Z. f. p. G. 1, 361 f.

L. Cremer. Der niederrheinisch-westfälische Kohlenbergbau. Geologische Beschreibung. Gl. 899 ff.

L. Cremer. Die praktische Bedeutung paläontologischer Untersuchungen für den Steinkohlenbergbau. Gl. 787 f.

L. Cremer. Die marinen Schichten in der mageren Partie des westfälischen Steinkohlengebirges. Gl. 879 ff., 970 ff.

L. Cremer. Beiträge zur Kenntnis der marinen Fauna des westfälischen Carbons. Gl. 1093 ff.

Greim. Das Ruhrkohlenbecken. Globus. 64, 72 ff.

Lenz. Zur Kenntnis der Schichtenstellung im niederrheinisch-westfälischen Steinkohlengebirge. Gl. 955 f.

Löcke. Das Abteufen der neuen Schächte auf Zeche Deutscher Kaiser bei Hamborn und die bei demselben anwendbaren Methoden. Min. Z. Abh. 216 ff.

Nasse. Die Kohlenvorräte der europäischen Staaten, insbesondere Deutschlands und deren Erschöpfung. Berlin.

Potonié. Mitteilung über eine im August 1893 ausgeführte Reise nach den Steinkohlenrevieren an der Ruhr, bei Aachen und des Saar-Rhein-Gebietes. Jahrb. d. g. L. 1893 XLIV ff.

Potonié. Eine gewöhnliche Art der Erhaltung von Stigmaria als Beweis für die Autochthonie von Carbonpflanzen. Z. d. d. g. G. 45, 97.

Potonié. Ueber die Volumenreduktion bei Umwandlung von Pflanzenmaterial in Steinkohle. Gl. No. 80, 1209 ff. N. W. 485 ff.

Stottrop. Ein Beitrag zur Kenntnis der Lagerungsverhältnisse im niederrheinisch-westfälischen Steinkohlengebirge. Gl. 911 f., 1061.

Die Ausdehnung der westfälischen Steinkohlenablagerung nach Osten. Gl. 819.

Die »geognostische Reihe« auf der bergmännischen Ausstellung in Gelsenkirchen. Gl. 883 f.

1894.

L. Cremer. Die Konglomerate im westfälischen Steinkohlengebirge. Gl. 117 ff.

L. Cremer. Die Ueberschiebungen des westfälischen Steinkohlengebirges. Gl. 1089, 1107, 1125, 1150, 1717, 1799. V. d. n. V. 51, 58.

L. Cremer. Ueberschiebungen (briefl. Mitteilung) Z. f. p. G. 465 f.

Köhler. Die Cremersche Theorie betr. Ueberschiebungen des westfälischen Steinkohlengebirges. Gl. 1615. 1654.

König. Zusammensetzung von Steinkohlengrubenwässern. Ztschr. f. angewandte Chemie. Berlin. 389 ff. Z. f. p. G. 330 (Ref.).

Ochsenius. Die Konglomerate des westfälischen Carbons und über die Bildung der Steinkohle. Gl. 635.

Rothpletz. Geotektonische Probleme. Stuttgart.

Stapff. Ueberschiebungen. Z. f. p. G. 418 ff.

Stern. Ueber die fossile Flora der Zeche Ver. Westfalia bei Dortmund. V. d. n. V. 51. C. 10 f.

Stockfleth. Das Erzvorkommen auf der Grenze zwischen Lenneschiefer und Massenkalk im Bergrevier. Witten. Gl. 749 ff. V. d. n. V. 51. 50 ff.

Stockfleth. Das Eisenerzvorkommen am Hüggel bei Osnabrück. Gl. 1791 ff.
V. d. n. V. 51. 157 ff. Z. f. p. G. 1895. 165 ff.

Die Konglomerate des westfälischen Carbons und über die Bildung der Steinkohlen. N. W. 182 ff.

1895.

L. Cremer. Erdbeben und Bergbau. Gl. 31. 367.

L. Cremer. Die Steinkohlenvorkommen von Ibbenbüren und Osnabrück und ihr
Verhältnis zur niederrheinisch-westfälischen Steinkohlenablagerung. Gl. 129,
147 ff. Z. f. p. G. 165 ff.

Cremer. Ueber Sprünge und sprungähnliche Verwerfungen des westfälischen
Steinkohlengebirges. V. d. n. V. 52. 24 ff.

F. A. Hoffmann. Ein Beitrag zu der Frage nach der Entstehung und dem Alter
der Ueberschiebungen im westfälischen Steinkohlengebirge. Z. f. p. G. 229 ff.

G. Müller. Das Diluvium im Bereich des Kanals von Dortmund nach den Emshäfen. Jahrb. d. g. L. 1895. 40 ff.

Potonié. Ueber die Autochthonie von Carbonkohlenflötzen und des Senften-
berger Braunkohlenflötzes. Jahrb. d. g. L. 1895. 1 ff.

Schlüter. Ueber einige Spongien aus der Kreide Westfalens. Z. d. d. g. G.
47. 194 ff.

Stockfleth. Die geographischen, geognostischen und mineralogischen Verhältnisse des südlichen Teils des Oberbergamtsbezirks Dortmund. V. d. n. V. 52. 45 ff.

Stockfleth. Die Erzgänge im Kohlenkalk des Bergreviers Werden. Gl. 381 ff.
405 ff.

1896.

L. Cremer. Die Süsswasser-Muscheln des westfälischen Steinkohlengebirges und
ihre Verteilung innerhalb dessen Schichten. Gl. 137 ff.

L. Cremer. Ueber Sprünge und sprungähnliche Verwerfungen des westfälischen
Steinkohlengebirges. V. d. n. V. 53. 24 ff.

L. Hoffmann. Das Zinkerzvorkommen von Iserlohn. Z. f. p. G. 45 ff.

Lücke. Die Schachtbohrarbeiten im schwimmenden Gebirge bei dem Schacht
No. III der Grube Rheinpreussen bei Homberg a. Rh. Min. Z. Abh. 156 ff.

Mädge. Ueber das Diluvium von Osterfeld. Jahresbericht des naturwissenschaftlichen Vereins zu Elberfeld. 8. 77 ff.

Potonié. Ueber Autochthonie von Kohlenflötzen. N. W. 306 ff.

Potonié. Die floristische Gliederung des deutschen Carbon und Perm. Gl. 121. 184.

Ramann. Moor- und Kohlenbildungen. Vortrag mit Bemerkungen von Potonié.
Z. f. p. G. 206 f.

H. und M. Rauff. Sachregister zu dem von H. v. Dechen und H. Rauff im
44. Band der Verhandlungen des naturhistorischen Vereins für Rheinland und
Westfalen herausgegebenen chronologischen Verzeichnis der geologischen und
mineralogischen Litteratur der Rheinprovinz und der Provinz Westfalen sowie
einiger angrenzenden Gegenden. Bonn.

Schultz. Weshalb ist der Herd der Kohlenstaub-Explosionen vorzugsweise auf
eine bestimmte Flötzpartie — Röttgersbank bis Sonnenschein — beschränkt?
V. d. n. V. 53. 23 ff.

M. Schulz-Briesen. Die Flötzlagerung in der Emscher-Mulde des Ruhrsteinkohlenbeckens unter besonderer Berücksichtigung der hangendsten Flötzgruppe
auf Grund der Aufschlüsse durch den Bergbau bis zum Jahre 1894. Min. Z.
Abh. 12 ff.

Stockfleth. Der südlichste Teil des Oberbergamtsbezirks Dortmund. Bonn.

v. Velsen. Auftreten von Schlagwettern beim Abteufen des Schachtes Schürenberg des Steinkohlenbergwerks Ewald bei Herten. Gl. 893 ff.

1897.

L. Cremer. Die Sutan-Ueberschiebung. Essen. Gl. 373 ff.

Frech. Lethaea geognostica, I. Teil: Lethaea palaeozoica. IV. Abschnitt: das
Carbon. Stuttgart 1897—1902. 342 ff. (Das westfälische Steinkohlengebirge).

Grevel. Der Kohlberg an der Glashütte zu Königssteele. Gl. 669.

G. Köhler. Beiträge zur Kenntnis der Erdbewegungen und Störungen der Lagerstätten. Berg- und hüttenm. Z. 218, 261, 341.

Laspeyres. Der sogenannte Calcistrontit von Drensteinfurt, Westfalen. Z. f.
Krystallographie. 27, 41 ff.

Loretz. Bericht über die Ergebnisse der geologischen Aufnahmen 1897 in der
Gegend von Iserlohn und Hagen. Jahrb. d. g. L. 1897. 27 ff.

Middelschulte. Neue Aufschlüsse in der Kreideformation des nordöstlichen
Ruhrkohlenbezirkes durch Tiefbauschächte. V. d. n. V. 54, 295 ff.

Simmersbach. Kalisalz und Petroleum im Becken von Münster in Westfalen.
Berg- und hüttenm. Z. 243 f.

Stockfleth. Der Erzbergbau in dem Bergrevier Werden. Der Bergbau. 10.
No. 30 und 31.

Trainer. Die mit dem Steinkohlenbergbau in ursächlichem Zusammenhang
stehenden Vorflutstörungen im Emschergebiet und die zur Beseitigung derselben getroffenen Massnahmen. Z. f. Bergrecht. 38, 190.

Ueber die Einwirkung des unter Mergelüberdeckung geführten Steinkohlenbergbaues auf die Erdoberfläche im Oberbergamtsbezirke Dortmund. Min. Z. 45,
372. Gl. 1898, 207.

1898.

Althüser. Die Bezeichnung der Flötze im rheinisch-westfälischen Steinkohlengebirge. Bergbau. 1897/98. No. 15.

L. Cremer. Neuere geologische Aufschlüsse im Nordwestgebiet des niederrheinisch - westfälischen Steinkohlenbergbaus. V. d. n. V. 55, 63 ff. Gl.
1899, 428 f.

Kette. Das Eisenerzvorkommen von Ochtrup—Bentheim. Gl. 436.

Kosmann. Die Thoneisensteinlager in der Bentheim—Ochtruper Mulde. Stahl
u. Eisen. No. 8.

Kosmann. Ueber die Thoneisensteinlager in der Bentheim — Ochtruper Thon-
mulde. Z. d. d. g. G. 50, 127 ff.

Loretz. Ueber Versteinerungen aus dem Lenneschiefer. Z. d. d. g. G. 50. Prot.
12 ff.

Loretz. Ueber Unterscheidungen im Lenneschiefer. Z. d. d. g. G. 50, S. 183 ff.

Loretz. Bericht über die Ergebnisse der geologischen Aufnahmen von 1898 in der Gegend von Hagen, Hohenlimburg und Iserlohn. Jahr. d. g. L. 1898. CXVII ff.

Piedboeuf. Die Tertiärablagerungen bei Düsseldorf. V. d. n. V. 55. C. 88 ff.

M. Schulz-Briesen und **Trainer.** Die Litteratur über Lagerungs- und Betriebsverhältnisse des niederrheinisch-westfälischen Steinkohlen- und Kohleneisensteinbergbaus. Essen.

Schulz-Briesen. 1. Nachtrag dazu. Essen 1899.

v. Sobbe. Die Sümpfung des Tiefbaus des Kgl. Steinkohlenbergwerks bei Ibbenbüren. Min. Z. Abh. 334 ff.

Neuere geologische Aufschlüsse im nordwestlichen Teile des niederrheinischwestfälischen Bergbaubezirkes. Z. f. p. G. 442.

Tiefbohrung auf Steinkohle am Niederrhein. Gl. 845.

Kohlenfunde auf dem linken Rheinufer. Z. f. p. G. 179. Gl. 395.

Steinkohlenaufschlüsse im Kreise Soest. Z. f. p. G. 339.

1899.

Broockmann. Ueber die in Steinkohlen eingeschlossenen Gase. Gl. 269.

L. Cremer. Die Flötzverhältnisse des konsolidierten Steinkohlenbergwerks Minister Achenbach. Z. f. p. G. 410 f.

Holzapfel. Steinsalz und Kohle im Niederrheinthal. Z. f. p. G. 50.

Loretz. Mitteilungen über geologische Aufnahmen auf den Blättern Schwerte, Menden, Hohenlimburg und Iserlohn im Jahre 1899. Jahrb. d. g. L. 1898. XXIX ff.

Potonié. Paläophytologische Notizen: Die Merkmale allochthoner paläozoischer Pflanzenablagerungen. N. W. 81 ff.

Potonié. Lehrbuch der Pflanzenpaläontologie. Berlin.

Selbach. Das Abteufen und der Zusammenbruch des Schachtes Hugo bei Holten. Min. Z. Abh. 78 ff.

Ueber die neueren geologischen Aufschlüsse im nordwestlichen Teil des niederrheinisch-westfälischen Steinkohlenbeckens (nach **L. Cremer**). Gl. 428 f.

Ueber die Möglichkeit eines Kohlenbeckens im Norden des Lütticher Beckens (Beziehungen des niederrheinisch-westfälischen zum nordbelgischen Kohlenvorkommen). Z. f. p. G. 257 ff.

1900.

Denckmann und **Lotz.** Ueber einige Fortschritte in der Stratigraphie des Sauerlandes. Z. d. d. g. G. 52, 564 ff.

Kette. Ueber die Temperatur der Gebirgsschichten des Ruhrsteinkohlenbeckens. Gl. 733 ff.

G. Müller. Die Gliederung der Actinocamax-Kreide im nordwestlichen Deutschland. Z. d. d. g. G. 52. S. 38.

Potonié. Ueber die Entstehung der Kohlenflötze. N. W. 28 ff.

Oestliche Weitererstreckung des Ruhrkohlenbeckens. Z. f. p. G. 331.

Das Abteufen des Schachtes II der Zeche Osterfeld im Deckgebirge. Gl. 168 ff.

Bergschäden durch Abtrocknung eines Kieslagers in der Langendreerer Thalmulde. Zeitschrift für Bergrecht. 366 ff. Mitteilungen aus dem Markscheiderwesen. N. F. 1901. 29 ff.

1901.

Beykirch. Ueber den Strontianit des Münsterlandes. Neues Jahrbuch für Mineralogie.

Graeff. Verursacht der Bergbau Bodensenkungen durch die Entwässerung diluvialer, wasserführender Gebirgsschichten? Gl. 601 ff.

Hoernecke. Die Lagerungsverhältnisse des Carbons und Zechsteins an der ibbenbürener Bergplatte. Halle.

Holzapfel. Zusammenhang und Ausdehnung der deutschen Kohlenfelder. N. W. 1 ff.

Hundt. Die Steinkohlenablagerung des Ruhrkohlenbeckens. Aus den Mitteilungen über den Rheinisch-Westfälischen Steinkohlenbergbau, Festschrift zum VIII. Allgemeinen deutschen Bergmannstag.

Kaunhowen (nach Renault). Ueber einige Mikroorganismen der fossilen Brennstoffe. Z. f. p. G. 97. f. (Kännelkohle von Zeche Consolidation.)

Lienenklaus. Ueber das Alter der Sandsteinschichten des Hüggels. Jahresbericht des naturwissenschaftlichen Vereins zu Osnabrück.

G. Müller. Rotliegendes im Ruhrkohlenreviere. Gl. 965.

G. Müller. Zur Kenntnis der Dyas- und Triasablagerungen im Ruhrkohlenrevier. Z. f. p. G. 385 ff.

Wachholder. Die neueren Aufschlüsse über das Vorkommen der Steinkohlen im Ruhrbezirk. Bericht über den VIII. Allgemeinen deutschen Bergmannstag zu Dortmund.

Ueber Verschiebungen von trigonometrischen Punkten bei Wiemelhausen (nach Overhoff). Mitteilungen aus dem Markscheidewesen. N. F. 44.

Ueber die Deckgebirgsschichten des Ruhrkohlenbeckens (nach Middelschulte). Gl. 301 ff.

Geologische Landesaufnahme. (Aufnahme im Ruhrbezirk). Gl. 591. Gl. 1902, 789 f.

Ein Beitrag zur Kenntnis der Deckgebirgsschichten im Ruhrkohlenbecken (nach Kircher). Gl. 893 f.

Der neueste Kohlenfund an der Lippe. Gl. 762.

Neue Kohlenfunde in Westfalen. Z. f. p. G. 433.

Das Vordringen des Ruhrkohlenbergbaus nach Osten. Gnom. 1722. Z. f. p. G. 1902, 172.

Bergwerksaktiengesellschaft Consolidation. Notizen für die Besucher des VIII. Allgemeinen deutschen Bergmannstages zu Dortmund. 1901. Essen.

1902.

Everding. Nebengestein und Kohle des Flötzes Praesident auf Zeche von der Heydt und die durch die eigenartige Beschaffenheit derselben bedingte Gefahr des Stein- und Kohlenfalls. Gl. 1021.

H. Mentzel. Der Bergbau auf der Düsseldorfer Ausstellung 1902. Kohlen- und Erzlagerstätten. Gl. 500 ff.

Middelschulte. Ueber die Deckgebirgschichten des Ruhrkohlengebirges und deren Wasserführung. Min. Z. Abh. 320 ff. Ref. mit Bemerkungen von **G. Müller** in Z. f. p. G. 1903, 241 ff.

G. Müller. Dyas und Trias an der holländischen Grenze. Z. d. d. g. G. 54, 111 f.
  u. Z. f. p. G. 215 ff.

Simmersbach. Die nördliche Erstreckung des Ruhrkohlenbeckens. Berg- u.
  hüttenm. Z. 157 f.

Voss, Kaether, Ziervogel und **Holzapfel.** Beschreibung des Bergreviers
  Düren. Herausgegeben mit Genehmigung des Herrn Ministers für Handel und
  Gewerbe vom Königlichen Oberbergamt zu Bonn. Bonn. (Hierin Lagerungsverhältnisse der Zeche Rheinpreussen und Bohrergebnisse auf der linken Seite
  des Niederrheins.)

1903.

Fleck. Studien über das Auftreten von Schnitten und Schlechten in der Kohle und
  im Nebengestein der Flötze sowie über die Beziehungen derselben zu den Ab-
  bau- und Ausbaumethoden. Gl. 1 ff.

Die Lagerstätten von Schwelm (nach **Krusch**). Gl. 116.

Holzapfel. Bemerkungen zu den Ausführungen der Lethaea über das Carbon
  bei Aachen. Z. d. d. g. G. 54, 79 ff.

Hornung. Neueres Thatsachenmaterial im Lichte der Harzer Regionalmetamor-
  phose. Centralblatt für Mineralogie, Geologie und Paläontologie. N. 11, 358 ff.
  (betrifft Kupferschiefer bei Wesel).

Kaiser. Die geologisch-mineralogische Litteratur des rheinischen Schiefergebirges
  und der angrenzenden Gebiete für die Jahre 1887—1900. Nebst Nachträgen
  zu den früheren Verzeichnissen. I. Teil. Chronologisches Verzeichnis. Bonn.
  Beiheft zu V. d. n. V. 59.

Kolbe. Translokation der Deckgebirge durch Kohlenabbau, die damit verbundenen
  Grundwasserstörungen, Gebäude- und Grundstücksbeschädigungen, Minderwert
  und Abgeltung des Schadens. Oberhausen.

Köndgen. Seitliche Verschiebungen infolge von Bergbau im Stadtgebiet Essen.
  Zeitschrift für Vermessungswesen. 233 ff.

Kraeber. Der erste geologische Kartierungskursus für Markscheider (enthaltend
  Aufnahme im Ruhrgebiet). Mitteilungen aus dem Markscheidewesen. Neue
  Folge. Freiberg. Heft 5. 9 ff.

Mentzel. Gerölle fremder Gesteine in den Steinkohlenflötzen des Ruhrbezirks.
  Gl. 505 ff.

Potonié. Abbildungen und Beschreibungen fossiler Pflanzenreste palaeozoischen
  und mesozoischen Formation. Berlin.

Rothkegel. Ueber Verschiebungen von trigonometrischen und polygonometrischen
  Punkten im Ruhrkohlengebiet. Zeitschrift für Vermessungswesen. 217 ff.

Bergmännische und geologische Karten.

Flötzkarte des Westfälischen Steinkohlengebirges. Massstab 1 : 51 200.
  4 Sektionen, gezeichnet von H. Rauh. 1858. Als erläuternder Text zu dieser
  Karte erschien die »Geognostische Skizze des Westfälischen Steinkohlengebirges« von Lottner. Das Original der Karte wurde 1855 auf der Pariser
  Ausstellung vorgeführt.

Querprofil durch das Westfälische Steinkohlengebirge nach der Linie Castrup—Dortmund—Syburg. Massstab 1 : 2000, gezeichnet von R. Böer. Durch Lichtdruck vervielfältigt, nicht im Handel.

Desgl. nach der Linie Recklinghausen—Bochum—Sprockhövel.

Desgl. nach der Linie Horst—Essen—Werder.

Geognostische Uebersichts- und Flötzkarte des Westfälischen Steinkohlengebirges. Massstab 1 : 64 000, bearbeitet bei dem Königlichen Oberbergamt zu Dortmund. Iserlohn. 1867.

Flötzkarte des niederrheinisch-westfälischen Steinkohlenbeckens. Nach amtlichen Materialien zusammengestellt beim Königlichen Oberbergamte zu Dortmund, herausgegeben von der Westfälischen Berggewerkschaftskasse zu Bochum. Massstab 1 : 12 800. 32 Blätter. Gezeichnet von W. Kapp. In Kommission bei J. H. Neumann in Berlin. 1868.

Geologische Karte der Rheinprovinz und der Provinz Westfalen, im Auftrage des Königlichen Ministers für Handel, Gewerbe und öffentliche Arbeiten Herrn von der Heydt mit Benutzung der Beobachtungen der Königlichen Bergbeamten und der Professoren Becks, Girard und F. Römer nach der Gradabteilungskarte des Königlichen Generalstabes ausgeführt durch Dr. H. von Dechen, Königlicher Berghauptmann. In 34 Blättern. Massstab von 1 : 80 000. 1. Aufl. 1855 bis 1865. 2. Aufl. 1873.

Geologische Uebersicht der Rheinprovinz und der Provinz Westfalen, im Auftrage des Königlichen Ministeriums der öffentlichen Arbeiten bearbeitet von Dr. **H. von Dechen,** Königlicher Wirklicher Geheimer Rat und Oberberghauptmann a. D. Massstab 1 : 500 000. 1. Ausgabe 1866. 2. Ausgabe 1883.

Flötzkarte des westfälischen Steinkohlenbeckens. 43 Grundrissblätter (Massstab 1 : 10 000) nebst 23 Profilblättern (Massstab 1 : 5000); herausgegeben von der Westfälischen Berggewerkschaftskasse, 1879 bis 1890.

Geognostische Karte des niederrheinisch-westfälischen Steinkohlenbeckens. Bearbeitet nach Grubenbildern und örtlichen Ermittelungen von Ludwig **Achepohl,** Markscheider a. D. Massstab 1 : 52 000. Oberhausen. 1885.

Flötzkarte des Ruhrkohlenbeckens, auf Grund der oberbergamtlichen Karten zusammengestellt mit Genehmigung des Ministers der öffentlichen Arbeiten von dem Königlichen Geheimen Bergrat Dr. **Runge** und den Königlichen Oberbergamtsmarkscheidern **Jüttner, Fink, Haase** und **Hünnebeck.** Dortmund. 1888. Massstab 1 : 50 000.

Lepsius. Geologische Karte des Deutschen Reichs in 27 Blättern. Massstab 1 : 500 000. Sektionen Münster und Hannover. Gotha. 1894.

Uebersichtskarte des niederrheinisch-westfälischen Steinkohlenbeckens, herausgegeben im Jahre 1900 von der Westfälischen Berggewerkschaftskasse zu Bochum. Massstab 1 : 50 000, gezeichnet von F. W. Jungholt.

Markscheidewesen.

Von Berggewerkschafts-Markscheider Lenz.

Die Ausführung markscheiderischer Arbeiten lag von alters her in Preussen und so auch im Ruhrbezirk den staatlich angestellten Beamten, den Geschworenen, Markscheidern und deren Assistenten ob, denen bestimmt abgegrenzte Arbeitsbezirke überwiesen wurden. Eine Aenderung in diesem Verhältnisse trat ein infolge des Gesetzes vom Jahre 1851 über die Verhältnisse der Miteigentümer eines Bergwerks. Etwa von diesem Zeitpunkte ab datiert die heutige Stellung der Markscheider als Gewerbetreibende, welche von den Oberbergämtern auf Grund ministerieller Vorschriften geprüft und deren Arbeiten durch die bei den Oberbergämtern thätigen Königlichen Markscheider kontrolliert werden. Auch erteilen die Oberbergämter spezielle Anweisungen über die gesamte von den Markscheidern zu befolgende Geschäftsführung.

Die wichtigsten auf das Markscheiderwesen Bezug habenden amtlichen Bestimmungen sind:

1. Die Gewerbeordnung für das Deutsche Reich;
2. Allgemeine Vorschriften für die Markscheider im preussischen Staate vom 21. 12. 1871 nebst Nachtrag vom 2. 7. 1900 betreffend das Konzessionsentziehungs-Verfahren;
3. Vorschriften über die Prüfung der Markscheider von 24. 10. 1898;
4. Geschäfts-Anweisung für die konzessionierten Markscheider im Oberbergamtsbezirk Dortmund vom 14. 5. 1887;
5. Tagegelder- und Gebühren-Ordnung für die Markscheider vom 22. 10. 1894.

Die aus den Fachkreisen hervorgegangenen litterarischen Arbeiten befinden sich zerstreut in den verschiedenen bergmännischen Zeitschriften. Seit der Gründung des Deutschen Geometer-Vereins enthält das auch in wissenschaftlichen Kreisen geachtete Organ desselben, die »Zeitschrift für Vermessungs-Wesen« wertvolle Arbeiten, ebenso die Vereinsschrift des Deutschen Markscheider-Vereins »Mitteilungen aus dem Markscheider-Wesen« (Verlag von Craz & Gerlach, Freiberg i. S.), in welcher auch die Standesinteressen der Markscheider vertreten werden.

I. Die Entwickelung des bergmännischen Kartenwesens.

Was den Stand der übersichtlichen Topographie zu Anfang des abgelaufenen Jahrhunderts anbelangt, so musste sich bei der Bearbeitung des damals schon umfangreichen Mutungswesens sowie bei dem Bestreben der Bergbehörden, die in einer grossen Erstreckung aufgeschlossenen Steinkohlenflötze behufs Beurteilung ihrer wirtschaftlichen Bedeutung zu identifizieren, geeignete Angriffspunkte zur Lösung derselben aufzusuchen und Kommunikationsmittel zum Vertriebe der wertvollen Produkte zu schaffen, der Mangel an genauen topographischen Karten sehr fühlbar machen. Wenn man den auf ältere und neuere militärische Autoren sich stützenden Mitteilungen aus dem Werke »Das Deutsche Vermessungswesen« von Jordan und Steppes folgen darf, so findet man den Mangel an brauchbaren Karten bestätigt in einem Bericht des Artillerie-Leutnants Textor, in welchem sich die drastischen Ausdrücke jener Zeit vorfinden: »Alles, was von Preussen an Karten vorhanden ist, kann man nur als Wische ohne die mindeste Richtigkeit betrachten.« Hierzu trug nicht zum wenigsten die zersplitterte geographisch höchst ungünstige Lage des Preussischen Staates bei. Wenn auch Friedrich der Grosse von den Gebieten östlich der Weser eine in den Jahren 1767—1787 durch den Grafen v. Schmettau aufgenommene »Kabinettskarte« im Massstabe 1:50 000 in 270 Sektionen besass, so existierte von der Grafschaft Mark lediglich eine militärischen Anforderungen einigermassen entsprechende Karte von Pastor Müller »astronomisch-trigonometrisch fundiert«. Von Bedeutung für das bergmännische Risswesen wurde die im Jahre 1805 veröffentlichte Karte des Generalmajors v. Lecog, zu deren Herstellung derselbe ein zusammenhängendes Dreiecksnetz über Westfalen legte, an ostfriesische Dreiecke anschloss und bei Minden, Münster, Rees und Paderborn 5 Standlinien mit der Messkette mass. Im ganzen wurden etwa 3000 Dreiecke gemessen und der Meridian von Oldenburg als Axe eines rechtwinkeligen Koordinatensystems angenommen. Nach der im Jahre 1816 vollzogenen Umbildung des preussischen Staatsgebietes ging das topographische Aufnehmen an den Generalstab über, dessen Bestreben darauf gerichtet war, in möglichst kurzer Zeit ein wenigstens militärischen Zwecken genügendes Landesbild zu schaffen. In die Jahre 1818—1830 fällt die mit noch unvollkommenen Mitteln bewirkte Aufnahme der Rheinpronvinz und angrenzender Gebiete durch den General von Müffling. Die Kartierung erfolgte im Massstabe 1:86 000, welcher später auf den Massstab 1:80 000 reduziert wurde. Das Relief wurde nach der Lehmann-Müfflingschen Zeichenmanier durch Bergschraffen dargestellt. Die Epoche von 1830 bis 1865 bezeichnet eine Periode, in welcher ausser anderen Gebietsteilen Westfalen (1836 bis 1842) und die Rheinprovinz (1843 bis 1850) aufgenommen wurden, jedoch noch immer abhängig von der unvollkommenen trigonometrischen Grundlage und dem Mangel eines tüchtig geschulten und ständigen Personals. Auch konnte die Idee des Genfers du Carla, den Höhen- und Formenwechsel der Erdoberfläche durch äquidistante Niveaukurven auszudrücken, wegen Mangel an ausgedehnten Nivellements und Höhenbestimmungen noch nicht verwirklicht werden.

Nachdem im Jahre 1875 die Organisation der mit dem Generalstabe verbundenen Königlichen Landesaufnahme zur Durchführung gelangt war, erhielt die Topographie innerhalb des niederrheinisch-westfälischen Bergbaubezirks ihren Abschluss mit dem bis etwa Mitte des letzten Jahrzehntes erfolgten Erscheinen der Messtischblätter im Massstabe 1 : 25 000. Jedes solche Blatt umfasst 10 Bogenminuten im Parallelkreise und 6 Minuten im Meridian und enthält die Situations-Gegenstände sowie das Oberflächen-Relief, dargestellt in äquidistanten Höhenkurven.

Während die erwähnten topographischen Karten vorzugsweise im Interesse der Landesverteidigung hergestellt wurden, hatte eine spezielle Katastervermessung im Anfange des Jahrhunderts noch nicht stattgefunden. Die Regierung des Herzogtums Berg in Düsseldorf übertrug im Jahre 1805 die Leitung der Landesvermessung an Benzenberg. Bei den beständigen Kriegswirren kamen jedoch nach den ersten grundlegenden Arbeiten die weiteren ins Stocken. Aehnlich waren die Verhältnisse im Herzogtum Westfalen, wo nach Aufhebung der Steuerfreiheit der privilegierten Stände im Jahre 1806 eine allgemeine Vermessung beschlossen wurde. Erst im Jahre 1816 wurde auf Verfügung des Oberpräsidenten v. Vincke das Dreiecksnetz 2. Ranges fertiggestellt, wobei unter Missbilligung Benzenbergs, welcher sich des Spiegelsextanten bediente, die Winkel mit dem Thordolit gemessen wurden. Nachdem die speziellen Katastervermessungen auf der linken Rheinseite bereits unter französischer Herrschaft weit gediehen waren, wurde durch Kabinetsordre vom 20. Juli 1820 die Parzellenvermessung für die gesamte Provinz Westfalen angeordnet, und es entstand hieraus gegen 1835 das in vielen Gemeinden noch jetzt geltende mit dem Grundbuche verbundene Kataster, welches in der neuesten Zeit im Anschlusse an das Generalstabsnetz zum Teil erneuert wurde und noch in Erneuerung begriffen ist.

Nach Honigmann entstanden im Märkischen die ersten eigentlichen Grubenbilder in den Jahren 1799—1803 nach Anleitung der Instruktion vom Jahre 1798 bearbeitet, wonach »das äussere Terrain und selbst innere Baue mit Stativ und Winkelweiser, Grundstrecken aber mit dem Kompass in der Hand durch Messung der Längen, dann das übrige bloss au coup d'oeil aufgenommen werden solle«. Die Ergänzung hatte zu erfolgen nach Angaben und älteren Nachrichten. Die periodische Nachtragung erfolgte in Zwischenräumen von einigen Jahren, später jährlich vor den Generalbefahrungen. In welchem Masse die Bergbehörde dem Risswesen ihre Fürsorge zuteilwerden liess, lässt sich aus den oberberghauptmannschaftlichen Erlassen vom 16. 3. 1816 und 27. 6. 1818 entnehmen, die sich auf Gutachten von Männern der Praxis gründen. Im Aeusseren unserer Grubenbilder finden wir die Anweisungen jener Zeit unschwer wieder. »Es sollen alle für die Kartenkammer der Oberberghauptmannschaft bestimmten Grubenbilder, Revierkarten und risslichen Darstellungen im Massstabe 10 Lachter = 2 rheinischen Zollen bearbeitet werden. Ueber die Darstellung ist ein Netz zu legen. An den Rändern müssen in fortlaufenden Zahlen die Lachter angegeben werden, wobei in der oberen linken Ecke des Risses angefangen wird. Die Situationsrisse sollen die Oberfläche derjenigen Gegend, unter welcher eine Zeche zu bauen berechtigt ist, so darstellen, wie sie ist. Alle flachen Lagerstätten sind durch Projektion auf eine Horizontalfläche und in der dadurch entstehenden Verkürzung darzustellen. Jede Hauptsohle ist durch eigene Farbe anzugeben. Für stehende Lagerstätten ist der flache Riss vorgeschrieben.«

Im Interesse des infolge unzureichenden Kartenmaterials sehr im argen liegenden Berechtsamswesens wurde die Neubearbeitung von Revier- und Wegekarten in Angriff genommen, wobei die vorhandenen Revierkarten und die Lecoqsche Generalstabskarte benutzt wurden. Die Fertigstellung der Flötzkarte des Märkischen und Essen-Werdenschen Bergamtsbezirks erfolgte gegen Ende des Jahres 1826. Von den älteren Uebersichts- und Flötzkarten darf nicht unerwähnt bleiben die Honigmannsche Karte*) der Gegend von Essen-Werden vom Jahre 1806 »topographisch und zum Behuf des Steinkohlenbergbaues aufgenommen« und im Massstabe 1 : 6667 kartiert. Dieselbe ist nach dem Meridian der Münsterkirche in Essen orientiert und enthält in sauberer Ausführung die Tagesoberfläche in kolorierter und schraffierter Manier, wobei die Seitenthäler und Gehänge besonders hervortreten. Ferner enthält sie mit den heutigen Namenbezeichnungen übereinstimmend die Flötze mit den Sattel- und Muldenwendungen zusammenhängend dargestellt sowie die Stollenanlagen und die Kohlenniederlagen am Ruhrstrom, von denen in der Ausdehnung von Steele bis Kettwig etwa 40 vertreten sind. Wir entnehmen der Karte den Betrag der magnetischen Deklination mit $20^3/_8{}^\circ$ westlich. Nachdem Ende der 20er Jahre die Kataster-Vermessung im Essen-Märkischen Bergamtsbezirke zum Abschlusse gelangt war, konnte endlich die lange geplante Neubearbeitung eines zusammenhängenden detaillierten bergmännischen Kartenwerkes in Angriff genommen werden. Mit der Herstellung dieses für den westfälischen Bergdistrikt hochbedeutsamen Kartenwerkes, der Hauptgrundkarte, wurde

---

*) Ein Exemplar dieser in mehrfacher Hinsicht interessanten Karte befindet sich in der berggewerkschaftlichen Risssammlung zu Bochum.

der bis zum Jahre 1838 als Markscheider am Bergamte zu Bochum thätige und im Jahre 1879 als Oberbergamts - Direktor in Dortmund verstorbene Geheime Bergrat Küper betraut. Nach Genehmigung des oberbergamtlichen Antrags auf Benutzung des bei der Kataster-Kommission vorhandenen Materials durch den Oberpräsidenten v. Vincke reiste Küper Ende 1831 mit seinem Personal nach Arnsberg, um die Koordinaten für die Dreieckspunkte zu sammeln, das Abzeichnen der Flur- und Gemeindekarten, das Extrahieren der Flurbücher u. dergl. vorzunehmen. Als Koordinaten-Axe des Dreiecksnetzes diente der durch die Domchorspitze des Kölner Doms gehende Meridian und als Nullpunkt die Turmspitze der Peter- und Paulkirche zu Bochum. Nach Auftragung der Netzpunkte erfolgte die Kartierung der auf den Massstab 20 Ltr. = 1 Zoll gleich $^1/_{1600}$ reduzierten Karten-Kopien durch Einpassung. Von jedem 25/30 Zoll grossen und mit Netz versehenen Kartenblatte wurde ein Brouillon sowie eine kolorierte Reinziehung angefertigt, in welche die Situations-Gegenstände, Kultur-Arten, Kultur- und Gemeinde - Grenzen sowie ein grosser Teil der Namen der Hausbesitzer eingetragen wurden. Die Ergänzung bezüglich der für den Bergbau beachtenswerten Gegenstände, wie Stollnmundlöcher, Schächte, Halden- und Pingenzüge, Kohlenniederlagen, Brunnen, Teiche, Quellen, Zechen, Häuser, Wege und Eisenbahnen, Schiebewege, entblösste Stellen des Gesteins, Steinbrüche erfolgte auf Grund besonderer markscheiderischer Aufnahmen. Von den Grubenbildern wurden übernommen Stollngrundstrecken, Querschläge, damit durchfahrene Flötze, Tiefbausohlen, Verwerfungen, das Ausgehende der Flötze u. dergl. Schon im Jahre 1837 war ein Teil dieses Kartenwerks in einer Ausdehnung von der Grenze mit dem Essen-Werdenschen Bezirke bis östlich von Unna und in der Breite vom Flötzleeren bis etwas über die Mergelbedeckung hinaus auf 524 Blättern fertig gestellt. In Form und Einrichtung der Märkischen gleich wurde im Jahre 1835 die Bearbeitung der Essener Hauptgrundkarte vorgenommen und beide nach Eintreten eines lebhaften Mutungswesens auf dem durch die kreideüberdeckten Teile der Steinkohlenformation entsprechend nach Norden erweitert. Auch an der Essener Karte war Küper insofern thätig, als er im Jahre 1850 mit der Umarbeitung derselben infolge verschiedener Mängel, wovon etwa 237 Blätter betroffen, beauftragt wurde.

Fragt man sich, ob das vorgesteckte Ziel, in der Hauptgrundkarte als Grundlage für das gesamte Betriebs- und Berechtsamswesen ein genügendes Kartenwerk zu erhalten, erreicht worden ist, so muss diese Frage verneint werden. Die Mängel sind zum grossen Teil auf folgende Ursachen zurückzuführen. Vor allem waren die grundlegenden trigonometrischen Netzpunkte auf eine zu geringe Zahl beschränkt geblieben und man daher zuviel auf das mechanische Einpassen angewiesen. Die Detail-Aufnahmen enthielten, was sich beim Zusammenstellen an den Gemeindegrenzen bemerkbar machte, vielfach unaufgeklärte Messungsfehler. Ausserdem musste bei Reduktion der Flurkarten auf den Massstab der Hauptgrundkarte in den meisten Fällen prinzipwidrig aus dem Kleinen ins Grosse gearbeitet werden. Da es nun seiner Zeit üblich war, für die Grubenbilder, deren Situationsrisse Auszüge aus der Hauptgrundkarte waren, die Ausgänge der Schächte und die Lochsteine nach den nächstliegenden Situationsgegenständen durch Kompassmessung festzulegen, so mussten sich mit der Zeit Unrichtigkeiten und Komplikationen aller Art herausstellen. So konnten denn auch die mit der Zeit angewendeten vollkommeneren Instrumente und rationelleren Messmethoden unseren Grubenbildern noch nicht in dem Masse zugute kommen wie dem Betriebe.

Trotzdem muss die Herstellung der Hauptgrundkarte als ein zeitgemässes und für den westfälischen Bergbau nützliches Unternehmen angesehen werden, indem sie fast ein halbes Jahrhundert lang als Grundlage für das bergmännische Risswesen gedient hat und für das Berechtsamswesen heute noch nicht entbehrt werden kann. Aus ihr gingen u. a. hervor die Revierkarte, die Verleihungsrisse, die Generalkarte und die Mutungskarte, ferner die für die Pariser Ausstellung im Jahre 1856 hergestellte Flötzkarte im Massstabe 1 : 25 600 sowie eine solche im Massstabe 1 : 51200, an deren Bearbeitung der damalige Oberbergamts-Referendar, als Direktor der Berliner Bergakademie im Jahre 1868 verstorbene Lottner sich beteiligte und zu welcher derselbe als Erläuterung seine in bergmännischen Kreisen wohlbekannte »Geognostische Skizze des westfälischen Steinkohlengebirges« schrieb.

Beim Oberbergamte bearbeitet erschien demnächst im Selbstverlag der Westfälischen Berggewerkschafts-Kasse die auf 32 Blättern von 25/20 Zoll Grösse im Massstabe 1 : 12 800 hergestellte Flötzkarte, welche ausser den zur Orientierung notwendigen Lage-Gegenständen die Berechtsams-Verhältnisse und die Hauptgruben-Betriebe enthält. Die Stollenmundlöcher und Förderschächte sind mit Angaben der absoluten Höhen, ausgedrückt in preuss. Fussen, versehen.

Mit der Veröffentlichung dieser Karte wurde das bisher von den Bergbehörden ängstlich gewahrte Prinzip der Geheimhaltung durchbrochen.

Die Erfolge des Jahres 1866 brachten die Mass- und Gewichtsordnung vom 17. August 1868 und damit die Einführung des Metermasses, zunächst für die Staaten des norddeutschen Bundes, welche am 1. Januar 1872 ab auf das Deutsche Reich ausgedehnt wurde. Eine Verbesserung der Grubenbilder, wenn auch nicht von einschneidender Bedeutung, trat ein infolge einer Verordnung vom Jahre 1875, nach welcher der nivellitische Anschluss der Hauptbetriebspunkte eines Grubengebäudes an den Nullpunkt des Amsterdamer Pegels vorgeschrieben wurde, wobei die von den Eisenbahnverwaltungen für ihr Bahnnetz ermittelten Höhenangaben benutzt wurden.

Durch die oberbergamtliche Verordnung vom 3. April 1876 wurde vorgeschrieben, die Grubenbilder in getrennten, jedoch aneinanderschliessenden Platten von 30/45 cm Seitenlänge im Massstabe 1:2000 anzufertigen.

An eine gänzliche Umgestaltung des Grubenrisswesens konnte jedoch erst herangetreten werden, nachdem auf Veranlassung des Oberbergamts in den Jahren 1876/77 das »Dortmunder Kohlengebiet« durch den Generalstab trianguliert worden war. Schon im Sommer 1878 gelangten die Resultate dieses epochemachenden Unternehmens zur Veröffentlichung. Es wurden zunächst die Koordinaten für 44 innerhalb des Gebietes liegende Punkte 2. und 3. und 150 Punkte 4. Ordnung ermittelt. Hiervon sind 27 vermarkte sogenannte Niveaupunkte, 65 Thurmspitzen und 102 Zechen- oder sonstige Schornsteine. Ergänzt wurde das Netz durch die in mehreren Kreisen durchgeführte Katasterneumessung sowie durch Einfügung einer grossen Anzahl von Punkten seitens der Königlichen Markscheider. Angeschlossen ist das Dortmunder Netz an die Hannoversche Landesvermessung mittelst der Linie Dörenberg—Nonnenstein. Das Azimut wurde hergeleitet vom Rauenberg bei Berlin. Die Abscissenaxe bildet der durch die Spitze der Paul- und Peterkirche zu Bochum gehende Meridian*). Dieser Punkt bildet zugleich den Nullpunkt für die Ordinaten, während derselbe, für die Abscissen vom Gaussschen Normal-Parallelkreis ausgehend, den Wert $X =$ — 135 401,394 erhalten hat. Für 42 Hauptnetzpunkte sind ausserdem die geographischen Koordinaten, die Längen bezogen auf Ferro, ermittelt. Ihrer Höhenlage nach sind sämtliche Dreieckspunkte im Anschlusse an das von der trigonometrischen Abteilung der Landesaufnahme ausgeführte Präzisions-Nivellement mittelst trigonometrischer Höhenmessung an den Pegel zu Neufahrwasser angeschlossen. Von diesem Präzisions-Nivellement geht eine Linie, das Kohlengebiet streifend, von Hamm über Hagen, Mülheim a. Rh. nach Wesel. Im Jahre 1899 wurde dasselbe mittelst einer durch das Kohlenrevier gehenden Schleife und mehrerer Abzweigungen durch das mit ausserordentlicher Schärfe ausgeführte Fein-Nivellement des Oberbergamts-Markscheiders Bimler verbunden, wodurch der genaue Anschluss von über 400 Punkten erzielt wurde.

Nach F. G. Gauss (Die trigonometr. u. polygonometr. Rechnungen, 2. Aufl.) sind die erwähnten Koordinaten vorläufige, an deren Stelle endgültige Werte treten, sobald solche bei Fortführung der trigonometrischen Arbeiten der Landesaufnahme erhalten werden. Nach der im Jahre 1898 erfolgten Beendigung der betreffenden Arbeiten im Kohlengebiet, erfolgte während der Drucklegung vorliegender Arbeit die Veröffentlichung der

---

*) Nachdem seit einiger Zeit der Turmhelm abgebrochen und erneuert worden, kommt dieser Festpunkt nur noch als idealler Punkt in Betracht.

geographischen Koordinaten von 967 Punkten durch das königliche Oberbergamt nebst Formularen zur Umrechnung in ebene Koordinaten. Da die
Punkte sich nach Norden etwas über die Linie Wesel-Soest hinaus erstrecken, so ist die Möglichkeit geschaffen, im nördlichen Gebiete liegende
Aufschlüsse sicher zu kartieren.

Nach Veröffentlichung der Triangulations-Resultate war es nun den
Markscheidern im ganzen Bezirke ermöglicht, das dankbare Gebiet der
trigonometrischen Punktbestimmung erfolgreich zu betreten und damit
endlich die Grubenrisse auf die Höhe der Zeit zu bringen. Wesentlich
gefördert wurden diese Bestrebungen durch die Bergpolizei-Verordnung
vom 24. Dezember 1884, betreffend die Erhaltung der Sicherheitspfeiler
durch Ausführung von Präzisions-Messungen. Hiernach müssen sämtliche
Schächte und sonstige Tagesöffnungen der in Betrieb befindlichen Berg-
werke, diejenigen Markscheiden, welchen sich die unterirdischen Betriebe
bis auf eine Entfernung von 50 m genähert haben, und alle Tagesgegen-
stände, für welche Sicherheitspfeiler bestimmt werden, durch eine nach
der besten Methode auszuführende Präzisionsmessung an das genannte
Dreiecksnetz angeschlossen werden. Die Zweckmässigkeit dieser Verordnung
ist in den mit den Verhältnissen vertrauten Fachkreisen stets anerkannt
worden. Als ein ausserordentlich zeitgemässes Unternehmen muss auch
die Ende der 70er Jahre seitens der westfälischen Berggewerkschafts-Kasse
in Bearbeitung genommene und gegen Mitte des Jahres 1890 zum Abschluss
gebrachte grosse Flötzkarte betrachtet werden. Der Aufbau dieser Karte
stützt sich, einige ältere Sektionen ausgenommen, auf das Dortmunder
Netz, dessen Schnittpunkte zum bequemeren Ergänzen in Entfernungen
von je 1000 m eingezeichnet sind. Sie ist vervielfältigt durch das in weiten
Kreisen bekannte typographische Institut von Giesecke & Devrient in
Leipzig und besteht aus 44 Grundrissblättern im Massstabe 1:10 000 und
25 Profiltafeln im Massstabe 1:5000. Die Grundrisse enthalten die Tages-
Gegenstände sowie die Hauptgrubenbetriebe und die Berechtsame der
Unternehmungen mit Ausnahme der Längenfelder. Einige der bekanntesten
Leitflötze sind farbig hervorgehoben. Wenn schon die allezeit rege Nach-
frage seitens der Bergwerks-Interessenten nach solchen Flötzkartenblättern
für die Gemeinnützlichkeit dieses Unternehmens spricht, so verdient hervorgehoben zu werden, dass die Kenntnis der verwickelten Lagerungsverhältnisse durch dasselbe gefördert und vielfache Anregung zu nützlichen Aus-
tauschen, Zusammenlegungen und dergleichen gegeben wurde.

Gleichsam als Uebersicht dieses grossen Kartenwerkes und ihren
Grundrissblättern ähnlich gelangte während der vorliegenden Niederschrift
die ebenfalls von der Berggewerkschafts-Kasse bearbeitete Uebersichtskarte des niederrheinisch-westfälischen Steinkohlenbeckens 1:50 000 in den
Druck, welche berufen ist, möglichst vielen Interessentenkreisen gerecht

zu werden und deshalb ein genaues Grundrissbild der Oberfläche, des Eisenbahnnetzes, der Berechtsame und der Grubenaufschlüsse enthält.

Die Lage der dargestellten Sohlen gegen Normal-Null bezeichnen blaue Zahlen.

II. Instrumente und Methoden.

Bis etwa in die Mitte dieses Jahrhunderts hinein wurden die unterirdischen Messungen fast ausschliesslich mit der Markscheiderkette, dem Hängekompass und dem Gradbogen ausgeführt. Diese Instrumente bilden, zusammen verwendet, in gewissem Sinne Universale, indem man auf Grund der mit denselben erhaltenen Beobachtungsresultate imstande ist, ein Grubengebäude von mässigem Umfange richtig zu mappieren, sofern die lokalen und kosmischen Einwirkungen auf die Magnetnadel nicht zu gross sind. Die noch heute gebrauchte Kompass-Einrichtung ist im Prinzip das von Balthasar Rössler erfundene und durch Studer verbesserte Hängezeug, welches in starrer und beweglicher Verbindung des Ringes mit dem Bügel gefertigt wird. Der Teilkreis hat eine linksläufige Grad- oder Stundenteilung. Ueber die Fehler des Hängezeugs und deren Ermittelung finden sich in der Litteratur viele Arbeiten, von denen die neueren von den Professoren Dr. M. Schmidt[*] und P. Fenner[**] zu den besten gehören.

Zum Berechnen der Sohlen und Seigerteufen dienten längere Zeit die Tafeln von Böbert, welche mit der Zeit durch bessere ersetzt wurden. Bis zur Einführung des Metermasses bildete die Masseinheit das preussische Lachter = 2,0924 m mit der Unterteilung in Achtel zu 10 Zoll. Zum Auftragen der Kompass-Messungen diente die Zulegeplatte, welche durch den Zulegetransporteur, einen mit Alhidade, Nonius und Mikrometerschraube versehenen geteilten Halbkreis verdrängt worden ist. Im Jahre 1840 erhielt das Bergamt zu Ibbenbüren ein solches Instrument.

Die Aufnahmen über Tage geschahen ausser mit dem Hängezeug mit dem sogenannten Feldmess-Instrumente, einer Verbindung des Kompasses mit einer Visiervorrichtung. Im Jahre 1883 bezog das Oberbergamt von F. W. Breithaupt in Cassel ein mit Stativ, Fernrohr, Nuss und Vorrichtung zum Anhängen eines Gradbogens versehenes Instrument. Aehnliche, in der Detail-Konstruktion sehr abwechselnde Instrumente werden auch heute noch wegen ihrer grossen Bequemlichkeit bei den Aufnahmen über Tage von den Markscheidern gern benutzt, besonders dann, wenn an anderweitig trigonometrisch bestimmte Punkte angeschlossen werden kann.

Mit der Einführung der Dampfmaschine wie überhaupt der Verwendung grösserer Eisenmassen beim Bergbau musste auf die Beschaffung

---

[*] Ermittelung der Axenfehler des Hängezeugs. Sächsisches Jahrbuch 1887 I.
[**] Die Fehler des Hängezeugs. Zeitschr. für Vermessungswesen 1890.

von Instrumenten Bedacht genommen werden, bei welchen der Einfluss des Eisens auf die Magnetnadel unschädlich gemacht wird. Die dahinzielenden Bestrebungen führten zur Konstruktion von Hülfshängezeugen, mit Hülfe deren die Magnetnadel in den Schnittpunkt zweier Linien gebracht und dadurch der Kompass als eigentlicher Winkelmesser gebraucht wird. Von diesen Instrumenten, auf welche man infolge der Betriebsverhältnisse in neuerer Zeit zuweilen wieder zurückzugreifen gezwungen ist, sind zu erwähnen: das Kompassstäbchen von Reichelt, das im Jahre 1842 vom Bergassessor Braunsdorf konstruierte und durch den Mechanikus Lindig in Dresden hergestellte Instrument, sowie das centrierbare Hängezeug vom Markscheider Penkert, dessen Herstellung die Firma A. Ott in Kempten (Bayern) übernimmt. Ferner der F. Fuhrmannsche, aus Hängekompass, Visiervorrichtung, Pfriemen und Spreitze bestehende Apparat, sowie die centrierbare Aufhängevorrichtung von O. Langer. Als Vorläufer des Grubentheodolits kann die Eisenscheibe angesehen werden, mit deren Konstruktion Studer sich befasste. Die Instrumentensammlung des Oberbergamts Dortmund enthält ein derartiges Instrument, welches auf die jetzige Generation den Eindruck einer kuriosen Reliquie macht. Uebrigens muss bemerkt werden, dass beim westfälischen Bergbau alle derartigen Instrumente wenig Beachtung fanden. Auch bei wichtigen Durchlags-Angaben bediente man sich des Hängekompasses in der gewöhnlichen Weise, wiederholte die Messungen, sich vielfach auf das Glück verlassend. Welche wichtigen Aufgaben man dem Hängekompass anvertraute, davon liefert ein Beispiel die aktenmässig festgelegte Thatsache, dass im Jahre 1840 das Abteufen des saigeren Schachtes Herkules der Zeche Nachtigall Tiefbau bei Witten mit definitiver Zimmerung in sehr grossen Dimensionen von verschiedenen Sohlen aus auf Grund gewöhnlicher, durch den Fahrsteiger Best ausgeführter Kompassmessungen glücklich zum Durchschlage gebracht wurde.

Das erste theodolitartige Markscheider-Instrument wurde im Jahre 1798 durch den Fürstl. Hessischen Hof-Mechanikus und Optikus H. C. W. Breithaupt, dem Grossonkel der Inhaber der Firma F. W. Breithaupt & Sohn in Cassel angefertigt und von ihm nebst Anweisung zum Gebrauche beschrieben. Mit diesem Instrumente führte Breithaupt im Jahre 1798 auf den Rochelsdorfer Kupferschiefergruben einen Grubenzug von 178 Lachter Ausdehnung aus. Sein Bruder F. W. Breithaupt legte sich derart erfolgreich auf eine gründliche Verbesserung des Prinzips, dass er schon um das Jahr 1830 einen den heutigen Instrumenten-Typen ähnlichen Grubentheodolit anfertigte.

Ein Erlass des Finanz-Ministeriums vom 9. Februar 1839 wies das Bergamt zu Bochum an, mit einem solchen Breithauptschen Grubentheodolit Versuche auf seine Brauchbarkeit beim Steinkohlenbergbau zu machen,

»auch nach Beendigung derselben zu berichten und gutachtliche Vorschläge wegen Anschaffung gleicher oder ähnlich eingerichteter Instrumente einzureichen«. Veranlassung zu diesem Erlasse waren die günstigen Erfolge, welche der Bergamts-Markscheider Prediger im Jahre 1836 bei Ausführung eines Währzuges für die Richtungsanweisungen und Nivellements bei der Ensdorfer Stollnanlage im Saarbrücker Bezirke mit einem Breithauptschen Theodolit erzielte, w rauf später zurückgekommen werden soll.

Der mit den Versuchen beauftragte Assessor und Markscheider Küper motiviert seine Bedenken, »dass durch die Feinheit des Instruments, bei dem die Kreise offen liegen und durch Staub, Wassertropfen u. dgl. leicht Beschädigungen stattfinden können«; auch sei die Anwendbarkeit eines Stativs nachteilig. Das Haupthindernis sei der grössere Zeitaufwand, herbeigeführt durch die ungemeine Sorgfalt und Akkuratesse, womit eine horizontale Stellung erlangt werden könne. »Weder bei meiner Ausbildung, noch bei meiner 14jährigen amtlichen Beschäftigung«, sagt Küper, »hatte ich leider Gelegenheit, mich mit der Einrichtung und der Anwendung feinerer geodätischer Instrumente hinreichend bekannt zu machen.«

Nachdem jedoch das Oberbergamt auf Ausführung eines Versuchs drängte, führte Küper am 6. und 12. Februar 1840 die erste Theodolitmessung im westfälischen Bergdistrikte auf der Steinkohlengrube Friederika bei Bochum aus. Hierbei wurden zwei seigere Ausgänge, der 18 Lachter tiefe Maschinenschacht und ein Luftschacht von gleicher Teufe, deren direkte Entfernung 272 Lachter beträgt, nach Einhängung von Loten durch eine Längen- und Winkelmessung über und unter Tage verbunden. Beim Zuge über Tage, berichtet Küper, »bediente ich mich zu den erforderlichen Objekten der hier zum Gebrauch beim Nivellieren vorhandenen Kreuztableaus. In der Grube gebrauchte ich zum Einvisieren als Objekt die Flamme eines Grubenlichtes, welches auf einer senkrecht zu haltenden Latte von angemessener Höhe stand. Am meisten Aufenthalt verursachte in der Grube die Stellung des Stativs, und es erforderte die Einrichtung des Instruments seiger über den Punkt, wo vorher das Objekt stand, sehr viel Aufmerksamkeit. Zur Bewerkstelligung der Orientierung wurde in der 5 Lachter langen eisenfreien (den Luftschacht mit der Sohlenstrecke verbindenden) Diagonale die Magnetnadel observiert, ebenso geschah dies über Tage bei dem letzten Winkelschenkel, da bei dem ersten am Maschinenschacht das vorhandene Eisen ebenfalls störend einwirken konnte. Das Nivellement unterblieb, weil nach der Behauptung von Gipperich (eines Markscheiders, der sich vielfach um die Verbesserung von Markscheideinstrumenten bemüht hat. D. Verf.) der Vertikalkreis den Winkel um 2 Minuten falsch angiebt. Mittelst eines Kreuztableaus würde man das Nivellement ausführen können.« Wenn schon das von Küper geschilderte Aufnahmeverfahren sowie seine Andeutungen den heutigen Fachmann interessieren müssen, so ist die rechnerische Behandlung des hier vorliegenden Orientierungsproblems, besonders aber die kritische Beurteilung für den damaligen Stand der Markscheidekunst ganz besonders charakteristisch. Der von Küper benutzte Theodolit war einachsig und mit Höhenkreis versehen, das Fernrohr zum Durchschlagen eingerichtet.

Um sich über die Fortschritte in der Markscheidekunst zu informieren, machte Küper im Jahre 1840 eine amtliche Instruktionsreise nach den rheinischen Bezirken sowie nach Belgien und Paris. Aus dem Inhalte des mit vielen Zeichnungen versehenen sehr umfangreichen Reiseberichts dürften die folgenden Bemerkungen von besonderem Interesse sein, indem dieselben geeignet erscheinen, die bezüglichen Angaben in der Litteratur auf das richtige Mass zurückzuführen.

Die Hoffnungen, in Saarbrücken Belehrungen über die zweckmässigste Anwendung des Theodolits zu erlangen, sagt Küper, gingen nicht in Erfüllung, weil eigentlich nur die Stativboussole benutzt wurde und sich Prediger bei den Richtungsangaben für den etwa 2000 m langen Ensdorfer Stollen auch dieser bediente, während der mit Höhenkreis versehene Theodolit zum Nivellieren benutzt wurde. Diese Mitteilungen werden bestätigt durch den ausführlichen Bericht des Prediger vom 29. Juli 1836, welchen derselbe infolge Erlasses des Finanzministeriums vom 25. Mai 1836 zu erstatten hatte, »um genau die Methode zu erfahren, deren sich derselbe beim Gebrauch dieses Instruments bedient hat; wie das Stativ zu dessen Aufstellung eingerichtet ist und wie das Licht, nachdem visiert wird, festgestellt und beobachtet wird, um an demselben genau einen und denselben Punkt festzuhalten«. Aus dem Predigerschen Bericht geht hervor, dass die Horizontalrichtungen mittelst des auf dem Theodolit zentrisch angebrachten Kompasses ermittelt und durch die Ablesungen des Alhidadenkreises kontrolliert wurden. Die Aufstellung des Winkelmessers erfolgte mittelst Springständen; als Zielobjekt diente das an einem Stabe befestigte gut beleuchtete Kreuztableau. »Eisen, von der Sohle einer Strecke ab, kann«, wie Prediger meint, »auf den Kompass nicht mehr wirken, weil derselbe zu hoch davon entfernt ist, was man auch sogleich finden würde und seine Massnahmen danach treffen könnte.« Während Küper sämtliche Horizontalwinkel seiner Polygonzüge über und unter Tage mass, war sein Aufnahmeverfahren im Prinzip jedenfalls rationeller als das von Prediger. Zur Ermittelung der Höhenunterschiede bediente sich Prediger über Tage des umständlichen trigonometrischen Nivellements, wobei die Neigungswinkel der auf das Tableau gerichteten Visierlinie in beiden Fernrohrlagen mittelst des Höhenkreises und die Längen mittelst der Kette gemessen wurden. Ein ähnliches, heute, jedoch in erster Linie zur scharfen Ermittelung horizontaler Längen unter der Bezeichnung »Längemessen mittelst freischwebenden Bandes« bekanntes Verfahren scheint von Saarbrücken, wo es vielfach angewendet wird, auf andere Bezirke übergegangen zu sein. Somit hat Prediger die exakten Aufnahme- und Orientierungsmethoden noch nicht gekannt. Auch scheint die Zulage nicht rechnerisch, sondern mittelst des Transporteurs erfolgt zu sein.

Im Jahre 1836 wurde Prediger von Breithaupt mitgeteilt, dass er den Horizontalkreis des Theodolits mit einer zweiten Axe versehen habe, wodurch, wie Prediger in einem Berichte sagt, »die Streichwinkel auf eine leichte und einfache Art zu bekommen sind«. Somit wäre die Einführung des Repetitionstheodolits in die Markscheidekunst auf das genannte Jahr zurückzuführen.

Seit jener Zeit etwa begegnen wir in den verschiedenen bergmännischen Zeitschriften öfter Vorschlägen zur Anwendung des Theodolits in der Grube. Da man vielfach eine Vereinigung der einzelnen Operationen, Längenmessung, Horizontalwinkelmessung, Nivellement nicht umgehen zu können glaubte, so mühten sich viele Praktiker an der Konstruktion entsprechender Instrumente ab.

Nachhaltige Anregungen sollten den Markscheidern zu teil werden durch die im Jahre 1859 im Verlag von Vieweg & Sohn zu Braunschweig erschienene »Neue Markscheidekunst« von Weisbach, Königl. Bergrat und Professor an der Akademie zu Freiberg. In diesem aus zwei Abteilungen bestehenden Werke, von denen die erste die trigonometrischen und Nivellier-Arbeiten über Tage, die zweite diejenigen unter Tage enthält, wird neben der Theorie die Praxis der Arbeiten mit dem Theodolit und dem Luftblasenniveau auf die Anwendung wichtiger bergmännischer Unternehmungen in der Weisbach eigenen klassischen Form behandelt. Nebenbei werden die Arbeiten mit den Magnetnadel-Instrumenten, dem Messtisch, Setzniveau sowie die Methoden zur Festlegung der Mittagslinie beschrieben. Nachdem die älteren Messungsmethoden in dem dortigen magnetischen Gebirge vielfach fehlerhafte Angaben zur Folge hatten, bediente sich Weisbach seiner Methoden bei der Angabe der Richtungen und Niveaus von Gegenbetrieben aus sieben Lichtlöchern zur Durchführung des 6500 Lachter langen Rothschöneberger Stollens. So konnte es nicht ausbleiben, dass sich Weisbachs Belehrungen und Unterweisungen, gestützt auf wirklich ausgeführte Arbeiten, auch auf den rheinisch-westfälischen Bezirk, namentlich auf die jüngeren Markscheider übertrugen, welche dieselben zum Segen des Bergbaus weiter ausgebildet haben.

Etwa um dieselbe Zeit wurde im Oberharze ein anderes wichtiges bergmännisches Unternehmen, die Anlage des Ernst August-Stollens vorbereitet, dessen Gelingen von der Schärfe markscheiderischer Arbeiten abhing. Der mit denselben betraute damalige Oberbergamts-Markscheider Borchers veröffentlichte im Jahre 1870 in seiner »praktischen Markscheidekunst« die hierbei gemachten Erfahrungen. Dieses vorzügliche Werk

bildet eine würdige Ergänzung des Weisbachschen, indem in demselben
die durch die eigentümlichen Oberharzer Verhältnisse bedingten überaus
schwierigen Messungen in steil geneigten Schichten, sowie die schärferen
Beobachtungs- und Rechnungsmethoden bei Anwendung feinerer Magnet-
nadelinstrumente besonders berücksichtigt werden. Wesentlich begünstigt
wurden die Magnet-Orientierungsmessungen durch sachgemässe Benutzung
des in Clausthal seit längerer Zeit bestehenden Gauss-Deklinatoriums, beschrieben von C. F. Gauss in den »Resultaten aus den Beobachtungen des
Magnetischen Vereins im Jahre 1836.

Amtlich gestattet wurde in Westfalen die Benutzung des Theodolits
durch die Instruktion vom 9. Juni 1864, nachdem schon die jüngeren Markscheider vielfach Gelegenheit gehabt hatten, mit den neuen Methoden
glänzende Resultate zu erzielen. Dank der in unserem Vaterlande hoch-
entwickelten Präzisionsmechanik, welche es stets verstand, den Bedürfnissen
der Praxis Rechnung zu tragen, haben sich die feineren Markscheide-
instrumente seit jener Zeit mehr und mehr vervollkommnet. Von diesen
Verbesserungen sind fast alle Teile berührt worden. Bequemer und vor
allem stabiler und mit geeigneten Centriervorrichtungen versehen wurden
die Stative. Wo dieselben, wie an manchen Betriebspunkten, unter Tage
nicht angewendet werden können, tritt an deren Stelle die Freiberger Aufstellung »als der gelungene Abschluss von mehrfachen Versuchen, die von
dem Professor Junge vorgeschlagene Aufstellung seines Goniometers zu
verbessern.*)

Fast allgemein werden im hiesigen Bezirk zweiachsige Nonien-
theodolite über und, wo die Verhältnisse dieses meist bedingen, unter
Tage gebraucht. Höheren Anforderungen wie bei der Ergänzung des
Dreiecksnetzes durch die Königlichen Markscheider, entsprechen Schrauben-
mikroskop-Theodolite. Während in den Schlagwettergruben zum Beleuchten
der Teilungen früher ausschliesslich die mit Hohlspiegel oder Linse versehene Sicherheitslampe diente, tritt an deren Stelle allmählich das bessere
elektrische Licht, mit welchem ein tragbarer Akkumulator eine mit Hand-
griff und Reflektor versehene Birne speist. Die Ladung lässt sich bei den
fast überall vorhandenen Kraftstellen leicht bewirken. Bei stark geneigten
Betrieben wird der Theodolit mit excentrisch liegendem Fernrohr gebraucht. Von den grösseren Instrumententypen geht man in der neueren
Zeit wegen der mit ihrem Gewichte verbundenen Unbequemlichkeiten bis
auf Kreise von 10, ja selbst 8 cm Durchmesser herunter. Die Firma
M. Hildebrand zu Freiberg hatte auf der Pariser Weltausstellung einen
Taschen-Theodolit mit Repetition, Horizontalkreis 8 cm, Vertikalkreis 6 cm
und Nonienangabe von 1 Minute ausgestellt.

---

*) O. Brathuhns praktische Markscheidekunst.

Die Messung der Horizontalwinkel erfolgt bis jetzt fast ausschliesslich mittelst fixierter Winkelpunkte, wobei als Zielobjekt die Schnur eines aufgehängten Lotes, bei langen Winkelschenkeln die Flamme der an einer Schnur befestigten Sicherheitslampe dient. Noch zu wenig hat sich trotz ihrer grossen Annehmlichkeit die Freiberger Aufstellung eingebürgert. Die Arbeiten mit Steckhülsensignalen haben wenig Beachtung gefunden. Nachdem die nivellitischen Arbeiten unter Tage bis in die Mitte des abgelaufenen Jahrhunderts ausschliesslich mit Kette und Gradbogen ausgeführt wurden, verwendete man von da ab auch unter Tage das eigentliche geometrische Nivellierinstrument. Als das älteste derartiger Instrumente kann wohl das von Andreas Böhm*) um die Mitte des 18. Jahrhunderts konstruierte Instrument gelten, dessen Keplersches Fernrohr bei einer Objektivbrennweite von $4^1/_2$ Fuss eine Gesamtlänge von 5 Fuss hatte. Heute ist ein zehnmal kleineres Fernrohr leistungsfähiger.

Da die Anforderungen des Grubenbetriebs an das Nivellement im allgemeinen nicht sehr hoch sind, so begnügt man sich unter Tage meist mit Libellen von 20 bis 30 Sekunden Empfindlichkeit, mittelst welcher die im Feldmesser-Reglement festgesetzte Fehlergrenze $9\sqrt{n}$ mm (worin n = 100 m der nivellierten Länge) unschwer erreicht werden kann. Handelt es sich jedoch darum, in einem Senkungsgebiete vertikale Verschiebungen von wenigen Millimetern für den Fall sicher nachzuweisen, dass von einem mehrere Kilometer entfernten Fixpunkte ausgegangen werden muss, so ist das Feinnivellement anzuwenden.

Als Nivellierlatte gebraucht man unter Tage meist eine mit Aufhängevorrichtung und Rahmen versehene Glaslatte von etwa 1,3 m Höhe, deren Teilung an der hinteren Seite beleuchtet wird. Sämtliche Nivellements, auch die unter Tage, werden auf Normal-Null bezogen. Man findet in dem hierdurch vielfach bedingten Arbeiten mit negativen Ordinaten keinerlei Unbequemlichkeiten.

Zum Messen der Schachtteufen bedient man sich meist eines 12 bis 15 mm breiten bis zu 500 m langen Stahlbandes, welches auf einer in einem Gestelle beweglichen und mit Bremsklinke versehenen Scheibe aufgerollt ist; auch werden Teufen unter Benutzung des Förderkorbes an der Zimmerung entlang mittelst eines Stahlbandes von 20—30 m Länge sowie auch mittelst zweier 5 m langer ausgekehlter Stäbe am Förderseile gemessen. Der niederrheinisch-westfälische Steinkohlenbergbau stellt nicht selten mannigfache und hohe Anforderungen an die ausübende Markscheidekunst, wobei die Richtungsbestimmungen an erster Stelle stehen. Steht der betreffende Betrieb mit 2 seigeren Schächten in Verbindung, so zieht der Markscheider die Einrechnungs-Methode allen anderen Orientierungs-

---

*) Gründliche Anleitung zur Messkunst auf dem Felde etc. 1759.

Methoden vor und macht nur dann von dem Uebertragen einer Lothebene in einen Schacht Gebrauch, wenn andere Methoden versagen. Im allgemeinen wird die Magnetorientierung am meisten angewendet; ganz besonders gilt dies von den laufenden Arbeiten zur Fortführung des Grubenbildes. Sie ist hier durch den Umstand geboten, dass es auf den meisten Gruben infolge des mit den Teufen wachsenden Gebirgsdruckes meist unmöglich ist, die Richtung einer Linie für längere Zeit zu sichern. Während zur Feststellung der auf der Oberfläche etwa stattgefundenen Vertikalverschiebungen auf Veranlassung des Handelsministeriums seit einigen Jahren in bestimmten Perioden zu wiederholende Fein-Nivellements ausgeführt werden, wurden in neuerer Zeit recht erhebliche Horizontalverschiebungen gelegentlich der erneuerten Koordinatenbestimmung vermarkter Polygonpunkte durch Katastervermessungen in der Gegend von Gelsenkirchen nachgewiesen;*) auch konnte der Landmesser O v e r h o f f schon früher bei ähnlichen Arbeiten**) in der Gegend südlich von Bochum an etwa 35 Punkten in überzeugender Weise horizontale Verschiebungen von 0,2—3,75 m Länge nachweisen und aus dem Gesamtergebnis Bruchgesetze ableiten.

Zu den Orientierungen der meist offenen Polygone unter Tage werden gebraucht der Theodolit mit Kastenboussole und der Hildebrandsche Röhrenkompass. Von den Apparaten, bei welchen der Magnet entweder an einem Kokon- oder Quarzfaden hängt, wird der B o r c h e r s s c h e Kallimator-Magnet sowie seit einiger Zeit das Orientierungs-Magnetometer von F e n n e l angewandt. Mit seinen neuesten Verbesserungen hat dieses Instrument dem Kallimator-Instrument gegenüber den Vorzug besserer Optik; dabei ist der Quarzfaden gegen den Wechsel in der Beschaffenheit der Luft unempfindlich. Die Handhabung des zierlichen Instruments erlernt sich leicht. Die Einwechslung eines Fadens vollzieht sich rascher und bequemer als die eines Haares für den Gradbogen.

Das sich immer mehr verdichtende Netz der Kleinbahnen mit oberirdischer Stromzuleitung und Rückleitung durch die Schienen beeinträchtigt indes die Messungen mit magnetischen Feininstrumenten unter Tage derart, dass dieselben auf einer grossen Reihe von Gruben nur bei Nacht, während der Bahnbetrieb ruht, ausgeführt werden können, soweit nicht der Markscheider von der Verwendung magnetischer Feininstrumente angesichts derartiger Einwirkungen überhaupt Abstand nimmt.

Bezüglich der rechnerischen Behandlung der markscheiderischen

---

*) Ueber Verschiebungen von trigonometrischen und polygonometrischen Punkten im Ruhrkohlengebiet vom Katasterlandmesser R o t h k e g e l. Zeitschr. f. Vermessungswesen, Heft 4. 1901.

**) Veröffentlicht in Heft 3 neue Folge der »Mitteilungen aus dem Markscheiderwesen«.

Arbeiten sei daran erinnert, dass die Markscheidekunst bei ihrer grundlegenden Tätigkeit sich ebenso wie die Landmesskunst mit der Punktbestimmung befasst und dass es begreiflich ist, wenn sie dabei von den Fortschritten dieser insofern Nutzen gezogen hat, als sie die rationellen Ausgleichungsrechnungen, wie solche u. a. in der mustergiltigen preuss. Vermessungs-Anweisung IX, sowie in dem klassischen Werke von F. G. Gauss*) enthalten sind, anwenden lernte. In den seltensten Fällen eignen sich die Messungen unter Tage zu wissenschaftlichen Fehlerausgleichungen, da hier die Bedingungen des Anschlusses an trigonometrisch bestimmte Hauptpunkte nicht vorhanden sind. Dadurch ist der Markscheider gegenüber dem Landmesser gezwungen, eine grössere Sorgfalt auf die einzelnen Messoperationen zu legen.

III. Hülfsmittel zur Beobachtung der magnetischen Deklinationsschwankungen.

»Die Kenntnis der Veränderungen und Störungen der magnetischen Deklination hat in der That ein sehr grosses praktisches Interesse. Dem Seefahrer, dem Geodäten und dem Markscheider muss ungemein viel daran gelegen sein, zu wissen, wie häufigen und wie grossen Störungen ein Haupthülfsmittel bei seinen Geschäften unvermeidlich unterworfen ist, wäre es auch nur, um das Mass des Vertrauens zu erhalten, welches er demselben schenken darf. Für die beiden letzten Anwendungen der Boussole in der praktischen Geometrie auf und unter der Erde kann sogar in Zukunft der Nutzen dieser Untersuchungen noch viel weiter gehen. Wird einmal festgestellt sein, dass die in der Zeit wechselnden unregelmässigen Störungen nie oder nur höchst selten bloss örtlich sind, sondern immer oder fast immer sich in weiten Strecken ganz gleichzeitig und in fast gleicher Grösse offenbaren, so ist das Mittel gegeben, sie fast vollkommen unschädlich zu machen. Der Geodät und der Markscheider braucht nur alle seine Operationen mit der Boussole genau nach der Uhr zu machen und gleichzeitige Beobachtungen an einem anderen nicht gar zu entfernten Orte anstellen zu lassen, durch deren Vergleichung jene Störungen sich ebenso werden eliminieren lassen, wie reisende Beobachter ihre barometrischen Höhenbestimmungen durch Vergleichung mit Barometerbeobachtungen an einem festen Orte von der unregelmässigen Veränderlichkeit des Barometerstandes unabhängig machen.«   C. F. Gauss.*)

*) Resultate aus den Beobachtungen des magnetischen Vereins im Jahre 1836.

Obgleich schon durch den Erlass der Oberberghauptmannschaft vom 16. 3. 1816 auf die Beobachtung der Magnetnadel in Bezug auf eine »feste und richtige Mittagslinie« hingewiesen wurde und einsichtsvolle Fachleute auf die aus der Nichtberücksichtigung der Deklinationsänderungen innerhalb grösserer Zeitintervalle entstandenen Unrichtigkeiten der Grubenrisse aufmerksam gemacht hatten, kann es mit Rücksicht auf die Schwierigkeiten, »feste und richtige Mittagslinie« auf die Risse zu bringen, begreiflich erscheinen, wenn bis in die 50er Jahre hinein auf den westfälischen Karten zum Auftragen der Grubenmessungen die Magnetlinie aufgetragen wurde. In Bochum und Essen wurden die ersten Deklinatorien in den 40er Jahren

---

*) Die trigonometrischen und polygonometrischen Rechnungen in der Feldmesskunst. 2. Aufl. 1893.

angelegt. Dieselben waren von sehr primitiver Einrichtung. Auf der
horizontalen Fläche einer Säule war die mittelst Gnomons ermittelte
Mittagslinie eingerissen, an welche die mit Kompass versehene Zulegeplatte angelegt und bei einspielender Nadel der Deklinationswert abgelesen
wurde. Dass mit solchen rohen Hülfsmitteln nicht viel zu erreichen war,
liegt auf der Hand. Die bis zum Jahre 1849 in den Akten enthaltenen
Beobachtungsresultate von Essen lassen denn auch wegen ihrer vielfachen
Widersprüche auf grosse Mängel in der Einrichtung und Wartung
schliessen. Nachdem sich ebenso die Bochumer Einrichtungen als unzu-
reichend erwiesen hatten, drängte das Oberbergamt Dortmund auf Beschaffung eines in dem südlich des Bergamtsgebäudes zu Bochum aufzu-
stellenden geeigneteren Apparates. Die Verhandlungen wegen Aufstellung
eines solchen, besonders wegen Herstellung des Beobachtungsgebäudes,
schleppten sich vom Jahre 1849 bis 1854 hin. In diesem Jahre erfolgte die Aufstellung eines nach dem Muster des im Jahre 1844 auf dem Beustschachte der
fiskalischen Steinkohlengrube Glücksburg bei Ibbenbüren durch Brabänder
angelegten Breithauptschen Deklinatoriums. Brabänder wurde schliesslich auch mit der Einrichtung in Bochum betraut, wobei die in Ibbenbüren
gemachten Erfahrungen verwertet werden sollten. Eine ausführliche Beschreibung dieses Apparates befindet sich im 3. Band der preuss. Zeitschrift für das Berg-, Hütten- und Salinenwesen vom Jahre 1856. Die in
dieser Arbeit mitgeteilten Resultate aus den Jahren 1849—1854 können als
zuverlässige angesehen werden; auch giebt Brabänder Anleitungen zu
astronomischen Azimutbestimmungen.

Indes konnte die Idee, mit Hülfe einer an einem Haare oder Kokon-
faden aufgehängten, etwa 22 cm langen Magnetnadel, deren verlängertes
Gehäuse sich als Alhidade am Limbus eines geteilten, mit Nonius und
Mikrometerwerk versehenen Oktanten bewegen lässt, den Winkel, den die
Magnetnadel mit der auf dem Postamente eingerissenen Mittagslinie bildet,
auf eine Genauigkeit von 5 Sekunden zu bestimmen, nicht annähernd verwirklicht werden, weil die durch den Gebrauch der Mikrometerschraube
verursachte Bewegung des Gehäuses die Nadel in Schwingungen versetzte und die Torsion des Fadens beeinflusste. Unter diesen Umständen
musste man sich mit der Ablesung an der in dem Magnetgehäuse gegenüber den Polen angebrachten Teilung begnügen, wobei man eine Ab-
lesungsgenauigkeit von 1—2 Minuten erzielte. Die an einem solchen Instrumente in Bochum gemachten Beobachtungsresultate umfassen den Zeitraum vom 13. Juni 1854 bis 23. Dezember 1859 und beziehen sich auf die
Ortszeit $10^{1}/_{2}$ Uhr vormittags. Einer ähnlichen Einrichtung bediente sich
längere Jahre hindurch der Markscheider Ittenbach in Oberhausen,
welcher seine als einwandfrei anzusehenden Resultate s. Z. im »Glückauf«
veröffentlichte.

Nach Aufhebung der Bergämter und Uebernahme des Bergamtsgebäudes durch die Westfälische Berggewerkschaftskasse wurde die Aufstellung eines neuen Deklinatoriums beschlossen. Am 14./15. November 1865*) wurde zunächst durch Brabänder unter Mitwirkung zweier Markscheider die Mittagslinie aus den Stellungen des Polarsterns in beiden Digressionen ermittelt und auf die horizontale Bleiplatte eines solide fundierten Steinpfeilers mittelst des zur Beobachtung benutzten Theodolits aus einer Entfernung von ca. 10 m übertragen. Als Deklinationsinstrument sollte der erwähnte, mit Verbesserungen versehene Breithauptsche Apparat dienen. Nach vielen erfolglosen Versuchen wandte man sich an Weisbach, welcher zu einem Apparate mit einer in einem rechteckigen Gehäuse schwingenden umlegbaren Spitzennadel riet. Ein solches Instrument wurde durch den Bergmechanikus Lingke in Freiberg (jetzt M. Hildebrand) geliefert. Den Nadelpolen gegenüber befindet sich ein Kreisbogen, welcher von seiner mit 0 bezeichneten Mitte nach jeder Seite hin in 10 Grade geteilt ist. Die 22 cm lange Hochkantnadel ist an ihren Polen mit Elfenbeinnonien versehen, welche eine Ablesung von 0,5—1 Minute ermöglichen. Die Befestigung des Gehäuses auf der Bleiplatte erfolgte in der Weise, dass die Nulllinie des Limbus mit der eingerissenen Mittagslinie einen westlichen Winkel von genau 16 Grad bildet. Durch diese Einrichtung erhielt das Nadelgehäuse die Form eines schmalen Rechtecks. An diesem Instrumente wurde mit einigen Unterbrechungen durch die Lehrer der Markscheidekunst an der Bochumer Bergschule vom Jahre 1866 bis Ende 1887 beobachtet und die Resultate für die Zeiten 8 Uhr vormittags und 1 Uhr nachmittags im »Glückauf« und später im »Bergbau« wöchentlich veröffentlicht.

Solange der Kompass in der hergebrachten Weise zu den Grubenaufnahmen benutzt wurde, waren derartige Einrichtungen vollkommen genügend. Die in früheren Jahren angeregte Frage, ob die Anlage einer grösseren Anzahl von Deklinatorien in den Bergrevieren zur Richtighaltung der Grubenrisse wünschenswert sei, wurde auf Grund der von den Oberbergämtern durch den Handelsminister eingeforderten Gutachten verneint und durch den Ministerialerlass vom 17. März 1857 die Einführung von Orientierungslinien im Wege der Bergpolizeiverordnungen in den einzelnen Revieren gleichmässig angeordnet.

Mit der Anwendung des Theodolits in Verbindung mit feineren Magneteinrichtungen bei den Grubenmessungen musste jedoch das Bedürfnis eines besseren Deklinatoriums wieder in den Vordergrund treten, da hierbei häufig sehr ausgedehnte offene Polygonzüge an verschiedenen Stellen und zu verschiedenen Zeiten magnetisch orientiert zu werden pflegen.

---

*) Glückauf No. 51, 1865.

Zur Anlegung eines neuen Deklinatoriums drängte zunächst einesteils der
Umstand, dass durch eine in der Nähe des Beobachtungshäuschens er-
richtete Brauerei und die Annäherung der berggewerkschaftlichen Gebäude
die absoluten Werte immer unsicherer wurden, andernteils die Absicht der
westfälischen Berggewerkschaftskasse, die Einrichtungen zeitgemässer auf
wissenschaftlicher Grundlage umzugestalten. Als Baustelle wählte man
einen nach Norden hin freie Aussicht gewährenden und gegen schädigende
Einwirkungen gesicherten Platz im Bochumer Stadtpark. In dem völlig eisenfreien Häuschen befinden sich auf soliden Steinpfeilern zwei auf dem
Prinzip des Kallimators beruhende Magnetometer, in deren Magnetachsen
bezw. ein kleines Ablesefernrohr und ein einachsiger, mit Höhenkreis ver-
sehener Theodolit*) von 10 Sekunden Nonienangabe aufgestellt sind. Die
an Kokonfäden hängenden Röhrenmagnete lagern mittelst Rillen in einem
Schiffchen und lassen sich bei Bestimmung der Magnetachse bequem um-
legen. Die nach den Fernrohrobjektiven gerichteten Nordpole haben
achromatische Sammellinsen, in deren Brennpunkten sich auf photo-
graphischem Wege hergestellte Mikrometerskalen befinden. Diese durch
Möller in Wedel in Holstein angefertigten Skalen sind in Bochum zuerst
auf Anregung von Herrn Dr. Schaper, welcher dieselben s. Z. in Lübeck
zu erdmagnetischen Beobachtungen angewendet hatte, eingeführt worden
und haben sich vortrefflich bewährt. Die Skalen gestatten eine Ablesung
von 10 bezw. 5 Sekunden. Das eine Magnetometer*) ist aperiodisch, das
andere, zu absoluten Bestimmungen dienende schwach gedämpft. Als
Hauptmire dient der etwa 11 km entfernte Schornstein der Zeche Ewald.
Das Azimut dieser Orientierungslinie wurde astronomisch und im Anschluss
an das Landesvermessungsnetz zu 329° 17,1' bestimmt. Zum Vergleichen
der Hängezeuge und anderer Magnetapparate dienen zwei in der Orientierungslinie angebrachte Säulen mit eingebleiten Bolzen. An diesen Mag-
netometern, von denen das eine als Kontrollapparat bei absoluten Bestimmungen dient, wurde bis nach Fertigstellung der zweiten Warte täglich
vormittags um 8 Uhr und nachmittags um 1 Uhr beobachtet. Ausserdem
erfolgten in Verbindung mit anderen Anstalten für wissenschaftliche
Zwecke sowie im Interesse der Markscheider an den Samstagen jeder
Woche längere Ablesungsperioden in Zeitintervallen von etwa 5—15 Minuten.

Heute dienen beide Magnetometer lediglich zu absoluten Bestimmungen
und zur Kontrolle der Konstanten des Magnetographen. — Die Annehmlichkeit für den praktischen Markscheider, über die magnetischen Vorgänge
jederzeit unterrichtet zu sein, liessen, ermuntert durch die Erfolge in

---

*) Dieser Nonientheodolit ist durch einen solchen mit Schützmikroskopen
ersetzt worden.

**) An Stelle dieses Kontrol-Variometers tritt demnächst ein Fennelsches mit
Quarzfaden, Spiegel- und Okularskalen-Ablesung.

Potsdam und Beuthen, den Wunsch reifen, ein selbstregistrierendes Magnetometer anzulegen, wozu der Vorstand der Berggewerkschaftskasse die Kosten bewilligte und die Stadt Bochum einen zweiten Platz an sehr geeigneter Stelle im Stadtpark zur Verfügung stellte. Bei Anlegung dieser zweiten Warte konnten die an genannten Orten und in Clausthal gemachten Erfahrungen verwertet werden. Eine spezielle Beschreibung dieser Einrichtung hat der Verfasser in der Nummer 71 der Zeitschrift »Glückauf« vom Jahre 1895 veröffentlicht, worauf hier Bezug genommen wird. Von den photographisch hergestellten Originalregistrierungen werden in gleichem Massstabe auf einem Netze mit Zeit- und Winkelmasseinteilung Vervielfältigungen hergestellt, die an praktische Markscheider und wissenschaftliche Institute kostenlos versandt werden. Nach Jahresschluss werden die stündlichen Werte in wissenschaftliche Form gebracht und im »Glückauf« veröffentlicht.

Nachdem die im Bezirke thätigen Markscheider die Nützlichkeit der Magnetregistrierungen kennen gelernt haben, würden sie dieselben jetzt ungern entbehren.

Additional information of this book

(Geologie, Markscheidewesen; 978-3-642-90159-1; 978-3-642-90159-1_OSFO10) is provided:

http://Extras.Springer.com